"十二五"普通高等教育本科国家级规划教材

中国电力教育协会高校电气类专业精品教材

电力系统暂态分析

（第四版）

方万良　李建华　王建学　　编

刘涤尘　主审

中国电力出版社
CHINA ELECTRIC POWER PRESS

内 容 提 要

本书为"十二五"普通高等教育本科国家级规划教材。全书共两篇、八章。主要内容有:第一篇讲述电力系统电磁暂态过程分析(电力系统故障分析),第二篇讲述电力系统机电暂态过程分析(电力系统稳定性)。

第一篇共五章,第一章为基本知识;第二章介绍同步电机突然三相短路的物理过程及近似的短路电流表达式,第三章介绍电力系统三相短路的实用计算法和计算程序框图,第四章介绍用对称分量法分析不对称故障的原理和电力系统各元件各序分量的参数,第五章为典型的不对称故障的分析和计算。第二篇共三章,第六章介绍电力系统各元件的机电特性,第七、八章则分别分析了电力系统的静态和暂态稳定性。本书课件可在微信小程序"中国电力教材服务"上下载。

本书是高等学校电气类专业的专业课程本科教材,也可作为高职高专院校师生和从事电力工程的工程技术人员的参考书。

图书在版编目(CIP)数据

电力系统暂态分析 / 方万良,李建华,王建学编 . —4 版 . —北京:中国电力出版社,2017.7 (2021.11 重印)

"十二五"普通高等教育本科国家级规划教材

ISBN 978-7-5123-9570-1

Ⅰ . ①电…　Ⅱ . ①方…②李…③王…　Ⅲ . ①电力系统－暂态特性－分析－高等学校－教材　Ⅳ . ① TM712

中国版本图书馆 CIP 数据核字(2016)第 166971 号

出版发行:中国电力出版社
地　　址:北京市东城区北京站西街 19 号(邮政编码 100005)
网　　址:http://www.cepp.sgcc.com.cn
责任编辑:雷　锦(010-63412530)
责任校对:常燕昆
装帧设计:张　娟
责任印制:吴　迪

印　　刷:北京雁林吉兆印刷有限公司
版　　次:1985 年 12 月第一版　2017 年 7 月第四版
印　　次:2021 年 11 月北京第五十五次印刷
开　　本:787 毫米 ×1092 毫米　16 开本
印　　张:19
字　　数:468 千字
定　　价:40.00 元

版 权 专 有　侵 权 必 究

本书如有印装质量问题,我社营销中心负责退换

前　言

　　《电力系统暂态分析》第一版由西安交通大学李光琦教授编写，由中国电力出版社于1985 年 12 月出版。其后又分别于 1997 年 1 月和 2007 年 1 月修订出版了第二版和第三版。三版总印数约 28 万册。本书为第四版。本次修订经李光琦教授授权，由方万良、李建华和王建学完成。其中，第一、二章由李建华编写；第三、四、五章由王建学编写；方万良编写了绪论和第六、七、八章，并进行了全书的统稿工作。

　　考虑到本科生与研究生培养目标的边界和教学的课时限制，本次修订仍保持李光琦教授原版的基本框架，侧重于内容的易读性和可理解性，同时在个别知识点上增加了少许内容。

　　科学与技术的发展依赖于人类对已有知识的筛选传承。希望本书能继续起到它传承电力系统暂态分析方法和知识的作用。本书由武汉大学刘涤尘教授主审，提出了许多宝贵意见，在此表示由衷感谢。由于编者对电力系统暂态分析问题的研究尚需深入，本书可能存在解得不透、说得不明的地方，欢迎读者批评指正。

编　者

2016 年 10 月

第一版前言

本书系根据 1982 年 12 月电力系统教材编审组扩大会议上通过的"电力系统暂态分析"编写大纲编写的。

编写中考虑了编者在西安交通大学讲授多遍该课的教学经验，参考了国内外有关书籍，并吸取了前一轮教材《电力系统工程基础》和《电力系统》的使用经验。

由于同步电机在突然短路后的暂态行为、参数及其分析方法往往是学生学习时的难点，而这些内容对于电力工作者来说又是必不可少的基础，对此，编者在本书中，首先在电机学的基础上进一步阐明同步电机突然短路后的物理过程和其近似解。接着建立同步电机的基本方程，并用它来分析短路过程和各种参数，其中逐步采取了近似的步骤，最后得到与前面近似解的一致结果。对于暂态电动势和次暂态电动势采用了比较简明的方法说明其意义。

在应用对称分量法分析不对称故障方面，书中强调了应用对称分量后，各分量间便无耦合；对于零序参数和等值网络着重从概念上加以说明；较详细地阐述了叠加原理的应用。

对于稳定问题，编者首先说明了电机机电暂态和电磁暂态过程的联系，然后以单机对无限大系统的稳定问题为重点，就其各个方面作了详尽的讨论，使学生能更好地掌握稳定问题的基本概念和分析方法。其中考虑到自动调节系统对系统稳定的重要作用，加强了有关调节系统的内容。对于多机系统稳定分析，只是在简单系统的基础上作了自然的延伸，这样可以在不增加教材篇幅的条件下，使学生对多机系统稳定问题有初步的认识，并知道还有不少问题有待进一步研究。

考虑到计算机数值计算方法已普遍应用于电力系统的分析计算，书中每个方面均介绍了相应的计算程序的原理框图。

本书经华中工学院何仰赞同志详细审阅。此外，西安交通大学沈赞埙，上海交通大学黄家裕，上海电力专科学校陆敏政等同志均对书稿提出了不少宝贵意见。在编写过程中还得到过清华大学陈寿孙同志的帮助，云南工学院张瑞林同志也提出过很好的意见。在此一并致谢。

限于编者水平，书中疏漏与不妥之处请读者批评指正。

编　者

1984 年 10 月

第二版前言

在修订本书时编者总结了使用本教材七年来的经验，并征求了使用本书的部分院校的意见，力求使本书第二版较第一版的质量有较大的提高。

在修改过程中，作者注意了使全文的物理概念和公式推导、分析的描述更加清晰、简明，并对以下几方面的内容作了较大的调整。

（1）第二章同步发电机突然三相短路分析。在这章的第一节改变了传统的叙述方法，在叙述了同步发电机突然三相短路的物理过程后，随即介绍了短路电流的近似公式和暂态电动势等概念，即将物理概念和实用计算相结合，使本节可以作为完整独立的部分。教学时数不够的院校可仅讲授第一节而省略后两节。在应用同步发电机基本方程分析短路电流部分，将原来在两节中分别讲述的空载和负载条件下的短路计算合并为第三节，减少了重复，使之更加简明。

（2）在第三章短路电流的实用计算方面适当增加了计算机计算部分。

（3）在有关机电暂态过程的最后三章中加强了自动调节励磁系统及其对系统稳定性的影响部分。

（4）第六章介绍各元件机电特性时，为了节省篇幅而略去了调速器的数学模型。对负荷特性的介绍则更加全面。

（5）在第七章分析静态稳定中，删去了不连续调节励磁部分，而增加了电力系统稳定器等内容，以适应系统发展的状况。

（6）在第八章有关复杂系统暂态稳定的内容里，增加了便于与自动调节励磁系统接口的交轴暂态电动势为常数的发电机模型。

华中理工大学何仰赞教授对修订稿进行了详细的审阅，并提出了许多宝贵意见，在此表示衷心感谢。

编　者

1993 年 6 月

第三版前言

本次修订仍然保持了原书的基本内容体系，同时着重进行了以下两方面的调整：一方面是进一步增强和改进对基本原理的分析说明，另一方面是反映电力系统新技术及新分析方法的发展。以下作简要说明：

（1）在第二章同步发电机突然三相短路分析中加强了与"电机学"相关内容的衔接；将突然短路瞬时交流分量与稳态时的磁链图形、电压平衡方程和相量图作对比性描述。第一节至第三节从物理过程的分析到实用计算公式的获得，可以作为完整独立部分。如果学时不够可以略去第四、五节的较严格分析方法。

第四、五节除了介绍用同步电机基本方程分析突然三相短路外，还用例题和习题介绍基本方程更广泛的应用。

（2）对于第三章的短路电流实用计算，仅保留了运算曲线的最基本内容，简要介绍了国际电工委员会（IEC）IEC909 标准应用计算系数计算短路电流的方法。

（3）考虑到超高压线路的发展，在第四章补充了输电线路零序电纳部分，但不一定要讲授。

（4）第五章不对称故障分析中，对于非全相运行的分析进行了改进，因而与第三章的内容配合更好。

（5）在第六章增加了柔性输电装置基本原理的介绍，在讲授时可以从简。

（6）在第七章静态稳定分析中，通过例题对于自动调节励磁系统作了更加详细的说明。

（7）第八章扩大了等面积定则的应用，此外还指出了用直接法分析暂态稳定的基本性质。

（8）在全书各章中改进了例题，此外，各章后的习题给读者以启发和训练。

本书在修订过程中，西安交通大学肖愒教授给予了大力帮助，李建华教授协助提供了相关参考资料。在此表示衷心感谢。

编　者

2006 年 4 月

目　录

第二篇　电力系统机电暂态过程分析（电力系统的稳定性）

绪　　论

　　电力系统暂态分析是一个十分宽泛的题目，进一步又细分为电力系统电磁暂态分析和电力系统机电暂态分析。本课程主要介绍后者且只涉及电磁暂态的一少部分内容。机电暂态分析的内容也十分庞大。一方面，各种特殊的机电暂态问题，如低频振荡、次同步谐振等，本身就构成专门的研究领域；另一方面，现代电力系统的动态元件种类快速增加，直流输电（HVDC）、柔性输电（FACTS）、新型能源等不断介入电力系统，电力系统暂态分析的内容和方法也在不断发展。受学习课时的限制，本课程介绍的是最基本的内容，是进一步学习的基础。

　　电力系统的基本功能是为社会可靠地提供质优价廉的电力。作为一种商品，电力也有其质量指标。这些指标通常包括电压幅值、频率、波形和可靠性。近代社会对电能质量还提出了更高的要求，即在电能生产过程中要对自然环境友好。电力系统在正常运行时，如何满足电压、频率和波形的质量指标问题在"电力系统稳态分析"课程中讨论。可靠性是指系统保持对各类负荷正常、不间断供电的能力，包括冗余性和安全性两个基本问题。在电力系统规划设计中主要解决冗余性问题，而本课程则主要解决电力系统运行中的安全性问题。安全性又进一步区分为元件安全与系统安全。元件安全主要由电力系统的电磁暂态过程分析解决，系统安全性通常是指电力系统发生单个元件的故障后不致使系统由于失去稳定性而丧失对大量用户的供电服务。由于现代社会生产和生活对电力的高度依赖，即便是局部地区的供电异常或者非计划中断也将对该地区的社会生产和生活带来不利影响，有时甚至产生严重的社会经济和政治损失。

　　火力、水力、核能、风力和太阳能等各种一次能源由相应的发电设备转换成电能经输电、配电网送达用户。电力系统中将其他能量转换为电能的主要设备是同步发电机（太阳能除外，尽管太阳能发电正在迅速发展，但目前在系统中的份额还很小），因而发电机（此后在本书中除非特别说明，发电机指同步发电机）是电力系统中的电源。发电机转子由原动机拖动作旋转运动。转子的动力矩由原动机提供，阻力矩由定子绕组的电磁力矩和转子的机械阻尼（风阻力和机械摩擦力）共同提供。发电机正常运行时转速必须保持在额定值附近。由转动力学可知，对于一台发电机，当且仅当转子的动力矩与阻力矩相等时，转子保持匀速旋转。在电力系统中有成百上千台经电力网连接的发电机同时运行，每一台发电机都以其额定转速旋转时整个系统才能正常供电。

　　电力系统中将电能转换为其他能量的用电器是电力系统的负荷。对于电源而言，在电能输送过程中输变电设备中的电能损耗也是负荷。显然，接入电力系统的负荷种类千千万万，每个用电器从电力系统吸收的有功功率的大小是随机变化的。例如，电力机车的爬坡运行与下坡运行，车床的进刀与退刀，冰箱、空调、电梯、声控照明的随机起停等。对于电力负荷取用有功功率大小的随机变化，为了保持系统中所有发电机的转速维持在额定值，发电机的原动机出力必须给予相应的反应。因此，电力系统的发电、输电、配电和用电四个环节是同时进行的。发电机转子的机械旋转运动与电力网（包括发电机定子绕组）中的电气量相互作用而使电力系统在数学上是一个动力学系统。电力系统的正常工作状态称为稳态，即所有发电机转子都以其额定转速旋转。在这种状态下所有转子上的阻力矩与动力矩平衡，系统各节点的电压和频率为常数。

不难理解，由于电力负荷的随机性和时变性等各种因素，在物理上电力系统几乎不存在绝对的稳态运行状态，而是各电气量持续地在某一平均值附近变化。但是在工程上既无必要也无可能对系统运行状态的缓慢、微小变化进行暂态过程的分析。因此，在电力系统分析研究领域，从数学上将电力系统的运行状态分为稳态和暂态。在电力系统稳态分析中认为电力系统稳态运行时所有系统参数和运行参数不随时间变化而保持常数。对应地，只要物理系统的运行参数不随时间发生大幅度的、剧烈的变化，即认为系统是稳态运行。因此，电力系统的稳态是相对的。通常，在电力系统运行方式的优化调整过程中，总是控制调整速度而使系统缓慢地从一个稳态过渡到另一个稳态。从物理上讲，在这种过渡期间电力系统也经历着暂态过程，但是由于这期间系统的运行参数变化十分缓慢，因而工程上一般无需分析这种暂态过程。

电力系统中涉及能量转换和传输的通道由原动机、发电机、变压器（换流器）、输电线路、用电设备（负荷）按照电的、磁的和机械的方式连接而成。运行中的电力系统，如果系统内部的任何一个设备或者输电线路突然故障，即导致系统的网络拓扑结构突然变化，从而使发电机转子的动力矩与阻力矩失去平衡，这时系统即从稳态运行进入暂态过程。处于暂态过程中的电力系统，系统的电压、频率和设备流过的电流等运行参数不再像稳态运行时那样保持常数而是随时间大幅度变化。在这种情况下，对用户而言，由于系统提供的电能质量恶化而可能使用电设备不能正常工作甚至损坏；对系统自身而言，某些电气设备可能由于承受不了过电压和/或过电流而遭到破坏。在电力系统暂态分析研究领域，把引发系统进入暂态过程的事件称为扰动。在什么时刻、什么位置、发生什么类型的扰动是不可预知的。由于电力系统覆盖的地域十分辽阔，构成电力系统的设备众多，电力系统在长期运行过程中必然会遭到各种扰动。这就意味着，长期、连续运行的电力系统必然会经历暂态过程。因此，在电力系统规划设计时和在电力系统运行调度时都必须通过电力系统暂态分析来校核系统的建设和运行方案，以确保系统受到较大概率的扰动后不发生恶性后果。这就必须研究电力系统暂态分析的方法。

电力系统在暂态过程中，发电机的机械运动暂态过程和电力网中的电磁暂态过程同时进行并且相互影响，显然理论上应该统一进行分析，但这将使问题的数学规模急剧增大，从而使分析十分困难。工程上，鉴于系统对不同扰动的暂态过程的特点不同，以及进行暂态过程分析的目的不同，而将电力系统暂态分析划分为电磁暂态分析和机电暂态分析。在进行电磁暂态过程分析时，忽略发电机的机械运动暂态过程，而主要关心电力网中的电磁暂态过程；相反，在进行机电暂态过程分析时，近似处理电力网中的电磁暂态过程，而主要关心系统中发电机之间的相对运动情况。电磁暂态过程分析主要应用于设备安全校核，机电暂态过程主要应用于系统安全校核。

电力系统暂态分析知识是从事电力系统规划设计、运行、控制和继电保护配置的必备知识。在电力系统暂态分析课程中涉及的电磁暂态分析，主要应用于电力系统继电保护的计算整定和发电厂、变电站设计中的设备选择，因此主要介绍系统发生短路和断线故障后系统各元件电压、电流的周期分量起始值的计算方法，而对于电磁暂态过程只作简单介绍以建立电磁暂态过程的基本概念。用于电力系统设备设计制造和发电厂、变电站设计中的内部（操作）过电压、外部（雷击）过电压保护的电磁暂态分析是一个专门的研究领域，由"电力系统电磁暂态分析"课程介绍。电力系统机电暂态过程分析主要关注系统受到扰动后，并经过可能的一系列控制操作后，系统是否可以经过一段时间过渡到原来的或者一个新的稳态。电力系统承受扰动后，经过暂态过程恢复稳态运行的能力称为电力系统暂态稳定性。因此，机电暂态过程分析也称为电力系统暂态稳定性分析。另外，由于电力系统不存在数学意义上的、绝对的稳态，换言之，电力系统时时刻刻都在遭受一些相对较小的扰动，因此，稳态运行的电力系统必须能够承受这一类扰动而不偏离原有的稳态运行状态。电力系统承受这类扰动而自保持原有稳态运行状态的能力强弱被定义为电力系统小干扰稳定性。分析电力系统小干扰稳定性进而通过电力系统自动控制装置提高系统小干扰稳定性是电力系统机电暂态分析的重要内容。

在暂态过程中，由于电力系统的主要电气运行量电压、电流是随时间而剧烈变化的，因此，电力系统暂态分析的数学模型是微分方程。电力系统暂态分析的主要内容也围绕系统数学模型的建立和微分方程的求解方法展开。电力系统的暂态过程发展十分迅速，因此，对系统暂态特性的改善措施必须依赖于自动控制装置。这样，电力系统暂态分析的数学模型将既包括所有电能通路上的元件，也包括各种自动控制装置。

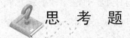

思　考　题

1. 现代社会有哪些系统是时间上连续运行的系统？

2. 电气设备的制造质量优劣和运行维护好坏对电力系统连续运行有何影响？

3. 电力系统在稳态运行时，变电站母线电压的瞬时值是随时间变化的正弦波。但是为什么在潮流计算中并不涉及时间变量？

4. 火力发电厂、水力发电站的同步发电机的结构有何不同？

5. 同步发电机发电的基本原理是什么？

6. 在"电路"课程中介绍的线性电路的过渡过程是否一定会结束？

7. 如果在确定电力系统的一个稳态运行方式时，经暂态分析发现该稳态运行点受到一个常见扰动后系统的暂态过程持续发展而不能达到稳态，那么，该稳态运行方式是否应该实施？

8. 数学上关于线性常微分方程的定义是什么？

9. 非线性常微分方程是否一定存在解析解？

10. 在电力系统潮流计算问题中，发电机的数学模型是什么？

11. 在电力系统潮流计算问题中，负荷的数学模型是什么？

第一篇 电力系统电磁暂态过程分析
（电力系统故障分析）

第一章 电力系统故障分析的基础知识

第一节 故 障 概 述

在电力系统长期运行过程中，由于各种原因总会随机地发生短路、断线等故障，其中发生概率最高的是短路故障。因此，故障分析的重点是对短路故障的分析。所谓短路，是指电力系统中相与相之间或相与地之间的非正常连接。在电力系统正常运行时，除中性点外，相与相或相与地之间是电气绝缘的。如果由于某些原因使相与相或相与地之间构成通路，电力系统就发生了短路故障。

短路故障的计算与分析，主要是短路电流的计算和分析。短路电流的大小及其变化规律不仅与短路故障的类型有关，而且与电源特性、网络元件的电气参数有关。本章将讨论标幺值、无限大功率电源（简称无限大电源）发生三相短路的物理过程及短路电流计算，同时给出短路电流的冲击电流、最大有效值的概念。同步发电机机端突然发生三相短路的短路电流的变化规律，以及在多机电力系统中发生三相短路情况下短路电流起始值的分析和计算方法将在第二、第三章中作详细介绍。

一、短路类型

在三相系统中，可能发生的短路有三相短路（$f^{(3)}$）、两相短路（$f^{(2)}$）、两相短路接地（$f^{(1,1)}$）、以及单相接地短路（$f^{(1)}$），见表 1-1。

表 1-1 短路类型

短路种类	示意图	符号	发生概率（%）
三相短路	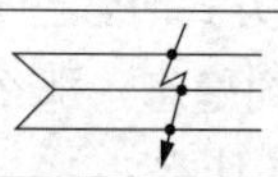	$f^{(3)}$	5
两相短路		$f^{(2)}$	10
单相接地短路	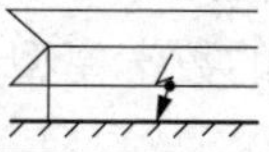	$f^{(1)}$	65
两相接地短路	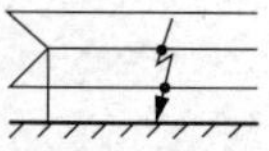	$f^{(1,1)}$	20

注 发生概率指不同故障种类在所有故障中所占的比例。

三相短路时系统三相电路仍然是对称的，称为对称短路，其他几种短路均使三相电路不对称，称为不对称短路。虽然三相短路发生的概率最小，但它对电力系统的影响比较严重，三相短路计算将是本章和下一章讨论的重点。

二、短路发生的原因

电力系统短路故障发生的原因很多，既有客观的，也有主观的。终极的原因是电气设备载流部分相与相之间或相与地之间的绝缘遭到破坏。电力系统短路故障大多数发生在架空线路部分，架空线路的绝缘子可能由于受到雷电过电压而发生闪络，或者由于绝缘子表面的污秽而在正常工作电压下放电；有时因鸟兽跨接在裸露的载流部分，引起相间或相对地短路；或者因为大风或在导线上覆冰，引起架空线路杆塔倒塌而造成短路；再如发电机、变压器、电缆等设备中载流部分的绝缘材料在长期使用后损坏，造成短路。此外，线路检修后，在未拆除地线的情况下运行人员就对线路送电而发生的误操作，也会引起短路故障。

三、短路故障的危害

（1）发生短路时，由于供电回路的阻抗减小以及突然短路时的暂态过程，使短路回路中的电流急剧增加，短路点及附近电气设备流过的短路电流可能达到额定值的几倍甚至十几倍，短路点距发电机的电气距离愈近，短路电流越大。例如，在发电机机端发生短路时，流过定子绕组的短路电流最大瞬时值可能达到发电机额定电流的 $10 \sim 15$ 倍。在大容量的电力系统中，短路电流可达几万安甚至几十万安。

（2）在短路初期，电流瞬时值达到最大时（称为冲击电流），将引起导体及绝缘的严重发热甚至损坏；同时，电气设备的导体间将受到很大的电动力，可能引起导体或线圈变形以致损坏。

（3）短路将引起电网中的电压降低，特别是靠近短路点处的电压下降最多，这将影响用户用电设备的正常工作。例如，负荷中的异步电动机，由于其最大电磁转矩与电压的平方成正比，当电压降低时，电磁转矩将显著减小，当电压下降到额定电压的 70% 以下时，异步电动机转速急剧下降使电动机转速变慢甚至完全停转，从而造成废品及设备损坏等严重后果。

（4）系统中发生的短路改变了电网的正常结构，必然引起系统中功率分布的变化，则发电机输出功率也相应地变化。但是发电机的输入功率是由原动机的进汽量或进水量决定的，不可能立即发生相应变化，因而发电机的输入和输出功率不平衡，发电机的转速将变化，这就有可能引起并列运行的发电机失去同步，破坏系统的稳定，造成系统解列，引起大面积停电。这是短路造成的最严重的后果。

（5）不对称接地短路所引起的不平衡电流将在线路周围产生不平衡磁通，导致在邻近平行的通信线路中可能感应出相当大的感应电动势，造成对通信系统的干扰，甚至危及通信设备和人身安全。

四、短路故障分析的内容和目的

由于电力系统在运行中总会发生故障，所以在设计和建设电力系统时就将其承受故障的能力纳入考虑范围并且采取合适的措施减小故障发生后对设备和系统造成的不利影响。在发电厂、变电站及整个电力系统的设计和运行中，需要合理地选择电气接线、配电设备和断路器，正确地设计继电保护以及选择限制短路电流的措施等，而这些工作都必须以短路故障的计算结果作为依据。短路分析的主要内容包括故障后电流的计算、短路容量（短路电流与故障前电压的乘积）的计算、故障后系统中各点电压的计算以及其他的一些分析和计算，如故障时线路电流与电压之间的相位关系等。为此，掌握短路发生以后的物理过程以及计算短路时各种运行参量（电流、电压等）的计算方法是非常必要的。短路电流的计算结果可应用于设置继电保护的整定值，校验电气设备的热稳定和动稳定，应用短路电流计算结果进行继电保护设计和整定值计算，选择开关电器、串联电抗器、母线、绝缘子等电气设备的设计，制定限制短路电流的措施等。此外，在进行接线方案的比较和选择时也必须进行短路电流的计算。

五、限制短路故障危害的措施

为了减少短路故障对电力系统的危害，电力系统设计和运行时，都要采取各种积极措施消除和减小故障发生的概率。一方面必须采取限制短路电流的措施，合理设计网络接线，如在线路上装设电抗器，限制短路电流；另一方面是一旦故障发生，必须尽可能快地切除故障元件，将发生短路的部分与系统其他部分隔离开来，使无故障部分恢复正常运行。这就要依靠继电保护装置迅速检测出系统的故障或不正常的运行状态，并有选择地使最接近短路点的、流过短路电流的断路器断开。同时，采用合理的防雷设施，降低过电压水平，使用结构完善的配电装置和加强运行维护管理等方法。

系统中大多数的短路都是瞬时性的，因此架空线路普遍采用自动重合闸装置，即当发生短路时断路器迅速跳闸，经过一定时间（几十毫秒到几百毫秒）后断路器自动重合闸。对于瞬时性故障，重合闸后系统立即恢复正常运行；如果是永久性故障，重合闸后故障仍然存在，则再次使断路器跳闸。220kV 及以上的线路发生单相短路的几率比较高，因此广泛采用单相重合闸。发生单相短路时，只断开故障相断路器，其他两相暂时继续运行，如果单相重合不成功，即发生的故障是永久性故障时，三相立即同时断开，线路退出运行。有关自动重合闸的内容可参考讲述电力系统自动装置等的书籍和资料。

电力系统的短路故障有时也称为横向故障，因为它是相对相（或相对地）的故障。还有一种称为纵向故障的情况，即断线故障，例如，一相断线使系统发生两相运行的非全相运行情况。这种情况往往发生在当一相上出现短路后，该相的断路器断开，因而形成一相断线。这种一相断线或两相断线故障也属于不对称故障，它们的分析计算方法与不对称短路的分析计算方法类似，将在第三章中介绍。

系统中只有一处发生故障称为简单故障，同时发生不止一处故障的情况称为复杂故障，简称复故障。相对于简单故障发生的概率，复故障发生的概率低得多。本书只介绍简单故障的分析方法，它是分析复故障的基础。

第二节　标　幺　制

在电力系统计算中，一般采用标幺制。在标幺制下，各种物理量都用标幺值（即相对值）来表示，因而使不同电压等级的电气量的数量级都在 1 左右。与有名制相比，标幺制具有计算表达式简洁、运算步骤简单、计算结果便于分析等优点。

一、标幺值

在电力系统计算中，各元件的参数及其他电气量可以用有单位的有名值进行计算，也可以用一种没有量纲的标幺值进行计算，特别是在应用计算机对大规模系统进行计算时常采用标幺值。

一个物理量的标幺值是它的有名值与选定的基准值之比，即

$$标幺值 = \frac{有名值（有单位的物理量）}{基准值（与有名值同单位）} \tag{1-1}$$

显然，标幺值是一个无量纲的量。

对于任一物理量均可以用标幺值表示。例如，电阻、电抗的标幺值分别（标幺值常用下标"*"表示）为

$$\begin{cases} R_* = \dfrac{R}{Z_B} \\[3mm] X_* = \dfrac{X}{Z_B} \end{cases} \tag{1-2}$$

式中：R、X 为电阻、电抗的有名值，Ω；Z_B 为阻抗基准值，Ω。

又如有功功率、无功功率、视在功率的标幺值分别为

$$\begin{cases} P_* = \dfrac{P}{S_B} \\[3mm] Q_* = \dfrac{Q}{S_B} \\[3mm] S_* = \dfrac{S}{S_B} \end{cases} \tag{1-3}$$

式中：P 为有功功率，MW；Q 为无功功率，Mvar；S 为视在功率，MV·A；S_B 为功率基准值，MV·A。

二、基准值的选取

当选定的基准值不同时，对同一个物理量的有名值而言，其标幺值也不同。因此当说到一个物理量的标幺值时，必须同时说明它的基准值是什么。不同基准值的标幺值之间的运算是毫无意义的。

标幺值计算的关键在于基准值的选取。从理论上讲，基准值可以任意选取，然而如果无规则地随意选取，则将使采用标幺制来分析计算不仅毫无优点而且十分繁琐。但是，按照下边介绍的一些简单规则选取基准值将使标幺制有很多优点。

首先，各种物理量的基准值之间应满足它们对应的物理量之间的各种关系。例如，三相电路中常用的基本关系为

$$S = \sqrt{3}UI \tag{1-4}$$

$$U = \sqrt{3}ZI \tag{1-5}$$

$$Y = 1/Z \tag{1-6}$$

式中：S 为三相电路的视在功率；U、I 分别为线电压和线电流；Y、Z 分别为元件的导纳和阻抗。

相应地，基准值也应满足以下公式

$$S_B = \sqrt{3}U_B I_B \tag{1-7}$$

$$U_B = \sqrt{3}Z_B I_B \tag{1-8}$$

$$Y_B = \frac{1}{Z_B} \tag{1-9}$$

由于不同物理量的基准值之间必须满足电路定律，所以，并非所有物理量的基准值都可随意选取。S_B、U_B、I_B、Y_B、Z_B 五个基准值之间具有式（1-7）～式（1-9）三个关系式，因此只要其中的两个选定以后，其他三个便不再能任意决定。在电力系统中，输电线路和电气设备的额定电压总是已知的，且设备的视在功率也是已知的，故在标幺值计算中约定先选定

基准容量 S_B 和基准电压 U_B，其他基准值则应按式（1-7）～式（1-9）的关系导出，即

$$\begin{cases} I_B = \dfrac{S_B}{\sqrt{3}U_B} \\[3mm] Z_B = \dfrac{U_B}{\sqrt{3}I_B} = \dfrac{U_B{}^2}{S_B} \\[3mm] Y_B = \dfrac{1}{Z_B} = \dfrac{S_B}{U_B^2} \end{cases} \tag{1-10}$$

已知各量的基准值后，其标幺值计算如下：

（1）三相有功功率、无功功率和视在功率取同一个基准值 S_B，称为三相功率的基准值，简称功率基准值。由于基准值必须满足电路基本定律，所以全系统的功率基准唯一。这样，功率的标幺值为

$$S_* = \frac{P + jQ}{S_B} = \frac{P}{S_B} + j\frac{Q}{S_B} = P_* + jQ_*$$

（2）线电压及其实部和虚部都取同一基准值 U_B，称为线电压基准值，简称电压基准值。于是，线电压的标幺值为

$$\dot{U}_* = \frac{\dot{U}}{U_B} = \frac{U_R + jU_I}{U_B} = U_{R*} + jU_{I*}$$

（3）线电流及其实部和虚部取同一基准值 I_B，称为线电流基准值，简称电流基准值。从而线电流的标幺值为

$$\dot{I}_* = \frac{\dot{I}}{I_B} = \frac{I_R + jI_I}{I_B} = I_{R*} + jI_{I*}$$

（4）阻抗及其中的电阻和电抗取同一基准值 Z_B，称为阻抗基准值。相应的阻抗标幺值为

$$Z_* = \frac{Z}{Z_B} = \frac{R + jX}{Z_B} = R_* + jX_*$$

（5）导纳及其中的电导和电纳取同一基准值 Y_B，称为导纳基准值。相应的导纳标幺值为

$$Y_* = \frac{Y}{Y_B} = \frac{G + jB}{Y_B} = G_* + jB_*$$

显然，对于功率因数和用弧度表示的电压相位、电流相位、阻抗角和导纳角等，由于它们是没有量纲的物理量，因此，它们本身便是标幺值。

（6）采用上述基准值之后，可以使标幺制下的电路公式更为简洁或保持不变。显然，标幺制下的三相电路关系成为

$$S_* = U_* I_* \tag{1-11}$$
$$U_* = Z_* I_* \tag{1-12}$$
$$Y_* = 1/Z_* \tag{1-13}$$

（7）其他基准值。除了上述基准值 S_B、U_B、I_B、Z_B 和 Y_B 以外，有时还根据需要来定义和采用其他基准值。例如，定义相电压的基准值为 $U_{B\varphi}$ 用来计算相电压的标幺值，单相功率的基准值 $S_{B\varphi}$ 用于计算单相功率的标幺值等。但在 S_B 和 U_B 选定后，这些基准值同样随之而定，如 $S_{B\varphi} = S_B/3$ 和 $U_{B\varphi} = U_B/\sqrt{3}$ 等。显然，这样定义后三相功率的标幺值与单相功率的标幺值相等，线电压标幺值与相电压标幺值相等，线电流标幺值与相电流标幺值相等。故在采用标幺值计算时不用再考虑三相还是单相，线电压还是相电压，它们的标幺值是相同的，只

是在化有名值时三相功率乘三相功率的基准值 S_B，单相功率乘单相功率的基准值 $S_B/3$，线电压乘线电压的基准值 U_B，相电压乘相电压的基准值 $U_B/\sqrt{3}$。

其次，基准值的选取应尽可能使标幺值直观，易于理解。例如，基准功率通常取 100MV·A 或 1000MV·A，计算人员可直接由标幺值得到有名值，不易出错。又如，基准电压常选为网络的额定电压。由于电力系统正常运行时，各节点电压一般在额定值附近，其标幺值均在 1 左右，这样不但能直观地评价各节点电压的质量，也容易判断计算结果的正确性。

三、基准值改变时标幺值的换算

电气设备制造厂在设备铭牌上给出的电气参数通常是以设备本身额定容量和额定电压为基准值的标幺值或者百分数。当设备接入电力系统后，各个设备的额定功率和额定电压往往各不相同，所以各元件的标幺值的基准值是不同的，且与系统计算时所选的基准值也未必相同。因此，需要把不同基准值的各元件标幺值换算成统一基准值的标幺值后再进行电力系统计算。

根据标幺值的定义，很容易得出换算方法：先利用元件的铭牌标幺值与其基准值计算出各元件的有名值，再用系统统一选定的基准值将有名值化成系统标幺值。

以阻抗为例，如已知 Z_{N*} 是以元件的额定功率和额定电压为基准的标幺值，S_N、U_N 分别为元件的额定功率、额定电压，则元件阻抗的有名值即为

$$Z = Z_{N*} Z_{BN} = Z_{N*} \frac{U_N^2}{S_N}$$

式中：Z_{BN} 为额定值下的阻抗基准值。

若选定新基准值为 S_B、U_B，则有

$$Z_B = \frac{U_B^2}{S_B}$$

$$Z_* = \frac{Z}{Z_B} = \frac{Z_{N*} Z_{BN}}{Z_B} = Z_{N*} \frac{U_N^2}{S_N} \frac{S_B}{U_B^2} = Z_{N*} \frac{U_N^2}{U_B^2} \frac{S_B}{S_N} \tag{1-14}$$

式中：Z_* 为新基准值 S_B、U_B 下的新标幺值。

电力系统元件的铭牌参数对不同元件给出基准值的方式按习惯有所不同，因此在换算时应予以注意。

发电机给出额定有功功率 P_{GN}、额定功率因数 $\cos\varphi_N$、额定电压 U_{GN} 和电抗标幺值 X_{GN*}，计算其对应新基准值的电抗标幺值的计算式为

$$X_{G*} = X_{GN*} \frac{U_{GN}^2}{U_B^2} \frac{S_B}{S_{GN}} = X_{GN*} \frac{U_{GN}^2}{U_B^2} \frac{S_B \cos\varphi_N}{P_{GN}} \tag{1-15}$$

变压器一般给出其额定电压 U_{TN}、额定容量 S_{TN} 以及短路电压百分数 $U_K\%$ 等，其短路电压百分数和电抗标幺值的关系为

$$X_{TN*} = \frac{U_K\% U_{TN}^2}{100 S_{TN}} \times \frac{S_{TN}}{U_{TN}^2} = \frac{U_K\%}{100}$$

式中：X_{TN*} 为以变压器额定功率、额定电压为基准的标幺值。
故变压器转换为新基准值的电抗标幺值为

$$X_{T*} = \frac{U_K\%}{100} \times \frac{S_B}{S_{TN}} \times \frac{U_{TN}^2}{U_B^2} \tag{1-16}$$

用于限制短路电流的电抗器，其铭牌通常给出的参数是电抗百分数 $X_R\%$、额定电压

U_{RN} 和额定电流 I_{RN}。显然，该设备额定值下的阻抗基准值为

$$Z_{RN} = \frac{U_{RN}}{\sqrt{3} I_{RN}}$$

电抗百分数 $X_R\%$ 与标幺值间关系为

$$X_R\% = \frac{\sqrt{3} I_{RN} X_R}{U_{RN}} \times 100 = X_{RN*} \times 100$$

$$X_{RN*} = \frac{X_R\%}{100}$$

换算为统一基准值的标幺值为

$$X_{R*} = \frac{X_R\%}{100} \times Z_{RN} \times \frac{S_B}{U_B^2} = \frac{X_R\%}{100} \times \frac{U_{RN}}{U_B} \times \frac{I_B}{I_{RN}} \tag{1-17}$$

【例 1-1】　一台额定电压 13.8 kV、额定功率为 125MW、功率因数为 0.85 的发电机，其电抗标幺值为 0.18（以发电机额定电压和功率为基准值）。试计算以 13.8 kV 和以 100MV·A 为电压和功率基准值的电抗标幺值，并计算电抗的实际值。

解　$X_{G*} = X_{GN*} \frac{U_{GN}^2}{(U_B^2)^2} \frac{S_B}{S_{GN}} = 0.18 \times \left(\frac{13.8}{13.8}\right)^2 \times \frac{100 \times 0.85}{125} = 0.122$

$X_G = X_{G*} \frac{U_{GN}^2}{S_{GN}} = 0.18 \times \frac{13.8^2 \times 0.85}{125} = 0.233 \ (\Omega)$

【例 1-2】　一台双绕组变压器额定容量为 15000kV·A，额定电压为 10.5/110kV，其短路损耗 $P_K = 133$kW，短路电压百分比 $U_K\% = 10.5$，空载电流百分数 $I_0\% = 3.5$，空载损耗 $P_0 = 50$kW。试求以变压器额定功率和额定电压为基准值的标幺值。

解　归算到一次侧

$$R_{T*} = \frac{P_K U_{1N}^2}{1000 S_{TN}^2} \frac{S_{TN}}{U_{1N}^2} = \frac{P_K}{1000 S_{TN}} = \frac{0.133}{15} = 8.867 \times 10^{-3}$$

$$X_{T*} = \frac{U_K\% U_{1N}^2}{100 S_{TN}} \frac{S_{TN}}{U_{1N}^2} = \frac{U_K\%}{100} = \frac{10.5}{100} = 0.105$$

$$G_{T*} = \frac{P_0}{1000 U_{1N}^2} \frac{U_{1N}^2}{S_{TN}} = \frac{P_0}{1000 S_{TN}} = \frac{0.05}{15} = 3.333 \times 10^{-3}$$

$$B_{T*} = \frac{I_0\% S_{TN}}{100 U_{1N}^2} \frac{U_{1N}^2}{S_{TN}} = \frac{I_0\%}{100} = \frac{3.5}{100} = 0.035$$

由以上计算可知，当取变压器额定容量和变压器额定电压分别作为基准容量和基准电压时，变压器归算到二次侧的标幺值与归算到一次侧的是相同的。短路损耗的标幺值与绕组电阻的标幺值相等，短路电压百分值便是变压器的电抗标幺值，空载损耗的标幺值与励磁电导的标幺值相等，空载电流的百分值便是变压器励磁电纳的标幺值。这些结果可以推广到三绕组变压器和自耦变压器的等效电路参数中。

四、变压器联系的不同电压等级电网中各元件参数标幺值的计算

以图 1-1 为例。该图为一包含两台变压器和三段不同电压等级的系统。当用有名值进行计算时，总是把具有磁耦合的电路变为仅有电联系的电路，也就是把不同电压等级中各个元件的参数（如电抗）归算到同一个电压等级下，然后按一般电路计算，最后将计算结果（如电流和电压等）再折算回到各电压等级下，即得各段的有名值。

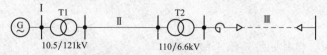

图 1-1 有三段不同电压等级的系统图

因此，在多电压等级网络中需先选定一个基本级，在选定基本级后，参数计算均要通过变压器电压比（也称变比）归算实现。为方便计算，定义变压器变比 k 为

$$k = \frac{\text{待归算侧电压}}{\text{被归算侧电压}}$$

由变比定义可知，其值随归算方向不同而不同。用标幺值计算时，先计算各元件参数的有名值，按变比归算到基本级后，再按选定的基准值求出各元件参数的标幺值。下面分别介绍准确计算法和近似计算法。短路电流计算一般采用近似计算法。

（一）准确计算法

假设在图 1-1 中选定第 I 段 10kV 侧作为基本级，其他各电压级的参数均向第 I 段归算，然后选择功率基准值和电压基准值分别为 S_B 和 U_{B1}。各元件的电抗标幺值计算如下：

（1）发电机。发电机就在基本级，其电抗有名值不需归算，故有

$$X_G = X_{GN*} \frac{U_{GN}^2}{S_{GN}}$$

其标幺值为

$$X_{G*} = X_G \frac{S_B}{U_{B1}^2} = X_{GN*} \frac{U_{GN}^2}{S_{GN}} \frac{S_B}{U_{B1}^2}$$

（2）变压器 T1。其电抗有名值归算到 10kV 侧，其值为

$$X_{T1} = X_{T1N*} \frac{U_{T1N}^2}{S_{T1N}}$$

显然，U_{T1N} 为 10.5kV。电抗的标幺值为

$$X_{T1*} = X_{T1} \frac{S_B}{U_{B1}^2} = X_{T1N*} \frac{U_{T1N}^2}{S_{T1N}} \frac{S_B}{U_{B1}^2}$$

（3）第 II 段的输电线路。其电抗有名值必须先归算到基本级（第 I 段），即

$$X_L' = k_1^2 X_L$$

式中：k_1 为变压器 T1 变比（10.5/121kV）。

其标幺值为

$$X_{L*} = X_L' \frac{S_B}{U_{B1}^2} = k_1^2 X_L \frac{S_B}{U_{B1}^2} = X_L \left(\frac{10.5}{121}\right)^2 \frac{S_B}{U_{B1}^2}$$

式中：X_L' 为归算到基本级的电抗有名值。

上述表达式还可变换成下面的形式

$$X_{L*} = X_L \frac{S_B}{(U_{B1} k_1)^2} = X_L \frac{S_B}{U_{B2}^2}$$

式中：k_1 为变压器 T1 的变比（121/10.5kV）。

上式表明线路电抗 X_L 可以不归算至第 I 段，而是将第 I 段的电压基准值归算到第 II 段（U_{B2}），用统一的功率基准值和本段的电压基准值来计算标幺值。后面将可见到，这一结论可以推广到任一段电抗标幺值的计算。

（4）变压器 T2。其 110kV 侧的电抗有名值为

$$X_{T2} = X_{T2N*} \frac{U_{T2N}^2}{S_{T2N}} = \frac{U_s\%}{100} \frac{U_{T2N}^2}{S_{T2N}}$$

其中，$U_{T2N} = 110\text{kV}$。将其归算至第 Ⅰ 段，则

$$X'_{T2} = k_1^2 X_{T2N*} \frac{U_{T2N}^2}{S_{T2N}} = k_2^2 \frac{U_s\%}{100} \frac{U_{T2N}^2}{S_{T2N}}$$

其标幺值为

$$X_{T2*} = X'_{T2} \frac{S_B}{U_{B1}^2} = k_1^2 \frac{U_s\%}{100} \frac{U_{T2N}^2}{S_{T2N}} \frac{S_B}{U_{B1}^2} = \frac{U_s\%}{100} \frac{U_{T2N}^2}{S_{T2N}} \frac{S_B}{U_{B2}^2}$$

　　可见，把变压器电抗归算到第 Ⅰ 段计算标幺值和把第 Ⅰ 段电压基准值归算到第 Ⅱ 段再计算标幺值结果是一样的。

　　（5）电抗器。这里应用前面的结论，先求得第 Ⅲ 段的电压基准值

$$U_{B3} = k_2 U_{B2} = k_2 k_1 U_{B1}$$

式中：k_2 为变压器 T2 的变比（6.6/110kV）；k_1 为变压器 T1 的变比（121/10.5kV）。

　　利用式（1-17）得统一基准值下的电抗器电抗标幺值为

$$X_{R*} = \frac{X_R\%}{100} \times \frac{U_{RN}}{U_{B3}} \times \frac{I_{B3}}{I_{RN}} = \frac{X_R\%}{100} \times \frac{U_{RN}}{U_{B3}} \times \frac{\frac{S_B}{\sqrt{3}U_{B3}}}{I_{RN}}$$

式中：I_{B3} 为第 Ⅲ 段的电流基准值。

　　由于各段功率基准值相同，而电压基准值不同，因而电流基准值不同。

　　读者可以用将电抗器有名值归算至第 Ⅰ 段后求其标幺值的方法，验证上面给出的结果。

　　（6）第 Ⅲ 段的电缆线路。其电抗标幺值为

$$X_{LB*} = X_L \frac{S_B}{U_{B3}^2}$$

　　由上面的推导过程可以看出，各段元件采用本段电压基准值进行计算的方法要简便得多。

　　（二）近似计算法

　　电力系统是很复杂的网络，元件参数的计算量很大，尤其是在多级电压等级的系统中，采用上面介绍的准确计算法，则需要按变压器实际变比逐级将元件参数归算到基本级，或将基本级的电压逐级归算。为简化标幺值的计算，特别是在短路电流的计算中，常采用近似计算法。所谓近似，是近似认为变压器的变比为各电压等级的额定电压的平均值之比。这种近似可使计算大为简化，计算结果也能满足一般工程的要求，在短路电流实用计算中常采用该方法。以图 1-1 所示系统为例，第 Ⅱ 段 110kV 电网，其升压变压器的二次侧额定电压为 121kV，降压变压器一次侧的额定电压为 110kV，其平均额定电压为 $(121+110)/2 \approx$ 115kV。第 Ⅰ 段 10kV 和第 Ⅲ 段 6kV 电网的平均额定电压分别为 10.5kV 和 6.3kV。根据上述近似，认为图 1-1 所示系统中变压器 T1 的变比为 10.5/115 kV，变压器 T2 的变比为 115/6.3 kV。这样一来，如果选取第 Ⅰ 段电压基准值 U_{B1} 为 10.5kV，则 U_{B2} 为 115kV，U_{B3} 为 6.3kV，即各段的电压基准值就是各自的平均额定电压值，则发电机、变压器的电抗标幺值就无需按电压归算了。

　　网络的平均额定电压计算式为

$$U_{av} = \frac{1.1 U_N + U_N}{2} \text{kV}$$

式中：U_N 为各网络的额定电压。

表 1-2 列出了对应我国各级电网的平均额定电压值。

表 1-2				平均额定电压值				单位：kV	
电网额定电压	3	6	10	35	110	220	330	500	750	1000
平均额定电压	3.15	6.3	10.5	37	115	230	345	525	787	1050

下面用例题说明具体标幺值的计算方法。

【例 1-3】 计算图 1-2（a）电力系统的等效电路参数标幺值。

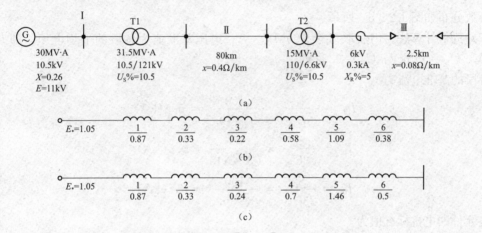

图 1-2 ［例 1-3］图
（a）接线图；（b）准确计算等效电路；（c）近似计算等效电路

（1）准确计算法。选第 II 段为基本级，并取 $U_{B2}=121\text{kV}$、$S_B=100\text{MV}\cdot\text{A}$，其他两段的电压基准值分别为

$$U_{B1} = k_1 U_{B2} = \frac{10.5}{121} \times 121 = 10.5(\text{kV})$$

$$U_{B3} = k_2 U_{B2} = \frac{6.6}{110} \times 121 = 7.26(\text{kV})$$

各段的基准电流为

$$I_{B1} = \frac{S_B}{\sqrt{3}U_{B1}} = \frac{100}{\sqrt{3} \times 10.5} = 5.5(\text{kA})$$

$$I_{B2} = \frac{S_B}{\sqrt{3}U_{B2}} = \frac{100}{\sqrt{3} \times 121} = 0.48(\text{kA})$$

$$I_{B3} = \frac{S_B}{\sqrt{3}U_{B3}} = \frac{100}{\sqrt{3} \times 7.26} = 7.95(\text{kA})$$

各元件的电抗标幺值为

发电机 $$X_{1*} = 0.26 \times \frac{10.5^2}{30} \times \frac{100}{10.5^2} = 0.87$$

变压器 T1 $$X_{2*} = \frac{10.5 \times 10.5^2}{100 \times 31.5} \times \frac{100}{10.5^2} = 0.33$$

输电线路 $$X_{3*} = 0.4 \times 80 \times \frac{100}{121^2} = 0.22$$

变压器 T2　　　　　　　　　　$X_{4*} = \dfrac{10.5 \times 110^2}{100 \times 15} \times \dfrac{100}{121^2} = 0.58$

电抗器　　　　　　　　　　　$X_{5*} = \dfrac{5 \times 6}{100 \times 7.26} \times \dfrac{7.95}{0.3} = 1.09$

电缆线路　　　　　　　　　　$X_{6*} = 0.08 \times 2.5 \times \dfrac{100}{7.26^2} = 0.38$

电源电动势标幺值为

$$E_* = \frac{11}{10.5} = 1.05$$

参数分布如图 1-2（b）所示。

（2）近似计算法。仍然取 $S_B = 100 \text{MV} \cdot \text{A}$，电压基准值为各段的平均电压，即 $U_{B1} = 10.5 \text{kV}$，$U_{B2} = 115 \text{kV}$，$U_{B3} = 6.3 \text{kV}$。

各段的基准电流为

$$I_{B1} = \frac{S_B}{\sqrt{3} U_{B1}} = \frac{100}{\sqrt{3} \times 10.5} = 5.5 (\text{kA})$$

$$I_{B2} = \frac{S_B}{\sqrt{3} U_{B2}} = \frac{100}{\sqrt{3} \times 115} = 0.5 (\text{kA})$$

$$I_{B3} = \frac{S_B}{\sqrt{3} U_{B3}} = \frac{100}{\sqrt{3} \times 6.3} = 9.2 (\text{kA})$$

各元件的电抗标幺值为

发电机　　　　　　　　　　　$X_{1*} = 0.26 \times \dfrac{100}{30} = 0.87$

变压器 T1　　　　　　　　　$X_{2*} = 0.105 \times \dfrac{100}{31.5} = 0.33$

输电线路　　　　　　　　　　$X_{3*} = 0.4 \times 80 \times \dfrac{100}{115^2} = 0.24$

变压器 T2　　　　　　　　　$X_{4*} = 0.105 \times \dfrac{100}{15} = 0.7$

电抗器　　　　　　　　　　　$X_{5*} = 0.05 \times \dfrac{6}{0.3} \times \dfrac{9.2}{6.3} = 1.46$

电缆线路　　　　　　　　　　$X_{6*} = 0.08 \times 2.5 \times \dfrac{100}{6.3^2} = 0.5$

电源电动势标幺值不变。

参数分布如图 1-2（c）所示。

一般来说，当标幺值采用近似计算法时，发电机和变压器参数只进行容量比换算，线路和电抗器采用所在网络的平均额定电压计算标幺值即可，已不用再进行电压归算。

五、频率、电角速度和时间的基准值

前面针对电路中常用的四个量 S、U、I 和 Z 说明了标幺值的基本概念及计算方法。在电力系统暂态过程计算中，还要涉及时间、转速、转矩和转动惯量等物理量，这里介绍频率、电角速度和时间的基准值，其他一些物理量的基准值将在讨论到稳定问题时介绍。

一般选择额定频率 f_N（50Hz）为频率基准值，即 $f_B = f_N$。相应地，电角速度的基准值为同步电角速度 $\omega_B = \omega_S = 2\pi f_N$。当实际频率为额定值时，$f_* = \omega_* = 1$，而且还有如下关系

用有名值表示　用标幺值表示

$$X = \omega_{\mathrm{s}}L \qquad X_* = L_*$$

$$\Psi = IL \qquad \Psi_* = I_* X_*$$

$$E = \omega_{\mathrm{s}}\Psi \qquad E_* = \Psi_*$$

时间 t 的基准值 t_{B} 一般取为 $t_{\mathrm{B}} = 1/\omega_{\mathrm{s}}$，即同步电机转子转动一个弧度电角度所需的时间。对于频率为 50Hz 的系统，t_{B} 等于 1/314s。这样选择时间基准值后，有

$$\sin\omega_{\mathrm{s}}t = \sin\frac{\omega_{\mathrm{s}}t}{\omega_{\mathrm{B}}t_{\mathrm{B}}} = \sin t_*$$

第三节　无限大功率电源供电的三相短路电流分析

为了由浅入深地了解各电气量在暂态过程中的变化，本节将先分析图 1-3 所示的简单三相电路中突然发生对称短路的暂态过程。对这种电路进行短路暂态过程的分析，能比较容易地得到短路电流的各种分量、衰减时间常数及冲击电流、最大有效值电流等，为进一步分析同步电机的暂态过程打下基础。在此电路中假设电源电压幅值和频率均为恒定。这种电源称为无限大功率电源。这个名称从概念上是不难理解的：

（1）电源功率为无限大时，外电路发生短路（一种扰动）引起的功率改变对于电源来说是微不足道的，因而电源的电压和频率（对应于同步发电机的转速）保持恒定。

（2）无限大功率电源可以看作内部是由无限多个有限功率电源并联而成，因而其内阻抗为零，电源电压保持恒定。

实际上，真正的无限大功率电源是没有的，而只能是一个相对的概念，往往是以供电电源的内阻抗与短路回路总阻抗的相对大小来判断电源能否作为无限大功率电源。通常供电电源的内阻抗小于短路回路总阻抗的 10% 时，可认为供电电源为无限大功率电源。

又如，发电机暂态电抗的标幺值一般小于 0.3，当电源到短路点之间的电气距离（以电源容量为基准值的转移阻抗）大于 3 时，则可认为供电电源为无限大功率电源。在这种情况下，外电路发生短路对电源影响很小，可近似地认为电源电压幅值和频率保持恒定。所以，电源的端电压及频率在短路后的暂态过程中保持不变，是无限大功率电源供电电路的特征。

一、暂态过程分析

图 1-3 所示的三相电路为一由无限大功率电源供电的三相对称电路，短路发生前，电路处于稳定状态，其 a 相的电压表达式为

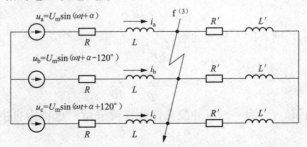

图 1-3　无限大功率电源供电的三相电路突然短路

$$u_a = U_m \sin(\omega t + \alpha) \tag{1-18}$$

电流表达式为

$$i_a = I_{m|0|} \sin(\omega t + \alpha - \varphi_{|0|}) \tag{1-19}$$

其中

$$I_{m|0|} = \frac{U_m}{\sqrt{(R+R')^2 + \omega^2(L+L')^2}}$$

$$\varphi_{|0|} = \arctan \frac{\omega(L+L')}{R+R'}$$

式中：下标"|0|"表示短路前正常运行量。

当在 f 点突然发生三相短路时，这个电路立即被分成两个独立的回路。左边的回路即短路回路仍与电源连接，而右边的回路则变为没有电源的回路。在右边回路中，由于有电阻存在，电流将从短路发生瞬间的值不断地衰减，一直衰减到磁场中储存的能量全部变为电阻中所消耗的热能，电流即衰减为零。显然，工程上更关心发生在与电源相连的回路中的暂态过程。在此回路中，每相阻抗由短路前的 $(R+R')+j\omega(L+L')$ 突然减小为短路后的 $R+j\omega L$，其稳态电流值必将增大，但是由于电感电流不能突变，因而产生一个过渡过程是必然的，短路暂态过程的分析与计算就是针对这一回路的。

假定短路在 $t=0\mathrm{s}$ 时发生，由于电路仍为对称，可以只研究其中的一相，例如 a 相。其电流的瞬时值应满足微分方程

$$L\frac{\mathrm{d}i_a}{\mathrm{d}t} + Ri_a = U_m \sin(\omega t + \alpha) \tag{1-20}$$

式 (1-20) 是一个一阶常系数、线性非齐次的常微分方程，它的解就是短路时的全电流。

一阶常系数、线性非齐次的常微分方程的通解由其特解和齐次方程的通解两部分构成。它的特解即为强制分量稳态短路电流 $i_{\infty a}$，又称交流分量或周期分量，与外加电源有相同的变化规律。由交流电路的知识易得其稳态解为

$$i_{\infty a} = i_{pa}(t) = \frac{U_m}{Z}\sin(\omega t + \alpha - \varphi) = I_m \sin(\omega t + \alpha - \varphi) \tag{1-21}$$

式中：Z 为短路回路阻抗 $R+j\omega L$ 的模值；φ 为稳态短路电流和电源电压间的相角 $\arctan\dfrac{\omega L}{R}$；$I_m$ 为稳态短路电流的幅值。

式 (1-20) 的齐次方程为

$$L\frac{\mathrm{d}i_a}{\mathrm{d}t} + Ri_a = 0$$

其特征方程为

$$pL + R = 0$$

其特征根为 $p=-R/L$，则齐次方程的通解为

$$i_{\alpha a}(t) = Ce^{pt} = Ce^{-t/T_a} \tag{1-22}$$

$$T_a = -\frac{1}{p} = \frac{L}{R} \tag{1-23}$$

式中：C 为积分常数；$i_{\alpha a}(t)$ 为一没有外源支撑的直流分量；也称为自由分量；T_a 为其衰减时间常数。

这样，式 (1-20) 的通解即为

$$i_a(t) = I_m\sin(\omega t + \alpha - \varphi) + Ce^{-t/T_a} \tag{1-24}$$

下边根据系统的初始状态求积分常数，得到方程的定解，即短路电流的解。在含有电感的电路中，由楞次定律知通过电感的电流是不能突变的，即短路瞬间电感电流不变，据此，将 $i_a(0) = I_{m|0|}\sin(\alpha - \varphi_{|0|})$ 代入式（1-24），得

$$I_{m|0|}\sin(\alpha - \varphi_{|0|}) = I_m\sin(\alpha - \varphi) + C$$

所以

$$C = I_{m|0|}\sin(\alpha - \varphi_{|0|}) - I_m\sin(\alpha - \varphi) \tag{1-25}$$

将式（1-25）代入式（1-24）中便得短路电流表达式为

$$i_a(t) = I_m\sin(\omega t + \alpha - \varphi) + [I_{m|0|}\sin(\alpha - \varphi_{|0|}) - I_m\sin(\alpha - \varphi)]e^{-t/T_a} \tag{1-26}$$

由于三相电路对称，a、b、c 三相电源的初始相位分别为 α、$(\alpha - 120°)$ 和 $(\alpha + 120°)$，则由式（1-26）可分别得到 a、b、c 三相电流为

$$\begin{cases} i_a = I_m\sin(\omega t + \alpha - \varphi) + [I_{m|0|}\sin(\alpha - \varphi_{|0|}) - I_m\sin(\alpha - \varphi)]e^{-t/T_a} \\ i_b = I_m\sin(\omega t + \alpha - 120° - \varphi) + [I_{m|0|}\sin(\alpha - 120° - \varphi_{|0|}) - I_m\sin(\alpha - 120° - \varphi)]e^{-t/T_a} \\ i_c = I_m\sin(\omega t + \alpha + 120° - \varphi) + [I_{m|0|}\sin(\alpha + 120° - \varphi_{|0|}) - I_m\sin(\alpha + 120° - \varphi)]e^{-t/T_a} \end{cases}$$

$$\tag{1-27}$$

综上所述，无限大电源供电电力系统发生三相短路，三相短路电流有如下特点：

（1）每相短路电流中包含有交流周期分量，三相交流周期分量是对称的。周期分量是短路电流的稳态解，故亦称稳态分量。由式（1-21）可知，稳态分量的幅值与电源电压的幅值和短路后回路的阻抗等因素有关，而与短路发生时刻无关。

（2）每相短路电流中包含有随时间增长而逐渐衰减的直流分量。随着时间的无限增长，直流分量按时间常数 T_a 最终衰减到零。由式（1-23）可见，衰减常数是短路后含有电源回路的时间常数。由式（1-25）可见，直流分量的起始值为短路前稳态电流与短路发生时刻的电流值之差。正由于电感电流不能突变，才使这个差值存在，导致了电流从短路前的稳态向短路后的稳态过渡。不难理解，如果这个差值为零，则短路发生后系统将直接进入稳态。因此，直流分量也称为暂态分量。暂态分量起始值与短路发生时刻电源的相位角 α 和短路发生后回路的阻抗角 φ 有关。α 体现了短路发生的时刻，称为短路角；φ 则体现了短路发生的位置。由于短路时刻三相电压的相位角不同，三相短路电流中的直流分量瞬时值也不相等。

图 1-4 所示为三相短路电流变化的波形（在某一初相角 α 时）。由图可见，短路前三相电流和短路后三相交流分量均为幅值相等、

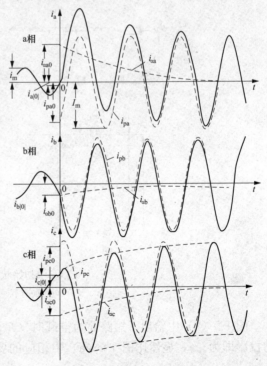

图 1-4 三相短路电流波形图

相位差 120°的三个正弦电流，直流分量电流的作用是使 $t=0$ 时短路电流值与短路前瞬间的电流值相等。由于有了直流分量，短路电流曲线便不与时间轴对称，而直流分量曲线本身就是短路电流曲线的对称轴。因此，如果由录波装置测量得到短路电流曲线时，可以应用这个性质把直流分量从短路电流曲线中分离出来，即将短路电流曲线的两根包络线间的垂直线等分，如图 1-4 中 i_c 所示。

为了防止短路电流的危害，短路电流分析关心最严重的情况。由图 1-4 可以看出，直流分量起始值越大，短路电流的最大值就越大。显然，短路点距电源越近，短路电流最大值就越大。由式（1-25）可见，短路位置一定，影响直流分量起始值大小的是体现短路发生时刻的短路角 α。由式（1-25）直接分析 α 对直流分量起始值的影响比较困难，这里采用正弦电路的符号法进行分析。

在图 1-5（a）中画出了 $t=0$ 时 a 相的电源电压、短路前的电流和短路电流交流分量的相量图。很明显，$\dot{I}_{\mathrm{ma|0|}}$ 和 $\dot{I}_{\mathrm{ma}}$ 在静止时间轴上的投影分别为 $i_{\mathrm{a|0|}}$ 和 i_{pa0}，它们的差值就是非周期分量（直流分量）的初值 $i_{\alpha a0}$。注意图中所有相量的模值和短路前后的回路阻抗角都与短路角 α 无关，因此，当改变 α 时，这些相量之间的相对位置不变而只是统一地转过相同的角度。据此，改变 α，使相量（$\dot{I}_{\mathrm{ma|0|}}-\dot{I}_{\mathrm{ma}}$）与时间轴平行，则 a 相直流分量起始值的绝对值最大；与时间轴垂直，则 a 相直流电流为零。这样，相量（$\dot{I}_{\mathrm{ma|0|}}-\dot{I}_{\mathrm{ma}}$）的模值大小将影响直流分量的起始值。注意：短路前，由于负荷是感性负荷，以及负荷电阻的存在，所以 $0<\varphi_{|0|}<\varphi$，即相量 $\dot{I}_{\mathrm{ma|0|}}$ 与相量 $\dot{I}_{\mathrm{ma}}$ 的夹角 $\varphi-\varphi_{|0|}<90°$，这样，欲使相量（$\dot{I}_{\mathrm{ma|0|}}-\dot{I}_{\mathrm{ma}}$）的模值大，只有 $\dot{I}_{\mathrm{ma|0|}}$ 的模值尽量地小。显然，短路前系统空载，即 $\dot{I}_{\mathrm{ma|0|}}=0$，相量（$\dot{I}_{\mathrm{ma|0|}}-\dot{I}_{\mathrm{ma}}$）的模值最大。

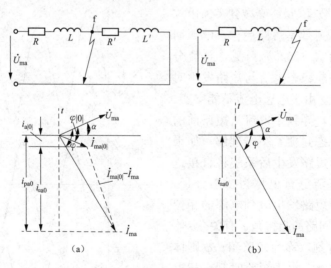

图 1-5　初始状态电流相量图

(a) 短路前有载；(b) 短路前空载

图 1-5（b）中给出了短路前为空载时（$I_{\mathrm{ma|0|}}=0$）a 相的电流相量图。这时 $\dot{I}_{\mathrm{ma}}$ 在 t 轴上的投影即为 $i_{\alpha a0}$，显然比图 1-5（a）中相应的要大。如果在这种情况下，α 满足 $|\alpha-\varphi|=90°$，即 $\dot{I}_{\mathrm{ma}}$ 与时间轴平行，则 $i_{\alpha a0}$ 的绝对值达到最大值 I_{m}。

图 1-6 中示出了短路瞬时（$t=0$）三相的电流
相量图。不难看出，三相中直流电流起始值不可能
同时最大或同时为零。在任意一个初相角下，总有
一相（图 1-6 中为 a 相）的直流电流起始值较大，
而有一相较小（图中为 b 相）。

据前分析，对无限大功率电源供电的电力系
统，三相短路最严重的情况是：在空载条件下短路
角满足 $|\alpha-\varphi|=90°$。这时直流分量起始值最大。

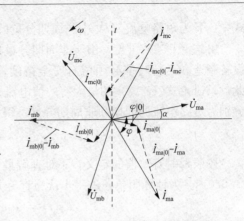

图 1-6　短路瞬时三相电流相量图

二、短路冲击电流和短路电流最大有效值

（一）短路冲击电流

在前述最恶劣条件下短路时，短路电流的最大
可能的瞬时值称为短路冲击电流。注意：短路后回路中已无受电负荷的等值电阻，而输电线
路的等值电阻比其感抗值小得多，因此可以近似取 φ 为 90°。这样，最严重的短路角是 α 为 0
或 180°。由于不关心短路电流的方向，在式（1-26）中取 $\alpha=0$ 计算最严重的短路电流，将
$I_{ma|0|}=0$，$\varphi=90°$，$\alpha=0$ 代入式（1-26）有

$$i_a = -I_m\cos\omega t + I_m e^{-t/T_a} \tag{1-28}$$

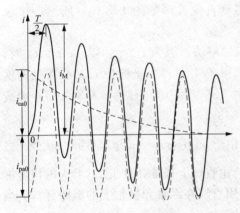

图 1-7　直流分量最大时的短路电流 i_a 的波形

直流分量起始值最大时的短路电流 i_a 的波形如
图 1-7 所示。从图中可见，短路冲击电流，即短路电
流的最大瞬时值（短路电流峰值），出现在短路发生后
约半个周期时，即 $\omega t=\pi$ 时。对于额定频率为 50Hz 的
系统，此时刻 $t=0.01s$。由此可得冲击电流值为

$$i_M \approx I_m + I_m e^{-0.01/T_a} = (1+e^{-0.01/T_a})I_m = K_M I_m \tag{1-29}$$

式中：K_M 称为冲击系数，即冲击电流值对于短路
后周期分量幅值的倍数，显然，T_a 在零与无穷大之
间取值时 K_M 值为 1~2，对实际电力系统，通常根
据短路点的具体情况取 K_M 为 1.8~1.9。

在短路时，巨大的冲击电流在载流导体之间产生的电动力不容忽视。设备制造厂都会提
供设备所能耐受的冲击电流，因此，在设计发电厂、变电站及输电线等时必须对所选择的电
气设备进行机械动稳定校核，以保证在短路发生时设备不会发生机械变形。显然，如果由于
冲击电流过大而出现设备不能耐受的情况时，电力系统就必须采取措施降低冲击电流。

（二）短路电流的最大有效值

在电力系统设计中，进行设备选择时还必须校核短路电流的热效应，特别是断路器的开
断能力与短路电流的热效应关系密切。对周期电流的热效应通常由有效值描述。但由
式（1-27）可见，由于暂态分量的存在，短路电流既不是周期的更不是三相对称的。为此，
定义短路电流在 t 时刻的瞬时有效值为 I_t，其物理意义为：以计算时刻 t 为中心的一个周期
内恒定电流 I_t 流过电阻 R 与短路电流 $i(t)$ 流过该电阻所产生的热量相等。据此有

$$I_t^2 RT = \int_{t-T/2}^{t+T/2} i^2(\tau)R\mathrm{d}\tau \tag{1-30}$$

式中：T 为短路电流 $i(t)$ 中的周期分量的周期。

由式（1-30）可见，由于非周期分量的存在，不同时刻的瞬时有效值是不同的。由于在设备制造和运行时都必须留有安全裕度，因此，校核热效应时也以最严重的情况校核。因此，只讨论式（1-28）的最大有效值电流。将式（1-28）代入式（1-30），注意 $i_{pa}(t)$ 和 $i_{\alpha a}(t)$ 分别为短路电流的周期和非周期分量，得

$$I_t^2 = \frac{1}{T}\int_{t-T/2}^{t+T/2}[i_{pa}(\tau) + i_{\alpha a}(\tau)]^2\mathrm{d}\tau = \frac{1}{T}\int_{t-T/2}^{t+T/2}\left[i_{pa}^2(\tau) + i_{\alpha a}^2(\tau) + 2i_{pa}(\tau)i_{\alpha a}(\tau)\right]\mathrm{d}\tau \quad (1\text{-}31)$$

按照瞬时有效值的定义，不难理解最大瞬时有效值的时刻应为峰值电流发生的时刻，即 $t=0.01\mathrm{s}$。为计算简单，进一步认为直流分量在此时段保持 $t=0.01\mathrm{s}$ 时刻的值不变，即

$$i_{\alpha a}(t) = I_m e^{-0.01/T_a} = (K_M - 1)I_m$$

将上式代入式（1-31），注意：分项积分后第一项为周期分量的有效值，第二项为常数，第三项为零，得短路电流的最大有效值为

$$I_M = \sqrt{(I_m/\sqrt{2})^2 + I_m^2(K_M - 1)^2} = \frac{I_m}{\sqrt{2}}\sqrt{1 + 2(K_M - 1)^2} \quad (1\text{-}32)$$

当 $K_M = 1.8$ 时，$I_M = 1.52(I_m/\sqrt{2})$；当 $K_M = 1.9$ 时，$I_M = 1.62(I_m/\sqrt{2})$。

短路电流最大有效值常用于检验断路器的开断能力。

【例 1-4】 若从已知的短路电流波形图中分解得到直流波形如图 1-8（a）所示，试求取它的衰减时间常数。

解 （1）直接由图 1-8（a）所示 $i_{\alpha t}$－t 曲线求取的解法。因为 $i_{\alpha t} = i_{\alpha 0}e^{-t/T_a}$，$t = T_a$ 时，$i_{\alpha t} = i_{\alpha 0}e^{-1} = 0.368i_{\alpha 0} = 0.368 \times 3 = 1.104(\mathrm{kA})$，由图 1-8（a）量得纵坐标为 1.104kA 处的横坐标为 $t = T_a = 0.086\mathrm{s}$。类似地，当 $t = T_a/2$ 时，$i_{\alpha t} = i_{\alpha 0}e^{-1/2} = 0.606i_{\alpha 0} = 1.818(\mathrm{kA})$，曲线上量得纵坐标为 1.818kA 处的横坐标为 $t = T_a/2 = 0.043\mathrm{s}$。

（2）由图 1-8（b）所示 $\lg i_{\alpha t}$－t 曲线求取的解法。由于 $\lg i_{\alpha t} = \lg i_{\alpha 0} - \frac{t}{T_a}\lg e$，因而 $\lg i_{\alpha t}$ 与 t 之间是线性关系如图 1-8（b）所示。可以按照前述关系，由直线上查得对应 $\lg 1.104\mathrm{kA}$ 的横坐标 $t = T_a$ 或者对应 $\lg 1.818\mathrm{kA}$ 的横坐标 $t = T_a/2$。这里利用直线在纵轴和横轴上的截距计算。当 $t = 0$ 时，$\lg i_{\alpha t} = \lg i_{\alpha 0} = 0.477$，当 $\lg i_{\alpha t} = 0$ 时，$t = t_0 = \frac{T_a \lg i_{\alpha 0}}{\lg e}$，从图上量得 $t = 0.094\mathrm{s}$，于是得

$$T_a = \frac{t_0 \lg e}{\lg i_{\alpha 0}} = \frac{0.094 \times 0.4343}{0.477} = 0.086(\mathrm{s})$$

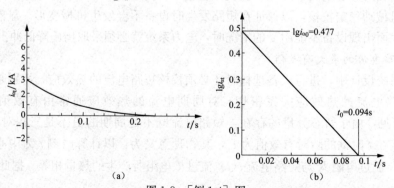

图 1-8 ［例 1-4］图

（a）由 $i_{\alpha t}$－t 曲线求取 T_a；（b）由 $\lg i_{\alpha t}$－t 曲线求取 T_a

【例 1-5】 在图 1-9 所示电力系统中，f 点三相短路时，6.3kV 母线电压保持不变。如设计要求短路冲击电流不得超过 20kA，试确定可平行敷设的电缆线路数。电抗器和电缆线路的参数如下：

电抗器：6kV，200A，$x_R=4\%$，额定有功功率损耗为每相 1.68kW；

电缆线路：长 1250m，$x=0.083\Omega/\text{km}$，$r=0.37\Omega/\text{km}$。

解 本例为同一电压等级，采用有名值计算。

电抗器的电抗和电阻分别为

$$x = \frac{4}{100} \times \frac{6000}{\sqrt{3} \times 200} = 0.693(\Omega)$$

$$r = \frac{1680}{200^2} = 0.042(\Omega)$$

电缆的电抗和电阻分别为

$$x = 1.25 \times 0.083 = 0.104(\Omega)$$

$$r = 1.25 \times 0.37 = 0.463(\Omega)$$

一条线路（包括电抗器）的电抗、电阻和阻抗分别为

$$x = 0.693 + 0.104 = 0.797(\Omega)$$

$$r = 0.042 + 0.463 = 0.505(\Omega)$$

$$z = \sqrt{0.797^2 + 0.505^2} = 0.943(\Omega)$$

短路电流直流分量的衰减时间常数为

$$T_a = \frac{0.797}{314 \times 0.505} = 0.005(\text{s})$$

短路电流冲击系数为

$$K_M = 1 + e^{-\frac{0.01}{0.005}} = 1.135$$

因为 $i_M = K_M I_m = \sqrt{2}K_M I$，由允许的 i_M 值可求得短路电流交流分量有效值的允许值为

$$I = \frac{20}{\sqrt{2} \times 1.135} = 12.46(\text{kA})$$

因此，自 6.3kV 母线到短路点 f 点的总阻抗为

$$Z_\Sigma \geqslant \frac{6.3}{\sqrt{3} \times 12.46} = 0.292(\Omega)$$

由上可知，允许平行敷设的电缆线路不得超过 $\frac{0.943}{0.292} = 3.23$ 条，即可以平行敷设三条电缆线路。

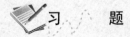 习 题

1-1 对 [例 1-3]，取 $U_{B2}=110\text{kV}$，$S_B=30\text{MV·A}$，用准确法和近似计算法计算参数标幺值。

1-2 若一电流标幺值为 $i_*=\sin\omega_s t=\sin t_*$。显然，当 $t=0\text{s}$，即 $t_*=0$ 时，$i_*=0$。注

意：i_* 是周期函数。试再写出 $t > 0$ 后对应 $i_* = 0$ 的四对 t 和 t_*。

1-3 在 ［例 1-5］ 中，若 6.3kV 母线的三相电压为

$$\begin{cases} u_a = \sqrt{2} \times 6.3\cos(\omega_s t + \alpha) \\ u_b = \sqrt{2} \times 6.3\cos(\omega_s t + \alpha - 120°) \\ u_c = \sqrt{2} \times 6.3\cos(\omega_s t + \alpha + 120°) \end{cases}$$

在空载情况下 f 点突然三相短路，设突然短路时 $\alpha = 30°$。试完成：

(1) 计算每条电缆线路中流过的短路电流交流分量幅值。

(2) 写出每条电缆线路三相短路电流表达式。

(3) 三相中哪一相的瞬时电流最大？并计算其近似值。

(4) α 为何值时，a 相的最大瞬时电流即为冲击电流？

1-4 在题 1-3 中，若短路前非空载，而是每条电缆线路的电流有效值为 180A，且在 6.3kV 母线处功率因数角 $\varphi_{|0|} = 30°$。试计算在 f 点突然短路后，每条电缆线路三相短路电流直流分量的起始值。

第二章　同步发电机突然三相短路分析

在第一章中讨论了在电源电压的幅值和频率保持恒定的情况下，系统发生三相短路时短路电流的情况。实际系统中的发电机外部突然发生短路，即系统结构突然变化将使其内部进入暂态过程。在暂态过程中，发电机端电压、定子和转子电流的幅值都将随时间变化，这种变化将对发电机自身以及整个系统的暂态过程有着至关重要的影响。

同步发电机的定子绕组和转子绕组，在暂态过程中有相对运动，而且相互之间又有电磁耦合，发生短路时，作为电源的同步发电机内部的暂态过程比较复杂。本章将首先分析发电机的参数，其次应用磁链守恒原理分析同步发电机突然三相短路时的物理过程，并从物理概念上阐述绕组间电流的相互关系。然后，通过数学推导方法，给出同步发电机短路时短路电流的表达式；最后，分析发电机的强行励磁装置对短路暂态过程的影响。

第一节　同步发电机在空载情况下定子突然三相短路后的电流波形分析

同步发电机主要由定子和转子两个部件组成，定子上装有 a、b、c 三相电枢绕组，转子上装有直流励磁绕组，对于凸极机还装有阻尼绕组，隐极机在转子上虽没有装设阻尼绕组，但它的实心转子起着阻尼绕组的作用。从发电机的基本原理来讲，当发电机励磁绕组中通入直流电流 i_f，将在转子周围建立磁场，由于转子的旋转，定子 a、b、c 三相绕组切割磁力线，便在电枢绕组中感应出三相电动势，在同步发电机突然三相短路的暂态过程中，电枢绕组中的电流又将对转子绕组产生影响，定、转子之间的电磁耦合使得暂态过程变得较为复杂。为由浅入深地分析发电机的暂态过程，本节首先从同步发电机空载情况下突然三相短路后的电流波形入手，分析同步发电机突然三相短路后暂态过程中的电流分量。

图 2-1 为一台同步发电机在转子励磁绕组有励磁电流、定子回路开路即空载运行情况下，定子端口突然三相短路后实测的电流波形图。图 2-1 （a） 为定子三相电流，即短路电流波形。图 2-1 （b） 为励磁回路电流波形。

按第一章介绍的波形分析方法分析定子三相短路电流，可知三相短路电流中均有直流分量。图 2-2 （a） 为三相短路电流包络线的均分线，即短路电流中的直流分量。三相直流分量大小不等，但均按相同的指数规律衰减，最终衰减至零。一般称直流分量的衰减时间常数为 T_a，其值大约为零点几秒。图 2-2 （a） 中的 T_a 约 0.2s。可以由第一章分析的三相短路电流直流分量推想，T_a 的值

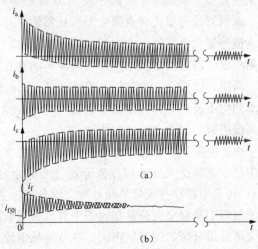

图 2-1　同步发电机三相短路后实测电流波形

(a) 三相定子电流；(b) 励磁回路电流

大致由定子回路的电阻和等值电感决定。

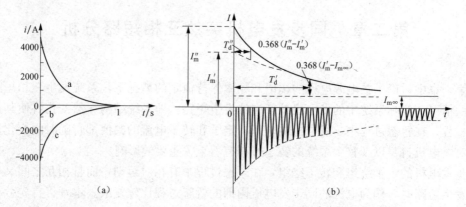

图 2-2　短路电流波形分解

(a) 三相直流分量；(b) 交流分量包络线的衰减

　　图 2-2 (b) 为分解而得的交流分量，其峰-峰值（正向和负向最大值之差）为短路电流包络线间的垂直距离（三相相等）。由图可知，交流分量的幅值是逐渐衰减的，最终衰减至稳态值 $I_{m\infty}$。如果令交流分量的短路初始值为 I_m''，则 $I_m'' - I_{m\infty}$ 衰减至零。按指数衰减规律分析 $I_m'' - I_{m\infty}$ 的变化过程，得知在这个变化过程中是按两个时间常数衰减。一般将小的时间常数称为 T_d''，其值大约为几个周波；大的时间常数称为 T_d'，其值较 T_d'' 大好几倍。图 2-2 (b) 中，将后面衰减较慢的部分按 T_d' 的变化规律向前延伸（虚线部分）至纵坐标（$t = 0$），称为 I_m'，由此可写出交流分量幅值的表达式为

$$I_m(t) = (I_m'' - I_m')e^{-t/T_d''} + (I_m' - I_{m\infty})e^{-t/T_d'} + I_{m\infty} \tag{2-1}$$

　　上述的短路电流交流分量幅值随时间衰减的现象，是同步发电机突然三相短路电流与第一章介绍的无限大功率电源短路电流的最基本差别。

　　图 2-1 (b) 示出的励磁回路电流波形表明，定子三相短路后励磁绕组电流中出现了交流分量，它最后衰减至零。图中交流分量的对称轴线即直流分量，在短路后瞬间的励磁电流中，新增直流分量使得直流电流较正常值 $i_{f[0]}$ 大（在短路瞬时，励磁电流中的交流分量和新增直流分量大小相等，方向相反），最终衰减至 $i_{f[0]}$。励磁回路电流的上述变化，是由于励磁回路和定子以及转子阻尼回路（后详）间存在磁耦合的缘故。

　　最后，由图 2-1 的波形图还可看出，无论是定子短路电流还是励磁回路电流，在突然短路瞬间均不突变，即三相定子电流均为零，励磁回路电流等于 $i_{f[0]}$，这是因为感性回路的电流（或磁链）是不会突变的。

　　由发电机端口突然三相短路的短路电流实测波形可以看到，发电机定子侧短路后三相绕组中存在基频交流分量和直流分量（实际上还存在倍频分量，因为幅值小实测波形中看不到）；转子中存在直流分量和基频交流分量。通过对电流各分量的分析可知，在暂态过程中，定子绕组中基频交流分量和转子中直流分量衰减时间常数相同，定子侧直流分量和转子中基频交流分量衰减时间常数相同。本节将从电流波形图中定性地分解出定子短路电流和励磁回路电流各种分量，在后面章节中将进一步从发电机内部的物理过程分析产生各种分量的机理，进而推得计算短路电流的表达式。

第二节　同步发电机稳态运行情况及暂态参数

要从发电机内部物理过程分析各种分量产生的机理，首先要复习"电机学"课程中同步发电机稳态运行情况及暂态参数的基本知识。另外，在电力系统短路故障分析和计算中，主要关心的是电磁量的变化，由于电磁暂态时间短，且发电机转动惯量大，短路初期发电机转速变化较小，转速的变化对电磁量的变化影响也小，这时可以认为系统中所有发电机均保持同步运行，而不考虑转子机械速度的变化，即只考虑电磁暂态过程。在电力系统的稳定性分析中，主要关心的是电磁量中变化相对缓慢的部分与发电机转速变化之间的相互影响，常称这类过程为机电暂态过程，在分析和计算中可以忽略同步发电机定子绕组的电磁暂态过程，这些内容将在第六章中介绍。

在以后的讨论中认为同步发电机是理想电机，即：

（1）电机转子在结构上直轴和交轴完全对称；定子三相绕组完全对称，在空间互差 $120°$ 电角度。

（2）定子电流在气隙中产生正弦分布的磁动势，转子绕组和定子绕组间的互感磁通也在气隙中按正弦规律分布。

（3）定子及转子的槽和通风沟不影响定子及转子绕组的电感，即认为发电机的定子及转子具有光滑的表面。

此外，还假设：

（1）在暂态过程期间同步发电机转子保持同步转速，即只考虑电磁暂态过程，而不计机电暂态过程。

（2）发电机铁心部分的导磁系数为常数，即忽略磁路饱和的影响，在分析中可以应用叠加原理。

（3）发生短路后励磁电压始终保持不变，即不考虑短路后发电机端电压降低引起的强行励磁（除第七节外）。

（4）短路发生在发电机定子出线端口。如果短路发生在出线端外，可以把外电路的阻抗合并至定子绕组的电阻和漏抗上，只要定子总回路的电阻较电抗仍小得多，则短路后的物理过程和出线端口短路是一样的。

一、定子、转子各绕组磁轴、电流的正方向

在研究同步发电机暂态过程的教材中均涉及发电机各绕组电压、电流、磁链的正方向，由于各教材对电磁量的正方向有不同的取法，各绕组的电压方程和磁链方程也就有不同的表达形式，在本教材中发电机各绕组电压、电流、磁链的正方向将按下述方法加以规定。

在同步发电机暂态过程的分析中，将只根据凸极同步发电机来说明，这是因为就电磁关系而言，凸极同步发电机更具有普遍意义，气隙均匀的隐极机可看作是凸极机的特例。准确地描述凸极机的阻尼绕组是一件不容易的事。为了简化分析，常采用等效阻尼绕组的方法来代替所有阻尼绕组的作用。从理论上来说，等效绕组的个数越多，模拟的精度就越高。但是采用过多的等值绕组将使描述同步发电机的数学模型中微分方程的阶数增高，从而使求解计算量大大增加，而且难以准确地获取它们的电气参数。因此，除了在电机设计中有少量采用多个阻尼绕组来研究某些特殊问题以外，一般在转子的直轴和交轴上各设置一个等值阻尼绕

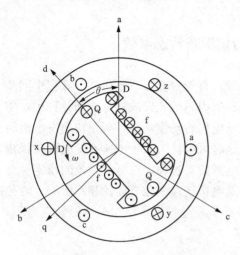

图 2-3 同步发电机各绕组轴线和
电流正方向示意图

组，分别记为 D 绕组和 Q 绕组。

图 2-3 为凸极同步发电机的示意图。定子三相绕组分别用绕组 a-x、b-y、c-z 表示，绕组的中心轴 a、b、c 轴线彼此相差 120°。转子极中心线用 d 轴表示，称为纵轴或直轴；极间轴线用 q 轴表示，称为横轴或交轴。转子逆时针旋转为正方向，q 轴超前 d 轴 90°。励磁绕组 f 的轴线与 d 轴重合。阻尼绕组用两个互相正交的短接绕组等效，轴线与 d 轴重合的称为 D 阻尼绕组，轴线与 q 轴重合的称为 Q 阻尼绕组。本书中选定定子各相绕组轴线的正方向作为各相绕组磁链的正方向。励磁绕组和直轴阻尼绕组磁链的正方向与 d 轴正方向相同；交轴阻尼绕组磁链的正方向与 q 轴正方向相同。图 2-3 中也标出了各绕组电流的正方向。定子各相绕组电流产生的磁通方向与各该相绕组轴线的正方向相反时电流为正值，转子各绕组电流产生的磁通方向与 d 轴或 q 轴正方向相同时电流为正值，即定子绕组中正电流产生负磁通，而转子绕组中正电流产生正磁通。这样选定正方向的原因是，在正常运行条件下发电机定子电流是感性的，感性电流流过定子绕组将使发电机端电压下降，在这种定义下，定、转子之间的磁链方向是相反的，电枢反应是去磁的。

二、磁链守恒原理及同步发电机双反应原理

超导闭合回路磁链守恒原理以及同步发电机双反应原理将应用在同步发电机短路分析中，下面复习这两个概念。

首先简要地阐述磁链守恒原理的基本内容。若回路由理想超导体构成，闭合回路中，其自感为 L，原有磁链为 ψ_0，在没有外电源时电路方程式为

$$\frac{\mathrm{d}\psi_0}{\mathrm{d}t} = 0$$

即 ψ_0＝常数。将一磁铁移近超导回路，超导回路中增加的磁链为 $\Delta\psi$，在回路中将感应电流 i，其大小和方向满足条件 $Li + \Delta\psi = \psi_0$，这就是超导体回路磁链守恒原理。根据磁链守恒原理，任何一个闭合的线圈，它的磁链在同一瞬间不能从一个数值跳变到另外一个数值，如果外界因素迫使线圈的磁链发生突变，该线圈将感应出一个自由电流分量，这个电流的作用就是产生一个反方向磁链抵制外来磁链，以此维持原线圈所匝链的磁链不变。磁链守恒原理是对发电机突然短路暂态过程进行物理分析的理论基础，是短路瞬间定、转子各绕组中产生各种自由电流分量的根本原因。如果该回路不是超导体，存在电阻，则感应出的自由电流分量最终将衰减到零。

电机学中分析凸极电机时，常采用双反应原理，在同步发电机突然短路的分析中也是以双反应原理为基础。同步发电机空载时，定子电流为零，空气隙中仅存在着励磁电流建立的磁场，在发电机带负荷后，空气隙中除了转子磁场外，还存在着由定子三相电流产生的同步旋转的电枢磁动势，因此，空气隙中的磁动势变成为合成磁动势，使空气隙中原有的磁动势的大小及位置均发生变化，这种现象称之为电枢反应。由于凸极同步发电机结构上的不对

称，同一电枢磁动势作用在不同位置时电枢反应是不一样的，电枢磁场分布是不对称的，使其在分析和推导时比隐极机困难。由勃朗德（Blondel）提出的电枢反应理论指出，当电枢磁动势 F_a 作用于交、直轴间的任意位置时，可将其分解成直轴电枢反应分量 F_{ad} 和交轴电枢反应分量 F_{aq}，分别求出直、交轴电枢反应分量，然后把它们进行叠加，这就是同步电机的双反应理论。本章后续的分析就是建立在此基础上的。

三、同步发电机的参数

分析同步发电机的稳态和暂态特性，首先需要对发电机的基本参数有一个清晰的了解，本节重点介绍发电机的暂态参数，对稳态参数只作一般复习。分析暂态参数时，将应用到磁链守恒原理和双反应理论，以及同步电机定子电枢反应磁通的磁路决定定子每相等值电抗的原理，对这些物理概念的阐述也是本节的重点。

（一）同步发电机的稳态参数

设同步发电机为空载运行，励磁电流为 i_f，励磁磁动势为 F_f，其产生的磁通 φ_f 由励磁绕组的漏磁通 $\varphi_{f\sigma}$ 和与发电机定子绕组交链的互磁通 φ_0（也称主磁通）所组成。主磁通 φ_0 乘以定子绕组匝数 N 便是主磁链 ψ_0，该磁力线切割定子绕组，在定子绕组中产生交流电动势，即为空载电动势 E_q。在磁路不饱和的情况下，E_q 与 i_f 是线性关系，E_q 正比于 i_f，即励磁电流的大小决定了空载电动势的大小。

如果在发电机端接入纯电感性负荷，则其定子电流将滞后电动势 $90°$，此时定子电流只有 d 轴分量（由于没有有功分量，q 轴分量 $i_q=0$），根据规定的正方向，i_d 所产生的磁链与转子磁链方向相反，所引起的电枢反应磁动势 F_{ad} 是去磁反应，F_{ad} 与励磁磁动势 F_f 在气隙中产生气隙磁动势 $F_\delta=F_f-F_{ad}$，该磁动势产生气隙磁链 ψ_δ，此磁场以同步速度旋转，在定子绕组中感应电动势 $E_\delta(=E_q-E_{ad})$，称为气隙电动势。在 E_δ 中减去定子绕组漏抗 x_σ 的压降（定子绕组电阻被忽略）就是发电机的端电压 u_q，即

$$u_q = E_\delta - i_d x_\sigma$$

电枢反应磁动势 F_{ad} 产生的电枢反应磁通 ψ_{ad} 为去磁的，在定子绕组中将产生电动势降低的效应，可用电压降 E_{ad} 来代替，E_{ad} 与定子电流 i_d 成正比，令 $E_{ad}=i_d x_{ad}$，其中 x_{ad} 通常称为直轴电枢反应电抗，这样发电机的端电压 u_q 可以表示为

$$u_q = (E_q - E_{ad}) - i_d x_\sigma = E_q - i_d(x_{ad} + x_\sigma) = E_q - i_d x_d \qquad (2\text{-}2)$$

其中，$x_d = x_{ad} + x_\sigma$ 称为 d 轴同步电抗，其对应的电枢反应磁通的路径为转子直轴、气隙和定子铁心。

若定义 q 轴为虚轴，d 轴为实轴，式（2-2）也可以写成相量形式为

$$j u_q = j E_q - j i_d x_d$$

即

$$\dot{U}_q = \dot{E}_q - j\dot{I}_d x_d \qquad (2\text{-}3)$$

下面进一步分析 d 轴同步电抗 x_d 和其磁通路径的磁导的关系。图 2-4（a）反映了当 d 轴和定子 a 相轴线相重合时 x_d 对应的磁通分布路径。定子绕组中匝链了两部分磁链：一部分是由励磁绕组匝链到定子绕组的主磁通 φ_0，其产生空载电动势。另一部分是定子绕组自身电流所产生的电枢反应磁通 φ_{ad} 和漏磁通 φ_σ，这部分磁通的方向与主磁通 φ_0 相反，且正比于 i_d。φ_{ad} 和 φ_σ 所经过的路径如图 2-4（a）所示。这两条路径是并联的，分别用 Λ_{ad} 和 Λ_σ 表示磁路的磁导。当定子匝数为 N 时，可得出定子绕组自身电流产生的磁链标幺值为

$$\psi = \psi_{ad} + \psi_\sigma = N(\varphi_{ad} + \varphi_\sigma) = NF_{ad}(\Lambda_{ad} + \Lambda_\sigma) = i_d N^2(\Lambda_{ad} + \Lambda_\sigma)$$

$$= i_d(L_{ad} + L_\sigma) = i_d(x_{ad} + x_\sigma) = i_d x_d \tag{2-4}$$

由式（2-4）可见，定子电抗与其磁通路径的磁导是相对应的，磁导大，电抗大；磁导小，电抗小。x_d 的等效电路如图 2-4（b）所示。

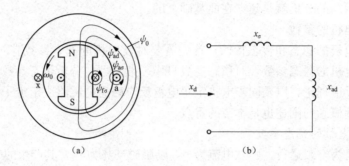

图 2-4　d 轴同步电抗 x_d 的等效电路

(a) 直轴暂态电抗磁通路径；(b) x_d 等效电路

如果在发电机端接入纯电阻性负荷，则其定子电流将与电动势同方向，此时定子电流只有 q 轴分量（由于没有无功分量，d 轴分量 $i_d = 0$）。图 2-5（a）反映了当 q 轴和定子 a 相轴线相重合时的情况，这时的定子电流为 i_q，在不计阻尼绕组时，转子在 q 轴上没有绕组，在定子侧感应的 d 轴电动势为零。q 轴电枢反应的磁链 ψ_{aq} 和漏磁链 ψ_σ 由 i_q 产生，显然电枢反应磁动势 F_{aq} 产生的电枢反应磁链 ψ_{aq} 同样在定子绕组中将产生电动势降低的效应，可用电压降 E_{aq} 来代替，E_{aq} 与定子电流 i_q 成正比，令 $E_{aq} = i_q x_{aq}$，其中 x_{aq} 通常称为交轴电枢反应电抗。按正方向的规定，i_q 产生的磁链在 q 轴的负方向，所以定子 q 轴电枢反应的磁链 ψ_{aq} 在定子中感应的电动势在 d 轴的负方向。按上述分析有

$$-u_d = (E_d - E_{aq}) - i_q x_\sigma = 0 - i_q(x_{aq} + x_\sigma) = -i_q x_q$$

即

$$u_d = i_q x_q \tag{2-5}$$

其中，$x_q = x_{aq} + x_\sigma$ 称为 q 轴同步电抗，等效电路如图 2-5 所示。

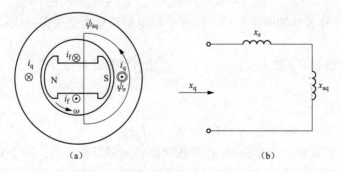

图 2-5　q 轴同步电抗 x_q 的等效电路

(a) 交轴暂态电抗磁通路径；(b) x_q 等效电路

将上式写成相量形式为

$$\dot{U}_d = -j(ji_q)x_q = -j\dot{I}_q x_q \tag{2-6}$$

对于励磁绕组，励磁电流 i_f 产生的磁通 φ_f 由穿过 d 轴的主磁通 φ_0 和励磁绕组的漏磁通 $\varphi_{f\sigma}$ 组成，主磁通 φ_0 所经路径与磁通 φ_{ad} 相同，只是方向相反。这两条磁通路径也是并联的，可知

$$x_f = x_{f\sigma} + x_{ad} \tag{2-7}$$

（二）同步发电机正常稳态运行时的电压平衡关系及相量图

由"电机学"已知同步发电机正常稳态运行时的相量图如图 2-6 所示。图中 $\dot{E}_q$、$\dot{U}$ 和 $\dot{I}$ 分别代表空载电动势、发电机端电压和电流；δ 为 $\dot{E}_q$、$\dot{U}$ 间夹角（即功角），φ 为 $\dot{U}$、$\dot{I}$ 间夹角（即功率因数角）；$\dot{U}_d$、$\dot{U}_q$ 和 $\dot{I}_d$、$\dot{I}_q$ 则为电压和电流在 d、q 轴上的分量；电抗 x_d、x_q 为定子直轴和交轴同步电抗，r 为定子绕组电阻。

在计及电阻后可分别写出 q、d 轴电压方程为

$$\begin{cases} \dot{E}_q = \dot{U}_q + r\dot{I}_q + jx_d\dot{I}_d \\ 0 = \dot{U}_d + r\dot{I}_d + jx_q\dot{I}_q \end{cases} \tag{2-8}$$

将上两式相加，注意 $\dot{U} = \dot{U}_d + \dot{U}_q$，$\dot{I} = \dot{I}_d + \dot{I}_q$，则凸极机的电压平衡方程为

$$\dot{E}_q = \dot{U} + r\dot{I} + jx_d\dot{I}_d + jx_q\dot{I}_q \tag{2-9}$$

忽略 r 后，则

$$\dot{E}_q = \dot{U} + jx_d\dot{I}_d + jx_q\dot{I}_q \tag{2-10}$$

对于隐极机 $x_d = x_q$，电压平衡方程为

$$\dot{E}_q = \dot{U} + r\dot{I} + jx_d\dot{I} \tag{2-11}$$

忽略 r 后，可写为

$$\dot{E}_q = \dot{U} + jx_d\dot{I} \tag{2-12}$$

图 2-6（a）、（b）分别为式（2-9）和式（2-11）对应的相量图。

在上述方程中，发电机的端电压、电流和它们的

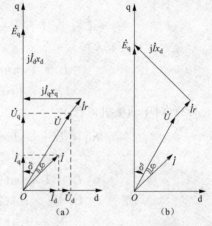

图 2-6　同步发电机正常稳态运行相量图
（a）凸极机；（b）隐极机

相位差 φ 由潮流计算得出。若选 $\dot{U}$ 为参考相量，$\dot{U} = U\angle 0°$，则 $\dot{I} = I\angle -\varphi$，即已知 $\dot{U}$ 和 $\dot{I}$，其他运行变量均未知，对于隐极机，可以方便地应用式（2-12）求得 $\dot{E}_q$，也就决定了 q 轴和 d 轴的位置，从而可得电压、电流在 d、q 轴的分量 $\dot{U}_d$、$\dot{U}_q$ 和 $\dot{I}_d$、$\dot{I}_q$ 等运行变量；而对于凸极机则无法直接由 $\dot{U}$ 和 $\dot{I}$ 决定 q 轴，必须借助下述的虚构电动势 $\dot{E}_Q$。将凸极发电机的电压平衡方程式（2-10）改写为

$$\begin{aligned} \dot{E}_q &= \dot{U} + jx_d\dot{I}_d + jx_q\dot{I}_q \\ &= \dot{U} + jx_d\dot{I}_d + jx_q\dot{I}_q + jx_q\dot{I}_d - jx_q\dot{I}_d \\ &= \dot{U} + jx_q(\dot{I}_q + \dot{I}_d) + j(x_d - x_q)\dot{I}_d \\ &= \dot{U} + jx_q\dot{I} + j(x_d - x_q)\dot{I}_d \\ &= \dot{E}_Q + j(x_d - x_q)\dot{I}_d \end{aligned} \tag{2-13}$$

其中

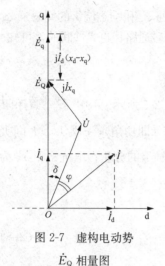

图 2-7　虚构电动势
$\dot{E}_Q$ 相量图

$$\dot{E}_Q = \dot{U} + jx_q\dot{I} \tag{2-14}$$

式（2-13）中，$\dot{E}_q$ 和 $j(x_d - x_q)\dot{I}_d$ 均在 q 轴方向，因此 $\dot{E}_Q$ 也必定在 q 轴方向，而 $\dot{E}_Q$ 可按式（2-14）直接由 $\dot{U}$、$\dot{I}$ 求得。图 2-7 示出 $\dot{E}_Q$ 的相关相量图。已知 $\dot{E}_Q$ 即可决定 q 轴和 d 轴位置，并进而求得其他运行变量。

【例 2-1】 已知一台同步发电机运行在额定电压和额定电流情况下，$\cos\varphi = 0.85$。若发电机为隐极机，$x_d = 1.0$；若发电机为凸极机，$x_d = 1.0$，$x_q = 0.65$。试分别计算它们的空载电动势 $\dot{E}_q$ 以及电流的直轴、交轴分量 I_d、I_q。

解 忽略定子电阻，令发电机端电压为 $1\angle 0°$（即参考相量），则发电机电流为 $1\angle -\varphi = 1\angle -32°$。

（1）对于隐极机，有

$$\dot{E}_q = \dot{U} + jx_d\dot{I} = 1 + j\angle -32° = 1.53 + j0.85 = 1.75\angle 29°$$

$$\delta = 29°$$

$$I_d = 1 \times \sin(29° + 32°) = \sin 61° = 0.87$$

$$I_q = 1 \times \cos(29° + 32°) = \cos 61° = 0.48$$

（2）对于凸极机，有

$$\dot{E}_Q = \dot{U} + jx_q\dot{I} = 1 + j0.65\angle -32° = 1.45\angle 22.3°$$

$$\delta = 22.3°$$

$$I_d = 1 \times \sin(22.3° + 32°) = \sin 54.3° = 0.81$$

$$I_q = 1 \times \cos(22.3° + 32°) = \cos 54.3° = 0.58$$

$$E_q = 1.45 + 0.81 \times (1 - 0.65) = 1.73$$

$$\dot{E}_q = 1.73\angle 22.3°$$

（三）忽略阻尼绕组时的发电机暂态电动势和暂态电抗

同步发电机机端三相短路时，定子电流的交流分量突然增大，定子电流交流分量在空间的旋转磁动势的幅值也将突然增大。在忽略阻尼绕组时，转子上只有励磁绕组，因此，突然增大的定子空间磁动势产生的磁链必然匝链励磁绕组。由于励磁绕组磁链不能突变，因此，在励磁绕组中对应定子绕组交流分量的突变将感应一个直流电流 $\Delta i_{f\alpha}$。如果不计励磁绕组的等值电阻，$\Delta i_{f\alpha}$ 是常数；反之，$\Delta i_{f\alpha}$ 是衰减直流。这时，励磁电流的直流分量为 $i_{f|0|} + \Delta i_{f\alpha}$。与此电流对应的空载电动势 E_{q0} 发生了突变，突变量为 $\Delta E_{q0} = x_{ad}\Delta i_{f\alpha}$。这一突变量在定子电流的交流分量获解之前是未知的，因此，计算短路后定子电流基波分量起始值就不能像稳态时那样通过空载电动势 E_{q0} 的直流分量与同步电抗之比来获取。

由前面对稳态运行时的同步电抗分析看出，走 d 轴主磁路的电枢反应磁通 φ_{ad} 和漏磁通 φ_σ 决定了定子回路的 d 轴等值电抗。以下将利用短路瞬间励磁绕组磁链不变这一特性，通过分析短路瞬间电枢反应磁通所走的磁路，推导出同步发电机的暂态电动势和暂态电抗。

为了使发电机的暂态电抗和暂态电动势的推导具有一般性，设发电机在短路前是在带负荷的情况下运行，在推导中，设励磁绕组的匝数已归算到定子侧，并用下标"|0|"表示短

路前瞬间，用下标"0"表示短路后瞬间。

由于励磁绕组磁链 $\psi_{f\Sigma}$ 在短路前后瞬间具有不变的性质，下面以磁链 $\psi_{f\Sigma}$ 为基础进行推导。励磁绕组短路前的磁链 $\psi_{f\Sigma|0|}$ 为

$$
\begin{aligned}
\psi_{f\Sigma|0|} &= \psi_{f|0|} - \psi_{ad|0|} = \psi_{f\sigma|0|} + \psi_{0|0|} - \psi_{ad|0|} = \sigma_f \psi_{f|0|} + \psi_{\delta|0|} \\
&= \sigma_f(\psi_{f\Sigma|0|} + \psi_{ad|0|}) + \psi_{\delta|0|} = \sigma_f \psi_{f\Sigma|0|} + \psi_{ad\sigma|0|} + \psi_{\delta|0|} = \psi_{f\Sigma0}
\end{aligned}
\tag{2-15}
$$

式中，$\psi_{f|0|}$、$\psi_{0|0|}$、$\psi_{ad|0|}$ 分别为励磁电流产生的磁链、主磁链和定子电流电枢反应磁链；$\psi_{f\sigma|0|}$、$\psi_{\delta|0|}$ 为励磁绕组漏磁链和气隙磁链；σ_f 为励磁绕组的漏磁系数，$\sigma_f = \varphi_{f\sigma}/\varphi_f = \psi_{f\sigma}/\psi_f$，当磁路不饱和时为常数；$\psi_{ad\sigma|0|}$ 为走励磁绕组漏磁路径的电枢反应磁链，$\psi_{ad\sigma|0|} = \sigma_f \psi_{ad|0|} = \sigma_f(\psi_{f|0|} - \psi_{f\Sigma|0|}) = \psi_{ad|0|} - \sigma_f \psi_{ad|0|}$ 它只穿过气隙而不进入励磁绕组。

式（2-15）说明短路瞬间定子回路突然增加的三相交流电流，其 d 轴磁动势企图形成穿过主磁路的磁链，但转子上的励磁绕组为保持自身磁链守恒而感应直流电流 $\Delta i_{f\alpha}$，其相应的磁动势抵制 d 轴新增电枢反应磁通 ψ_{ad} 的穿入，从而迫使 ψ_{ad} 走励磁绕组的外侧，即其漏磁路径，如图 2-8 中的 ψ'_{ad}。图 2-8 中给出了短路暂态时的相应磁链图形。为简明起见，图中仅画了 a 相绕组走励磁绕组漏磁路径的部分电枢反应磁链，初始的电枢反应磁链 $\psi_{ad|0|}$ 没反映在图中；此外，由于对称，只示出磁链图形的一半。

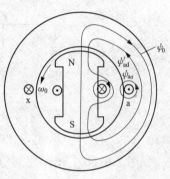

图 2-8 直轴暂态电抗磁链路径

由式（2-15）可得

$$
\psi_{\delta|0|} = (1 - \sigma_f)\psi_{f\Sigma|0|} - \psi_{ad\sigma|0|} = (1 - \sigma_f)\psi_{f\Sigma|0|} - \sigma_f \psi_{ad|0|}
\tag{2-16}
$$

如果磁链 $(1-\sigma_f)\psi_{f\Sigma|0|}$ 在发电机定子中感应的电动势用 $E'_{q|0|}$ 表示，气隙磁链 $\psi_{\delta|0|}$ 用气隙电动势 $E_{\delta|0|}$ 表示，$E_{\delta|0|} = u_{q|0|} + i_{d|0|}x_\sigma$，以及 $\sigma_f\psi_{ad|0|}$ 用 $\sigma_f i_{d|0|}x_{ad}$ 表示，则可得短路前发电机的端电压为

$$
u_{q|0|} + i_{d|0|}x_\sigma = E'_{q|0|} - i_{d|0|}\sigma_f x_{ad}
$$

或写为

$$
u_{q|0|} = E'_{q|0|} - i_{d|0|}(x_\sigma + \sigma_f x_{ad}) = E'_{q|0|} - i_{d|0|}(x_\sigma + x'_{ad}) = E'_{q|0|} - i_{d|0|}x'_d
\tag{2-17}
$$

式中：$E'_{q|0|}$ 为暂态电动势；$x'_{ad} = \sigma_f x_{ad}$ 为直轴暂态电枢反应电抗；$x'_d = x_\sigma + x'_{ad}$ 为 d 轴暂态电抗，显然 $x'_d < x_d$，因为与其对应的磁链路径上的磁导小，磁阻大。$E'_{q|0|}$ 它是由磁链 $(1-\sigma_f)\psi_{f\Sigma|0|}$ 所感应的，正比于励磁磁链 $\psi_{f\Sigma|0|}$，由于 $\psi_{f\Sigma0} = \psi_{f\Sigma|0|}$，所以 $E'_{q|0|} = E'_{q0}$，即暂态电动势具有短路前后保持不变的性质，因此可以用故障前发电机电压方程式（2-17）计算出暂态电动势，进而计算出短路电流基波分量起始值。需要注意的是，采用 E'_{q0} 时，发电机的电抗应采用暂态电抗 x'_d。在本章第五节中将通过另外的方法证明 E'_{q0} 正比于短路前励磁绕组磁链 $\psi_{f\Sigma|0|}$。

为使暂态电抗 x'_d 的概念更形象一些，下面进一步用磁链 $\psi_\sigma + \psi_{ad\sigma}$ 所经磁路的磁导讨论暂态电抗 x'_d。

式（2-15）中的漏磁系数 σ_f 可表示为

$$
\sigma_f = \frac{\psi_{f\sigma}}{\psi_f} = \frac{x_{f\sigma}i_f}{x_f i_f} = \frac{x_{f\sigma}}{x_f}
\tag{2-18}
$$

式中：$x_{f\sigma}$ 为励磁绕组的漏抗；x_f 为励磁绕组的自感系数的电抗；x_{ad} 为励磁绕组与定子绕组的互感系数的电抗。

因此，暂态电抗 x_d' 可以表示为

$$x_\mathrm{d}' = x_\sigma + \sigma_\mathrm{f} x_\mathrm{ad} = x_\sigma + \frac{x_\mathrm{f\sigma} x_\mathrm{ad}}{x_\mathrm{f}} = x_\sigma + \frac{x_\mathrm{f\sigma} x_\mathrm{ad}}{x_\mathrm{f\sigma} + x_\mathrm{ad}} = x_\sigma + x_\mathrm{ad}' \tag{2-19}$$

由以上分析可知，在分析暂态参数时可以将定、转子看成等值的双绕组变压器。在标幺值系统中，定、转子之间的互感电抗为 x_ad，定子绕组为一次侧，转子绕组为二次侧，且二次侧短路，如图 2-9（a）所示。当消去两绕组的互感电抗后其等效电路如图 2-9（b）所示。将此图与图 2-4（b）比较，更可以理解 x_d' 小于 x_d 的原因。与短路前相比，短路瞬间的电枢反应磁通的磁路变成为励磁绕组漏磁路径、气隙和定子铁心，磁路的磁阻增大了，磁导减小了。显然，相应的定子电枢反应电抗减小。

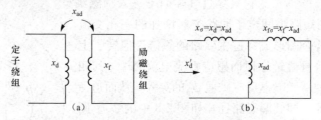

图 2-9　直轴暂态电抗 x_d'

（a）等效两绕组变压器；（b）x_d' 等效电路

如图 2-9（b）所示，x_d' 还可以表示为

$$\begin{aligned}
x_\mathrm{d}' &= N^2 \left(\Lambda_\sigma + \frac{1}{\frac{1}{\Lambda_\mathrm{ad}} + \frac{1}{\Lambda_\mathrm{f\sigma}}} \right) = x_\sigma + \frac{1}{\frac{1}{x_\mathrm{ad}} + \frac{1}{x_\mathrm{f\sigma}}} \\
&= x_\sigma + \frac{x_\mathrm{f\sigma} x_\mathrm{ad}}{x_\mathrm{f\sigma} + x_\mathrm{ad}} = x_\sigma + \frac{x_\mathrm{f\sigma} x_\mathrm{ad}}{x_\mathrm{f}} \\
&= x_\mathrm{d} - \frac{x_\mathrm{ad}(x_\mathrm{f} - x_\mathrm{f\sigma})}{x_\mathrm{f}} = x_\mathrm{d} - \frac{x_\mathrm{ad}^2}{x_\mathrm{f}}
\end{aligned} \tag{2-20}$$

在忽略阻尼绕组时，发电机的 q 轴方向没有绕组，在短路瞬间 q 轴电枢反应磁通仍然走同步电抗路径，故有 $x_\mathrm{q}' = x_\mathrm{q}$。

（四）计及阻尼绕组时发电机的次暂态电动势和次暂态电抗

分析发电机的次暂态电动势和次暂态电抗完全可以用分析发电机的暂态电动势和暂态电抗的方法。对具有阻尼绕组的发电机，其转子 d 轴上有两个绕组，一个为励磁绕组 f，一个为 d 轴阻尼绕组 D。不难理解，当发电机发生短路时，转子绕组 d 轴的实际磁链由这两个绕组共同保持不变。这时新增的定子电枢反应磁链穿过气隙后被迫走阻尼绕组和励磁绕组的漏磁路径，如图 2-10 中所示的 ψ_ad''。类似于暂态过程分析，在分析 d 轴次暂态参数时可以将定、转子看成有互感影响的等值三绕组变压器，在标幺值系统中绕组之间的互感电抗均为 x_ad。定子绕组为一次侧，励磁绕组为二次侧，阻尼绕组为三次侧，且二、三次侧短路，如图2-11（a）所示。当消去绕组之间的互感电抗后其等效电路如图 2-11（b）所示。很明显，由于短路瞬间电枢反应磁通的磁路基本上是走漏磁路径，磁路上磁阻大，磁导小，有 $x_\mathrm{d}'' < x_\mathrm{d}' < x_\mathrm{d}$。

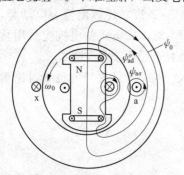

图 2-10　d 轴次暂态电抗磁链所走路径

对应这一磁路，同步发电机 d 轴次暂态电抗 x_d'' 为

$$x''_d = N^2\left[\Lambda_\sigma + \cfrac{1}{\cfrac{1}{\Lambda_{ad}} + \cfrac{1}{\Lambda_{f\sigma}} + \cfrac{1}{\Lambda_{D\sigma}}}\right] = x_\sigma + \cfrac{1}{\cfrac{1}{x_{ad}} + \cfrac{1}{x_{f\sigma}} + \cfrac{1}{x_{D\sigma}}} \tag{2-21}$$

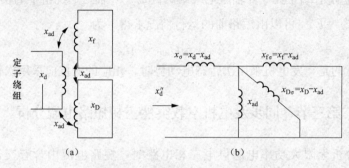

图 2-11 直轴次暂态电抗 x''_d

(a) 等值三绕组变压器；(b) x''_d 等效电路

与分析暂态电动势相似，与励磁绕组磁链 ψ_f、d 轴阻尼绕组磁链 ψ_D 及相应的漏磁系数相关的磁链在定子绕组中感应的电动势称为交轴次暂态电动势 E''_q，E''_q 正比于励磁绕组磁链 ψ_f 和 d 轴阻尼绕组磁链 ψ_D。由于转子绕组中的实际磁链短路前后保持不变，所以次暂态电动势短路前后也保持不变，即 $E''_{q0} = E''_{q|0|}$，因此发电机短路后的交轴次暂态电动势可以由短路前的运行情况求得为

$$\dot{E}''_{q0} = \dot{E}''_{q|0|} = \dot{U}_{q|0|} + j\dot{I}_{d|0|}x''_d \tag{2-22}$$

具有阻尼绕组的发电机，其转子 q 轴上有阻尼绕组 Q，当发电机发生短路时，阻尼绕组 Q 的磁链应保持不变。短路前它交链的磁通为

$$\psi_{Q\Sigma|0|} = \psi_{Q|0|} - \psi_{aq|0|} = 0 - \psi_{aq|0|} = -\psi_{aq|0|} \tag{2-23}$$

式中：ψ_Q 为 q 轴阻尼绕组 Q 自身产生的磁通，稳态运行情况下，阻尼绕组 Q 中没有电流，$\psi_{Q|0|} = 0$。

短路时定子 q 轴电枢反应磁通穿过气隙后迫使走阻尼组 Q 的漏磁路径，如图 2-12 所示的 ψ''_{aq}。类似于前面的分析，在次暂态过程中可以将定子和阻尼绕组 Q 看成有互感影响的两绕组变压器，绕组之间的互感电抗均为 x_{aq}，定子绕组为一次侧，阻尼绕组 Q 为二次侧，且二次侧短路，如图 2-13 (a)所示。当消去绕组之间的互感后其等效电路如图 2-13 (b) 所示。可以得出同步发电机的 q 轴次暂态电抗 x''_q 为

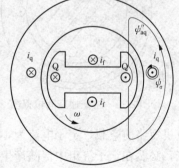

图 2-12 q 轴次暂态电抗磁通所走路径

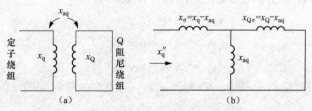

图 2-13 交轴次暂态电抗 x''_q

(a) q 轴等值两绕组变压器；(b) x''_q 等效电路

$$x''_q = x_\sigma + \cfrac{1}{\cfrac{1}{x_{aq}} + \cfrac{1}{x_{Q\sigma}}} = x_\sigma + \frac{x_{Q\sigma} x_{aq}}{x_{Q\sigma} + x_{aq}} \tag{2-24}$$

直轴次暂态电动势 E''_d 正比于 q 轴阻尼绕组磁链 ψ_Q，q 轴阻尼绕组中的实际磁链短路前后保持不变，所以 $\dot{E}''_{d0} = \dot{E}''_{d|0|}$ 可以由短路前的运行情况求得，为

$$\dot{E}''_{d0} = \dot{E}''_{d|0|} = \dot{U}_{d|0|} + j\dot{I}_{q|0|} x''_q \tag{2-25}$$

同样需要注意的是，发电机采用次暂态电动势时，相应的电抗应采用次暂态电抗。

第三节　同步发电机空载突然三相短路电流分析

在第一章中分析无限大功率电源供电三相电路时，短路电流中含有交流分量和直流分量。两个电流分量合成使短路瞬间电流保持不变，其本质是磁链守恒原理，短路瞬间保持电感性回路中的磁链不变。如果该回路中的电源是一台同步发电机，由于发电机定子绕组和转子绕组在短路后的暂态过程中各自为保持自身的磁链不变以及定、转子之间的电磁耦合作用，将会产生相应的电流分量，情况比无限大功率电源供电的三相电路短路分析要复杂。本节首先分析同步发电机空载三相短路的情况。

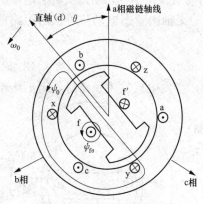

图 2-14　主磁通空间位置图

一、同步发电机突然短路后定子电流的分析

为分析简单先不考虑发电机的阻尼绕组的作用，设短路前发电机处于空载状态，发电机转子的励磁绕组中通入直流电流 $i_{f|0|}$ 建立磁场，气隙中只有励磁电流 $i_{f|0|}$ 产生的磁链。如前所述，$i_{f|0|}$ 产生的磁链有两部分：主磁链 ψ_0 和漏磁链 $\psi_{f\sigma}$，如图 2-14 所示。由于转子在旋转，穿过主磁路的主磁链 ψ_0 切割定子三相绕组，在定子绕组中产生感应电动势，即发电机的空载电动势 $E_{q|0|}$。当发电机端突然发生三相短路时，定子绕组中将会有很大的三相交流电流分量 $i_{a\omega}$、$i_{b\omega}$、$i_{c\omega}$，简写为 $i_{i\omega}$（$i = a, b, c$），表示为同步频率 ω 的交流分量。由于发电机短路前空载，定子电流为零，遵循磁链守恒原理，在短路瞬间为了保持定子绕组磁链不变，必然在定子绕组中伴随产生直流分量电流 $\Delta i_{a\alpha}$、$\Delta i_{b\alpha}$、$\Delta i_{c\alpha}$，简写为 $\Delta i_{i\alpha}$。下面从磁链守恒角度分析以上电流分量产生的原因。

设 θ_0 为转子 d 轴与 a 相绕组轴线的初始夹角。由于转子以同步转速旋转，主磁链匜链定子三相绕组的磁链随着 θ 的变化而变化，因此，可表示为

$$\begin{cases} \psi_a = \psi_0 \cos\theta \\ \psi_b = \psi_0 \cos(\theta - 120°) \\ \psi_c = \psi_0 \cos(\theta + 120°) \end{cases} \tag{2-26}$$

式中：ψ_0 为与主磁通对应的主磁链；$\theta = \theta_0 + \omega_0 t$，$\theta_0$ 为 $t = 0$ 时刻的 θ 值，ω_0 为同步运行时的角频率。

为了简便，设 $\theta_0 = 0$（即转子直轴与 a 相轴线一致），若在 $t = 0$ 时定子突然三相短路，则短路后主磁通交链三相绕组的磁链表达式为

$$\begin{cases} \psi_{a0} = \psi_0 \cos\omega_0 t \\ \psi_{b0} = \psi_0 \cos(\omega_0 t - 120°) \quad (2\text{-}27) \\ \psi_{c0} = \psi_0 \cos(\omega_0 t + 120°) \end{cases}$$

图 2-15 示出三相磁链波形。由图可见，短路前瞬间（$t=0_-$）三相绕组所交链的磁链的瞬时值显然为

$$\begin{cases} \psi_{a|0|} = \psi_0 \\ \psi_{b|0|} = -0.5\psi_0 \quad (2\text{-}28) \\ \psi_{c|0|} = -0.5\psi_0 \end{cases}$$

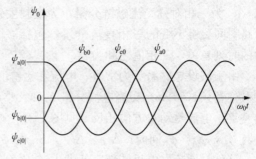

图 2-15　主磁通交链三相磁链波形

定子三相绕组电阻很小，可忽略，则短路后三相绕组为超导体闭合回路。根据超导体回路磁链守恒原理，定子三相绕组的磁链将一直保持短路瞬间 $\psi_{a|0|}$、$\psi_{b|0|}$、$\psi_{c|0|}$ 不变。而主磁通交链三相绕组的磁链 ψ_{a0}、ψ_{b0}、ψ_{c0} 依旧如图 2-15 所示作变化。定子三相绕组为维持 $t=0$ 瞬间磁链不变，三相绕组中会产生电流，即短路电流。该电流产生的磁链 ψ_{ai}、ψ_{bi}、ψ_{ci} 的作用既抵制 ψ_{a0}、ψ_{b0}、ψ_{c0} 的变化，且维持着 $\psi_{a|0|}$、$\psi_{b|0|}$、$\psi_{c|0|}$ 不变。

根据超导体回路磁链守恒，应有如下关系式

$$\begin{cases} \psi_{ai} + \psi_{a0} = \psi_{a|0|} \\ \psi_{bi} + \psi_{b0} = \psi_{b|0|} \quad (2\text{-}29) \\ \psi_{ci} + \psi_{c0} = \psi_{c|0|} \end{cases}$$

由此可得三相短路电流的磁链为

$$\begin{cases} \psi_{ai} = \psi_{a|0|} - \psi_{a0} = \psi_0 - \psi_0 \cos\omega_0 t \\ \psi_{bi} = \psi_{b|0|} - \psi_{b0} = -0.5\psi_0 - \psi_0 \cos(\omega_0 t - 120°) \quad (2\text{-}30) \\ \psi_{ci} = \psi_{c|0|} - \psi_{c0} = -0.5\psi_0 - \psi_0 \cos(\omega_0 t + 120°) \end{cases}$$

图 2-16 示出三相短路电流所产生的磁链图形。图中虚线为该磁链的分量，一为交流分量 $\psi_{i\omega}$，一为直流分量 $\psi_{i\alpha}$。

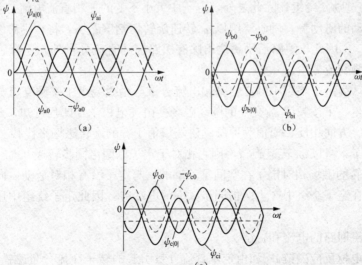

图 2-16　磁链图形

$\psi_{i\omega}$ 为三相对称交流磁链分量，为抵制主磁链而产生包括 $-\psi_{a0}$，$-\psi_{b0}$，$-\psi_{c0}$；$\psi_{i\alpha}$ 为维持短路瞬间磁链不变的三相直流分量，包括 $\psi_{a|0|}$，$\psi_{b|0|}$，$\psi_{c|0|}$，其三相值不相等，且与短路发生的时刻有关，三相值之和为零。

由于假设导磁系数为常数，电流和磁链的大小成比例。因此，三相短路电流同样含有三相对称基频（50Hz）交流电流分量 $i_{i\omega}$ 和大小不等的直流分量 $\Delta i_{i\alpha}$。不过由于所选磁链轴线方向与定子电流磁动势方向相反（见图 2-3），则电流和磁链方向相反：$i_{a\omega}$、$i_{b\omega}$、$i_{c\omega}$ 与 $\psi_{i\omega}$ 反向，即与 ψ_{a0}、ψ_{b0}、ψ_{c0} 同向；$\Delta i_{a\alpha}$、$\Delta i_{b\alpha}$、$\Delta i_{c\alpha}$ 与 $\psi_{i\alpha}$ 反向，即与 $\psi_{a|0|}$、$\psi_{b|0|}$、$\psi_{c|0|}$ 反向。

这就是同步发电机端部突然发生三相短路时定子绕组中存在三相交流分量和直流分量的原因。另外，定子三相绕组中的直流电流可合成一个在空间静止的磁动势，而在空间旋转的转子，其直轴与交轴的磁阻（以后将说明是暂态磁阻）是不相同的，所以静止磁动势所遇到的磁阻是周期性变化的，其周期为 180° 电角度，频率两倍于基频。因而，为产生恒定的磁链，磁动势不应是恒定的，而是大小随磁阻作相应的变化，即直流电流的大小不是恒定的，而是按倍频波动。可理解为定子三相中除了大小不变的直流分量外，还有一个倍频的交流电流分量 $\Delta i_{i2\omega}$。二倍基频分量电流幅值取决于直轴和交轴磁阻之差，一般不大，故在图 2-1 的波形中观察不到。

最后还应指出，由式（2-30）知，在短路后瞬间（$t=0_{+}$），ψ_{ai}、ψ_{bi}、ψ_{ci} 均等于零，因此三相短路电流的瞬时值 i_a、i_b、i_c 均等于零。这是由于短路前为空载，定子电流为零，短路瞬间电感电流不能突变。

二、同步发电机突然短路后励磁绕组电流的分析

短路前励磁回路中有恒定的励磁电流 $i_{f|0|}$，它由励磁电源产生，是产生空载电动势的原因。短路后定子绕组中的 $i_{a\omega}$、$i_{b\omega}$、$i_{c\omega}$ 是三相对称交流电流，在空气隙中可合成为一个与转子同步旋转的电枢反应磁动势。如前所述，若忽略定子绕组电阻，磁动势在 d 轴方向为纯去磁，其产生的匝链励磁绕组的磁链即为 d 轴电枢反应磁链 ψ_{ad}，其值为常数，且与主磁通方向相反。当 d 轴电枢反应磁链 ψ_{ad} 企图穿过励磁绕组时，因为励磁绕组也是闭合线圈，在短路瞬间也要维持自身的磁链不变，必然要感应出一直流电流 $\Delta i_{f\alpha}$，其产生的磁链阻止 d 轴电枢反应磁链 ψ_{ad} 穿过励磁绕组。除此之外，定子中大小不变的三相直流电流分量 $\Delta i_{i\alpha}$ 可合成一个在空间静止不动的磁动势，励磁绕组以 ω_0 转速旋转切割该磁场，将在励磁绕组中产生单相基频交流分量 $\Delta i_{f\omega}$。因此，短路后励磁绕组除有短路前的直流分量外，还有感应出的自由直流分量和自由基频交流分量。

另一种解释认为定子绕组中的二倍基频电流分量与励磁绕组中基频交流分量相关，该基频交流分量将产生一个按频率 ω_0 交变的脉动磁场。由"电机学"课程可知，此脉动磁场可以用两个大小相等、方向相反、模值为原脉动磁场模值 1/2 的旋转磁场来代替。向前以 ω_0 旋转的磁场，由于转子本身以 ω_0 转速旋转，则它相对于定子以两倍同步转速（$2\omega_0$）在空间旋转，而向后以 $-\omega_0$ 旋转的磁场相对定子在空间是不动的，与定子没有相对运动。向前旋转的磁场切割定子绕组，在定子绕组中产生两倍同步频率的电动势，因此定子绕组中还存在二倍基频分量的电流 $\Delta i_{i2\omega}$。

下面分析励磁回路的电流和磁链。

为阻止 d 轴电枢反应磁链 ψ_{ad} 和由定子直流分量引起的转子交流分量磁链 $\psi_{f\omega}$ 穿过励磁绕组，励磁回路必然会感应电流 Δi_{fi}，其磁链 ψ_{fi} 将抵制 ψ_{ad} 和 $\psi_{f\omega}$，以保持励磁回路的磁链 $\psi_{f|0|}$

不变，即有

$$\psi_{\text{fi}} + \psi_{\text{ad}} + \psi_{\text{f}\omega} = 0$$

或

$$\psi_{\text{fi}} = -(\psi_{\text{ad}} + \psi_{\text{f}\omega}) \tag{2-31}$$

图 2-17 示出短路后励磁绕组磁链和电流的各个分量的波形图。由图可知，i_{f} 中含有三个分量，一是恒定的 $i_{\text{f}|0|}$，另一个是感应的附加直流 $\Delta i_{\text{f}\alpha}$（抵制 ψ_{ad} 的穿入），以及一个感应的交流分量 $\Delta i_{\text{f}\omega}$（抵制 $\psi_{\text{f}\omega}$）。很明显，在短路后瞬间（$t=0_+$），$\psi_{\text{fi}}=0$，$\Delta i_{\text{f}\alpha} + \Delta i_{\text{f}\omega}=0$，$i_{\text{f}}=i_{\text{f}|0|}$，即电流不能突变。

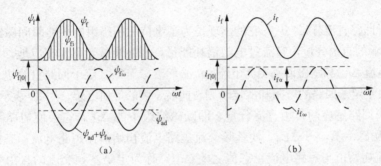

图 2-17　定子短路后励磁绕组磁链和电流波形
(a) 磁链；(b) 电流

上述短路后定子短路电流和励磁回路电流的分量，与图 2-1 是一致的，只是由于忽略了电阻，各分量均未呈现衰减。

总结以上分析结果，同步发电机空载突然发生三相短路瞬间，定子绕组和励磁绕组电流可表示为

定子绕组电流　　　$i_{\text{abc}} = i_{i\omega} + \Delta i_{i\alpha} + \Delta i_{i2\omega} = i_{\infty} + \Delta i_{i\omega} + \Delta i_{i\alpha} + \Delta i_{i2\omega}$

转子绕组电流　　　　　　　$i_{\text{f}} = i_{\text{f}|0|} + \Delta i_{\text{f}\alpha} + \Delta i_{\text{f}\omega}$

发生三相短路瞬间，上式中各分量之间相互依存关系见表 2-1。

在以上分析中，先讨论定子空载短路瞬间出现电流分量 $i_{i\omega}$、$\Delta i_{i\alpha}$，然后说明这些分量分别引起转子回路对应的电流分量 Δi_{f} 和 $\Delta i_{\text{f}\omega}$，进而定子侧出现倍频分量 $\Delta i_{i2\omega}$，这是为了叙述的方便。实际上，短路后定子和转子回路电流是同时出现的，各对应分量是相互依存、相互影响的。

**表 2-1　定子电流与转子电流
各分量间的关系**

定子电流	励磁电流
$i_{i\infty}$	$i_{\text{f}|0|}$
$\Delta i_{i\omega}$	$\Delta i_{\text{f}\alpha}$
$\Delta i_{i\alpha}$	$\Delta i_{\text{f}\omega}$
$\Delta i_{i2\omega}$	

以上分析没有考虑等效阻尼绕组，定子短路前转子的等效阻尼绕组 D、Q 中均无电流。不难理解，短路后等效阻尼绕组 D 和励磁绕组一样为维持磁链守恒会感应直流电流 $\Delta i_{\text{D}\alpha}$ 和基频交流电流 $\Delta i_{\text{D}\omega}$，而绕组 Q 中则只有基频交流 $\Delta i_{\text{Q}\omega}$，而没有直流电流。这是因为假设定子回路电阻为零，定子基频交流电流合成的只有直轴方向的电枢反应。

三、短路过程中短路电流各分量的衰减规律

前面是在假设各回路均为超导体，在磁链守恒的情况下，分析得短路后各交流分量幅值不变，各直流分量大小不变。但各绕组均有电阻，其磁链不可能永远不变，相应的电流分量也会发生变化，以上分析中带"Δ"的电流分量均为无源自由分量，最终会衰减到零。下面

分析各分量的衰减变化规律。

当发电机端发生三相短路时，在励磁回路直流分量 $i_{f|0|}+\Delta i_{f\alpha}$ 的作用下，定子绕组中产生交流分量 $i_{i\omega}=i_{i\infty}+\Delta i_{i\omega}$，当励磁电流中自由分量 $\Delta i_{f\alpha}$ 衰减时，定子交流自由分量 $\Delta i_{i\omega}$ 也随之衰减，最终衰减到零。反之，如果定子绕组中有直流分量 $\Delta i_{i\alpha}$，则在转子侧会产生交流电流 $\Delta i_{f\omega}$，同时又在定子侧派生出倍频电流 $\Delta i_{i2\omega}$，电流 $\Delta i_{f\omega}$ 和 $\Delta i_{i2\omega}$ 分量决定于定子绕组中的直流分量 $\Delta i_{i\alpha}$，$\Delta i_{i\alpha}$ 衰减到零，$\Delta i_{f\omega}$ 和 $\Delta i_{i2\omega}$ 电流分量也衰减到零。

根据以上分析可知，各电流分量的衰减规律，主要是决定于直流分量电流所在绕组的时间常数，由于定、转子之间的相互影响，计算时间常数时需计及定、转子绕组之间的耦合作用。

先分析定子回路直流分量 $\Delta i_{i\alpha}$，它的出现是为了维持三相绕组的短路瞬间磁链 $\psi_{a|0|}$、$\psi_{b|0|}$、$\psi_{c|0|}$ 不变，是无源的自由分量，它流过电阻消耗能量，最终衰减至零。相应地，与其相关联的定子绕组倍频电流 $\Delta i_{i2\omega}$ 和励磁回路交流电流 $\Delta i_{f\omega}$ 必然衰减至零。定子回路直流电流分量衰减时间常数主要取决于定子回路的电阻和从定子侧看向转子侧的等值电感，用 T_a 表示。

同样，转子回路感应的自由直流分量，即励磁绕组中的 $\Delta i_{f\alpha}$，它会使短路瞬间的空载电动势突然变大为 $E_{q0}=E_{q|0|}+\Delta E_q$，使基频交流短路电流初始值比短路电流稳态值大得多。基频交流短路电流初始值与短路电流稳态值之差 $\Delta i_{i\omega}$，称为定子基频交流的自由分量，它的大小与 $\Delta i_{f\alpha}$ 有关。$\Delta i_{f\alpha}$ 流过转子回路时，由于电阻的存在，它也会最终衰减至零。与其相对应的定子基频交流中的自由分量 $\Delta i_{i\omega}$ 也同样会衰减至零。转子回路的自由直流分量的衰减时间常数主要取决于转子回路的电阻和从转子侧看向定子侧的等值电感，用 T_d' 表示。当考虑阻尼绕组时，转子直轴有相互磁耦合的励磁和阻尼回路，故衰减过程有两个时间常数，它们的大小与两个回路的参数均有关。不过同步发电机的实际情况是，励磁绕组 f 的电感较等效阻尼绕组 D 的电感大得多，所以与阻尼绕组 D 的参数有关的时间常数 T_d'' 较小，主要与励磁绕组参数有关的时间常数 T_d' 较大。因此，认为按 T_d'' 变化的过程很快结束，阻尼绕组 D 的作用就近似于不存在了。

四、短路电流基频交流分量的初始值及稳态有效值

前面分析了空载短路后定子、转子各回路电流，工程实际中主要关心的是定子短路电流，特别是其中的基频交流分量的初始值 I''（以下省略基频两字），而且由它还可计算得最大瞬时电流——冲击电流。为了方便叙述，先介绍短路电流稳态值。

（一）稳态值 I_∞

不论短路前是什么运行状态，短路达到稳态后，各自由分量衰减完毕，恒定的励磁电流 $i_{f|0|}$ 产生的主磁通 ψ_0 依旧穿过主磁路，ψ_0 在定子三相绕组中感应空载电动势 E_q，与短路前正常运行情况相同。在 E_q 的作用下，定子三相绕组流过恒幅的三相对称交流电流。它们在转子空间合成而得的同步旋转的电枢反应磁场是纯去磁的（忽略定子电阻），电枢反应磁通 ψ_{ad} 的路径为主磁路（与 ψ_0 相同），即为转子直轴、气隙和定子铁心（主要是气隙磁阻）。这时的情况与式（2-2）反映的情况一致，只是 $u_q=0$，如果写成相量形式，并令定子电流相量为 $\dot I_d$，则有

$$\dot E_q = j(x_\sigma + x_{ad})\dot I_d = jx_d\dot I_d \tag{2-32}$$

短路达到稳态时，励磁绕组中感应的自由分量均已衰减完，则 $E_q=E_{q|0|}$，$\dot E_{q|0|}$ 可由短路

前的值求出。

由式（2-32）可得短路稳态电流有效值为

$$I_\infty = I_d = \frac{E_q}{x_d} \tag{2-33}$$

（二）初始值 I''（I'）

1. 忽略阻尼绕组时的基频交流分量初始值 I'（或 I'_d）

在发电机端部突然短路且忽略电阻时，此时电压平衡方程应与式（2-17）一致，只是 $u_q=0$，如果写成相量形式，并令定子电流相量为 $\dot{I}'_d$，则有

$$\dot{E}'_q = jx'_d\dot{I}'_d \tag{2-34}$$

由式（2-17）知，发电机空载时 $E'_q = E_{q|0|} = u_{q|0|}$，从而得到短路电流初始值为

$$\dot{I}' = \dot{I}'_d = \frac{\dot{E}_{q|0|}}{jx'_d}$$

$$I' = I'_d = \frac{E_{q|0|}}{x'_d} \tag{2-35}$$

由于 $x'_d < x_d$，因而 $I' > I_\infty$。I' 即为暂态电流的初始值。

2. 计及阻尼绕组作用的初始值 I''（或 I''_d）

计及阻尼绕组作用后，此时电压平衡方程应与式（2-22）一致，只是 $\dot{U}_q=0$，令定子电流相量为 $\dot{I}''_d$，有

$$\dot{E}''_{q0} = \dot{E}''_{q|0|} = j\dot{I}''_d x''_d$$

由式（2-22）知，发电机空载时 $E''_q = E_{q|0|} = u_{q|0|}$，从而得到初始短路电流为

$$\dot{I}'' = \dot{I}''_d = \frac{\dot{E}_{q|0|}}{jx''_d}$$

$$I'' = I''_d = \frac{E_{q|0|}}{x''_d} \tag{2-36}$$

I'' 即为次暂态电流。它显然大于暂态电流，即 $I'' > I'$。

电抗 x_d、x'_d 和 x''_d 的数值均可由同步发电机的相关试验实际测得。由前面的内容可知，同步电机的相关电抗和时间常数影响着短路电流的大小和变化过程。

最后归纳发电机空载短路电流交流分量有效值（或最大值）变化的物理过程。短路瞬间，转子上阻尼绕组 D 和励磁绕组 f 分别感应抵制定子直轴电枢反应磁通穿入的自由直流电流 $\Delta i_{D\alpha}$ 和 $\Delta i_{f\alpha}$，迫使电枢反应磁通 φ''_{ad} 走 D、f 绕组的漏磁路径，磁阻大、磁导小，对应的定子回路等值电抗 x''_d 小，电流 I'' 大，此状态称为次暂态状态。由于 D、f 绕组均有电阻，$\Delta i_{D\alpha}$ 和 $\Delta i_{f\alpha}$ 均要衰减，而其中 $\Delta i_{D\alpha}$ 很快衰减到很小，直轴电枢反应磁通便可以穿入 D 绕组，而电枢反应磁通仅受 f 绕组的抵制仍走 f 绕组的漏磁路径，此时磁导有所增加，定子等值电抗为 x'_d，x'_d 比 x''_d 大，定子电流 I' 比 I'' 小，即所谓的暂态状态。此后随着 $\Delta i_{f\alpha}$ 逐渐衰减至零，电枢反应磁通最终全部穿入直轴，此时磁导最大，对应的定子电抗为 x_d，定子电流为 I_∞，即为短路稳态状态。

五、空载时短路电流的近似表达式

（一）基频交流分量的近似表达式

现在可以将上面描述的短路电流交流分量幅值的变化过程写得更明确。应用式（2-33）、

式（2-35）和式（2-36）可得

$$I_m(t) = \sqrt{2}E_{q|0|}\left[\left(\frac{1}{x_d''} - \frac{1}{x_d'}\right)e^{-t/T_d''} + \left(\frac{1}{x_d'} - \frac{1}{x_d}\right)e^{-t/T_d'} + \frac{1}{x_d}\right] \tag{2-37}$$

相应的三相交流电流瞬时值应与式（2-27）相位一致，即

$$\begin{cases} i_{a\omega} = I_m(t)\cos(\theta_0 + \omega_0 t) \\ i_{b\omega} = I_m(t)\cos(\theta_0 + \omega_0 t - 120°) \\ i_{c\omega} = I_m(t)\cos(\theta_0 + \omega_0 t + 120°) \end{cases} \tag{2-38}$$

（二）全电流的近似表达式

忽略倍频分量，则直流分量的起始值和基频分量的初始值大小相等、方向相反，计及电阻后短路电流全电流表达式为

$$\begin{cases} i_a = \sqrt{2}E_{q|0|}\left[\left(\frac{1}{x_d''} - \frac{1}{x_d'}\right)e^{-t/T_d''} + \left(\frac{1}{x_d'} - \frac{1}{x_d}\right)e^{-t/T_d'} + \frac{1}{x_d}\right] \\ \qquad \times \cos(\theta_0 + \omega_0 t) - \frac{\sqrt{2}E_{q|0|}}{x_d''}\cos\theta_0 \, e^{-t/T_a} \\ i_b = \sqrt{2}E_{q|0|}\left[\left(\frac{1}{x_d''} - \frac{1}{x_d'}\right)e^{-t/T_d''} + \left(\frac{1}{x_d'} - \frac{1}{x_d}\right)e^{-t/T_d'} + \frac{1}{x_d}\right] \\ \qquad \times \cos(\theta_0 + \omega_0 t - 120°) - \frac{\sqrt{2}E_{q|0|}}{x_d''}\cos(\theta_0 - 120°)e^{-t/T_a} \\ i_c = \sqrt{2}E_{q|0|}\left[\left(\frac{1}{x_d''} - \frac{1}{x_d'}\right)e^{-t/T_d''} + \left(\frac{1}{x_d'} - \frac{1}{x_d}\right)e^{-t/T_d'} + \frac{1}{x_d}\right] \\ \qquad \times \cos(\theta_0 + \omega_0 t + 120°) - \frac{\sqrt{2}E_{q|0|}}{x_d''}\cos(\theta_0 + 120°)e^{-t/T_a} \end{cases} \tag{2-39}$$

【例 2-2】 一台额定功率为 300MW 的汽轮发电机，额定电压为 18kV，额定功率因数为 0.85。其有关电抗标幺值为 $x_d = x_q = 2.26$，$x_d' = x_q' = 0.269$，$x_d'' = x_q'' = 0.167$。试计算发电机在端电压为额定电压的空载情况下，端口突然三相短路后短路电流交流分量初始幅值 I_m'' 及 I_m'。

解 已知 $E_{q|0|*} = U_{N*} = 1$。I'' 和 I' 的标幺值为

$$I'' = \frac{1}{x_d''} = \frac{1}{0.167} = 5.99$$

$$I' = \frac{1}{x_d'} = \frac{1}{0.269} = 3.72$$

电流基准值即发电机的额定电流为

$$I_B = \frac{300}{\sqrt{3} \times 18 \times 0.85} = 11.32(kA)$$

因此 I_m'' 和 I_m' 的有名值为

$$I_m'' = \sqrt{2} \times 5.99 \times 11.32 = 95.9(kA)$$

$$I_m' = \sqrt{2} \times 3.72 \times 11.32 = 59.5(kA)$$

由［例 2-2］可见，短路电流交流分量初始值接近额定电流的 6 倍。如果加上最大可能的直流分量，短路电流最大瞬时电流（冲击电流）接近额定电流幅值的 12 倍。

由前面的内容可知，同步电机的相关电抗和时间常数影响着短路电流的大小和变化过

程。图 2-18 示出对应这些电抗的磁通路径的更实际的图形。表 2-2 则列出同步电机主要参数典型值，即电抗和时间常数的数值范围。

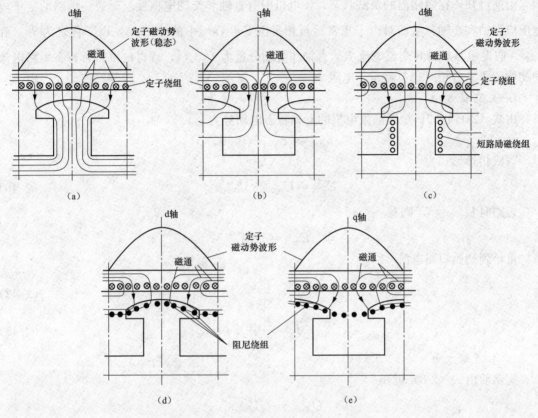

图 2-18　同步电机各电抗对应的磁通图形

(a) x_d; (b) x_q; (c) $x'_d = x'_q$; (d) x''_d; (e) x''_q

表 2-2　　　　　　　　　　　　同步电机主要参数典型值

参数	x_d	x_q	x'_d	x''_d	x''_q	T_a	T'_d	T''_d
汽轮发电机	$\dfrac{1.8}{1.5\sim2.4}$	$\dfrac{1.8}{1.5\sim2.4}$	$\dfrac{0.23}{0.15\sim0.31}$	$\dfrac{0.15}{0.10\sim0.20}$	$(1\sim1.1)x''_d$	$\dfrac{0.2}{0.05\sim0.22}$	$\dfrac{0.85}{0.8\sim1.3}$	
有阻尼绕组凸机电机	$\dfrac{0.95}{0.7\sim1.3}$	$\dfrac{0.71}{0.54\sim0.88}$	$\dfrac{0.33}{0.24\sim0.4}$	$\dfrac{0.21}{0.16\sim0.35}$	$(1\sim1.1)x''_d$	$\dfrac{0.2}{0.08\sim0.33}$	$\dfrac{1.8}{0.56\sim3.1}$	
无阻尼绕组凸机电机	$\dfrac{0.95}{0.7\sim1.3}$	$\dfrac{0.71}{0.54\sim0.8}$	$\dfrac{0.3}{0.2\sim0.4}$	$\dfrac{0.25}{0.15\sim0.35}$	$(2\sim2.3)x''_d$	$\dfrac{0.35}{0.15\sim0.55}$	$\dfrac{0.18}{0.56\sim3.1}$	$\approx\dfrac{1}{8}T'_d$
同步调相机	$\dfrac{1.7}{1.4\sim2.5}$	$\dfrac{0.88}{0.7\sim1.3}$	$\dfrac{0.31}{0.22\sim0.42}$	$\dfrac{0.16}{0.14\sim0.22}$	$\dfrac{0.17}{0.15\sim0.24}$	$\dfrac{0.15}{0.08\sim0.22}$	$\dfrac{1.3}{0.77\sim1.75}$	

注　选自《电气工程师手册》2000 年第 2 版。

第四节　同步发电机负载下三相短路交流电流初始值

如果同步发电机在带负载情况下定子端突然三相短路，从物理概念上不难推论短路电流中仍会含有交流和直流（含倍频波动）分量，当然各分量的表达式将有所变化，只有稳态短

路电流的表达式仍为 $E_{q|0|}/x_d$。本节将仅介绍基频交流短路电流初始值。

一、忽略阻尼绕组时的暂态短路电流的初始值 I'

由前可知，在短路前的负载状态，发电机中有直轴和交轴电枢反应磁通。短路前定子电枢反应直轴和交轴分量即对应于正常运行相量图 2-6（a）中的 $\dot{I}_d$、$\dot{I}_q$，以下称之为 $\dot{I}_{d|0|}$ 和 $\dot{I}_{q|0|}$。假设短路后瞬间交流电流 I' 的直轴和交轴分量为 $\dot{I}'_d$、$\dot{I}'_q$，现讨论短路后暂态短路电流的初始值 I'。分析时仍忽略定子电阻。

（一）交轴方向

由式（2-17）知，短路前发电机的 q 轴暂态电动势为

$$u_{q|0|} = E'_{q|0|} - i_{d|0|} x'_d$$

写成相量形式为

$$\dot{E}'_{q|0|} = \dot{U}_{q|0|} + j\dot{I}_{d|0|} x'_d \tag{2-40}$$

短路时 $\dot{U}_{q|0|} = 0$，则有

$$\dot{E}'_{q|0|} = jx'_d \dot{I}'_d \tag{2-41}$$

可得到初始短路电流

$$\dot{I}'_d = \frac{\dot{E}'_{q|0|}}{jx'_d} \tag{2-42}$$

$$I'_d = \frac{E'_{q|0|}}{x'_d} \tag{2-43}$$

（二）直轴方向

短路前由式（2-8）可知

$$\dot{U}_{d|0|} = -j\dot{I}_{q|0|} x_q$$

则短路后定子 q 轴电流相量为　　　　$\dot{I}'_{q|0|} = 0$

因此暂态电流只有直轴分量　　　　$I' = I'_d$

由于 $x'_d < x_d$，因而 $I' > I_\infty$。I' 即为暂态电流的初始值。

由式（2-40）可知，为了计算 $\dot{E}'_{q|0|}$ 必须先求 $\dot{U}_{|0|}$ 和 $\dot{I}_{|0|}$ 在 q 轴、d 轴上的分量，这就涉及利用前述虚构电动势 $\dot{E}_Q$ 以决定 d、q 轴向的问题。为了简便一般在工程实用计算中常用另一虚构电动势 $\dot{E}'_{|0|}$ 代替 q 轴暂态电动势 $\dot{E}'_{q|0|}$，即

$$\dot{E}'_{|0|} = \dot{U}_{|0|} + j\dot{I}_{|0|} x'_d \tag{2-44}$$

$\dot{E}'_{|0|}$ 为 x'_d 后的虚构电动势，称为暂态电动势，图 2-19 中虚线示出其相量，可直接由 $\dot{U}_{|0|}$ 和 $\dot{I}_{|0|}$ 求得。由图可见，$\dot{E}'_{|0|}$ 在交轴上的分量即为 $\dot{E}'_{q|0|}$，二者在数值上差别不大，故可以用 $\dot{E}'_{|0|}$ 代替 $\dot{E}'_{q|0|}$，但 $\dot{E}'_{|0|}$ 并不具有短路前后瞬间不变的特性。用 $\dot{E}'_{|0|}$ 代替 $\dot{E}'_{q|0|}$ 后，暂态电流近似表达式为

$$I' = \frac{\dot{E}'_{|0|}}{x'_d} \tag{2-45}$$

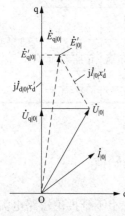

图 2-19　暂态电动势相量图　　图 2-19 示出了空载电动势 $\dot{E}_{q|0|}$、暂态电动势 $\dot{E}'_{q|0|}$ 及 x'_d 后的暂

态电动势 $\dot{E}'_{|0|}$ 的相量位置。

二、计及阻尼绕组时的次暂态短路电流的初始值 I''

同样，假设短路后瞬间 I'' 的分量为 I''_{d} 和 I''_{q}，分别讨论交轴和直轴的电压平衡关系。

计及阻尼绕组作用后，此时发电机 q 轴次暂态电动势应如式（2-22）所示，只是短路时 $\dot{U}_{q|0|}=0$，令定子 d 轴电流相量为 $\dot{I}''_{d}$，有

$$\dot{E}''_{q0}=\dot{E}''_{q|0|}=\mathrm{j}\dot{I}''_{d}x''_{d}$$

从而得到短路时 d 轴电流分量为

$$\dot{I}''=\dot{I}''_{d}=\frac{\dot{E}_{q|0|}}{\mathrm{j}x''_{d}} \tag{2-46}$$

$$I''=I''_{d}=\frac{E_{q|0|}}{x''_{d}} \tag{2-47}$$

发电机 d 轴次暂态电动势如式（2-25）所示，短路时 $\dot{U}_{d|0|}=0$，令定子 q 轴电流相量为 $\dot{I}''_{q}$，有

$$\dot{I}''_{q}=\frac{\dot{E}''_{d|0|}}{\mathrm{j}x''_{q}} \tag{2-48}$$

$$I''_{q}=\frac{E''_{d|0|}}{x''_{q}} \tag{2-49}$$

发电机 q 轴次暂态电动势 $\dot{E}''_{q|0|}$ 正比于励磁绕组磁链 ψ_{f} 和 d 轴阻尼绕组磁链 ψ_{D}，短路瞬间不变。d 轴次暂态电动势 $\dot{E}''_{d|0|}$ 正比于 q 轴阻尼绕组磁链 ψ_{Q}，短路瞬间不变，均可由短路前正常运行方式计算其值。

由式（2-46）和式（2-48）可以求得次暂态电流为

$$\dot{I}''=\dot{I}''_{d}+\dot{I}''_{q}$$

$$I''=\sqrt{I''^{2}_{d}+I''^{2}_{q}}$$

式中：I'' 即为次暂态电流，它显然大于暂态电流，即 $I''>I'$。

由式（2-21）和式（2-24）可知，由于 q 轴、d 轴次暂态电抗对应的磁链都是走漏磁路径，均不穿过转子，所以，$x''_{d}\approx x''_{q}$。在近似计算中一般认为 $x''_{d}=x''_{q}$，将式（2-22）与式（2-25）合并，则有

$$\dot{E}''_{|0|}=\dot{E}''_{q|0|}+\dot{E}''_{d|0|}=\dot{U}_{|0|}+\mathrm{j}(\dot{I}_{d|0|}+\dot{I}_{q|0|})x''_{d}=\dot{U}_{|0|}+\mathrm{j}\dot{I}_{|0|}x''_{d} \tag{2-50}$$

式中 $\dot{E}''_{|0|}$ 也称为次暂态电动势，它可以方便地由 $\dot{U}_{|0|}$ 和 $\dot{I}_{|0|}$ 求得。则次暂态电流为

$$\dot{I}''=\frac{\dot{E}''_{|0|}}{\mathrm{j}x''_{d}} \tag{2-51}$$

对于凸极发电机采用式（2-51）时可以简化计算。图 2-20 示出了各电动势的相量位置。

由于 x''_{d} 较小，在工程计算中往往更近似地取 $E''_{|0|}\approx U_{|0|}=1$，则 I'' 为

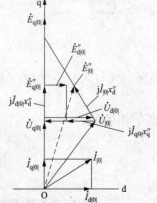

图 2-20　次暂态电动势相量图

$$I'' = \frac{1}{x_d''} \tag{2-52}$$

本章前四节根据实际短路电流波形，并用物理概念分析突然短路后的过程，近似地给出短路电流公式，这些公式对于工程上近似计算已足够准确。在后两节中将首先介绍同步电机基本方程，然后应用基本方程分析短路后的暂态过程。尽管在分析过程中仍有近似的假设，但可以使读者更进一步掌握有关电抗、电动势和时间常数的意义，以及推得更全面的短路电流表达式。

【例 2-3】 一台额定功率为 200MW 的水轮发电机，额定电压为 13.8kV，额定功率因数为 0.9。有关电抗标幺值为 $x_d = 0.92$，$x_q = 0.69$，$x_d' = 0.32$，$x_d'' \approx x_q'' = 0.2$。短路前在额定情况下运行。试计算端口突然三相短路后的次暂态电流 I''、暂态电流 I' 和 I_d' 以及稳态电流 I_∞，并绘出它们的相量关系图。

解 已知 $\dot{U}_{|0|} = 1 \angle 0°$，$\dot{I}_{|0|} = 1 \angle -\cos^{-1} 0.9 = 1 \angle -26°$。

（1）计算短路前的相关电动势 $E_{|0|}''$、$E_{|0|}'$ 分别为

$$E_{|0|}'' = \dot{U}_{|0|} + j x_d'' \dot{I}_{|0|} = 1 + j0.2 \angle -26°$$
$$= 1.088 + j0.18 = 1.10 \angle 9.3°$$

$$E_{|0|}' = \dot{U}_{|0|} + j x_d' \dot{I}_{|0|} = 1 + j0.32 \angle -26°$$
$$= 1.141 + j0.288 = 1.18 \angle 14.2°$$

为求 $E_{q|0|}'$ 和 $E_{q|0|}$ 先计算 $\dot{E}_{Q|0|}$

$$\dot{E}_{Q|0|} = \dot{U}_{|0|} + j x_q \dot{I}_{|0|} = 1 + j0.69 \angle -26°$$
$$= 1.304 + j0.62 = 1.44 \angle 25.5°$$

$$I_{d|0|} = 1 \times \sin(25.5° + 26°) = 0.783$$

$$U_{q|0|} = 1 \times \cos 25.5° = 0.903$$

$E_{q|0|}'$ 和 $E_{q|0|}$ 的计算式为

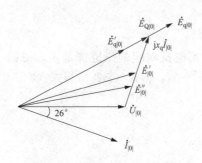

图 2-21 ［例 2-3］短路前相量图

$$E_{q|0|}' = U_{q|0|} + x_d' \dot{I}_{d|0|} = 0.903 + 0.32 \times 0.783 = 1.15$$

$$E_{q|0|} = U_{q|0|} + x_d \dot{I}_{d|0|} = 0.903 + 0.92 \times 0.783 = 1.62$$

（2）计算相关电流 I''、I'、I_d'、I_∞

$$I'' = E_{|0|}'' / x_d'' = 1.1/0.2 = 5.5$$

$$I' = E_{|0|}' / x_d' = 1.18/0.32 = 3.69$$

$$I_d' = E_{q|0|}' / x_d' = 1.15/0.32 = 3.59$$

$$I_\infty = E_{q|0|} / x_d = 1.62/0.92 = 1.76$$

上述电流标幺值代表了它们对额定电流的倍数，最大的是次暂态电流 I''，它是额定电流的 5.5 倍。图 2-21 是短路前的相量图。

第五节　同步发电机的基本方程

一、同步发电机的基本方程和派克变换

前面通过磁链守恒原理和双反应原理从物理概念上分析了同步发电机突然短路后的物理

过程，并给出了短路电流计算公式。下面将从电路的一般原理来推导同步发电机的基本方程，这样可以更完整地掌握发电机的数学模型，并更清楚地理解有关参数的意义。

（一）发电机回路电压方程和磁链方程

为建立发电机六个回路（三个定子绕组、一个励磁绕组以及直轴、交轴阻尼绕组）的方程，需要进一步明确磁链、电流和电压的正方向。图 2-3 给出了同步发电机各绕组位置的示意图，并标出了各相绕组的轴线 a、b、c 和转子绕组的轴线 d、q。其中，转子的 d 轴（直轴）滞后于 q 轴（交轴）90°。在本章第二节中规定了定子各相绕组轴线的正方向为各相绕组磁链的正方向。励磁绕组和直轴阻尼绕组磁链的正方向与 d 轴正方向一致，交轴阻尼绕组磁链的正方向与 q 轴正方向一致。同时也规定了各绕组电流的正方向。定子各相绕组电流产生的磁通方向与各该相绕组轴线的正方向相反时电流为正值；转子各绕组电流产生的磁通方向与 d 轴或 q 轴正方向相同时电流为正值（见图 2-3）。图 2-22 示出各回路的电路（只画了自感），其中标明了电压的正方向。在定子回路中向负荷侧观察，电压降的正方向与定子电流的正方向一致；在励磁回路中向励磁绕组侧观察，电压降的正方向与励磁电流的正方向一致。阻尼绕组为短接回路，回路电源为零。

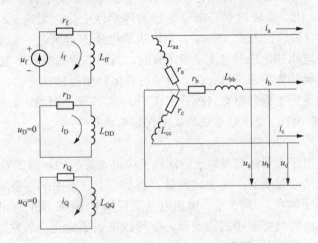

图 2-22　同步发电机各回路电路图

根据图 2-22，假设三相绕组电阻相等，即 $r_a = r_b = r_c = r$，可列出六个回路的电压方程为

$$
\begin{bmatrix} u_a \\ u_b \\ u_c \\ u_f \\ u_D \\ u_Q \end{bmatrix} = \begin{bmatrix} r & 0 & 0 & 0 & 0 & 0 \\ 0 & r & 0 & 0 & 0 & 0 \\ 0 & 0 & r & 0 & 0 & 0 \\ 0 & 0 & 0 & r_f & 0 & 0 \\ 0 & 0 & 0 & 0 & r_D & 0 \\ 0 & 0 & 0 & 0 & 0 & r_Q \end{bmatrix} \begin{bmatrix} -i_a \\ -i_b \\ -i_c \\ i_f \\ i_D \\ i_Q \end{bmatrix} + \begin{bmatrix} \dot{\psi}_a \\ \dot{\psi}_b \\ \dot{\psi}_c \\ \dot{\psi}_f \\ \dot{\psi}_D \\ \dot{\psi}_Q \end{bmatrix} \tag{2-53}
$$

式中：ψ 为各绕组磁链；$\dot{\psi}$ 为磁链对时间的导数 $\dfrac{\mathrm{d}\psi}{\mathrm{d}t}$；$r_f$、$r_D$ 和 r_Q 分别为励磁绕组、直轴阻尼绕组和交轴阻尼绕组的等值电阻。

同步发电机中各绕组的磁链是由本绕组的自感磁链和其他绕组与本绕组间的互感磁链组

合而成。它的磁链方程为

$$
\begin{bmatrix}
\psi_a \\
\psi_b \\
\psi_c \\
\psi_f \\
\psi_D \\
\psi_Q
\end{bmatrix}
=
\begin{bmatrix}
L_{aa} & M_{ab} & M_{ac} & M_{af} & M_{aD} & M_{aQ} \\
M_{ba} & L_{bb} & M_{bc} & M_{bf} & M_{bD} & M_{bQ} \\
M_{ca} & M_{cb} & L_{cc} & M_{cf} & M_{cD} & M_{cQ} \\
M_{fa} & M_{fb} & M_{fc} & L_{ff} & M_{fD} & M_{fQ} \\
M_{Da} & M_{Db} & M_{Dc} & M_{Df} & L_{DD} & M_{DQ} \\
M_{Qa} & M_{Qb} & M_{Qc} & M_{Qf} & M_{QD} & L_{QQ}
\end{bmatrix}
\begin{bmatrix}
-i_a \\
-i_b \\
-i_c \\
i_f \\
i_D \\
i_Q
\end{bmatrix}
\tag{2-54}
$$

式（2-54）中，系数矩阵是对称矩阵，对角元素为绕组的自感系数，非对角元素为绕组间的互感系数。

附录 A 中给出了各类电感系数的表达式。由附录 A 可以看出，对于凸极机，由于转子转动在不同位置，对定子绕组来说，空间的磁阻是不一样的，所以大多数电感系数为周期性变化，其中定子各绕组的自感系数以 π 为周期变化，定子各绕组的互感系数与自感系数变化相似，变化周期为 π。转子各绕组随转子一起转动，故转子各绕组自感系数和互感系数为常数，且 Q 绕组与 f、D 绕组相互垂直，它们之间的互感为零。定子各绕组与转子各绕组的互感系数以 2π 为周期变化。隐极机则小部分电感为周期性变化。无论是凸极机还是隐极机，如果将式（2-54）取导数后代入式（2-53），发电机的电压方程则是一组变系数的微分方程。用这组方程来求解发电机的电压和电流是很困难的。为了方便起见，一般采用变量转换的方法，或者称为坐标转换的方法来进行分析。目前已有多种坐标转换方法，这里只介绍其中最常用的一种，它是由美国工程师派克（Park）在 1929 年首先提出的，简称为派克变换。

（二）派克变换及 d、q、0 坐标系统的发电机基本方程

1. 派克变换

由前分析已知，由于定子绕组是静止的而转子绕组是旋转的，因而发电机内有些绕组之间的磁路是随转子运动而时变的。这导致磁链方程式（2-54）中的系数矩阵是时间的函数，从而给后续分析造成了困难。1929 年，美国电气工程师 Park 将静止的 abc 三相绕组中的物理量变换为旋转的 dq0 等值绕组中的物理量，使问题得到了简化。后称这一变换为 Park 变换。以下以电流为例来推导 Park 变换。

由"电机学"课程已知，定子 a 相绕组流过任意波形的电流 $i_a(t)$，其在空间产生的磁动势为

$$
f_a = -Ni_a\cos x \tag{2-55}
$$

式中：N 为定子绕组的等值匝数；空间变量 x 以 a 相绕组的磁轴的位置为原点；负号是因为选择的磁动势与电流的参考方向相反。

为不失一般性，取 a 相绕组的磁轴为空间相量的参考相位，将空间函数式（2-55）写成空间相量为

$$
\dot{F}_a = -Ni_a\angle 0 \tag{2-56}
$$

由图 2-3 可见，b、c 相绕组的磁轴分别在空间超前 a 相 2π/3 和 4π/3，设 b、c 相绕组中流过的电流分别为 $i_b(t)$ 和 $i_c(t)$，则它们在空间产生的磁动势空间相量分别为

$$
\dot{F}_b = -Ni_b\angle 2\pi/3
$$

$$
\dot{F}_c = -Ni_c\angle 4\pi/3
$$

对单个空间磁动势相量而言，它的相位是常数，即空间位置固定；而它的幅值与对应绕组中流过的电流成正比。如果电流是恒流，则幅值为常数；如果电流是时变的，则幅值即是时变的。显然，在发电机空间同时存在上述三个空间磁动势。由于不计定子绕组铁心饱和，因此，空间磁动势为三个单相磁动势相量之和

$$\dot{F} = \dot{F}_a + \dot{F}_b + \dot{F}_c = -N(i_a\angle 0 + i_b\angle 2\pi/3 + i_c\angle 4\pi/3) \tag{2-57}$$

令

$$i_0 = \frac{1}{3}(i_a + i_b + i_c) \tag{2-58}$$

$$\begin{cases} i_a = i_a' + i_0 \\ i_b = i_b' + i_0 \\ i_c = i_c' + i_0 \end{cases} \tag{2-59}$$

式中：i_0 为三相电流的等值零轴分量。

由式（2-58）、式（2-59）显见，零轴分量 i_0 是三相绕组中都有的分量；另外有

$$i_a' + i_b' + i_c' = 0 \tag{2-60}$$

故称：i_a'、i_b' 和 i_c' 为定子绕组的三相平衡电流。

将式（2-59）带入式（2-57），有

$$\dot{F} = -N[(i_a' + i_0)\angle 0 + (i_b' + i_0)\angle 2\pi/3 + (i_c' + i_0)\angle 4\pi/3]$$
$$= -N(i_a'\angle 0 + i_b'\angle 2\pi/3 + i_c'\angle 4\pi/3) - Ni_0(\angle 0 + \angle 2\pi/3 + \angle 4\pi/3)$$

显然

$$\angle 0 + \angle 2\pi/3 + \angle 4\pi/3 = 0$$

因此，定子各相绕组中磁动势的零轴分量在空间产生的合成磁场为零，对转子不产生任何作用，这样

$$\dot{F} = -N(i_a'\angle 0 + i_b'\angle 2\pi/3 + i_c'\angle 4\pi/3)$$
$$= -N\left[i_a' + i_b'\left(-\frac{1}{2} + j\frac{\sqrt{3}}{2}\right) + i_c'\left(-\frac{1}{2} - j\frac{\sqrt{3}}{2}\right)\right]$$
$$= -\frac{3}{2}N\left[i_a' + j\frac{1}{\sqrt{3}}(i_b' - i_c')\right] = -\frac{3}{2}NI_m(t)\angle\alpha(t) \tag{2-61}$$

其中

$$I_m^2(t) = [i_a'(t)]^2 + \frac{1}{3}[i_b'(t) - i_c'(t)]^2 \tag{2-62}$$

$$\alpha(t) = \mathrm{Arctan}\frac{i_b'(t) - i_c'(t)}{\sqrt{3}i_a'(t)} \tag{2-63}$$

式中：$\dot{I}_m = I_m(t)\angle\alpha(t)$ 为静止的三相定子绕组中电流的空间综合相量。反正切函数是4象限。

由以上三式可见，三相定子绕组电流产生的空间磁动势合成相量 $\dot{F}$ 的模值与 $I_m(t)$ 成正比，而相角为 $\alpha(t)$。一般而言，幅值 $I_m(t)$ 和相角 $\alpha(t)$ 是时变的。由于相位角是时变的，$\dot{F}$ 和 $\dot{I}_m$ 是在空间旋转的，其旋转速度为 $\omega_s(t) = \mathrm{d}\alpha(t)/\mathrm{d}t$。故 $\dot{I}_m$ 与 a、b、c 绕组轴线及 d、q 轴的相量关系如图 2-23 所示。显然，在任何时刻，旋转综合相量 $\dot{I}_m$ 向静止的定子绕组磁轴投影，即得

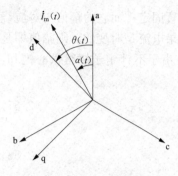

图 2-23 同步电机的空间相量图

$$\begin{cases} i_a'(t) = I_m(t)\cos\alpha(t) \\ i_b'(t) = I_m(t)\cos[\alpha(t) - 2\pi/3] \\ i_c'(t) = I_m(t)\cos[\alpha(t) + 2\pi/3] \end{cases} \tag{2-64}$$

由上边的推导可见，对于产生空间磁动势而言，静止的定子三相绕组中分别流过任意波形的电流 $i_a(t)$、$i_b(t)$ 和 $i_c(t)$，等价于以速度 $\omega_s(t)$ 旋转、等值匝数为 $3N/2$ 的绕组中流过电流 $I_m(t)$。依前设发电机转子 d 轴与定子 a 相绕组轴线的交角为 $\theta(t)$，发电机转子的角速度为 $\omega(t)$，初始交角为 θ_0，则显然有

$$\theta(t) = \theta_0 + \int_0^t \omega(\tau)d\tau$$

而 q 轴与 d 轴正交，总是超前 d 轴 $\pi/2$。由式（2-64）知，空间旋转相量 $\dot{I}_m$ 向静止的 a、b 和 c 三相绕组投影得到了平衡电流，不难理解，现在将旋转相量 $\dot{I}_m$ 向 d，q 旋转轴投影，这是一个正交分解，得到的电流 $i_d(t)$ 和 $i_q(t)$ 也将可以替代定子绕组流过的电流 $i_a(t)$、$i_b(t)$ 和 $i_c(t)$ 的作用。设 d 轴超前旋转相量 $\dot{I}_m$，据此得

$$\begin{cases} i_d(t) = I_m\cos(\theta - \alpha) = I_m\cos\alpha\cos\theta + I_m\sin\alpha\sin\theta \\ i_q(t) = I_m\cos\left(\theta - \alpha + \dfrac{\pi}{2}\right) = I_m\sin\alpha\cos\theta - I_m\cos\alpha\sin\theta \end{cases} \tag{2-65}$$

由式（2-64）易得

$$\begin{cases} i_a'(t) = I_m(t)\cos\alpha(t) \\ i_b'(t) - i_c'(t) = \sqrt{3}I_m(t)\sin\alpha(t) \end{cases} \tag{2-66}$$

将式（2-66）代入式（2-65），消去 I_m 和 α，得

$$\begin{cases} i_d(t) = i_a'\cos\theta + \dfrac{i_b' - i_c'}{\sqrt{3}}\sin\theta = \dfrac{2}{3}\left[i_a'\cos\theta + i_b'\cos(\theta - 2\pi/3) + i_c'\cos(\theta + 2\pi/3)\right] \\ i_q(t) = \dfrac{i_b' - i_c'}{\sqrt{3}}\cos\theta - i_a'\sin\theta = -\dfrac{2}{3}\left[i_a'\sin\theta + i_b'\sin(\theta - 2\pi/3) + i_c'\sin(\theta + 2\pi/3)\right] \end{cases}$$

将式（2-59）代入上式，注意

$$\begin{cases} \dfrac{2}{3}i_0\left[\cos\theta + \cos(\theta - 2\pi/3) + \cos(\theta + 2\pi/3)\right] = 0 \\ \dfrac{2}{3}i_0\left[\sin\theta + \sin(\theta - 2\pi/3) + \sin(\theta + 2\pi/3)\right] = 0 \end{cases}$$

则有

$$\begin{cases} i_d = \dfrac{2}{3}\left[i_a\cos\theta + i_b\cos(\theta - 2\pi/3) + i_c\cos(\theta + 2\pi/3)\right] \\ i_q = -\dfrac{2}{3}\left[i_a\sin\theta + i_b\sin(\theta - 2\pi/3) + i_c\sin(\theta + 2\pi/3)\right] \end{cases} \tag{2-67}$$

由前已知，静止的三相定子绕组中分别流过的电流 $i_a(t)$、$i_b(t)$ 和 $i_c(t)$ 可以用以角速度 $\omega(t)$ 旋转的 d、q 绕组中的电流 i_d 和 i_q 替代。这样，考虑到式（2-58）和式（2-67），有

$$\begin{cases} i_{\mathrm{d}} = \dfrac{2}{3}\left[i_{\mathrm{a}}\cos\theta + i_{\mathrm{b}}\cos(\theta - 2\pi/3) + i_{\mathrm{c}}\cos(\theta + 2\pi/3) \right] \\[2mm] i_{\mathrm{q}} = -\dfrac{2}{3}\left[i_{\mathrm{a}}\sin\theta + i_{\mathrm{b}}\sin(\theta - 2\pi/3) + i_{\mathrm{c}}\sin(\theta + 2\pi/3) \right] \\[2mm] i_{0} = \dfrac{1}{3}(i_{\mathrm{a}} + i_{\mathrm{b}} + i_{\mathrm{c}}) \end{cases} \tag{2-68}$$

写成矩阵形式为

$$\begin{bmatrix} i_{\mathrm{d}} \\ i_{\mathrm{q}} \\ i_{0} \end{bmatrix} = \frac{2}{3}\begin{bmatrix} \cos\theta & \cos(\theta - 2\pi/3) & \cos(\theta + 2\pi/3) \\ -\sin\theta & -\sin(\theta - 2\pi/3) & -\sin(\theta + 2\pi/3) \\ 1/2 & 1/2 & 1/2 \end{bmatrix} \begin{bmatrix} i_{\mathrm{a}} \\ i_{\mathrm{b}} \\ i_{\mathrm{c}} \end{bmatrix} \tag{2-69}$$

其中的系数矩阵称为 Park 矩阵，即

$$\boldsymbol{P} = \frac{2}{3}\begin{bmatrix} \cos\theta & \cos(\theta - 2\pi/3) & \cos(\theta + 2\pi/3) \\ -\sin\theta & -\sin(\theta - 2\pi/3) & -\sin(\theta + 2\pi/3) \\ 1/2 & 1/2 & 1/2 \end{bmatrix} \tag{2-70}$$

它将定子 a、b 和 c 绕组中的电流变换为转子上 d、q 绕组中流过的电流 i_{d} 和 i_{q} 以及一个零轴孤立绕组中的电流。

同样，对于电压和磁链分别有

$$\begin{bmatrix} u_{\mathrm{d}} \\ u_{\mathrm{q}} \\ u_{0} \end{bmatrix} = \frac{2}{3}\begin{bmatrix} \cos\theta & \cos(\theta - 2\pi/3) & \cos(\theta + 2\pi/3) \\ -\sin\theta & -\sin(\theta - 2\pi/3) & -\sin(\theta + 2\pi/3) \\ 1/2 & 1/2 & 1/2 \end{bmatrix} \begin{bmatrix} u_{\mathrm{a}} \\ u_{\mathrm{b}} \\ u_{\mathrm{c}} \end{bmatrix} \tag{2-71}$$

$$\begin{bmatrix} \psi_{\mathrm{d}} \\ \psi_{\mathrm{q}} \\ \psi_{0} \end{bmatrix} = \frac{2}{3}\begin{bmatrix} \cos\theta & \cos(\theta - 2\pi/3) & \cos(\theta + 2\pi/3) \\ -\sin\theta & -\sin(\theta - 2\pi/3) & -\sin(\theta + 2\pi/3) \\ 1/2 & 1/2 & 1/2 \end{bmatrix} \begin{bmatrix} \psi_{\mathrm{a}} \\ \psi_{\mathrm{b}} \\ \psi_{\mathrm{c}} \end{bmatrix} \tag{2-72}$$

式 (2-69)、式 (2-71)、式 (2-72) 的简写形式为

$$\begin{cases} \boldsymbol{i}_{\mathrm{dq0}} = \boldsymbol{P}\boldsymbol{i}_{\mathrm{abc}} \\ \boldsymbol{u}_{\mathrm{dq0}} = \boldsymbol{P}\boldsymbol{u}_{\mathrm{abc}} \\ \boldsymbol{\psi}_{\mathrm{dq0}} = \boldsymbol{P}\boldsymbol{\psi}_{\mathrm{abc}} \end{cases} \tag{2-73}$$

式中 $\boldsymbol{P}$ 为上三式中的系数矩阵，称为派克变换矩阵。

显然，派克变换矩阵 $\boldsymbol{P}$ 是可逆矩阵，由式 (2-70) 不难得出其逆变换关系为

$$\begin{bmatrix} i_{\mathrm{a}} \\ i_{\mathrm{b}} \\ i_{\mathrm{c}} \end{bmatrix} = \begin{bmatrix} \cos\theta & -\sin\theta & 1 \\ \cos(\theta - 2\pi/3) & -\sin(\theta - 2\pi/3) & 1 \\ \cos(\theta + 2\pi/3) & -\sin(\theta + 2\pi/3) & 1 \end{bmatrix} \begin{bmatrix} i_{\mathrm{d}} \\ i_{\mathrm{q}} \\ i_{0} \end{bmatrix} \tag{2-74}$$

对于电压、磁链有类似的逆变换关系。逆变换关系可简写为

$$\begin{cases} \boldsymbol{i}_{\mathrm{abc}} = \boldsymbol{P}^{-1}\boldsymbol{i}_{\mathrm{dq0}} \\ \boldsymbol{u}_{\mathrm{abc}} = \boldsymbol{P}^{-1}\boldsymbol{u}_{\mathrm{dq0}} \\ \boldsymbol{\psi}_{\mathrm{abc}} = \boldsymbol{P}^{-1}\boldsymbol{\psi}_{\mathrm{dq0}} \end{cases} \tag{2-75}$$

由上分析，可以把 i_{a}'、i_{b}'、i_{c}' 向 i_{d}、i_{q}、i_0 的转换设想为将定子三相绕组的电流用另外三个假想的绕组电流代替。一个是零轴绕组，另外两个假想绕组可称为 dd 和 qq 绕组，它们的轴线时时与转子的 d 和 q 轴相重合。

当三相系统对称时，有 $i_a'=i_a$，$i_b'=i_b$，$i_c'=i_c$。

当存在零序分量 i_0 时，有 $i_a=i_a'+i_0$，$i_b=i_b'+i_0$，$i_c=i_c'+i_0$。

若已知 i_d 和 i_q，则由式（2-74）知，它们在 a、b、c 轴线上的投影之和即为 i_a、i_b、i_c（当 $i_0=0$）。

【例 2-4】 设发电机转子速度为常数 ω，定子三相电流的瞬时值分别为

$$(1)\quad \begin{bmatrix} i_a \\ i_b \\ i_c \end{bmatrix} = I_{m1} \begin{bmatrix} \cos(\omega t + \alpha_0) \\ \cos(\omega t + \alpha_0 - 120°) \\ \cos(\omega t + \alpha_0 + 120°) \end{bmatrix};$$

$$(2)\quad \begin{bmatrix} i_a \\ i_b \\ i_c \end{bmatrix} = I_{m2} \begin{bmatrix} \cos(\omega t + \alpha_0) \\ \cos(\omega t + \alpha_0 + 120°) \\ \cos(\omega t + \alpha_0 - 120°) \end{bmatrix};$$

$$(3)\quad \begin{bmatrix} i_a \\ i_b \\ i_c \end{bmatrix} = I_{m3} \begin{bmatrix} 1 \\ -0.25 \\ -0.25 \end{bmatrix}。$$

定子电流的角频率 ω 为常数，与发电机转子角速度相等。试计算变换后的 i_d、i_q 和 i_0。

解　（1）由于发电机转速为常数 ω，则显然 d 轴和 a 轴之间的夹角 $\theta = \omega t + \theta_0$，$\theta_0$ 为 $t=0$ 时的夹角，则

$$\begin{bmatrix} i_d \\ i_q \\ i_0 \end{bmatrix} = \frac{2I_{m1}}{3} \begin{bmatrix} \cos(\omega t + \theta_0) & \cos(\omega t + \theta_0 - 120°) & \cos(\omega t + \theta_0 + 120°) \\ -\sin(\omega t + \theta_0) & -\sin(\omega t + \theta_0 - 120°) & -\sin(\omega t + \theta_0 + 120°) \\ 1/2 & 1/2 & 1/2 \end{bmatrix}$$

$$\times \begin{bmatrix} \cos(\omega t + \alpha_0) \\ \cos(\omega t + \alpha_0 - 120°) \\ \cos(\omega t + \alpha_0 + 120°) \end{bmatrix} = I_{m1} \begin{bmatrix} \cos(\theta_0 - \alpha_0) \\ -\sin(\theta_0 - \alpha_0) \\ 0 \end{bmatrix}$$

即 i_d、i_q 为直流，i_0 为零。

此例中的定子电流是系统的稳态定子电流，通过 **P** 矩阵乘定子电流完成变换的运算是复杂的。事实上，按照 Park 变换的物理意义进行变换更为方便。

首先由式（2-58）求零轴分量，由于定子三相电流是对称电流，故知 i_0 为零。再求综合电流相量 $\dot{I}_m$。由式（2-62）知

$$I_m^2(t) = [i_a(t)]^2 + \frac{1}{3}[i_b(t) - i_c(t)]^2$$

$$= [I_{m1}\cos(\omega t + \alpha_0)]^2 + \frac{1}{3}[I_{m1}\cos(\omega t + \alpha_0 - 2\pi/3) - I_{m1}\cos(\omega t + \alpha_0 + 2\pi/3)]^2$$

$$= [I_{m1}\cos(\omega t + \alpha_0)]^2 + \frac{I_{m1}}{3}[2\sin(2\pi/3)\sin(\omega t + \alpha_0)]^2$$

$$= [I_{m1}\cos(\omega t + \alpha_0)]^2 + \frac{I_{m1}}{3}[\sqrt{3}\sin(\omega t + \alpha_0)]^2$$

$$= I_{m1}^2$$

由式（2-63）知

$$\alpha(t) = \arctan\frac{i_b(t) - i_c(t)}{\sqrt{3}i_a(t)} = \arctan\frac{\sqrt{3}I_{m1}\sin(\omega t + \alpha_0)}{\sqrt{3}I_{m1}\cos(\omega t + \alpha_0)} = \omega t + \alpha_0$$

可见空间综合电流相量的幅值为常数 I_{m1}，即定子正弦电流的幅值；转速为 ω，即正弦电流的角频率。特别地，称这种定子电流为正序电流。

将旋转相量 $\dot{I}_m$ 分别向 d、q 轴投影，注意 d、q 轴的转速也为 ω，则 $\dot{I}_m$ 与 d 轴的交角为

$$\theta(t) - \alpha(t) = \omega t + \theta_0 - \omega t - \alpha_0 = \theta_0 - \alpha_0$$

则

$$i_d = I_{m1} \cos(\theta_0 - \alpha_0)$$
$$i_q = -I_{m1} \sin(\theta_0 - \alpha_0)$$

注意：定子正序电流变换为 d、q 绕组的电流后是恒流。这是因为 $\dot{I}_m$ 与 d 轴转速相同，二者相对静止。

（2）按照 Park 变换的物理意义进行变换。由式（2-58）求零轴分量，由定子三相电流是对称电流，故知 i_0 为零。再求综合电流相量 $\dot{I}_m$。由式（2-62）知

$$I_m^2(t) = \left[i_a(t)\right]^2 + \frac{1}{3}\left[i_b(t) - i_c(t)\right]^2$$

$$= \left[I_{m2}\cos(\omega t + \alpha_0)\right]^2 + \frac{1}{3}\left[I_{m2}\cos(\omega t + \alpha_0 + 2\pi/3) - I_{m2}\cos(\omega t + \alpha_0 - 2\pi/3)\right]^2$$

$$= \left[I_{m2}\cos(\omega t + \alpha_0)\right]^2 + \frac{I_{m2}}{3}\left[-2\sin(2\pi/3)\sin(\omega t + \alpha_0)\right]^2$$

$$= \left[I_{m2}\cos(\omega t + \alpha_0)\right]^2 + \frac{I_{m2}}{3}\left[-\sqrt{3}\sin(\omega t + \alpha_0)\right]^2$$

$$= I_{m2}^2$$

由式（2-63）知

$$\alpha(t) = \arctan\frac{i_b(t) - i_c(t)}{\sqrt{3}i_a(t)} = \arctan\frac{-\sqrt{3}I_{m2}\sin(\omega t + \alpha_0)}{\sqrt{3}I_{m2}\cos(\omega t + \alpha_0)} = -(\omega t + \alpha_0)$$

可见综合空间电流相量的幅值为常数 I_{m2}，即定子正弦电流的幅值；转速为 $-\omega$。特别地，称这种定子电流为负序电流。

将旋转相量 $\dot{I}_m$ 分别向 d、q 轴投影，$\dot{I}_m$ 与 d 轴的交角为

$$\theta(t) - \alpha(t) = \omega t + \theta_0 + \omega t + \alpha_0 = 2\omega t + \theta_0 + \alpha_0$$

则

$$i_d = I_{m2}\cos(2\omega t + \theta_0 + \alpha_0)$$
$$i_q = -I_{m2}\sin(2\omega t + \theta_0 + \alpha_0)$$

注意：定子负序电流变换为 d、q 绕组的电流后是幅值不变的二倍频的交流。这是因为 $\dot{I}_m$ 与 d 轴转速相反，二者相对速度为 2ω。

（3）按照 Park 变换的物理意义进行变换。此例的定子电流是直流。由式（2-58）求零轴分量，即

$$i_0 = \frac{1}{3}(i_a + i_b + i_c) = \frac{0.5}{3}I_{m3} = \frac{I_{m3}}{6}$$

由式（2-59）求三相平衡电流，即

$$\begin{cases} i_a' = i_a - i_0 = I_{m3}(1 - 1/6) = I_{m3}5/6 \\ i_b' = i_b - i_0 = I_{m3}(-0.25 - 1/6) = -I_{m3}5/12 \\ i_c' = i_c - i_0 = I_{m3}(-0.25 - 1/6) = -I_{m3}5/12 \end{cases}$$

再求空间综合电流相量 $\dot{I}_{\mathrm{m}}$

$$\dot{I}_{\mathrm{m}} = i'_{\mathrm{a}}\angle 0 + i'_{\mathrm{b}}\angle 2\pi/3 + i'_{\mathrm{c}}\angle 4\pi/3$$

$$= I_{\mathrm{m3}}\left(\frac{5}{6}\angle 0 - \frac{5}{12}\angle 2\pi/3 - \frac{5}{12}\angle 4\pi/3\right)$$

$$= I_{\mathrm{m3}}\left[\frac{5}{6} - \frac{5}{12}\left(-\frac{1}{2} + \mathrm{j}\frac{\sqrt{3}}{2}\right) - \frac{5}{12}\left(-\frac{1}{2} - \mathrm{j}\frac{\sqrt{3}}{2}\right)\right]$$

$$= I_{\mathrm{m3}}\left[\frac{5}{6} - \frac{5}{12}\right] = \frac{5}{6}I_{\mathrm{m3}}\angle 0$$

可见空间综合电流相量 $\dot{I}_{\mathrm{m}}$ 的模值和相位都为常数，是个空间静止相量。

向旋转轴 d 和 q 投影，有

$$\theta(t) - \alpha(t) = \omega t + \theta_0 - 0$$

$$\begin{cases} i_{\mathrm{d}} = \dfrac{5}{6}I_{\mathrm{m3}}\cos(\omega t + \theta_0) \\[2mm] i_{\mathrm{q}} = -\dfrac{5}{6}I_{\mathrm{m3}}\sin(\omega t + \theta_0) \end{cases}$$

注意：定子中的三相平衡直流电流变换为 d、q 绕组的电流后是基频交流。这是因为 $\dot{I}_{\mathrm{m}}$ 是静止的，而 d 轴的转速为 ω，二者的相对速度为 ω。

由本例可见，用 a、b、c 坐标系统和用 d、q、0 坐标系统表示的电流或电压是交、直流互换的。

2. 磁链方程的坐标变换

为了书写方便，将式（2-54）简写为

$$\begin{bmatrix} \boldsymbol{\psi}_{\mathrm{abc}} \\ \boldsymbol{\psi}_{\mathrm{fDQ}} \end{bmatrix} = \begin{bmatrix} \boldsymbol{L}_{\mathrm{SS}} & \boldsymbol{L}_{\mathrm{SR}} \\ \boldsymbol{L}_{\mathrm{RS}} & \boldsymbol{L}_{\mathrm{RR}} \end{bmatrix} \begin{bmatrix} -\boldsymbol{i}_{\mathrm{abc}} \\ \boldsymbol{i}_{\mathrm{fDQ}} \end{bmatrix} \tag{2-76}$$

式中：L 表示各类电感系数；下标 "SS" 表示定子侧各量，"RR" 表示转子侧各量，"SR" 和 "RS" 则表示定子和转子间各量。

它们的表达式（对称阵仅写上三角）为 ［引入附录 A 中的推导结果］

$$\boldsymbol{L}_{\mathrm{SS}} = \begin{bmatrix} l_0 + l_2\cos 2\theta & -[m_0 + m_2\cos 2(\theta + 30°)] & -[m_0 + m_2\cos 2(\theta + 150°)] \\ & l_0 + l_2\cos 2(\theta - 120°) & -[m_0 + m_2\cos 2(\theta - 90°)] \\ & & l_0 + l_2\cos 2(\theta + 120°) \end{bmatrix}$$

$$\boldsymbol{L}_{\mathrm{SR}} = \boldsymbol{L}_{\mathrm{RS}} = \begin{bmatrix} m_{\mathrm{af}}\cos\theta & m_{\mathrm{aD}}\cos\theta & -m_{\mathrm{aQ}}\sin\theta \\ m_{\mathrm{af}}\cos(\theta - 120°) & m_{\mathrm{aD}}\cos(\theta - 120°) & -m_{\mathrm{aQ}}\cos(\theta - 120°) \\ m_{\mathrm{af}}\cos(\theta + 120°) & m_{\mathrm{aD}}\cos(\theta + 120°) & -m_{\mathrm{aQ}}\cos(\theta + 120°) \end{bmatrix}$$

$$\boldsymbol{L}_{\mathrm{RR}} = \begin{bmatrix} L_{\mathrm{f}} & m_{\mathrm{r}} & 0 \\ & L_{\mathrm{D}} & 0 \\ & & L_{\mathrm{Q}} \end{bmatrix}$$

将方程式（2-76）进行派克变换，即将 $\boldsymbol{\psi}_{\mathrm{abc}}$、$\boldsymbol{i}_{\mathrm{abc}}$ 转换为 $\boldsymbol{\psi}_{\mathrm{dq0}}$、$\boldsymbol{i}_{\mathrm{dq0}}$，可得

$$\begin{bmatrix} \boldsymbol{\psi}_{\mathrm{dq0}} \\ \boldsymbol{\psi}_{\mathrm{fDQ}} \end{bmatrix} = \begin{bmatrix} \boldsymbol{P} & \boldsymbol{0} \\ \boldsymbol{0} & \boldsymbol{U} \end{bmatrix} \begin{bmatrix} \boldsymbol{\psi}_{\mathrm{abc}} \\ \boldsymbol{\psi}_{\mathrm{fDQ}} \end{bmatrix} = \begin{bmatrix} \boldsymbol{P} & \boldsymbol{0} \\ \boldsymbol{0} & \boldsymbol{U} \end{bmatrix} \begin{bmatrix} \boldsymbol{L}_{\mathrm{SS}} & \boldsymbol{L}_{\mathrm{SR}} \\ \boldsymbol{L}_{\mathrm{RS}} & \boldsymbol{L}_{\mathrm{RR}} \end{bmatrix} \begin{bmatrix} -\boldsymbol{i}_{\mathrm{abc}} \\ \boldsymbol{i}_{\mathrm{fDQ}} \end{bmatrix}$$

$$= \begin{bmatrix} P & 0 \\ 0 & U \end{bmatrix} \begin{bmatrix} L_{SS} & L_{SR} \\ L_{RS} & L_{RR} \end{bmatrix} \begin{bmatrix} P^{-1} & 0 \\ 0 & U \end{bmatrix} \begin{bmatrix} P & 0 \\ 0 & U \end{bmatrix} \begin{bmatrix} -i_{abc} \\ i_{fDQ} \end{bmatrix}$$

$$= \begin{bmatrix} PL_{SS}P^{-1} & PL_{SR} \\ L_{RS}P^{-1} & L_{RR} \end{bmatrix} \begin{bmatrix} -i_{dq0} \\ i_{fDQ} \end{bmatrix} \tag{2-77}$$

式中：U 为单位矩阵。

式（2-77）中系数矩阵的各分块子阵分别为

$$PL_{SS}P^{-1} = \begin{bmatrix} L_d & 0 & 0 \\ 0 & L_q & 0 \\ 0 & 0 & L_0 \end{bmatrix}$$

$$\begin{cases} L_d = l_0 + m_0 + \dfrac{3}{2}l_2 \\[2mm] L_q = l_0 + m_0 - \dfrac{3}{2}l_2 \\[2mm] L_0 = l_0 - 2m_0 \end{cases} \tag{2-78}$$

$$PL_{SR} = \begin{bmatrix} m_{af} & m_{aD} & 0 \\ 0 & 0 & m_{aQ} \\ 0 & 0 & 0 \end{bmatrix}$$

$$L_{RS}P^{-1} = \begin{bmatrix} \dfrac{3}{2}m_{af} & 0 & 0 \\[2mm] \dfrac{3}{2}m_{aD} & 0 & 0 \\[2mm] 0 & \dfrac{3}{2}m_{aQ} & 0 \end{bmatrix}$$

经过派克变换后的磁链方程为

$$\begin{bmatrix} \psi_d \\ \psi_q \\ \psi_0 \\ \psi_f \\ \psi_D \\ \psi_Q \end{bmatrix} = \begin{bmatrix} L_d & 0 & 0 & m_{af} & m_{aD} & 0 \\ 0 & L_q & 0 & 0 & 0 & m_{aQ} \\ 0 & 0 & L_0 & 0 & 0 & 0 \\ \dfrac{3}{2}m_{af} & 0 & 0 & L_f & m_r & 0 \\ \dfrac{3}{2}m_{aD} & 0 & 0 & m_r & L_D & 0 \\ 0 & m_{aQ} & 0 & 0 & 0 & L_Q \end{bmatrix} \begin{bmatrix} -i_d \\ -i_q \\ -i_0 \\ i_f \\ i_D \\ i_Q \end{bmatrix} \tag{2-79}$$

其展开形式的定子磁链方程为

$$\begin{cases} \psi_d = -L_d i_d + m_{af} i_f + m_{aD} i_D \\ \psi_q = -L_q i_q + m_{aQ} i_Q \\ \psi_0 = -L_0 i_0 \end{cases} \tag{2-80}$$

转子磁链方程为

$$\begin{cases} \psi_f = -\dfrac{3}{2}m_{af} i_d + L_f i_f + m_r i_D \\[2mm] \psi_D = -\dfrac{3}{2}m_{aD} i_D + m_r i_f + L_D i_D \\[2mm] \psi_Q = -\dfrac{3}{2}m_{aQ} i_Q + L_Q i_Q \end{cases} \tag{2-81}$$

从上述磁链方程可以看出，方程中的各项电感系数都变为常数。这是因为定子三相绕组已被假想的等效 dd、qq 绕组所代替，而这两个绕组的轴线始终是与 d 轴和 q 轴一致，而转子 d 轴和 q 轴方向的导磁系数始终不变，因此与之相关的所有磁链均与转子的位置无关，变为与时间无关的常数。

如前所述，当三相电流中含有相等的零轴电流时，由于三相绕组在空间对称分布，三相零轴电流的合成磁动势为零，即不与转子绕组交链，其自感系数 L_0 自然为常数。式（2-81）中各电感为常数就不用再作解释了。

如上所述，L_d 和 L_q 是直轴和交轴等效绕组 dd、qq 的自感系数，下面将证明它们就是定子每相绕组的直轴和交轴同步电抗 x_d、x_q 的电感系数。

电机试验中用低转差法测同步电机的 x_d 和 x_q。其试验过程为：在励磁绕组短接的状态下，将被测试电机转子旋转至转差率 $s<1\%$，定子端外施三相对称交流电压至（0.02～0.15）U_N，然后打开励磁绕组，录取电枢电压、电流波形。录得的电压、电流波形包络线为波浪式的，电压包络线最大值与电流包络线最小值相对应，反之亦然。则有

$$\begin{cases} x_d = \dfrac{最大电压幅值}{最小电流幅值} \\ x_q = \dfrac{最小电压幅值}{最大电流幅值} \end{cases}$$

此试验的物理过程即定子电枢反应磁通轮流地穿过直轴、交轴主磁路，故测得的每相最大和最小电抗即为 x_d 和 x_q。

现将测试时的运行变量代入新磁链方程式（2-80）。对应 d 轴时，$i_q=i_0=0$，$i_f=i_D=i_Q=0$，则 $\psi_d=-L_d i_d$，$\psi_q=\psi_0=0$。应用式（2-75）将 i_{dq0} 和 ψ_{dq0} 变换至 i_{abc} 和 ψ_{abc}，可得

$$\begin{cases} \dfrac{\psi_a}{i_a} = \dfrac{\psi_d\cos\theta}{i_d\cos\theta} = \dfrac{\psi_d}{i_d} = -L_d \\ \dfrac{\psi_b}{i_b} = \dfrac{\psi_d\cos(\theta-120°)}{i_d\cos(\theta-120°)} = \dfrac{\psi_d}{i_d} = -L_d \\ \dfrac{\psi_c}{i_c} = \dfrac{\psi_d\cos(\theta+120°)}{i_d\cos(\theta+120°)} = \dfrac{\psi_d}{i_d} = -L_d \end{cases}$$

说明试验中测得的各相电抗 x_d 就等于 dd 等效绕组的自电抗（负号是由于所选磁链方向与电流方向相反）。

对应 q 轴时，$i_d=i_0=0$，$i_f=i_D=i_Q=0$，则 $\psi_d=0$，$\psi_q=-L_q i_q$，$\psi_0=0$。相应地，有如下关系

$$\dfrac{\psi_a}{i_a} = \dfrac{\psi_b}{i_b} = \dfrac{\psi_c}{i_c} = \dfrac{\psi_q}{i_q} = -L_q$$

即测得的各相电抗 x_q 就等于 qq 等效绕组的自电抗。

现在讨论电感系数 L_0 的意义。若将发电机定子绕组通以零序电流，即各相绕组流过相同的电流 i，转子励磁绕组短路无励磁，此时有

$$\begin{bmatrix} i_d \\ i_q \\ i_0 \end{bmatrix} = \boldsymbol{P} \begin{bmatrix} i \\ i \\ i \end{bmatrix} = \begin{bmatrix} 0 \\ 0 \\ i \end{bmatrix}$$

因而 ψ_d 和 ψ_q 也均为零，即零轴电流不产生经气隙穿越转子的磁通。对应于各相绕组磁

链的电感系数为

$$\frac{\psi_a}{i_a} = \frac{\psi_b}{i_b} = \frac{\psi_c}{i_c} = \frac{\psi_0}{i_0} = -L_0$$

所以，电感系数 L_0 就是定子三相绕组通过零序电流时，任意一相定子绕组的自感系数，与之对应的电抗 $x_0 = \omega L_0$ 称为同步发电机的零序电抗。

从磁链方程式（2-79）中可以看出，定子和转子的电感系数不对称，定子直轴磁链 ψ_d 中由励磁电流 i_e 产生的磁链其互感系数为 m_{af}，而励磁绕组磁链 ψ_f 中，由定子电流 i_d 产生的磁链其互感系数为 $m_{af}3/2$。等效绕组 dd 与直轴阻尼绕组间的互感以及等效绕组 qq 与交轴阻尼绕组间的互感也存在这种类似的情形。由前面已经叙述的原理，这个原因很容易理解，当三相电流流过定子三相绕组时，将在空气隙中产生一个旋转磁动势，这一磁动势的幅值为单相磁动势幅值的 3/2 倍，见式（2-61）。在 Park 变换中已将定子三相电流变换为 i_d、i_q，因为 i_d、i_q 为综合相量在 d 轴和 q 轴上的投影，是相电流的瞬时值，用它来代表三相电流任一瞬间在气隙中产生的旋转磁动势，则必须将其值扩大 3/2 倍，若电流不变而应将定子对转子的互感扩大 3/2 倍，才能起到相同作用。这正反映了 Park 变换仍然保持着原始空气隙中旋转磁动势不变，说明这种变换并没有改变发电机工作的基本条件。

实际上，只要将变换矩阵 $\boldsymbol{P}$ 略加改造，使之成为一个正交矩阵，即可消除这种互感系数不可易的现象。在目前采用的变换矩阵情况下，磁链方程中定、转子互感系数不可易问题，只要将各量改为标幺值并适当选取基准值即可克服。附录 B 中介绍了一种常用的同步电机标幺制，采用了这种标幺制后不但互感系数是可易的，而且还存在所有 d 轴互感系数的标幺值与 d 轴电枢反应电抗标幺值相等，q 轴互感系数的标幺值与 q 轴电枢反应电抗标幺值相等，即如下关系

$$m_{af*} = m_{aD*} = m_{r*} = x_{ad*}$$
$$m_{aQ*} = x_{aq*}$$

式中：m_{r*} 为转子绕组与 D 绕组之间的互感。

假定已将磁链方程式（2-79）改为标幺值，为了书写方便又将下标"*"略去，同时，电感的标幺值等于相应电抗的标幺值，最后得到的磁链方程为

$$
\begin{bmatrix} \psi_d \\ \psi_q \\ \psi_0 \\ \psi_f \\ \psi_D \\ \psi_Q \end{bmatrix} =
\begin{bmatrix}
x_d & 0 & 0 & x_{ad} & x_{ad} & 0 \\
0 & x_q & 0 & 0 & 0 & x_{aq} \\
0 & 0 & x_0 & 0 & 0 & 0 \\
x_{ad} & 0 & 0 & x_f & x_{ad} & 0 \\
x_{ad} & 0 & 0 & x_{ad} & x_D & 0 \\
0 & x_{aq} & 0 & 0 & 0 & x_Q
\end{bmatrix}
\begin{bmatrix} -i_d \\ -i_q \\ -i_0 \\ i_f \\ i_D \\ i_Q \end{bmatrix}
\tag{2-82}
$$

式中：x_d、x_q、x_0 的意义和名称如前所述；x_f、x_D、x_Q 分别为励磁绕组、直轴和交轴阻尼绕组的自电抗；x_{ad}、x_{aq} 分别为直轴和交轴电枢反应电抗。

3. 电压平衡方程的坐标变换

电压方程可简写为（设已为标幺值形式）

$$
\begin{bmatrix} \boldsymbol{u}_{abc} \\ \boldsymbol{u}_{fDQ} \end{bmatrix} =
\begin{bmatrix} r_S & 0 \\ 0 & r_R \end{bmatrix}
\begin{bmatrix} -\boldsymbol{i}_{abc} \\ \boldsymbol{i}_{fDQ} \end{bmatrix} +
\begin{bmatrix} \dot{\boldsymbol{\psi}}_{abc} \\ \dot{\boldsymbol{\psi}}_{fDQ} \end{bmatrix}
\tag{2-83}
$$

其中

$$r_S = rU$$

$$r_R = \begin{bmatrix} r_f & 0 & 0 \\ 0 & r_D & 0 \\ 0 & 0 & r_Q \end{bmatrix}$$

将方程式（2-83）进行 Park 变换。以 $\begin{bmatrix} P & 0 \\ 0 & U \end{bmatrix}$ 乘等号两侧各项，则等号左侧为

$$\begin{bmatrix} P & 0 \\ 0 & U \end{bmatrix}\begin{bmatrix} u_{abc} \\ u_{fDQ} \end{bmatrix} = \begin{bmatrix} u_{dq0} \\ u_{fDQ} \end{bmatrix}$$

等号右侧第一项为

$$\begin{bmatrix} P & 0 \\ 0 & U \end{bmatrix}\begin{bmatrix} r_S & 0 \\ 0 & r_R \end{bmatrix}\begin{bmatrix} -i_{abc} \\ i_{fDQ} \end{bmatrix} = \begin{bmatrix} P & 0 \\ 0 & U \end{bmatrix}\begin{bmatrix} r_S & 0 \\ 0 & r_R \end{bmatrix}\begin{bmatrix} P^{-1} & 0 \\ 0 & U \end{bmatrix}\begin{bmatrix} P & 0 \\ 0 & U \end{bmatrix}\begin{bmatrix} -i_{abc} \\ i_{fDQ} \end{bmatrix} = \begin{bmatrix} r_S & 0 \\ 0 & r_R \end{bmatrix}\begin{bmatrix} -i_{dq0} \\ i_{fDQ} \end{bmatrix}$$

等号右侧第二项为

$$\begin{bmatrix} P & 0 \\ 0 & U \end{bmatrix}\begin{bmatrix} \dot{\psi}_{abc} \\ \dot{\psi}_{fDQ} \end{bmatrix} = \begin{bmatrix} P\dot{\psi}_{abc} \\ \dot{\psi}_{fDQ} \end{bmatrix}$$

由于 $\psi_{dq0} = P\psi_{abc}$，对两侧求导，得

$$\dot{\psi}_{dq0} = \dot{P}\psi_{abc} + P\dot{\psi}_{abc}$$

于是

$$P\dot{\psi}_{abc} = \dot{\psi}_{dq0} - \dot{P}\psi_{abc} = \dot{\psi}_{dq0} - \dot{P}P^{-1}\psi_{dq0}$$

经过运算，可得

$$\dot{P}P^{-1} = \begin{bmatrix} 0 & \omega & 0 \\ -\omega & 0 & 0 \\ 0 & 0 & 0 \end{bmatrix}$$

式中：ω 为转子角速度，其标幺值为 $1+s$；s 为转差率。转子以同步转速旋转时 ω 标幺值为 1。

令

$$S = \dot{P}P^{-1}\psi_{dq0} = \begin{bmatrix} 0 & \omega & 0 \\ -\omega & 0 & 0 \\ 0 & 0 & 0 \end{bmatrix}\begin{bmatrix} \psi_d \\ \psi_q \\ \psi_0 \end{bmatrix} = \begin{bmatrix} \omega\psi_q \\ -\omega\psi_d \\ 0 \end{bmatrix}$$

于是式（2-83）经 Park 变换后为

$$\begin{bmatrix} u_{dq0} \\ u_{fDQ} \end{bmatrix} = \begin{bmatrix} r_S & 0 \\ 0 & r_R \end{bmatrix}\begin{bmatrix} -i_{dq0} \\ i_{fDQ} \end{bmatrix} + \begin{bmatrix} \dot{\psi}_{dq0} \\ \dot{\psi}_{fDQ} \end{bmatrix} - \begin{bmatrix} S \\ 0 \end{bmatrix} \tag{2-84}$$

将其展开为

$$\begin{bmatrix} u_d \\ u_q \\ u_0 \\ u_f \\ u_D \\ u_Q \end{bmatrix} = \begin{bmatrix} r & 0 & 0 & & & \\ 0 & r & 0 & & \mathbf{0} & \\ 0 & 0 & r & & & \\ & & & r_f & 0 & 0 \\ & \mathbf{0} & & 0 & r_D & 0 \\ & & & 0 & 0 & r_Q \end{bmatrix}\begin{bmatrix} -i_d \\ -i_q \\ -i_0 \\ i_f \\ i_D \\ i_Q \end{bmatrix} + \begin{bmatrix} \dot{\psi}_d \\ \dot{\psi}_q \\ \dot{\psi}_0 \\ \dot{\psi}_f \\ \dot{\psi}_D \\ \dot{\psi}_Q \end{bmatrix} - \begin{bmatrix} (1+s)\psi_q \\ -(1+s)\psi_d \\ 0 \\ 0 \\ 0 \\ 0 \end{bmatrix} \tag{2-85}$$

将磁链方程式（2-82）代入式（2-85），则式（2-85）成为以 d、q、0 坐标系统表示的同步发电机各回路电压、电流间的关系式。当 s 为常数时，它就是一组常系数线性微分方程式，求解这种微分方程并不困难。在分析发电机突然短路后短路电流的变化过程时，可近似认为转子转速维持同步速度，则 $s=0$，利用式（2-85）即可求得短路电流（详见本章第六节）。当研究发电机的机电暂态过程时，s 本身也是一变量，这时必须补充一个转子机械运动方程与式（2-85）一起联立求解。这方面的内容将在第六章中介绍。

比较式（2-85）和式（2-53）可见，新的定子电压方程与原始方程的形式有所不同，其中除具有像静止电路中一样的 ri 与 $\dot{\psi}$ 项外，还有一个附加项 $\omega\psi$。$\dot{\psi}$ 项很容易理解，是由于磁链大小的变化而引起的，称为变压器电动势。在发电机稳态对称运行时，i_d、i_q、i_f 均为常数，i_D、i_Q 为零，故磁链 ψ_d、ψ_q 为常数，因此，变压器电动势 $\dot{\psi}_d=\dot{\psi}_q=0$。$\omega\psi$ 项是由将空间静止的 a、b、c 坐标系统变换为与转子一起旋转的 d、q 坐标系统所引起的。在实际的发电机系统中，定子与转子有相对运动，在定子的 a、b、c 绕组中必然会产生旋转电动势（即磁通切割绕组引起的电动势），变换后在 dd、qq 绕组中应该保存与转子旋转有关的电动势，该电动势的本质是定子绕组导体切割 d 轴、q 轴磁链所产生的电动势。该电动势与转子旋转角速度 ω 成正比，称为旋转电动势，又称为发电机电动势。坐标变换后 u_d、u_q 两个电压方程式都存在发电机电动势，由于 $\omega\psi$ 均为时间的变量，电压方程式变成非线性微分方程。在发电机短路暂态过程中，由于发电机转速变化很小，可以认为 $\omega=1$，旋转电动势与 ψ_d、ψ_q 成正比，电压方程也变为线性微分方程，使它们的求解大为简化。

图 2-24 所示等效电路可以用来描述磁链方程式（2-79）和电压方程式（2-85）。

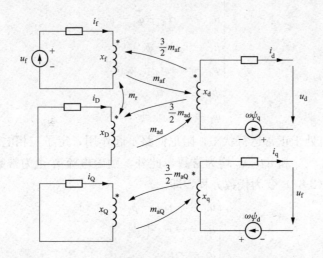

图 2-24　反映磁链方程式和电压方程式的等效电路图

图 2-24 中，将 $\omega\psi_d$ 和 $\omega\psi_q$ 看作两个受控源，分别受控于 ψ_d、ψ_q。除零轴分量没有反映外，利用上图可以容易地写出同步电机的磁链、电压方程式。

由上可知，具有阻尼绕组的同步电机经过 Park 变换后得到式（2-82）和式（2-85）共

12 个方程式，称其为发电机的基本方程式，也称为 Park 方程，其中包含（假定 s 为零或常数）16 个运行变量。在定子方面有 u_d、u_q、u_0、ψ_d、ψ_q、ψ_0、i_d、i_q、i_0。在转子方面有 u_f、ψ_f、ψ_D、ψ_Q、i_f、i_D、i_Q。若研究的是三相对称的问题，则 $u_0=0$，$\psi_0=0$，$i_0=0$。这时剩下 10 个方程，13 个变量，必须给定 3 个运行变量。机端三相短路时，在不考虑调节器作用时，u_f 保持短路前的数值，$u_d=0$，$u_q=0$，然后利用 10 个方程可求得其他 10 个运行变量。

现将 10 个方程并列如下

$$
\begin{cases}
u_d = -ri_d + \dot{\psi}_d - \psi_q \\
u_q = -ri_q + \dot{\psi}_q + \psi_d \\
u_f = r_f i_f + \dot{\psi}_f \\
0 = r_D i_D + \dot{\psi}_D \\
0 = r_Q i_Q + \dot{\psi}_Q \\
\psi_d = -x_d i_d + x_{ad} i_f + x_{ad} i_D \\
\psi_q = -x_q i_q + x_{aq} i_Q \\
\psi_f = -x_{ad} i_d + x_f i_f + x_{ad} i_D \\
\psi_D = -x_{ad} i_d + x_{ad} i_f + x_D i_D \\
\psi_Q = -x_{aq} i_q + x_Q i_Q
\end{cases}
\tag{2-86}
$$

对于忽略阻尼绕组的情形，变量和方程均减少 4 个，其方程为

$$
\begin{cases}
u_d = -ri_d + \dot{\psi}_d - \psi_q \\
u_q = -ri_q + \dot{\psi}_q + \psi_d \\
u_f = r_f i_f + \dot{\psi}_f \\
\psi_d = -x_d i_d + x_{ad} i_f \\
\psi_q = -x_q i_q \\
\psi_f = -x_{ad} i_d + x_f i_f
\end{cases}
\tag{2-87}
$$

如果同步发电机处于正常运行状态，阻尼回路不起作用，定子三相电流、电压均为对称交流，它们对应的 i_d、i_q 和 u_d、u_q 均为常数，此外，励磁电流 i_f 也为常数，所以 ψ_d、ψ_q 和 ψ_f 也均为常数，式（2-87）变为代数方程，即

$$
\begin{cases}
u_d = -ri_d - \psi_q \\
u_q = -ri_q + \psi_d \\
u_f = r_f i_f \\
\psi_d = -x_d i_d + x_{ad} i_f \\
\psi_q = -x_q i_q \\
\psi_f = -x_{ad} i_d + x_f i_f
\end{cases}
\tag{2-88}
$$

将式（2-88）中的 ψ_d、ψ_q 式代入 u_d、u_q 式中，得

$$\begin{cases} u_{\mathrm{d}} = -r i_{\mathrm{d}} + x_{\mathrm{q}} i_{\mathrm{q}} \\ u_{\mathrm{q}} = -r i_{\mathrm{q}} - x_{\mathrm{d}} i_{\mathrm{d}} + x_{\mathrm{ad}} i_{\mathrm{f}} = -r i_{\mathrm{q}} - x_{\mathrm{d}} i_{\mathrm{d}} + E_{\mathrm{q}} \end{cases} \quad (2\text{-}89)$$

式中：$E_{\mathrm{q}} = x_{\mathrm{ad}} i_{\mathrm{f}}$ 为空载电动势，显然空载电动势 E_{q} 正比于励磁电流 i_{f}。

以上稳态方程中的运行变量均为瞬时值，但可以很方便地将此方程转换为读者已熟悉的稳态相量关系。令 q 轴为虚轴、d 轴为实轴，则 i_{d}、u_{d} 均为实轴相量，i_{q}、u_{q} 均为虚轴相量，即

$$\dot{U}_{\mathrm{d}} = u_{\mathrm{d}}, \quad \dot{U}_{\mathrm{q}} = j u_{\mathrm{q}}$$

$$\dot{I}_{\mathrm{d}} = i_{\mathrm{d}}, \quad \dot{I}_{\mathrm{q}} = j i_{\mathrm{q}} \quad \dot{E}_{\mathrm{q}} = j E_{\mathrm{q}}$$

将式（2-89）第二式等号两侧乘以 j，式（2-89）可改写为相量形式，即

$$\begin{cases} \dot{U}_{\mathrm{d}} = -r \dot{I}_{\mathrm{d}} - j x_{\mathrm{q}} \dot{I}_{\mathrm{q}} \\ \dot{U}_{\mathrm{q}} = -r \dot{I}_{\mathrm{q}} - j x_{\mathrm{d}} \dot{I}_{\mathrm{d}} + \dot{E}_{\mathrm{q}} \end{cases} \quad (2\text{-}90)$$

两式相加后得电压、电流相量关系为

$$\dot{U}_{\mathrm{d}} + \dot{U}_{\mathrm{q}} = -r(\dot{I}_{\mathrm{d}} + \dot{I}_{\mathrm{q}}) - j x_{\mathrm{q}} \dot{I}_{\mathrm{q}} - j x_{\mathrm{d}} \dot{I}_{\mathrm{d}} + \dot{E}_{\mathrm{q}}$$

即

$$\dot{U} = -r \dot{I} - j x_{\mathrm{q}} \dot{I}_{\mathrm{q}} - j x_{\mathrm{d}} \dot{I}_{\mathrm{d}} + \dot{E}_{\mathrm{q}} \quad (2\text{-}91)$$

式中：$\dot{U}$ 为发电机端电压相量；$\dot{I}$ 为定子电流相量。

对于隐极式发电机，直轴和交轴磁阻相等，即 $x_{\mathrm{d}} = x_{\mathrm{q}}$，发电机电压方程为

$$\dot{U} = -r \dot{I} - j x_{\mathrm{d}} \dot{I} + \dot{E}_{\mathrm{q}} \quad (2\text{-}92)$$

式（2-91）和式（2-92）与式（2-9）和式（2-11）完全一致。

二、基本方程的拉氏运算形式和运算电抗

为了求得同步发电机基本方程式（2-86）的解析解，一般通过拉氏变换将原函数的微分方程转换为象函数的代数方程，最后由象函数的解经反变换得变量的时间函数。本节将列出基本方程的拉氏运算形式备以后应用，其中假设发电机转速恒为同步转速，即转差率 s 为零。

（一）不计阻尼绕组时基本方程的拉氏运算形式、运算电抗和暂态电抗

式（2-87）的拉氏运算形式为

$$\begin{cases} U_{\mathrm{d}}(p) = -r I_{\mathrm{d}}(p) + [p \psi_{\mathrm{d}}(p) - \psi_{\mathrm{d}0}] - \psi_{\mathrm{q}}(p) \\ U_{\mathrm{q}}(p) = -r I_{\mathrm{q}}(p) + [p \psi_{\mathrm{q}}(p) - \psi_{\mathrm{q}0}] + \psi_{\mathrm{d}}(p) \\ U_{\mathrm{f}}(p) = r_{\mathrm{f}} I_{\mathrm{f}}(p) + [p \psi_{\mathrm{f}}(p) - \psi_{\mathrm{f}0}] \\ \psi_{\mathrm{d}}(p) = -x_{\mathrm{d}} I_{\mathrm{d}}(p) + x_{\mathrm{ad}} I_{\mathrm{f}}(p) \\ \psi_{\mathrm{q}}(p) = -x_{\mathrm{q}} I_{\mathrm{q}}(p) \\ \psi_{\mathrm{f}}(p) = -x_{\mathrm{ad}} I_{\mathrm{d}}(p) + x_{\mathrm{f}} I_{\mathrm{f}}(p) \end{cases} \quad (2\text{-}93)$$

式中：$U_{\mathrm{d}}(p)$、$I_{\mathrm{d}}(p)$、$\psi_{\mathrm{d}}(p)$ 等表示 u_{d}、i_{f}、ψ_{d} 等的象函数；$\psi_{\mathrm{d}0}$、$\psi_{\mathrm{q}0}$ 和 $\psi_{\mathrm{f}0}$ 为相应变量的起始值。

此时方程式中的 p 已经变成了一个代数复变量，原来的微分方程式变成了代数方程式，

从而可以对它们进行一般的代数计算。在工程实际中，主要关注的是发电机定子侧的变量，在发电机突然短路的分析中，将重点分析定子的变量。在转子回路各量中已知的是励磁电压，故可在式（2-93）中消去变量 I_f 和 ψ_f，即可消去励磁回路的电压和磁链两个方程。先由 U_f 和 ψ_f 方程消去 ψ_f，可得 I_f 为 U_f 和 I_d 的函数为

$$I_f(p) = \frac{U_f(p) + \psi_{f0} + px_{ad}I_d(p)}{r_f + px_f} \tag{2-94}$$

将 I_f 代入 ψ_d 方程，即可得仅包含定子变量和励磁电压的象函数代数方程为

$$\begin{cases} U_d(p) = -rI_d(p) + [p\psi_d(p) - \psi_{d0}] - \psi_q(p) \\ U_q(p) = -rI_q(p) + [p\psi_q(p) - \psi_{q0}] + \psi_d(p) \\ \psi_d(p) = \dfrac{x_{ad}}{r_f + px_f}[U_f(p) + \psi_{f0}] - \left(x_d - \dfrac{px_{ad}^2}{r_f + px_f}\right)I_d(p) \\ \qquad\quad = G(p)[U_f(p) + \psi_{f0}] - X_d(p)I_d(p) \\ \psi_q(p) = -x_qI_q(p) \end{cases} \tag{2-95}$$

其中

$$\begin{cases} G(p) = \dfrac{x_{ad}}{r_f + px_f} \\ X_d(p) = x_d - \dfrac{px_{ad}^2}{r_f + px_f} \end{cases} \tag{2-96}$$

式中：$X_d(p)$ 为直轴运算电抗，它是 $\psi_d(p)$ 中除了励磁电压源和 ψ_{f0} 外与 I_d 成比例项的系数，相当于 d 轴等效电抗，包含了励磁回路对定子电抗的影响。

应用拉氏变换的初值定理，在 $t=0$ 时，$p \to \infty$，即

$$X_d(\infty) = \lim_{p \to \infty} X_d(p) = \lim_{p \to \infty}\left(x_d - \frac{px_{ad}^2}{r_f + px_f}\right) = x_d - \frac{x_{ad}^2}{x_f} = x_d' \tag{2-97}$$

显然，与式（2-20）直轴暂态电抗 x_d' 的表达式一致。

应用拉氏变换的终值定理（$t \to \infty$，$p=0$），得直轴运算电抗为

$$X_d(p)_{p \to 0} = x_d \tag{2-98}$$

直轴运算电抗即为直轴同步电抗。

转子交轴方向无回路，故定子交轴运算电抗恒为交轴同步电抗 x_q。

式（2-97）还可以演化为

$$\begin{aligned} x_d' &= (x_\sigma + x_{ad}) - \frac{x_{ad}^2}{x_{f\sigma} + x_{ad}} \\ &= x_\sigma + \frac{x_{f\sigma}x_{ad}}{x_{f\sigma} + x_{ad}} \\ &= x_\sigma + \frac{1}{\dfrac{1}{x_{f\sigma}} + \dfrac{1}{x_{ad}}} = x_\sigma + x_{ad}' \end{aligned} \tag{2-99}$$

此结果与式（2-19）完全一致，等效电路见图 2-9（b）。

上述 $X_d(p)$ 的性质与本章第二节讨论的交流分量的变化完全相对应。

（二）计及阻尼绕组时基本方程的拉氏运算形式、运算电抗和次暂态电抗

计及阻尼绕组后，基本方程式（2-86）的拉氏运算形式为

$$
\begin{cases}
U_d(p) = -rI_d(p) + [p\psi_d(p) - \psi_{d0}] - \psi_q(p) \\
U_q(p) = -rI_q(p) + [p\psi_q(p) - \psi_{q0}] + \psi_d(p) \\
U_f(p) = r_f I_f(p) + [p\psi_f(p) - \psi_{f0}] \\
0 = r_D I_D(p) + [p\psi_D(p) - \psi_{D0}] \\
0 = r_Q I_Q(p) + [p\psi_Q(p) - \psi_{Q0}] \\
\psi_d(p) = -x_d I_d(p) + x_{ad} I_f(p) + x_{ad} I_D(p) \\
\psi_q(p) = -x_q I_q(p) + x_{aq} I_Q(p) \\
\psi_f(p) = -x_{ad} I_d(p) + x_f I_f(p) + x_{ad} I_D(p) \\
\psi_D(p) = -x_{ad} I_d(p) + x_{ad} I_f(p) + x_D I_D(p) \\
\psi_Q(p) = -x_{aq} I_q(p) + x_Q I_Q(p)
\end{cases}
\tag{2-100}
$$

用相似的方法，可消去转子绕组变量 ψ_f、ψ_D、ψ_Q、I_f、I_D、I_Q。先由 f、D 绕组的电压、磁链方程消去 ψ_f 和 ψ_D，得

$$
\begin{cases}
I_f(p) = \dfrac{(r_D + px_D)[U_f(p) + \psi_{f0}] - px_{ad}\psi_{D0} + [p^2(x_D - x_{ad}) + pr_D]x_{ad} I_d(p)}{A(p)} \\[3mm]
I_D(p) = \dfrac{-px_{ad}[U_f(p) + \psi_{f0}] + (r_f + px_f)\psi_{D0} + [p^2(x_f - x_{ad}) + pr_f]x_{ad} I_d(p)}{A(p)}
\end{cases}
\tag{2-101}
$$

其中，$A(p) = p^2(x_D x_f - x_{ad}^2) + p(x_D r_f + x_f r_D) + r_D r_f$。

再由 Q 绕组的电压、磁链方程消去 ψ_Q，得

$$
I_Q(p) = \frac{\psi_{Q0} + px_{aq} I_q(p)}{r_Q + px_Q}
\tag{2-102}
$$

将 I_f、I_D、I_Q 代入 ψ_d 和 ψ_q 方程，可得仅包含定子变量和励磁电压的象函数代数方程为

$$
\begin{cases}
U_d(p) = -rI_d(p) + [p\psi_d(p) - \psi_{d0}] - \psi_q(p) \\
U_q(p) = -rI_q(p) + [p\psi_q(p) - \psi_{q0}] + \psi_d(p) \\
\psi_d(p) = G_f(p)[U_f(p) + \psi_{f0}] + G_D(p)\psi_{D0} - X_d(p)I_d(p) \\
\psi_q(p) = G_Q(p)\psi_{Q0} - X_q(p)I_q(p)
\end{cases}
\tag{2-103}
$$

其中

$$
\begin{cases}
G_f(p) = \dfrac{[p(x_D - x_{ad}) + r_D]x_{ad}}{A(p)} \\[3mm]
G_D(p) = \dfrac{[p(x_f - x_{ad}) + r_f]x_{ad}}{A(p)} \\[3mm]
X_d(p) = x_d - \dfrac{[p(x_D + x_f - 2x_{ad}) + (r_D + r_f)]px_{ad}^2}{A(p)} \\[3mm]
G_Q(p) = \dfrac{x_{aq}}{r_Q + px_Q} \\[3mm]
X_q(p) = x_q - \dfrac{px_{aq}^2}{r_Q + px_Q}
\end{cases}
\tag{2-104}
$$

式中：$X_d(p)$ 和 $X_q(p)$ 分别称为直轴、交轴运算电抗。

应用拉氏变换的初值定理，在 $t=0$ 时，$p \to \infty$，有

$$X_d(\infty) = \lim_{p \to \infty} X_d(p)$$

$$= x_d - \frac{(x_D + x_f - 2x_{ad})x_{ad}^2}{x_D x_f - x_{ad}^2} = x_d'' \qquad (2\text{-}105)$$

$$X_q(\infty) = \lim_{p \to \infty} X_q(p) = x_q - \frac{x_{aq}^2}{x_Q} = x_q'' \qquad (2\text{-}106)$$

式（2-105）和式（2-106）还可转化为

$$x_d'' = x_\sigma + \frac{x_{D\sigma}x_{f\sigma}x_{ad}}{x_{D\sigma}x_{f\sigma} + x_{f\sigma}x_{ad} + x_{D\sigma}x_{ad}}$$

$$= x_\sigma + \frac{1}{\dfrac{1}{x_{ad}} + \dfrac{1}{x_{f\sigma}} + \dfrac{1}{x_{D\sigma}}} \qquad (2\text{-}107)$$

$$x_q'' = x_\sigma + \frac{1}{\dfrac{1}{x_{aq}} + \dfrac{1}{x_{Q\sigma}}} \qquad (2\text{-}108)$$

式（2-107）和式（2-108）分别与式（2-21）和式（2-24）相同，它们对应的等效电路分别见图 2-11（b）和图 2-13（b）。

第六节　应用同步发电机基本方程（拉氏运算形式）分析突然三相短路电流

在同步发电机发生短路时，不仅存在电磁方面的过渡过程，而且也存在机电方面的过渡过程，而且这些过渡过程是相互影响的。鉴于电磁暂态过程很短，且发电机的转动惯量大，因此可以认为，在电磁暂态过程中发电机转速始终不变，即 $\omega_0 = 1$，在这样的假设条件下，发电机的基本方程式是线性微分方程，因而可应用本章第五节导出的基本方程拉氏运算形式来分析同步发电机突然三相短路后的电流。本节的目的是使读者掌握应用基本方程分析突然三相短路的方法。虽然方程本身是严格的，但由于方程较繁琐，求解过程仍是近似的。

在实际情况中，发电机均并入电网并带负荷。为了简明，这里给出的是发电机带一单独负荷的情形。图 2-25（a）所示为一台同步发电机在短路前带有负荷的情形；图 2-25（b）所示为发电机端口突然发生三相短路，图 2-25（c）为发电机端部发生三相短路的一种清晰表示法，图 2-25（d）将短路处表示为两个相等，相反的电压源相加，电压源的数值为短路前正常运行时的端电压值 $\dot{U}_{|0|}$。应用叠加原理将图 2-25（d）的短路情形分解为图 2-25（e）和图 2-25（f）两种情况的叠加。图 2-25（e）即为短路前的运行情况，同图 2-25（a）的情况；图 2-25（f）为短路引起的故障分量，它是发电机在无励磁电源情况（即零初始状态）下突然在端口加上电压源 $-\dot{U}_{|0|}$。

以下将只分析发电机定子回路的短路电流，而不再讨论负荷回路（短路点右侧）电流，后者在短路后逐渐衰减至零。短路电流为故障前电流 $i_{a|0|}$、$i_{b|0|}$、$i_{c|0|}$ 和故障分量 Δi_a、Δi_b、Δi_c 的叠加，前者是正常运行情况，由潮流计算得知，仅需分析故障分量。

前面已说明，故障分量为发电机在零初始状态下突然在端口加上电压源，故可应用基本方程在已知 u_d、u_q 下求电流 Δi_d、Δi_q，进而得到三相故障电流 Δi_a、Δi_b、Δi_c。显然，电压源的 d、q 分量为

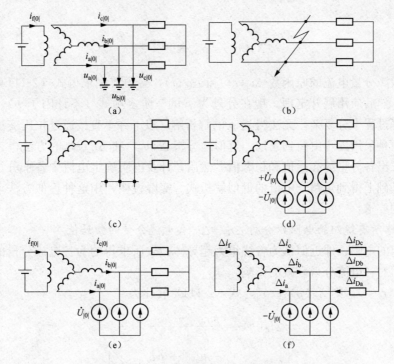

图 2-25　突然短路时叠加原理的应用

（a）、（e）正常运行情况；（b）发电机端口三相短路；（c）短路示意图；
（d）短路等效电路图；（f）故障分量

$$\begin{cases} u_{\mathrm d} = - u_{\mathrm d|0|} \\ u_{\mathrm q} = - u_{\mathrm q|0|} \end{cases} \tag{2-109}$$

式（2-109）中，$u_{\mathrm d|0|}$ 和 $u_{\mathrm q|0|}$ 可由短路前的端电压 $u_{\mathrm a|0|}$、$u_{\mathrm b|0|}$、$u_{\mathrm c|0|}$ 经 Park 变换而得，它们也就是短路前相量图中电压相量 $\dot U_{|0|}$ 在 d 轴和 q 轴上的分量，均为常数。故电压源的象函数分别为 $-u_{\mathrm d|0|}/p$ 和 $-u_{\mathrm q|0|}/p$。

一、忽略阻尼绕组时的短路电流

分析故障分量的拉氏运算方程由式（2-95）改写而得，即

$$\begin{cases} - u_{\mathrm d|0|}/p = - r\Delta I_{\mathrm d}(p) + p\Delta\psi_{\mathrm d}(p) - \Delta\psi_{\mathrm q}(p) \\ - u_{\mathrm q|0|}/p = - r\Delta I_{\mathrm q}(p) + p\Delta\psi_{\mathrm q}(p) + \Delta\psi_{\mathrm d}(p) \\ \Delta\psi_{\mathrm d}(p) = - X_{\mathrm d}(p)\Delta I_{\mathrm d}(p) \\ \Delta\psi_{\mathrm q}(p) = - x_{\mathrm q}\Delta I_{\mathrm q}(p) \end{cases} \tag{2-110}$$

将式（2-110）中后两式带入前两式，消去式中磁链 $\Delta\psi_{\mathrm d}(p)$ 和 $\Delta\psi_{\mathrm q}(p)$，解得电流故障分量象函数为

$$\begin{cases} \Delta I_{\mathrm d}(p) = \dfrac{(r + px_{\mathrm q})u_{\mathrm d|0|} + x_{\mathrm q}u_{\mathrm q|0|}}{[pX_{\mathrm d}(p) + r](px_{\mathrm q} + r) + X_{\mathrm d}(p)x_{\mathrm q}} \times \dfrac{1}{p} \\[3mm] \Delta I_{\mathrm q}(p) = \dfrac{- X_{\mathrm d}(p)u_{\mathrm d|0|} + [r + pX_{\mathrm d}(p)]u_{\mathrm q|0|}}{[pX_{\mathrm d}(p) + r](px_{\mathrm q} + r) + X_{\mathrm d}(p)x_{\mathrm q}} \times \dfrac{1}{p} \end{cases} \tag{2-111}$$

其中

$$X_{\mathrm{d}}(p) = x_{\mathrm{d}} - \frac{p x_{\mathrm{ad}}^2}{r_{\mathrm{f}} + p x_{\mathrm{f}}}$$

要求得故障分量电流的原函数 $\Delta i_{\mathrm{d}}(t)$ 和 $\Delta i_{\mathrm{q}}(t)$，必须首先求得式（2-111）表达式分母为零时的根，然后应用展开定理。现在分母为 p 的三阶多项式（不计因子 p），直接进行变换会导致运算过程十分复杂，无法得到 p 的解析解。以下并不直接通过拉氏变换求出 $\Delta i_{\mathrm{d}}(t)$ 和 $\Delta i_{\mathrm{q}}(t)$，而是采用逐步由简到繁地、近似地分析 $\Delta i_{\mathrm{d}}(t)$ 和 $\Delta i_{\mathrm{q}}(t)$ 的方法，首先不考虑绕组的电阻，求出各分量的起始值和稳态值。然后，计及电阻确定电流中各个分量的衰减时间常数，在此基础上得到短路全电流的近似解析式。实践说明，用这种近似方法求得的结果满足工程实际的要求。

（一）忽略所有绕组的电阻以分析 Δi_{d}、Δi_{q} 各电流分量的初始值

忽略绕组的电阻，即近似认为各绕组为超导体，故所求得的为各电流分量的初始值，以后再计及电阻对各电流分量衰减的影响。

令 $r = 0$，$r_{\mathrm{f}} = 0$，则 $X_{\mathrm{d}}(p) = x_{\mathrm{d}}'$，式（2-111）转化为

$$\begin{cases} \Delta I_{\mathrm{d}}(p) = \dfrac{p u_{\mathrm{d}|0|} + u_{\mathrm{q}|0|}}{(p^2+1) x_{\mathrm{d}}'} \times \dfrac{1}{p} \\[3mm] \Delta I_{\mathrm{q}}(p) = \dfrac{-u_{\mathrm{d}|0|} + p u_{\mathrm{q}|0|}}{(p^2+1) x_{\mathrm{q}}} \times \dfrac{1}{p} \end{cases} \tag{2-112}$$

将上式用分解定理展开，得

$$\begin{cases} \Delta I_{\mathrm{d}}(p) = \dfrac{u_{\mathrm{q}|0|}}{x_{\mathrm{d}}'} \left(\dfrac{1}{p} - \dfrac{p}{p^2+1} \right) + \dfrac{u_{\mathrm{d}|0|}}{x_{\mathrm{d}}'} \dfrac{1}{p^2+1} \\[3mm] \Delta I_{\mathrm{q}}(p) = -\dfrac{u_{\mathrm{d}|0|}}{x_{\mathrm{q}}} \left(\dfrac{1}{p} - \dfrac{p}{p^2+1} \right) + \dfrac{u_{\mathrm{q}|0|}}{x_{\mathrm{q}}} \dfrac{1}{p^2+1} \end{cases} \tag{2-113}$$

经拉氏反变换后，得其对应的原函数为

$$\begin{cases} \Delta i_{\mathrm{d}} = \dfrac{u_{\mathrm{q}|0|}}{x_{\mathrm{d}}'} - \dfrac{u_{\mathrm{q}|0|}}{x_{\mathrm{d}}'} \cos t + \dfrac{u_{\mathrm{d}|0|}}{x_{\mathrm{d}}'} \sin t \\[3mm] \Delta i_{\mathrm{q}} = -\dfrac{u_{\mathrm{d}|0|}}{x_{\mathrm{q}}} + \dfrac{u_{\mathrm{d}|0|}}{x_{\mathrm{q}}} \cos t + \dfrac{u_{\mathrm{q}|0|}}{x_{\mathrm{q}}} \sin t \end{cases} \tag{2-114}$$

Δi_{d}、Δi_{q} 中含有直流和基频交流分量，将它们进行坐标反变换得 Δi_{a}、Δi_{b}、Δi_{c}，则 Δi_{a} 的表达式为

$$\Delta i_{\mathrm{a}} = \frac{u_{\mathrm{q}|0|}}{x_{\mathrm{d}}'} \cos(t + \theta_0) + \frac{u_{\mathrm{d}|0|}}{x_{\mathrm{q}}} \sin(t + \theta_0)$$

$$- \frac{u_{\mathrm{q}|0|}}{2} \left(\frac{1}{x_{\mathrm{d}}'} + \frac{1}{x_{\mathrm{q}}} \right) \cos\theta_0 - \frac{u_{\mathrm{d}|0|}}{2} \left(\frac{1}{x_{\mathrm{d}}'} + \frac{1}{x_{\mathrm{q}}} \right) \sin\theta_0$$

$$- \frac{u_{\mathrm{q}|0|}}{2} \left(\frac{1}{x_{\mathrm{d}}'} - \frac{1}{x_{\mathrm{q}}} \right) \cos(2t + \theta_0) + \frac{u_{\mathrm{d}|0|}}{2} \left(\frac{1}{x_{\mathrm{d}}'} - \frac{1}{x_{\mathrm{q}}} \right) \sin(2t + \theta_0) \tag{2-115}$$

由于 $u_{\mathrm{q}|0|} = U_{|0|} \cos\delta_0$，$u_{\mathrm{d}|0|} = U_{|0|} \sin\delta_0$，$\delta_0$ 为短路前相量图中空载电动势和端电压相量间的夹角，式（2-115）还可简写为

$$\Delta i_{\mathrm{a}} = \frac{U_{|0|}}{x'_{\mathrm{d}}}\cos\delta_0\cos(t+\theta_0) + \frac{U_{|0|}}{x_{\mathrm{q}}}\sin\delta_0\sin(t+\theta_0)$$

$$-\frac{U_{|0|}}{2}\left(\frac{1}{x'_{\mathrm{d}}}+\frac{1}{x_{\mathrm{q}}}\right)\cos(\delta_0-\theta_0) - \frac{U_{|0|}}{2}\left(\frac{1}{x'_{\mathrm{d}}}-\frac{1}{x_{\mathrm{q}}}\right)\cos(2t+\delta_0+\theta_0) \quad (2\text{-}116)$$

Δi_{b}、Δi_{c} 的表达式仅需将式（2-116）的 θ_0 分别换为 $\theta_0-120°$、$\theta_0+120°$ 即得。

这里顺便求得励磁绕组故障分量电流，由式（2-94）得

$$\Delta i_{\mathrm{f}} = \frac{x_{\mathrm{ad}}}{x_{\mathrm{f}}}\Delta i_{\mathrm{d}} = \frac{x_{\mathrm{d}}-x'_{\mathrm{d}}}{x_{\mathrm{ad}}}\left(\frac{u_{\mathrm{q}|0|}}{x'_{\mathrm{d}}} - \frac{u_{\mathrm{q}|0|}}{x'_{\mathrm{d}}}\cos t + \frac{u_{\mathrm{d}|0|}}{x'_{\mathrm{d}}}\sin t\right) \quad (2\text{-}117)$$

Δi_{f} 中的分量与 Δi_{d} 的完全对应。

以上结果可归纳如下：

（1）Δi_{abc}（Δi_{a}、Δi_{b}、Δi_{c} 的统称）中的基频交流分量由 Δi_{dq}（Δi_{d}、Δi_{q} 的统称）直流分量变换而来，即与 Δi_{f} 中的直流分量对应，它的初始值在 d 轴方向决定于暂态电抗 x'_{d}，q 轴方向则决定于 x_{q}。

（2）Δi_{abc} 中的直流和倍频交流分量同时由 Δi_{dq} 中基频交流分量变换而得，即与 Δi_{f} 中的基频交流分量相对应。若 d、q 轴暂态磁阻相等，即 $x'_{\mathrm{d}}=x_{\mathrm{q}}$，则倍频交流分量为零。

以上结果与前述的物理概念分析结果相一致。

（二）Δi_{dq} 的稳态直流

暂态过程达到稳态时 Δi_{dq} 中只有直流分量，即 Δi_{abc} 中只有稳态交流电流。

若忽略定子电阻，则由式（2-111）得

$$\begin{cases} \Delta I_{\mathrm{d}}(p) = \dfrac{pu_{\mathrm{d}|0|}+u_{\mathrm{q}|0|}}{(p^2+1)X_{\mathrm{d}}(p)} \times \dfrac{1}{p} \\[3mm] \Delta I_{\mathrm{q}}(p) = \dfrac{-u_{\mathrm{d}|0|}+pu_{\mathrm{q}|0|}}{(p^2+1)x_{\mathrm{q}}} \times \dfrac{1}{p} \end{cases} \quad (2\text{-}118)$$

Δi_{dq} 中的稳态直流是式（2-118）中分母的零根所对应的原函数，即

$$\begin{cases} \Delta i_{\mathrm{d}\infty} = \dfrac{u_{\mathrm{q}|0|}}{x_{\mathrm{d}}} \\[3mm] \Delta i_{\mathrm{q}\infty} = \dfrac{-u_{\mathrm{d}|0|}}{x_{\mathrm{q}}} \end{cases} \quad (2\text{-}119)$$

即稳态时电流的 d 轴分量取决于同步电抗 x_{d}。

对比式（2-114）和式（2-119）可知，计及电阻后，Δi_{d} 中直流分量将由 $\dfrac{u_{\mathrm{q}|0|}}{x'_{\mathrm{d}}}$ 衰减至 $\dfrac{u_{\mathrm{q}|0|}}{x_{\mathrm{d}}}$，$\Delta i_{\mathrm{dq}}$ 中的基频交流分量均将衰减至零。

（三）计及电阻后 Δi_{dq} 各分量的衰减

严格地讲，所有上述分量的衰减过程必须通过式（2-111）反变换求得。由本章第二节中的分析和实际现象表明，Δi_{d} 直流分量、Δi_{f} 直流分量和相应 Δi_{abc} 中基频交流分量的衰减主要决定于励磁绕组的电阻，Δi_{dq} 基频交流、Δi_{f} 基频交流分量以及相应 Δi_{abc} 中直流和倍频交流分量的衰减主要决定于定子绕组的电阻。简而言之，如前所述自由直流分量在哪个绕组内流过，则衰减就主要（而非完全）受哪个绕组电阻的影响。下面就用此近似原则分析各分量

的衰减时间常数。

1. Δi_{d} 直流分量的衰减时间常数

当忽略定子电阻时，$\Delta I_{\mathrm{d}}(p)$ 的表达式见式（2-118）的第一式，Δi_{d} 直流分量的时间常数显然由 $X_{\mathrm{d}}(p)=0$ 的实根决定。

对 $X_{\mathrm{d}}(p)$ 作如下演化

$$X_{\mathrm{d}}(p)=x_{\mathrm{d}}-\frac{px_{\mathrm{ad}}^2}{r_{\mathrm{f}}+px_{\mathrm{f}}}=\frac{x_{\mathrm{d}}\left[r_{\mathrm{f}}+p\left(x_{\mathrm{f}}-\frac{x_{\mathrm{ad}}^2}{x_{\mathrm{d}}}\right)\right]}{r_{\mathrm{f}}+px_{\mathrm{f}}}$$

$$=\frac{x_{\mathrm{d}}\left[r_{\mathrm{f}}+px_{\mathrm{f}}\frac{x_{\mathrm{d}}'}{x_{\mathrm{d}}}\right]}{r_{\mathrm{f}}+px_{\mathrm{f}}}=\frac{x_{\mathrm{d}}(1+pT_{\mathrm{d}}')}{(1+pT_{\mathrm{f}})} \tag{2-120}$$

其中

$$T_{\mathrm{f}}=x_{\mathrm{f}}/r_{\mathrm{f}} \tag{2-121}$$

$$T_{\mathrm{d}}'=T_{\mathrm{f}}x_{\mathrm{d}}'/x_{\mathrm{d}} \tag{2-122}$$

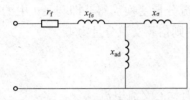

图 2-26 求取 T_{d}' 的等效电路

式中：T_{f} 为励磁绕组自身的时间常数，或者说是励磁绕组在定子开路情况下的时间常数（有的文献用 T_{d0}' 表示），其数量级大约为几秒；T_{d}' 是励磁绕组在定子短路情况下的时间常数。

当励磁绕组旁有一短路的等效绕组 dd 时，其等效电路如图 2-26 所示。由图可得

$$T_{\mathrm{d}}'=\frac{1}{r_{\mathrm{f}}}\left(x_{\mathrm{f\sigma}}+\frac{x_{\sigma}x_{\mathrm{ad}}}{x_{\sigma}+x_{\mathrm{ad}}}\right)=\frac{1}{r_{\mathrm{f}}}\frac{(x_{\mathrm{f}}-x_{\mathrm{ad}})x_{\mathrm{d}}+(x_{\mathrm{d}}-x_{\mathrm{ad}})x_{\mathrm{ad}}}{x_{\mathrm{d}}}=T_{\mathrm{f}}x_{\mathrm{d}}'/x_{\mathrm{d}}$$

其中

$$x_{\mathrm{f\sigma}}=x_{\mathrm{f}}-x_{\mathrm{ad}},\quad x_{\sigma}=x_{\mathrm{d}}-x_{\mathrm{ad}}$$

当定子开路，即图中 x_{σ} 支路断开，时间常数即为 T_{f}。

将 $X_{\mathrm{d}}(p)$ 表达式（2-120）代入 $\Delta I_{\mathrm{d}}(p)$，得

$$\Delta I_{\mathrm{d}}(p)=\frac{(pu_{\mathrm{d|0|}}+u_{\mathrm{q|0|}})(1+pT_{\mathrm{f}})}{(p^2+1)(1+pT_{\mathrm{d}}')x_{\mathrm{d}}}\times\frac{1}{p} \tag{2-123}$$

显然，分母中 $p=-\frac{1}{T_{\mathrm{d}}'}$ 的根对应 Δi_{d} 直流分量的衰减系数，即 T_{d}' 是 Δi_{d} 直流分量的衰减时间常数，也就是 Δi_{abc} 基频交流分量的衰减时间常数。这说明定子交流分量的衰减决定于励磁回路自由直流分量的衰减。

2. Δi_{dq} 中基频交流分量的衰减时间常数

仅忽略励磁绕组电阻，$\Delta I_{\mathrm{d}}(p)$ 和 $\Delta I_{\mathrm{q}}(p)$ 的表达式为

$$\begin{cases}\Delta I_{\mathrm{d}}(p)=\dfrac{(r+px_{\mathrm{q}})u_{\mathrm{d|0|}}+x_{\mathrm{q}}u_{\mathrm{q|0|}}}{(r+px_{\mathrm{d}}')(r+px_{\mathrm{q}})+x_{\mathrm{d}}'x_{\mathrm{q}}}\times\dfrac{1}{p}\\[3mm]\Delta I_{\mathrm{q}}(p)=\dfrac{-x_{\mathrm{d}}'u_{\mathrm{d|0|}}+(r+px_{\mathrm{d}}')u_{\mathrm{q|0|}}}{(r+px_{\mathrm{d}}')(r+px_{\mathrm{q}})+x_{\mathrm{d}}'x_{\mathrm{q}}}\times\dfrac{1}{p}\end{cases} \tag{2-124}$$

Δi_{d}、Δi_{q} 中的交流分量显然对应于式（2-124）中分母的共轭复根，即

$$p_{1,2} = -\frac{r}{2}\left(\frac{1}{x_d'} + \frac{1}{x_q}\right) \pm j\sqrt{1 - \frac{r^2}{4}\left(\frac{1}{x_d'} - \frac{1}{x_q}\right)^2} \tag{2-125}$$

根的虚部对应交流分量的频率，略小于工频；实部绝对值的倒数为衰减时间常数，即

$$T_a = \frac{2x_d' x_q}{r(x_d' + x_q)} \tag{2-126}$$

将此交流分量经坐标反变换到定子三相系统，则对应一个很低频率的电流（不是绝对的直流）和一个接近倍频的交流电流，实际上仍可近似认为是直流和倍频交流分量，它们的衰减时间常数为 T_a。T_a 的表达式（2-126）是不难理解的，定子直流分量的衰减主要取决于定子电阻 r 和其等值电感。由于直流磁场在空间不动，转子相对它旋转，当 d 轴与某相绕组轴线一致时，磁通只能经暂态磁路，对应暂态磁阻，定子等值电抗为 x_d'；当 q 轴与某相绕组轴线一致时，定子等值电抗为 x_q。因此，定子绕组的等效电抗是在 x_d' 和 x_q 之间，由式（2-126）知该电抗为 x_d' 和 x_q 并联值的两倍，即 $\frac{2x_d' x_q}{x_d' + x_q}$。

3. 计及各分量衰减后的 Δi_{dq}

引入上述时间常数后，Δi_{dq} 为

$$\begin{cases} \Delta i_d = \left(\dfrac{u_{q|0|}}{x_d'} - \dfrac{u_{q|0|}}{x_d}\right)e^{-t/T_d'} + \dfrac{u_{q|0|}}{x_d} \\ \qquad + \left(-\dfrac{u_{q|0|}}{x_d'}\cos t + \dfrac{u_{d|0|}}{x_d'}\sin t\right)e^{-t/T_a} \\ \Delta i_q = -\dfrac{u_{d|0|}}{x_q} + \left(\dfrac{u_{q|0|}}{x_q}\sin t + \dfrac{u_{d|0|}}{x_q}\cos t\right)e^{-t/T_a} \end{cases} \tag{2-127}$$

（四）定子三相短路电流

以上的故障分量加上故障前的分量可得 i_{dq}，即

$$\begin{cases} i_d = i_{d|0|} + \Delta i_d = \dfrac{E_{q|0|}}{x_d} + \left(\dfrac{u_{q|0|}}{x_d'} - \dfrac{u_{q|0|}}{x_d}\right)e^{-t/T_d'} \\ \qquad + \left(-\dfrac{u_{q|0|}}{x_d'}\cos t + \dfrac{u_{d|0|}}{x_d'}\sin t\right)e^{-t/T_a} \\ i_q = i_{q|0|} + \Delta i_q = \left(\dfrac{u_{q|0|}}{x_q}\sin t + \dfrac{u_{d|0|}}{x_q}\cos t\right)e^{-t/T_a} \end{cases} \tag{2-128}$$

式（2-128）推演中应用了 $E_{q|0|} = u_{q|0|} + i_{d|0|}x_d$ 和 $u_{d|0|} = i_{q|0|}x_q$。

将 i_{dq} 变换为定子三相短路电流 i_{abc}。其中 a 相电流为

$$i_a = \left[\left(\frac{U_{|0|}}{x_d'} - \frac{U_{|0|}}{x_d}\right)e^{-t/T_d'}\cos\delta_0 + \frac{E_{q|0|}}{x_d}\right]\cos(t + \theta_0)$$
$$\quad - \frac{U_{|0|}}{2}\left(\frac{1}{x_d'} + \frac{1}{x_q}\right)e^{-t/T_a}\cos(\delta_0 - \theta_0)$$
$$\quad - \frac{U_{|0|}}{2}\left(\frac{1}{x_d'} - \frac{1}{x_q}\right)e^{-t/T_a}\cos(2t + \delta_0 + \theta_0) \tag{2-129}$$

令 $E_{q|0|}' = u_{q|0|} + i_{d|0|}x_d'$，代入式（2-129）后还可改写为

$$\begin{cases} i_a = \left[\left(\dfrac{E'_{q|0|}}{x'_d} - \dfrac{E_{q|0|}}{x_d}\right)e^{-t/T'_d} + \dfrac{E_{q|0|}}{x_d}\right]\cos(t+\theta_0) \\[2mm] \qquad - \dfrac{U_{|0|}}{2}\left(\dfrac{1}{x'_d} + \dfrac{1}{x_q}\right)e^{-t/T_a}\cos(\delta_0 - \theta_0) \\[2mm] \qquad - \dfrac{U_{|0|}}{2}\left(\dfrac{1}{x'_d} - \dfrac{1}{x_q}\right)e^{-t/T_a}\cos(2t + \delta_0 + \theta_0) \\[2mm] i_b = \left[\left(\dfrac{E'_{q|0|}}{x'_d} - \dfrac{E_{q|0|}}{x_d}\right)e^{-t/T'_d} + \dfrac{E_{q|0|}}{x_d}\right]\cos(t+\theta_0 - 120°) \\[2mm] \qquad - \dfrac{U_{|0|}}{2}\left(\dfrac{1}{x'_d} + \dfrac{1}{x_q}\right)e^{-t/T_a}\cos(\delta_0 - \theta_0 + 120°) \\[2mm] \qquad - \dfrac{U_{|0|}}{2}\left(\dfrac{1}{x'_d} - \dfrac{1}{x_q}\right)e^{-t/T_a}\cos(2t + \delta_0 + \theta_0 - 120°) \\[2mm] i_c = \left[\left(\dfrac{E'_{q|0|}}{x'_d} - \dfrac{E_{q|0|}}{x_d}\right)e^{-t/T'_d} + \dfrac{E_{q|0|}}{x_d}\right]\cos(t+\theta_0 + 120°) \\[2mm] \qquad - \dfrac{U_{|0|}}{2}\left(\dfrac{1}{x'_d} + \dfrac{1}{x_q}\right)e^{-t/T_a}\cos(\delta_0 - \theta_0 - 120°) \\[2mm] \qquad - \dfrac{U_{|0|}}{2}\left(\dfrac{1}{x'_d} - \dfrac{1}{x_q}\right)e^{-t/T_a}\cos(2t + \delta_0 + \theta_0 + 120°) \end{cases} \tag{2-130}$$

由式（2-130）可知，短路电流基频交流分量的初始值为 $E'_{q|0|}/x'_d$，稳态值为 $E_{q|0|}/x_d$，当 $x'_d = x_q$ 时没有倍频交流分量，这些结果与本章前述的结论均相同。

以 $t=0$ 代入式（2-130），可得短路瞬时电流 i_{a0}、i_{b0}、i_{c0}，以 i_{a0} 为例，则

$$\begin{aligned} i_{a0} &= \frac{E'_{q|0|}}{x'_d}\cos\theta_0 - \frac{U_{|0|}}{x'_d}\cos\delta_0\cos\theta_0 - \frac{U_{|0|}}{x_q}\sin\delta_0\sin\theta_0 \\[2mm] &= \frac{E'_{q|0|} - U_{q|0|}}{x'_d}\cos\theta_0 - \frac{U_{d|0|}}{x_q}\sin\theta_0 = i_{d|0|}\cos\theta_0 - i_{q|0|}\sin\theta_0 = i_{a|0|} \end{aligned}$$

即短路前后瞬间电流不变。

如果短路前为空载，则

$$\delta_0 = 0, \quad u_{|0|} = u_{q|0|} = E_{q|0|}, \quad u_{d|0|} = E_{d|0|} = 0$$

式（2-130）变为

$$\begin{aligned} i_a &= \left[\left(\frac{E_{q|0|}}{x'_d} - \frac{E_{q|0|}}{x_d}\right)e^{-t/T'_d} + \frac{E_{q|0|}}{x_d}\right]\cos(t+\theta_0) \\[2mm] &\quad - \frac{E_{q|0|}}{2}\left(\frac{1}{x'_d} + \frac{1}{x_q}\right)e^{-t/T_a}\cos\theta_0 \\[2mm] &\quad - \frac{E_{q|0|}}{2}\left(\frac{1}{x'_d} - \frac{1}{x_q}\right)e^{-t/T_a}\cos(2t + \theta_0) \end{aligned} \tag{2-131}$$

此时相应的励磁回路电流由式（2-117）可得

$$\begin{aligned} i_f &= i_{f|0|} + \frac{x_d - x'_d}{x_{ad}}\left(\frac{E_{q|0|}}{x'_d}e^{-t/T'_d} - \frac{E_{q|0|}}{x_d}e^{-t/T_a}\cos t\right) \\[2mm] &= \frac{E_{q|0|}}{x_{ad}} + \frac{x_d - x'_d}{x_{ad}} \times \frac{E_{q|0|}}{x'_d}(e^{-t/T'_d} - e^{-t/T_a}\cos t) \end{aligned} \tag{2-132}$$

图 2-27 示出式（2-131）和式（2-132）各电流分量波形，其中 $\theta_0 = 180°$。图中，i_ω 和 Δi_{f_ω} 按 T'_d 衰减，i_α、$i_{2\omega}$ 和 Δi_{f_ω} 按 T_a 衰减，T'_d 显然比 T_a 大。

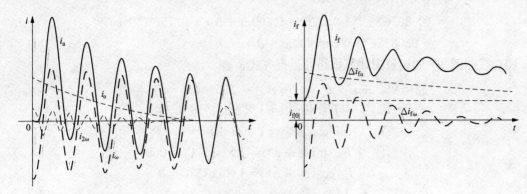

图 2-27　各电流分量波形

【例 2-5】　已知一同步发电机不计阻尼绕组时的参数为 $x_d=1.00$，$x_q=0.60$，$x_d'=0.30$，$r=0.005$，$T_f=5s$。试给出下列情况下的短路电流表达式：

(1) 发电机端口短路，短路前空载，机端电压为额定电压（标幺值=1）。

(2) 距定子端口 $x=0.9$、$r=0.085$ 处三相短路，短路前运行方式同（1）。

(3) 发电机端口短路，短路前空载，功率因数为 0.85。

解　在以下式中 t 为有名值，以 s 为单位。

(1) 已知 $E_{q|0|}=1$，则

$$T_d' = T_f x_d'/x_d = 5 \times 0.3 = 1.5(\text{s})$$

$$T_a = \frac{2x_d' x_q}{2\pi f r(x_d' + x_q)}$$

$$= \frac{2 \times 0.3 \times 0.6}{100\pi \times 0.005 \times (0.3 + 0.6)}$$

$$= 0.254(\text{s})$$

$$i_a = \left[\left(\frac{1}{0.3} - \frac{1}{1}\right)e^{-t/1.5} + 1\right]\cos(100\pi t + \theta_0) - \frac{1}{2}\left(\frac{1}{0.3} + \frac{1}{0.6}\right)e^{-t/0.254}\cos\theta_0$$

$$- \frac{1}{2}\left(\frac{1}{0.3} - \frac{1}{0.6}\right)e^{-t/0.254}\cos(200\pi t + \theta_0)$$

$$= (2.33e^{-t/1.5} + 1)\cos(100\pi t + \theta_0) - 2.5e^{-t/0.254}\cos\theta_0 - 0.83e^{-t/0.254}\cos(200\pi t + \theta_0)$$

(2) 已知 $E_{q|0|}=1$，则

$$T_d' = 5 \times \frac{0.3 + 0.9}{1 + 0.9} = 3.16(\text{s})$$

$$T_a = \frac{2 \times (0.3 + 0.9)(0.6 + 0.9)}{100\pi(0.005 + 0.085)(0.3 + 0.9 + 0.6 + 0.9)} = 0.047(\text{s})$$

T_d' 较端口短路时增大，而 T_a 减小，即短路电流中基频交流分量衰减变慢，而直流分量等衰减变快，则

$$i_a = \left[\left(\frac{1}{0.3 + 0.9} - \frac{1}{1 + 0.9}\right)e^{-t/3.16} + \frac{1}{1 + 0.9}\right]\cos(100\pi t + \theta_0)$$

$$- \frac{1}{2}\left(\frac{1}{0.3 + 0.9} + \frac{1}{0.6 + 0.9}\right)e^{-t/0.047}\cos\theta_0$$

$$- \frac{1}{2}\left(\frac{1}{0.3 + 0.9} - \frac{1}{0.6 + 0.9}\right)e^{-t/0.047}\cos(200\pi t + \theta_0)$$

$$= (0.307e^{-t/3.16} + 0.526)\cos(100\pi t + \theta_0) - 0.75e^{-t/0.047}\cos\theta_0$$
$$- 0.0833e^{-t/0.047}\cos(200\pi t + \theta_0)$$

（3）按照图 2-7 的相量图计算短路前运行方式，有

$$\dot{E}_Q = \dot{U}_{|0|} + j\dot{I}_{|0|}x_q = 1 + j1\angle -32° \times 0.6 = 1.4\angle 21°$$
$$u_{d|0|} = U_{|0|}\sin\delta_0 = 1 \times \sin21° = 0.36$$
$$u_{q|0|} = U_{|0|}\cos\delta_0 = 1 \times \cos21° = 0.93$$
$$i_{d|0|} = I_{|0|}\sin(\delta_0 + \varphi) = 1 \times \sin53° = 0.8$$
$$i_{q|0|} = I_{|0|}\cos(\delta_0 + \varphi) = 1 \times \cos53° = 0.6$$
$$E_{q|0|} = u_{q|0|} + i_{d|0|}x_d = 0.93 + 0.8 = 1.73$$
$$E'_{q|0|} = u_{q|0|} + i_{d|0|}x'_d = 0.93 + 0.8 \times 0.3 = 1.17$$

$$i_a = \left[\left(\frac{1.17}{0.3} - \frac{1.73}{1}\right)e^{-t/1.5} + 1.73\right]\cos(100\pi t + \theta_0)$$
$$- \frac{1}{2}\left(\frac{1}{0.3} + \frac{1}{0.6}\right)e^{-t/0.254}\cos(21° - \theta_0)$$
$$- \frac{1}{2}\left(\frac{1}{0.3} - \frac{1}{0.6}\right)e^{-t/0.254}\cos(200\pi t + 21° + \theta_0)$$
$$= (2.17e^{-t/1.5} + 1.73)\cos(100\pi t + \theta_0) - 2.5e^{-t/0.254}\cos(21° - \theta_0)$$
$$- 0.83e^{-t/0.254}\cos(200\pi t + 21° + \theta_0)$$

（五）交轴暂态电动势（简称暂态电动势）

为了更清楚地说明暂态电动势的概念和特点，并与空载电动势 E_q 对比，先回顾空载电动势 E_q。在本章第二节中就已说明了 E_q 由励磁电流 i_f（直流）产生，它是正常运行时同步发电机的电动势。由式（2-89）稳态时基本方程的第二式可推得 E_q，忽略 r，得

$$u_q = \psi_d = -x_d i_d + x_{ad} i_f \tag{2-133}$$
$$= -x_d i_d + E_q$$

式中 $E_q = x_{ad}i_f$，正比于 i_f（直流）。短路前励磁电流为 $i_{f|0|}$，如前所述，短路瞬间励磁电流中的直流分量突增至 $i_{f|0|} + \Delta i_{f\alpha0}$，有

$$E_{q0} = x_{ad}(i_{f|0|} + \Delta i_{f\alpha}) \neq E_{q|0|} = x_{ad}i_{f|0|}$$

现将式（2-88）中励磁绕组磁链方程中的 i_f 表示为

$$i_f = \frac{1}{x_f}(\psi_f + x_{ad}i_d)$$

代入式（2-133）中，可得交轴电压方程的另一种形式，即

$$u_q = -x'_d i_d + \frac{x_{ad}}{x_f}\psi_f$$

可写为

$$u_q = E'_{q0} - x'_d i_d \tag{2-134}$$

式中：E'_q 称为暂态电动势。

对比两式可知

$$E'_{q0} = \frac{x_{ad}}{x_f}\psi_f \tag{2-135}$$

说明暂态电动势 E'_q 正比于励磁绕组磁链，由于 ψ_f 在突然短路前后不变，所以 E'_q 在短路

前后瞬间也不变，即

$$\psi_{f|0|} = \psi_{f0}$$
$$E'_{q|0|} = E'_{q0} \tag{2-136}$$

因而短路电流交量分量的初始值可表示为

$$I'_d = \frac{E'_{q0}}{x'_d} = \frac{E'_{q|0|}}{x'_d} \tag{2-137}$$

即可用短路前已知的 $E'_{q|0|}$ 来计算短路后瞬时的交流电流。

图 2-28 示出短路后 E_q 和 E'_q 的变化曲线，它们的衰减时间常数显然与前述故障分量 $\Delta i_{f\alpha}$ 和 Δi_d 中的直流分量一致，均为 T'_d [见式（2-132）和式（2-127）]。

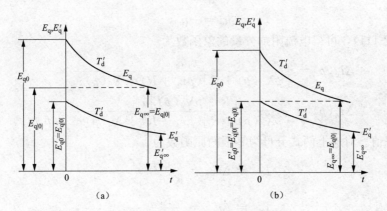

图 2-28　E_q 和 E'_q 的变化曲线
(a) 短路前负载；(b) 短路前空载

顺便指出，短路达到稳态时励磁电流恢复为正常值 $i_{f|0|}$，空载电动势也回到正常值 $E_{q|0|}$，即图 2-28 中 E_q 和 E'_q 的变化曲线。由图可见

$$E_{q\infty} = E_{q|0|} = x_{ad}i_{f|0|} \tag{2-138}$$

故可用空载电动势和同步电抗计算稳态短路电流 [见式（2-33）]。而励磁绕组磁链在达到稳态时由于电枢反应的变化而不能再保持 $\psi_{f|0|}$，显然小于 $\psi_{f|0|}$。

【例 2-6】　一台空载运行的同步发电机，端电压为额定电压（$U_{|0|} = U_{q|0|} = E_{q|0|} = 1$），定子三相突然合闸于三相电阻性负荷（$R \gg r$），如图 2-29（a）所示。试用拉氏运算形式给出合闸后电磁暂态过程结束达到稳态时（转子转速仍近似为同步转速）定子电流和端电压的表达式（d、q 分量），并与直接用稳态方程求解的结果相对比。

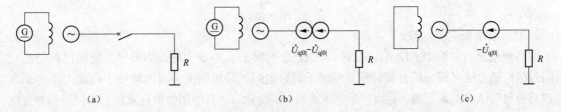

图 2-29　[例 2-6] 图
(a) 空载合闸至三相负荷；(b) 叠加原理应用；(c) 仅有电压源 $-U_{q|0|}$

解　（1）由拉氏运算形式求解：

1）应用叠加原理。如图 2-29（b）所示，在合闸处接入两个相等相反的电压源 $\dot{U}_{\mathrm{q}|0|}$、$-\dot{U}_{\mathrm{q}|0|}$，将其分解成两种情况叠加：一种情况是有励磁电压源和 $\dot{U}_{\mathrm{q}|0|}$，即为图 2-29（a）合闸前的空载情况；另一种情况仅有电压源 $-\dot{U}_{\mathrm{q}|0|}$，如图 2-29（c）所示。由于合闸前电流为零，故仅需分析仅有电压源 $-U_{\mathrm{q}|0|}$ 的情况（即分析空载下经 R 后三相短路的故障分量）。

2）电流附加分量的象函数。由图 2-29（c）知，电阻 R 和定子绕组串联，可以将 R 与定子绕组电阻 r 相加，由于 $R \gg r$，近似认为定子回路电阻即为 R。

电压源的 d、q 分量为

$$u_{\mathrm{d}} = 0$$

$$u_{\mathrm{q}} = -u_{\mathrm{q}|0|}$$

代入式（2-111），可得电流附加分量的象函数为

$$\Delta I_{\mathrm{d}}(p) = \frac{x_{\mathrm{q}} u_{\mathrm{q}|0|}}{[pX_{\mathrm{d}}(p)+R](px_{\mathrm{q}}+R)+X_{\mathrm{d}}(p)x_{\mathrm{q}}} \times \frac{1}{p}$$

$$\Delta I_{\mathrm{q}}(p) = \frac{[R+pX_{\mathrm{d}}(p)]u_{\mathrm{q}|0|}}{[pX_{\mathrm{d}}(p)+R](px_{\mathrm{q}}+R)+X_{\mathrm{d}}(p)x_{\mathrm{q}}} \times \frac{1}{p}$$

3）求稳态值。对应上两式分母为零根的原函数为

$$I_{\mathrm{d}\infty} = \Delta i_{\mathrm{d}\infty} = \frac{x_{\mathrm{q}} u_{\mathrm{q}|0|}}{R^2+x_{\mathrm{d}}x_{\mathrm{q}}}$$

$$I_{\mathrm{q}\infty} = \Delta i_{\mathrm{q}\infty} = \frac{R u_{\mathrm{q}|0|}}{R^2+x_{\mathrm{d}}x_{\mathrm{q}}}$$

端电压的稳态值为

$$u_{\mathrm{d}\infty} = \Delta u_{\mathrm{d}\infty} = RI_{\mathrm{d}\infty} = \frac{Rx_{\mathrm{q}} u_{\mathrm{q}|0|}}{R^2+x_{\mathrm{d}}x_{\mathrm{q}}}$$

$$u_{\mathrm{q}\infty} = \Delta u_{\mathrm{q}\infty} = RI_{\mathrm{q}\infty} = \frac{R^2 u_{\mathrm{q}|0|}}{R^2+x_{\mathrm{d}}x_{\mathrm{q}}}$$

（2）直接用稳态方程求解：

应用稳态方程式（2-89）（当作 R 后三相短路），得

$$0 = -Ri_{\mathrm{d}} + x_{\mathrm{q}}i_{\mathrm{q}}$$

$$0 = -Ri_{\mathrm{q}} - x_{\mathrm{d}}i_{\mathrm{d}} + u_{\mathrm{q}|0|}$$

可求得

$$i_{\mathrm{d}\infty} = \frac{x_{\mathrm{q}} u_{\mathrm{q}|0|}}{R^2+x_{\mathrm{d}}x_{\mathrm{q}}}$$

$$i_{\mathrm{q}\infty} = \frac{R u_{\mathrm{q}|0|}}{R^2+x_{\mathrm{d}}x_{\mathrm{q}}}$$

与前面结果完全一致。

顺便指出，本例中 $\Delta I_{\mathrm{d}}(p)$、$\Delta I_{\mathrm{d}}(p)$ 的分母中 R 较大不能忽略，因此已不能用以前分析短路时的近似方法（即分析直流分量忽略定子回路电阻、分析交流分量忽略转子回路电阻）来求得其分母等于零的解析解。因此，若需求得 $i_{\mathrm{d}}(t)$ 和 $i_{\mathrm{q}}(t)$，只能用数值计算法。本例虽然是发电机经阻性负荷突然三相短路问题，但不再能应用以前已求得的短路电流解析式。不过电力系统的实际短路中，一般短路回路的电阻均较小，因此可以忽略。

二、计及阻尼绕组时的短路电流

考虑阻尼绕组时，故障分量的拉氏运算方程由式（2-103）改写为

$$\begin{cases} -u_{d|0|}/p = -r\Delta I_d(p) + p\Delta\psi_d(p) - \Delta\psi_q(p) \\ -u_{q|0|}/p = -r\Delta I_q(p) + p\Delta\psi_q(p) + \Delta\psi_d(p) \\ \Delta\psi_d(p) = -X_d(p)\Delta I_d(p) \\ \Delta\psi_q(p) = -X_q(p)\Delta I_q(p) \end{cases} \tag{2-139}$$

消去式中磁链 $\Delta\psi_d(p)$ 和 $\Delta\psi_q(p)$，得电流故障分量象函数为

$$\begin{cases} \Delta I_d(p) = \dfrac{[r + pX_q(p)]u_{d|0|} + X_q(p)u_{q|0|}}{[pX_d(p)+r][pX_q(p)+r] + X_d(p)X_q(p)} \times \dfrac{1}{p} \\ \Delta I_q(p) = \dfrac{-X_d(p)u_{d|0|} + [r + pX_d(p)]u_{q|0|}}{[pX_d(p)+r][pX_q(p)+r] + X_d(p)X_q(p)} \times \dfrac{1}{p} \end{cases} \tag{2-140}$$

求 $\Delta I_d(p)$ 和 $\Delta I_q(p)$ 原函数的分析方法与不考虑阻尼绕组时类似，由简到繁，先不考虑电阻，得出各分量的初始值，再计及电阻，考虑各自由分量的衰减。

（一）Δi_{dq} 各分量的初始值

显然，在不考虑电阻时 $\Delta I_d(p)$ 和 $\Delta I_q(p)$ 的表达式与式（2-114）相似，只是其中 x'_d、x_q 应换为 x''_d 和 x''_q。Δi_{dq} 各分量初始值表达式为

$$\begin{cases} \Delta i_d = \dfrac{u_{q|0|}}{x''_d} - \dfrac{u_{q|0|}}{x''_d}\cos t + \dfrac{u_{d|0|}}{x''_d}\sin t \\ \Delta i_q = \dfrac{u_{q|0|}}{x''_q}\sin t - \dfrac{u_{d|0|}}{x''_q} + \dfrac{u_{d|0|}}{x''_q}\cos t \end{cases} \tag{2-141}$$

（二）Δi_{dq} 的稳态直流

与不计阻尼绕组时相同，即

$$\Delta i_{d\infty} = u_{q|0|}/x_d$$

$$\Delta i_{q\infty} = -u_{d|0|}/x_q$$

（三）计及电阻后 Δi_{dq} 各分量的衰减

1. Δi_d 直流分量的衰减

（1）衰减时间常数。在式（2-140）第一式中忽略定子电阻 r，$X_d(p)$ 成为 $I_d(p)$ 分母的因子。同样，$X_d(p) = 0$ 的实根决定 Δi_d 直流分量的衰减时间常数，但 $X_d(p)$ 比不计阻尼时复杂［见式（2-104）］。将式（2-104）中的 $X_d(p)$ 通分后分子分母同除以 $r_f r_D$，可表示为

$$X_d(p) = \frac{\sigma'_d T'_f T'_D p^2 + (T'_f + T'_D)p + 1}{\sigma_d T_f T_D p^2 + (T_f + T_D)p + 1} \times x_d \tag{2-142}$$

其中

$$T_f = x_f/r_f$$

$$T_D = x_D/r_D$$

$$\sigma_d = 1 - \frac{x_{ad}^2}{x_f x_D}$$

$$T'_f = \frac{1}{r_f}\left(x_{f\sigma} + \frac{x_\sigma x_{ad}}{x_\sigma + x_{ad}}\right) = \frac{1}{r_f}(x_{f\sigma} + x'_{ad}) = \frac{x'_f}{r_f} = T_f\frac{x'_f}{x_f} = T_f\frac{x'_d}{x_d}$$

$$T_{\mathrm{D}}' = \frac{1}{r_{\mathrm{D}}}\Big(x_{\mathrm{D}\sigma} + \frac{x_\sigma x_{\mathrm{ad}}}{x_\sigma + x_{\mathrm{ad}}}\Big) = \frac{1}{r_{\mathrm{D}}}(x_{\mathrm{D}\sigma} + x_{\mathrm{ad}}') = \frac{x_{\mathrm{D}}'}{r_{\mathrm{D}}} = T_{\mathrm{D}}\,\frac{x_{\mathrm{D}}'}{x_{\mathrm{D}}}$$

$$\sigma_{\mathrm{d}}' = 1 - \frac{x_{\mathrm{ad}}'^{2}}{x_{\mathrm{f}}' x_{\mathrm{D}}'}$$

式中：T_{f} 为励磁绕组 f 本身的时间常数；T_{D} 为 d 轴阻尼绕组 D 本身的时间常数；σ_{d} 为 f 绕组和 D 绕组之间的漏磁系数；T_{f}' 为定子绕组短路、D 绕组开路（不起作用）时励磁绕组时间常数（即图 2-26 求取的 T_{d}'）；x_{f}' 为此状态下 f 绕组的等值电抗；T_{D}' 为与 T_{f}' 相对应，为定子短路、f 绕组开路时 D 绕组的时间常数，其等值电路图与图 2-26 相对应（图中下标"f"换"D"），x_{D}' 为此状态下 D 绕组的等值电抗；σ_{d}' 为定子短路时 f 绕组和 D 绕组之间的漏磁系数。

　　附录 C 推证了 $X_{\mathrm{d}}(p) = 0$，即

$$\sigma_{\mathrm{d}}' T_{\mathrm{f}}' T_{\mathrm{D}}' p^2 + (T_{\mathrm{f}}' + T_{\mathrm{D}}') p + 1 = 0 \tag{2-143}$$

所决定的 Δi_{d} 直流分量的衰减时间常数，与图 2-28 所示 d 轴 f 绕组和 D 绕组磁耦合等效电路的时间常数一致。实际上，在图 2-26 上加一并联的阻尼支路 r_{D} 和 $x_{\mathrm{D}\sigma}$，即为图 2-30。式（2-143）中各系数均可由图 2-30 理解。

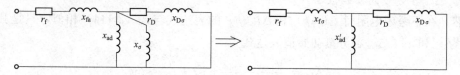

图 2-30　决定 Δi_{d} 直流分量衰减时间常数的等效电路

　　附录 C 中推得了式（2-143）的根及相对应的时间常数 T_{d}'（此 T_{d}' 不是前述不计阻尼绕组时的 T_{d}'，但在近似条件下二者数值接近，因此采用了同一符号）和 T_{d}''，在 σ_{d}' 较小和 $T_{\mathrm{f}}' > T_{\mathrm{D}}'$ 的近似下，得

$$\begin{cases} T_{\mathrm{d}}' \approx T_{\mathrm{f}}' = T_{\mathrm{f}}\,\dfrac{x_{\mathrm{f}}'}{x_{\mathrm{f}}} = T_{\mathrm{f}}\,\dfrac{x_{\mathrm{d}}'}{x_{\mathrm{d}}} \\[2mm] T_{\mathrm{d}}'' \approx \sigma_{\mathrm{d}}' T_{\mathrm{D}}' \end{cases} \tag{2-144}$$

T_{d}' 和 T_{d}'' 均由制造厂家通过相关电机试验提供。

　　由式（2-144）可知，T_{d}' 较大，是衰减慢的分量的时间常数，主要取决于励磁绕组的参数；T_{d}'' 较小，是衰减快的分量的时间常数，基本与阻尼回路有关。这些都印证了本章第一、二节的分析。

　　（2）Δi_{d} 直流分量衰减表达式。严格地说，在求得时间常数后，应该对 $\Delta I_{\mathrm{d}}(p)$ 应用展开定理推导出 Δi_{d} 的两个直流分量表达式，但一般用近似的方法解决此问题。根据以上 T_{d}' 和 T_{d}'' 的近似表达式式（2-144），可以近似地认为衰减快的分量反映阻尼绕组的作用，当它衰减完后即与不计阻尼绕组的过程一样，后者的表达式为 $\Big(\dfrac{u_{\mathrm{q|0|}}}{x_{\mathrm{d}}'} - \dfrac{u_{\mathrm{q|0|}}}{x_{\mathrm{d}}}\Big)\mathrm{e}^{-t/T_{\mathrm{d}}'} + \dfrac{u_{\mathrm{q|0|}}}{x_{\mathrm{d}}}$。在此基础上加上衰减快的分量，则 Δi_{d} 直流分量表达式应为

$$\Delta i_{\mathrm{d}\alpha} = \Big(\frac{u_{\mathrm{q|0|}}}{x_{\mathrm{d}}''} - \frac{u_{\mathrm{q|0|}}}{x_{\mathrm{d}}'}\Big)\mathrm{e}^{-t/T_{\mathrm{d}}''} + \Big(\frac{u_{\mathrm{q|0|}}}{x_{\mathrm{d}}'} - \frac{u_{\mathrm{q|0|}}}{x_{\mathrm{d}}}\Big)\mathrm{e}^{-t/T_{\mathrm{d}}'} + \frac{u_{\mathrm{q|0|}}}{x_{\mathrm{d}}} \tag{2-145}$$

　　2. Δi_{q} 直流分量的衰减

　　在式（2-140）第二式中忽略定子电阻 r，$X_{\mathrm{q}}(p)$ 成为 $I_{\mathrm{q}}(p)$ 分母的因子，故 $X_{\mathrm{q}}(p) = 0$

的实根决定 Δi_q 直流分量的衰减时间常数。式（2-104）中 $X_\mathrm{q}(p)$ 的表达式和不计阻尼绕组时的 $X_\mathrm{d}(p)$ 类似，因而求取 Δi_q 直流分量的衰减时间常数 T''_q 的等效电路如图 2-31 所示。

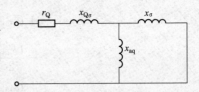

图 2-31 求取 T''_q 的等效电路

由图知 Q 绕组的等值电抗为

$$x_{\mathrm{Q}\sigma}+\frac{x_\sigma x_{\mathrm{aq}}}{x_\sigma+x_{\mathrm{aq}}}=x_\mathrm{Q}-\frac{x_{\mathrm{aq}}^2}{x_\mathrm{q}}=\frac{x_\mathrm{Q}}{x_\mathrm{q}}\Big(x_\mathrm{q}-\frac{x_{\mathrm{aq}}^2}{x_\mathrm{Q}}\Big)=x_\mathrm{Q}\,\frac{x''_\mathrm{q}}{x_\mathrm{q}}$$

时间常数为

$$T''_\mathrm{q}=\frac{x_\mathrm{Q}}{r_\mathrm{Q}}\,\frac{x''_\mathrm{q}}{x_\mathrm{q}}=T_\mathrm{Q}\,\frac{x''_\mathrm{q}}{x_\mathrm{q}} \tag{2-146}$$

式中：T_Q 为交轴阻尼绕组本身的时间常数。

一般可取 $T''_\mathrm{q}\approx T''_\mathrm{d}$。$\Delta i_\mathrm{q}$ 直流分量可表示为

$$\Delta i_{\mathrm{q}\alpha}=\Big(-\frac{u_{\mathrm{d}|0|}}{x''_\mathrm{q}}+\frac{u_{\mathrm{d}|0|}}{x_\mathrm{q}}\Big)\mathrm{e}^{-t/T''_\mathrm{q}}-\frac{u_{\mathrm{d}|0|}}{x_\mathrm{q}} \tag{2-147}$$

3. Δi_{dq} 中基频交流分量的衰减时间常数

忽略转子回路电阻后 $\Delta I_\mathrm{d}(p)$ 和 $\Delta I_\mathrm{q}(p)$ 与式（2-124）类似，仅以 x''_d 和 x''_q 分别替换 x'_d 和 x_q，故计及阻尼绕组后有

$$T_\mathrm{a}=\frac{2x''_\mathrm{d}x''_\mathrm{q}}{r(x''_\mathrm{d}+x''_\mathrm{q})} \tag{2-148}$$

4. 计及各分量衰减后的 Δi_{dq} 为

$$\begin{cases}\Delta i_\mathrm{d}=\left[\Big(\dfrac{u_{\mathrm{q}|0|}}{x''_\mathrm{d}}-\dfrac{u_{\mathrm{q}|0|}}{x'_\mathrm{d}}\Big)\mathrm{e}^{-t/T''_\mathrm{d}}+\Big(\dfrac{u_{\mathrm{q}|0|}}{x'_\mathrm{d}}-\dfrac{u_{\mathrm{q}|0|}}{x_\mathrm{d}}\Big)\mathrm{e}^{-t/T'_\mathrm{d}}+\dfrac{u_{\mathrm{q}|0|}}{x_\mathrm{d}}\right]\\[2mm]\qquad+\Big(-\dfrac{u_{\mathrm{q}|0|}}{x''_\mathrm{d}}\cos t+\dfrac{u_{\mathrm{d}|0|}}{x''_\mathrm{d}}\sin t\Big)\mathrm{e}^{-t/T_\mathrm{a}}\\[4mm]\Delta i_\mathrm{q}=\left[\Big(-\dfrac{u_{\mathrm{d}|0|}}{x''_\mathrm{q}}+\dfrac{u_{\mathrm{d}|0|}}{x_\mathrm{q}}\Big)\mathrm{e}^{-t/T''_\mathrm{q}}-\dfrac{u_{\mathrm{d}|0|}}{x_\mathrm{q}}\right]\\[2mm]\qquad+\Big(\dfrac{u_{\mathrm{q}|0|}}{x''_\mathrm{q}}\sin t+\dfrac{u_{\mathrm{d}|0|}}{x''_\mathrm{q}}\cos t\Big)\mathrm{e}^{-t/T_\mathrm{a}}\end{cases} \tag{2-149}$$

（四）定子三相短路电流

先应用叠加原理求得 i_{dq}，即

$$\begin{cases}i_\mathrm{d}=\Delta i_\mathrm{d}+i_{\mathrm{d}|0|}=\left[\Big(\dfrac{u_{\mathrm{q}|0|}}{x''_\mathrm{d}}-\dfrac{u_{\mathrm{q}|0|}}{x'_\mathrm{d}}\Big)\mathrm{e}^{-t/T''_\mathrm{d}}+\Big(\dfrac{u_{\mathrm{q}|0|}}{x'_\mathrm{d}}-\dfrac{u_{\mathrm{q}|0|}}{x_\mathrm{d}}\Big)\mathrm{e}^{-t/T'_\mathrm{d}}\right.\\[2mm]\qquad\left.+\dfrac{E_{\mathrm{q}|0|}}{x_\mathrm{d}}\right]+\Big(\dfrac{-u_{\mathrm{q}|0|}}{x''_\mathrm{d}}\cos t+\dfrac{u_{\mathrm{q}|0|}}{x''_\mathrm{d}}\sin t\Big)\mathrm{e}^{-t/T_\mathrm{a}}\\[4mm]i_\mathrm{q}=\Delta i_\mathrm{q}+i_{\mathrm{q}|0|}=\Big(-\dfrac{u_{\mathrm{d}|0|}}{x''_\mathrm{q}}+\dfrac{u_{\mathrm{d}|0|}}{x_\mathrm{q}}\Big)\mathrm{e}^{-t/T''_\mathrm{q}}\\[2mm]\qquad+\Big(\dfrac{u_{\mathrm{q}|0|}}{x''_\mathrm{q}}\sin t+\dfrac{u_{\mathrm{d}|0|}}{x''_\mathrm{q}}\cos t\Big)\mathrm{e}^{-t/T_\mathrm{a}}\end{cases} \tag{2-150}$$

经变换得定子短路电流 i_a 为

$$i_\mathrm{a}=\left[U_{|0|}\cos\delta_0\Big(\frac{1}{x''_\mathrm{d}}-\frac{1}{x'_\mathrm{d}}\Big)\mathrm{e}^{-t/T''_\mathrm{d}}+U_{|0|}\cos\delta_0\Big(\frac{1}{x'_\mathrm{d}}-\frac{1}{x_\mathrm{d}}\Big)\mathrm{e}^{-t/T'_\mathrm{d}}+\frac{E_{\mathrm{q}|0|}}{x_\mathrm{d}}\right]\cos(t+\theta_0)$$

$$+U_{|0|}\left(\frac{1}{x_{q}''}-\frac{1}{x_{q}}\right)\mathrm{e}^{-t/T_{q}''}\sin\delta_{0}\sin(t+\theta_{0})$$

$$-\frac{U_{|0|}}{2}\left(\frac{1}{x_{d}''}+\frac{1}{x_{q}''}\right)\mathrm{e}^{-t/T_{a}}\cos(\delta_{0}-\theta_{0})$$

$$-\frac{U_{|0|}}{2}\left(\frac{1}{x_{d}''}-\frac{1}{x_{q}''}\right)\mathrm{e}^{-t/T_{a}}\cos(2t+\delta_{0}+\theta_{0}) \tag{2-151}$$

还可改写为

$$i_{a}=\left[\left(\frac{E_{q|0|}''}{x_{d}''}-\frac{E_{q|0|}'}{x_{d}'}\right)\mathrm{e}^{-t/T_{d}''}+\left(\frac{E_{q|0|}'}{x_{d}'}-\frac{E_{q|0|}}{x_{d}}\right)\mathrm{e}^{-t/T_{d}'}+\frac{E_{q|0|}}{x_{d}}\right]$$

$$\times\cos(t+\theta_{0})+\left(\frac{E_{d|0|}''}{x_{q}''}\right)\mathrm{e}^{-t/T_{q}''}\sin(t+\theta_{0})-\frac{U_{|0|}}{2}\left(\frac{1}{x_{d}''}+\frac{1}{x_{q}''}\right)\mathrm{e}^{-t/T_{a}}$$

$$\times\cos(\delta_{0}-\theta_{0})-\frac{U_{|0|}}{2}\left(\frac{1}{x_{d}''}-\frac{1}{x_{q}''}\right)\mathrm{e}^{-t/T_{a}}\cos(2t+\delta_{0}+\theta_{0}) \tag{2-152}$$

其中

$$E_{q|0|}''=u_{q|0|}+i_{d|0|}x_{d}''$$

$$E_{d|0|}''=u_{d|0|}-i_{q|0|}x_{q}''$$

式中：$E_{q|0|}''$、$E_{d|0|}''$ 分别为直轴和交轴次暂态电动势。

由式（2-152）得定子短路电流初始值的直轴分量为 $E_{q|0|}''/x_{d}''$，交轴分量为 $-E_{d|0|}''/x_{q}''$，稳态值仍为 $E_{q|0|}/x_{d}$。

如果短路前为空载，式（2-152）演变为

$$i_{a}=E_{q|0|}\left[\left(\frac{1}{x_{d}''}-\frac{1}{x_{d}'}\right)\mathrm{e}^{-t/T_{d}''}+\left(\frac{1}{x_{d}'}-\frac{1}{x_{d}}\right)\mathrm{e}^{-t/T_{d}'}+\frac{1}{x_{d}}\right]\cos(t+\theta_{0})$$

$$-\frac{E_{q|0|}}{2}\left(\frac{1}{x_{d}''}+\frac{1}{x_{q}''}\right)\mathrm{e}^{-t/T_{a}}\cos\theta_{0}-\frac{E_{q|0|}}{2}\left(\frac{1}{x_{d}''}-\frac{1}{x_{q}''}\right)\mathrm{e}^{-t/T_{a}}\cos(2t+\theta_{0}) \tag{2-153}$$

当近似取 $x_{d}''\approx x_{q}''$ 时，得

$$i_{a}=E_{q|0|}\left[\left(\frac{1}{x_{d}''}-\frac{1}{x_{d}'}\right)\mathrm{e}^{-t/T_{d}''}+\left(\frac{1}{x_{d}'}-\frac{1}{x_{d}}\right)\mathrm{e}^{-t/T_{d}'}+\frac{1}{x_{d}}\right]\cos(t+\theta_{0})-\frac{E_{q|0|}}{x_{d}''}\mathrm{e}^{-t/T_{a}}\cos\theta_{0}$$

$$\tag{2-154}$$

式（2-154）与式（2-39）一致，只是目前的公式采用标幺制，故没有出现 $\sqrt{2}$。

【例 2-7】 对于［例 2-5］的同步发电机，又知 $x_{d}''\approx x_{q}''=0.21$，$T_{d}''\approx\frac{1}{8}T_{d}'$。若发电机空载，端电压为额定电压下，端点突然三相短路，且 $\theta_{0}=0$。试计算 $t=0.01\mathrm{s}$ 时 a 相短路电流瞬时值，并与不计阻尼绕组时比较。

解 （1）计算时间常数为

$$T_{d}'\approx T_{f}x_{d}'/x_{d}=5\times0.3=1.5(\mathrm{s})$$

$$T_{d}''\approx\frac{1}{8}\times1.5=0.19(\mathrm{s})$$

$$T_{a}=\frac{2x_{d}''x_{q}''}{2\pi fr(x_{d}''+x_{q}'')}=\frac{0.21}{2\pi\times50\times0.005}=0.134(\mathrm{s})$$

（2）a 相短路电流表达式为

$$i_{a}=\left[\left(\frac{1}{0.21}-\frac{1}{0.3}\right)\mathrm{e}^{-t/0.19}+\left(\frac{1}{0.3}-\frac{1}{1}\right)\mathrm{e}^{-t/1.5}+1\right]\cos(100\pi t)-\frac{1}{0.21}\mathrm{e}^{-t/0.134}$$

$$= (1.43\mathrm{e}^{-t/0.19} + 2.33\mathrm{e}^{-t/1.5} + 1)\cos(100\pi t) - 4.76\mathrm{e}^{-t/0.134}$$

(3) $t = 0.01\mathrm{s}$ 时的 i_a 为

$$i_\mathrm{a} = -(1.357 + 2.315 + 1) - 4.416 \approx -9.09$$

不计阻尼时的 i_a 为

$$i_\mathrm{a} = (2.33\mathrm{e}^{-t/1.5} + 1)\cos(100\pi t) - 2.5\mathrm{e}^{-t/0.254}$$

$$= -3.315 - 2.413 = -5.73$$

（五）次暂态电动势

1. 交轴次暂态电动势 E_q''

类似于 E_q'，E_q'' 可按如下步骤推得。由直轴磁链方程得

$$\begin{cases} \psi_\mathrm{d} = -x_\mathrm{d} i_\mathrm{d} + x_\mathrm{ad} i_\mathrm{f} + x_\mathrm{ad} i_\mathrm{D} \\ \psi_\mathrm{f} = -x_\mathrm{ad} i_\mathrm{d} + x_\mathrm{f} i_\mathrm{f} + x_\mathrm{ad} i_\mathrm{D} \\ \psi_\mathrm{D} = -x_\mathrm{ad} i_\mathrm{d} + x_\mathrm{ad} i_\mathrm{f} + x_\mathrm{D} i_\mathrm{D} \end{cases}$$

消去 i_f 和 i_D 后，得

$$\psi_\mathrm{d} = -x_\mathrm{d}'' i_\mathrm{d} + \frac{\psi_\mathrm{f}/x_\mathrm{f\sigma} + \psi_\mathrm{D}/x_\mathrm{D\sigma}}{1/x_\mathrm{ad} + 1/x_\mathrm{f\sigma} + 1/x_\mathrm{D\sigma}}$$

代入稳态电压方程（忽略 r）得

$$u_\mathrm{q} = \psi_\mathrm{d} = -x_\mathrm{d}'' i_\mathrm{d} + \frac{\psi_\mathrm{f}/x_\mathrm{f\sigma} + \psi_\mathrm{D}/x_\mathrm{D\sigma}}{1/x_\mathrm{ad} + 1/x_\mathrm{f\sigma} + 1/x_\mathrm{D\sigma}}$$

与式（2-22）对比得

$$E_\mathrm{q}'' = \frac{\psi_\mathrm{f}/x_\mathrm{f\sigma} + \psi_\mathrm{D}/x_\mathrm{D\sigma}}{1/x_\mathrm{ad} + 1/x_\mathrm{f\sigma} + 1/x_\mathrm{D\sigma}} \tag{2-155}$$

E_q'' 即为交轴次暂态电动势，它与励磁绕组 f 和阻尼绕组 D 的磁链 ψ_f 和 ψ_D 有关，故在扰动前后瞬间不变，可用来计算短路后瞬间的基频交流电流的 d 轴分量，即

$$I_\mathrm{d}'' = E_\mathrm{q|0|}'' / x_\mathrm{d}'' \tag{2-156}$$

2. 直轴次暂态电动势 E_d''

类似于 E_d'，E_d'' 可按如下步骤推得。由交轴磁链方程得

$$\begin{cases} \psi_\mathrm{q} = -x_\mathrm{q} i_\mathrm{q} + x_\mathrm{aq} i_\mathrm{Q} \\ \psi_\mathrm{Q} = -x_\mathrm{aq} i_\mathrm{q} + x_\mathrm{Q} i_\mathrm{Q} \end{cases}$$

消去 i_Q 后得

$$\psi_\mathrm{q} = -x_\mathrm{q}'' i_\mathrm{q} + \frac{x_\mathrm{aq}}{x_\mathrm{Q}} \psi_\mathrm{Q}$$

代入电压方程得

$$u_\mathrm{d} = -\psi_\mathrm{q} = x_\mathrm{q}'' i_\mathrm{q} - \frac{x_\mathrm{aq}}{x_\mathrm{Q}} \psi_\mathrm{Q}$$

与式（2-25）对比，则

$$E_\mathrm{d}'' = -\frac{x_\mathrm{aq}}{x_\mathrm{Q}} \psi_\mathrm{Q} \tag{2-157}$$

E_d'' 即为直轴次暂态电动势，它正比于 Q 阻尼绕组磁链 ψ_Q，故在扰动前后瞬间不变，可用来计算短路后瞬间基频交流的 q 轴分量，即

$$I_\mathrm{q}'' = -E_\mathrm{d|0|}'' / x_\mathrm{q}'' \tag{2-158}$$

E_q'' 和 E_d'' 的相量图如图 2-20 所示。

在本节中，运用发电机的基本方程分析了发电机突然短路的情形。在分析过程中对于绕组的电阻作了某些近似的处理。现对分析的结果归纳如下：

（1）同步发电机在三相突然短路后，定子短路电流中除了基频交流分量外，还有直流分量（严格地说是一个频率很低的分量）和两倍基频交流分量（严格地说是近似两倍基频）。两倍基频交流分量一般很小，可以忽略不计。因此，这与本章第三节的近似分析是一致的。

（2）定子短路电流基频交流分量初始幅值很大（在例题中是额定电流的 3～4 倍），经过衰减得到稳态值。基频交流分量的初始值由次暂态电动势和次暂态电抗或暂态电动势和暂态电抗决定。次暂态电动势或暂态电动势虽然是虚构电动势（无法测得），但是由于它正比于转子绕组的磁链，在突然短路前后（实际上，对于定子方面的其他突然扰动，如负荷突然变化等也都如此）保持不变，因而可以用它在正常运行时的值来计算短路后瞬时的基频交流电流。

定子短路电流稳态值总是由空载电动势稳态值和 x_d 决定。

（3）定子直流分量（包括两倍基频交流分量）的衰减规律主要取决于定子电阻和定子的等值电抗（介于 x_d'' 和 x_q'' 或 x_d' 和 x_q 间的某一值）。基频交流分量的衰减规律和转子绕组中直流分量的衰减规律一致，后者取决于转子绕组的等效电路。对于无阻尼绕组发电机，只有励磁绕组中有直流自由分量，它的衰减主要取决于 r_f 和定子绕组短路情况下励磁绕组的等值电抗。对于有阻尼绕组的发电机，在 d 轴方向有 f、D 绕组，它们中的直流自由分量衰减规律由这两个耦合绕组的等效电路决定，都含有一个衰减快的分量和一个衰减慢的分量。在 q 轴方向只有 Q 绕组，其中直流自由分量只有一个时间常数，其值取决于 r_Q 和定子绕组短路时 Q 绕组的等值电抗。在确定 i_d 中直流自由分量两个衰减分量的大小时，采取了假定当衰减快的分量快衰减至零时，有阻尼绕组发电机相当于无阻尼绕组发电机。

（4）根据第一章的冲击电流和最大有效值电流的定义，对于发电机的短路电流，若忽略二倍基频交流分量，并假设在空载下短路，其冲击电流和最大有效值电流的公式可分别由式（1-29）和式（1-32）修改而得，即

$$i_M = (1 + e^{-0.01/T_a}) I_m'' = K_M I_m'' \tag{2-159}$$

$$I_M = \frac{I_m''}{\sqrt{2}} \sqrt{1 + 2(K_M - 1)^2} \tag{2-160}$$

其中

$$I_m'' = \sqrt{2} E_{q|0|}'' / x_d''$$

式中：I_m'' 称为次暂态电流幅值。

第七节　自动调节励磁装置对短路电流的影响

在以上讨论中，均忽略了发电机的自动调节励磁装置。实际上，当发电机端电压波动时，自动调节励磁装置将自动地调节励磁电压 u_f，以改变励磁电流 i_f，进而改变发电机的空载电动势，以维持发电机端电压在正常范围内。当发电机端点附近突然短路时，机端电压急剧下降，自动调节励磁装置中的强行励磁装置就会迅速动作，增大励磁到它的极限值，以提高发电机的端电压。显然，自动调节励磁装置的动作将会使短路电流的基频交流分量增大，

但由于励磁电流的增加是一个逐步的过程，因而短路电流基频交流分量的初始值不会受到影响，在几个周波以内的影响也不大。

现以自动调节励磁装置中的一种继电强行励磁装置的动作来分析自动调节励磁对短路暂态过程的影响。

图 2-32 是具有继电强行励磁的励磁系统示意图。发电机端点附近短路使端电压下降到额定值的 85% 以下时，低电压继电器的触点闭合，接触器 KM 动作，副励磁机磁场调节电阻 R_c 被短接，励磁机励磁绕组 ff 两端电压突然升高。但由于励磁机励磁绕组具有电感，它的电流不可能突然增大，以致与之对应的励磁机电压 u_f 也不可能突然升高，而只能按图 2-33 中曲线 1 变化，即开始上升较慢，后来上升较快，最后达到极限值 u_{fm}。为了便于进行数学分析，通常取图 2-33 中曲线 2 所示的指数曲线近似替代实际曲线 1，而这指数曲线的时间常数 T_{ff} 就取励磁机励磁绕组的时间常数。故 u_f 可表示为

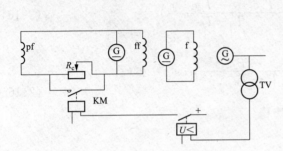

图 2-32　强行励磁系统示意图　　　　图 2-33　u_f 的变化曲线

$$u_f = u_{f|0|} + (u_{fm} - u_{f|0|})(1 - e^{-t/T_{ff}})$$
$$= u_{f|0|} + \Delta u_{fm}(1 - e^{-t/T_{ff}})$$

$$(2\text{-}161)$$

根据叠加原理，在计及强行励磁的作用时，发电机短路电流还应该加上一个分量，如图 2-34 所示。这就是由于励磁电压增加而附加的分量。对应这个分量的基本方程为

$$\begin{cases} 0 = -r\Delta I_d(p) + p\Delta\psi_d(p) - \Delta\psi_q(p) \\ 0 = -r\Delta I_q(p) + p\Delta\psi_q(p) + \Delta\psi_d(p) \\ \Delta\psi_d(p) = G(p)\Delta U_f(p) - X_d(p)\Delta I_d(p) \\ \Delta\psi_q(p) = -X_q(p)\Delta I_q(p) \end{cases}$$

$$(2\text{-}162)$$

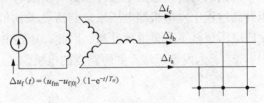

图 2-34　计及强行励磁的附加分量

因强行励磁影响的是定子侧的基波交流分量，对应的是 Δi_d 和 Δi_q 中的直流分量，故可假设定子电阻为零。则由式（2-162）前两个方程得 $\Delta\psi_d(p) = \Delta\psi_q(p) = 0$。如果不计阻尼绕组，则

$$G(p) = \frac{x_{ad}}{r_f + px_f}$$

$$X_d(p) = x_d - \frac{px_{ad}^2}{r_f + px_f}$$

$$X_q(p) = x_q$$

由式（2-162）可得

$$\Delta I_d(p) = \frac{x_{ad}}{x_d r_f + p(x_d x_f - x_{ad}^2)}\Delta U_f(p)$$

$$\Delta I_q(p) = 0$$

其中 $\Delta U_f(p)$ 为对应于 Δu_f 的象函数，代入得

$$\Delta I_d(p) = \frac{x_{ad}}{x_d r_f + p(x_d x_f - x_{ad}^2)} \times \Delta u_{fm}\left(\frac{1}{p} - \frac{T_{ff}}{1 + pT_{ff}}\right)$$

$$= \frac{x_{ad}\Delta u_{fm}}{x_d r_f(1 + pT_d')}\left(\frac{1}{p} - \frac{T_{ff}}{1 + pT_{ff}}\right) \tag{2-163}$$

$$= \frac{\Delta E_{qm}}{x_d}\left(\frac{1}{1 + pT_d'}\right)\left(\frac{1}{p} - \frac{T_{ff}}{1 + pT_{ff}}\right)$$

式中：$\Delta E_{qm} = \dfrac{x_{ad}\Delta u_{fm}}{r_f}$ 为对应励磁电压最大增量的空载电动势最大增量。

由式（2-163）可得其原函数为

$$\Delta i_d = \frac{\Delta E_{qm}}{x_d}\left(1 - \frac{T_d' e^{-t/T_d'} - T_{ff} e^{-t/T_{ff}}}{T_d' - T_{ff}}\right) \tag{2-164}$$

对应的 a 相电流中附加分量为

$$\Delta i_a = \frac{\Delta E_{qm}}{x_d}\left(1 - \frac{T_d' e^{-t/T_d'} - T_{ff} e^{-t/T_{ff}}}{T_d' - T_{ff}}\right)\cos(t + \theta_0)$$

$$= \frac{\Delta E_{qm}}{x_d}F(t)\cos(t + \theta_0) \tag{2-165}$$

其中，$F(t) = 1 - \dfrac{T_d' e^{-t/T_d'} - T_{ff} e^{-t/T_{ff}}}{T_d' - T_{ff}}$。

图 2-35 是对应于不同 $b = T_d'/T_{ff}$ 的 $F(t)$ 随时间变化的曲线。T_d' 因短路点的远近不同而有不同的数值。短路点愈远，T_d' 愈大，$b = T_d'/T_{ff}$ 愈大，$F(t)$ 的增长速度也愈慢。这是因为短路点愈远，故障对发电机影响愈小。

图 2-36 示出强行励磁对 $i_{d\alpha}$ 变化的影响，其中虚线为无强励磁作用的情形。

前面的分析只适用于强行励磁后励磁电压能上升到峰值的情形，实际上，如果在励磁电压升高过程中发电机端电压恢复到所要求的值，强行励磁装置中的低电压继电器就会返回，励磁电压也就不会再继续升高。因此，短路电流的稳态值（对应于 $i_{d\alpha}$ 的稳态值）不可能大于 $U_{|0|}/x$，x 为发电机端点到短路点的电抗。

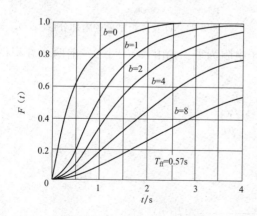

图 2-35　$F(t)$ 的变化曲线图

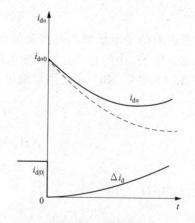

图 2-36　考虑了强行励磁作用后的 $i_{d\alpha}$ 曲线

习　　题

2-1　一发电机-变压器组的高压侧断路器处于断开状态，发电机空载运行，其端电压为额定电压。试计算变压器高压侧突然三相短路后短路电流交流分量初始值 I''_m。

发电机：$P_N = 200MW$，$U_N = 13.8kV$，$\cos\varphi_N = 0.9$，$x_d = 0.92$，$x'_d = 0.32$，$x''_d = 0.20$。

变压器：$S_N = 240MV \cdot A$，$220/13.8kV$，$U_s\% = 13$。

2-2　[例 2-1] 中的发电机在短路前处于额定运行状态。试计算为

（1）分别用 E''、E' 和 E'_q 计算短路电流交流分量 I''、I' 和 I'_d。

（2）计算稳态短路电流 I_∞。

2-3　一发电机转子为额定转速，无励磁，定子三相开路，若突然加上励磁电压 u_{f0}，试用基本方程（不计阻尼绕组）求得 $u_d(t)$ 和 $u_q(t)$ 以及 $u_{a,b,c}(t)$。

2-4　一台发电机经一电抗与一无限大电源母线相连，如图 2-37 所示。若在某一运行方式下，励磁电压突然增加 Δu_{fm} [相当于式（2-161）中 $T_{ff} = 0$]，试列出在原运行状态上增加的 $\Delta i_d(t)$、$\Delta i_q(t)$ 和 $\Delta u_{Gd}(t)$、$\Delta u_{Gq}(t)$ 的表达式 [不计阻尼绕组，可以在式（2-164）基础上作修改]。

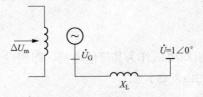

图 2-37　习题 2-4 图

2-5　在题 2-4 中：试写出已知下列条件下励磁突增后三相电流和发电机端电压的瞬时值表达式：

（1）$x_d = 1.15$，$x_q = 0.6$，$x'_d = 0.15$，$x_L = 0.2$，$r = 0$，$T'_d = 0.26s$。

（2）励磁突增前的运行方式为 $\dot{U} = 1\angle 0°$，$\dot{U}_G = 1\angle 15°$。

（3）$\Delta u_{fm} = 0.1 u_{f|0|}$。

（4）励磁突增时 $t = 0$，$\theta_0 = 0$。

第三章　电力系统三相短路电流的实用计算

第二章讨论了一台发电机的三相短路电流，其分析过程已相当复杂，而且还不是完全严格的。对于包含有许多台发电机的实际电力系统，在进行短路电流的工程实用计算时，不可能也没有必要作如此复杂的分析。在电力系统短路电流的工程计算中，由于快速继电保护的应用，最重要的是计算短路电流基频交流分量（以后略去基频二字）的初始值，即次暂态电流 I''。此外，若已知交流分量初始值，即可近似决定直流分量和冲击电流。交流分量初始值的计算原理比较简单，可以手算，但对于大型电力系统则一般应用计算机来计算。

第一节　短路电流交流分量初始值计算

根据第二章的分析，在短路后瞬时发电机可用次暂态电动势和次暂态电抗等值，所以短路交流电流初始值的计算实质上是一个稳态交流电路的计算问题，只是电力系统有些特殊问题需注意。

一、计算的条件和近似

（1）对于电源，各台发电机均用 x''_d 作为其等值电抗，即假设 d 轴和 q 轴等值电抗均为 x''_d。发电机的等值电动势则为次暂态电动势，即

$$\dot{E}''_{|0|} = \dot{U}_{|0|} + j\dot{I}_{|0|} x''_d \tag{3-1}$$

次暂态电动势 $\dot{E}''$ 虽然并不具有 $\dot{E}''_q$ 和 $\dot{E}''_d$ 那种在突然短路前、后不变的特性，但从计算角度近似认为 $\dot{E}''$ 不突变是可取的。

调相机虽没有驱动的原动机，但在短路后瞬间，由于惯性转子速度保持不变，在励磁作用下同发电机一样向短路点送短路电流。在计算 I'' 时，它和发电机一样以 x''_d 和 $\dot{E}''_{|0|}$ 为其等值参数。调相机在短路前若为欠励运行，即吸收系统无功，则根据式（3-1）其 $\dot{E}''_{|0|}$ 将小于端电压 $U_{|0|}$，所以只有在短路后端电压小于 $\dot{E}''_{|0|}$ 时，调相机才送出短路电流。

如果在计算中忽略负荷（后详），则短路前为空载状态，所有电源的次暂态电动势均取为额定电压，即标幺值为 1，而且同相位。

当短路点远离电源时，可将发电机端电压母线看作是恒定电压源，电压值取为额定电压。

（2）在电网方面，作短路电流计算时可以比潮流计算简化。一般可以忽略线路对地电容和变压器的励磁回路，因为短路时电网电压较低，这些对"地"支路的电流较正常运行时更小，而短路电流很大。另外，在计算高压电网时还可以忽略电阻。对于必须计及电阻的低压电网或电缆线路，为了避免复数运算可以近似用阻抗模值 $z = \sqrt{r^2 + x^2}$ 进行计算。在标幺值运算中采用近似方法，即不考虑变压器的实际变比，而认为变压器变比均为平均额定电压之比。

（3）综合性的负荷对短路电流的影响很难准确计及。最简单和粗略的处理方法是不计负荷（均断开），即短路前按空载情况决定次暂态电动势，短路后电网上依旧不接负荷。这样近似的可行性是由于短路后电网电压下降，负荷电流较短路电流小得多的缘故，但对于计算远离短路点的支路电流可能会有较大的误差。

若要计及负荷，则需应用潮流计算所得的发电机端电压 $\dot{U}_{i|0|}$ 和发电机注入功率 $S_{i|0|}$，各发电机的次暂态电动势的计算式为

$$\dot{E}''_{i|0|} = \dot{U}_{i|0|} + \mathrm{j} \frac{P_{i|0|} - \mathrm{j}Q_{i|0|}}{\hat{U}_{i|0|}} x''_{\mathrm{d}} \qquad (i = 1, \cdots, G) \tag{3-2}$$

式中：G 为发电机台数。

短路后电网中的负荷可近似用恒定阻抗表示，阻抗值由短路前潮流计算结果中的负荷端电压 $U_{\mathrm{D}i|0|}$ 和负荷功率 $S_{\mathrm{D}i|0|}$ 求得，即

$$z_{\mathrm{D}i} = \frac{U_{\mathrm{D}i|0|}^2}{P_{\mathrm{D}i|0|} - \mathrm{j}Q_{\mathrm{D}i|0|}} \qquad (i = 1, \cdots, L) \tag{3-3}$$

式中：L 为负荷总数。

（4）对于短路点附近的电动机，例如，发电厂内部发生短路时，其厂用电的电动机，特别是大、中型电动机，必须计及短路后电动机倒送短路电流，又称反馈电流的现象。

同步电动机的计算方法与调相机类似。以下简要分析异步电动机定子短路后的电流及其计算方法。图 3-1 示出异步电动机定子突然三相短路的电流波形。

异步电动机在失去电源后能提供短路电流是机械和电磁惯性作用的结果。由图 3-1 知异步电动机短路电流中有交流（接近基频）分量和直流分量。与同步电机相似，在突然短路时，异步电动机的定子绕组和转子笼型短路条构成的等值绕组的磁链均不会突变，因而在定子和转子绕组中均感应有直流分量电流。由此可以推想，异步电动机也可以用一个与转子绕组交链的磁链成正比的电动势，称为次暂态电动势 $\dot{E}''$ 以及相应的次暂态电抗 x''（d、q 轴相同）作为定子交流分量的等值电动势和电抗。次暂态电动势在短路前后瞬间不变，因此同样可以用 $\dot{E}''_{|0|}$ 和 x'' 计算短路初始电流 I''。当短路瞬间异步电动机端电压低于 $\dot{E}''_{|0|}$ 时，异步发动机就变成了一个暂时电源，向外供应短路电流。

异步电动机次暂态电抗 x'' 的等效电路如图 3-2 所示。其中 $x_{\mathrm{r}\sigma}$ 为转子等值绕组漏抗。x'' 的表达式为

$$x'' = x_\sigma + \frac{x_{\mathrm{r}\sigma} x_{\mathrm{ad}}}{x_{\mathrm{r}\sigma} + x_{\mathrm{ad}}} \tag{3-4}$$

实际上，x'' 和异步电动机起动时的电抗相等。起动瞬时，转子尚未转动，定子绕组和短接的笼型绕组相应于二次短接的双绕组变压器，其等效电路与图 3-2 完全相同，故 x'' 即起动电抗，可直接由起动电流求得，即

$$x'' = x_{\mathrm{st}} = 1/I_{\mathrm{st}} \tag{3-5}$$

式中：x_{st} 为起动电抗标幺值；I_{st} 为起动电流标幺值。一般取 I_{st} 约等于 5，故 x'' 可近似取 0.2。

$\dot{E}''_{|0|}$ 由正常运行方式计算而得，设正常时电动机端电压为 $\dot{U}_{|0|}$，吸收的电流为 $\dot{I}_{|0|}$，则

$$\dot{E}''_{|0|} = \dot{U}_{|0|} - \mathrm{j}\dot{I}_{|0|} x'' \tag{3-6}$$

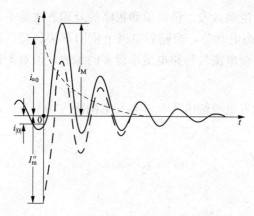

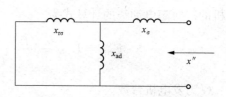

图 3-1　异步电动机突然三相短路电流波形　　　　图 3-2　短路瞬时等效电路

其模值为

$$E''_{|0|} = \sqrt{(U_{|0|} - I_{|0|}\,x''\sin\varphi_{|0|})^2 + (I_{|0|}\,x''\cos\varphi_{|0|})^2}$$
$$\approx U_{|0|} - I_{|0|}\,x''\sin\varphi_{|0|} \tag{3-7}$$

式中：$\varphi_{|0|}$ 为功率因数角。

若短路前为额定运行方式，x'' 取 0.2，则 $E''_{|0|} \approx 0.9$，电动机端点短路的交流电流初始值约为电动机额定电流的 4.5 倍。

若近似取 $E''_{|0|} \approx 1$，则在电动机端点发生短路时，其反馈的短路电流初始值就等于起动电流标幺值，即

$$I'' \approx 1/x'' = I_{st} \tag{3-8}$$

异步电动机没有励磁电源，故短路后的交流电流最终衰减至零，而且由于电动机转子电阻相对于电抗较大，该交流电流衰减较快，与直流分量的衰减时间常数差不多，数值约为百分之几秒。考虑到此现象，在计算短路冲击电流时虽仍应用公式 $i_M = K_M I''_m$，但一般将冲击系数 K_M 取得较小，如容量为 1000kW 以上的异步电动机取 $K_M = 1.7 \sim 1.8$。

（5）一般假设短路处为直接短路，即 $z_f = R_f = 0$，这样的计算结果当然偏于保守。实际上短路处是有电弧的，电弧主要消耗有功功率，其等值电阻 R_f 与电弧长度成正比，而且是短路电流 I_f 的函数。因此，若要较准确地计及电弧的影响，必须用非线性问题的迭代求解方法。

二、简单系统短路电流 I'' 计算

图 3-3（a）所示为两台发电机向负荷供电的简单系统。母线①、②、③上均接有综合性负荷，现分析母线③发生三相短路时，短路电流交流分量的初始值。图 3-3（b）是系统的等效电路，在采用了 $\dot{E}''_{|0|} \approx 1$ 和忽略负荷的近似后，计算用等效电路如图 3-3（c）所示。对于这样的发电机直接与短路点相连的简单电路，可以采用普通方法直接计算，短路电流可表示为

$$I''_f = \frac{1}{x_1} + \frac{1}{x_2}$$

计及负荷时，可以应用叠加原理来计算短路电流。本简单系统应用叠加原理的等效电路如图 3-3（d）所示，在计算中为方便起见仍忽略了负荷的影响，则短路电流可直接由故障分量求得，即由短路点短路前开路电压除以电网对该点的等值阻抗。即

$$I''_f = \frac{U_{f|0|}}{x_\Sigma} = \frac{1}{x_\Sigma} = \frac{1}{\dfrac{1}{\dfrac{1}{x_1} + \dfrac{1}{x_2}}} = \frac{1}{x_1} + \frac{1}{x_2}$$

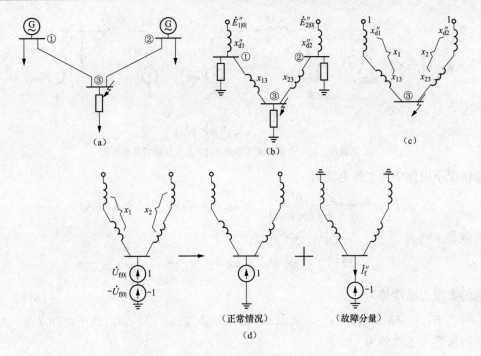

图 3-3　简单系统

(a) 系统图；(b) 等效电路；(c) 简化等效电路；(d) 应用叠加原理的等效电路

式中：x_Σ 为电网对短路点的等值阻抗，这里由两支路电抗并联而得。

这种方法当然具有一般的意义，即电网中任一点的短路电流交流分量初始值等于该点短路前的电压（开路电压）除以电网对该点的等值阻抗（该点向电网看进去的等值阻抗），这时所有发电机电抗为 x_d''。

如果是经过阻抗 z_f 后发生短路，则短路点电流为

$$\dot{I}_f'' = \frac{1}{\mathrm{j}x_\Sigma + z_f} \tag{3-9}$$

【例 3-1】　在图 3-4 所示的简单系统中，一台发电机向一台同步电动机供电。发电机和电动机的额定功率均为 $30\mathrm{MV \cdot A}$，额定电压均为 $10.5\mathrm{kV}$，次暂态电抗均为 0.20。线路电抗以发电机的额定值为基准的标幺值为 0.1。设正常运行情况下电动机消耗的功率为 $20\mathrm{MW}$，功率因数为 0.8（滞后），端电压为 $10.2\mathrm{kV}$。若在电动机端点 f 发生三相短路，试求短路后瞬时故障点的短路电流以及发电机和电动机支路中电流的交流分量。

解　取基准值 $S_B = 30\mathrm{MV \cdot A}$，$U_B = 10.5\mathrm{kV}$，则 $I_B = \dfrac{30 \times 10^3}{\sqrt{3} \times 10.5} = 1650$（A）。

（1）用普通方法计算

1）根据短路前的等效电路和运行情况计算 $\dot{E}_{G|0|}''$、$\dot{E}_{M|0|}''$（本例未采取 $\dot{E}_{|0|}'' = 1$ 的假定）。

若以 $\dot{U}_{f|0|}$ 为参考相量，即

$$\dot{U}_{f|0|} = \frac{10.2}{10.5} \angle 0° = 0.97 \angle 0°$$

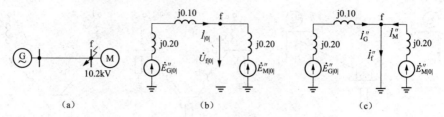

图 3-4 ［例 3-1］图（一）

（a）系统图；（b）正常情况下等效电路；（c）短路后等效电路

则正常情况下电路中的工作电流为

$$\dot{I}_{|0|}=\frac{20\times10^3}{0.8\times\sqrt{3}\times10.2}\angle-36.9°=1415\angle-36.9°\ (\text{A})$$

以标幺值表示则为

$$\dot{I}_{|0|}=\frac{1415}{1650}\angle-36.9°=0.86\angle-36.9°=0.69-\text{j}0.52$$

发电机的次暂态电动势为

$$\dot{E}''_{\text{G}|0|}=\dot{U}_{\text{f}|0|}+\text{j}\dot{I}_{|0|}x''_{\text{d}\Sigma}=0.97+\text{j}(0.69-\text{j}0.52)\times0.3=1.126+\text{j}0.207$$

电动机的次暂态电动势为

$$\dot{E}''_{\text{M}|0|}=\dot{U}_{\text{f}|0|}-\text{j}\dot{I}_{|0|}x''=0.97-\text{j}(0.69-\text{j}0.52)\times0.2=0.866-\text{j}0.138$$

2）根据短路后等值电路算出各处电流。发电机支路中的电流为

$$\dot{I}''_{\text{G}}=\frac{1.126+\text{j}0.207}{\text{j}0.3}\times1650=(0.69-\text{j}3.75)\times1650=1139-\text{j}6188(\text{A})$$

电动机支路中的电流为

$$\dot{I}''_{\text{M}}=\frac{0.866-\text{j}0.138}{\text{j}0.2}\times1650=(-0.69-\text{j}4.33)\times1650$$

$$=-1139-\text{j}7145(\text{A})$$

故障点的短路电流为

$$\dot{I}''_{\text{f}}=\dot{I}''_{\text{G}}+\dot{I}''_{\text{M}}=[(0.69-\text{j}3.75)+(-0.69-\text{j}4.33)]\times1650$$

$$=-\text{j}8.08\times1650=-\text{j}13332(\text{A})$$

（2）用叠加原理计算：

分别求出正常情况分量和故障分量，然后叠加，如图 3-5 所示。

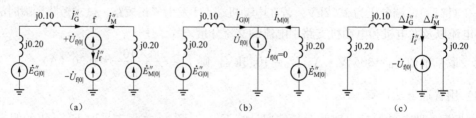

图 3-5 ［例 3-1］图（二）

（a）等效电路；（b）正常情况；（c）求故障分量电路

1）正常情况如图 3-5（b）所示。前面已求得各支路正常电流为

$$\dot{I}_{\text{G}|0|}=0.69-\text{j}0.52,\ \dot{I}_{\text{M}|0|}=-0.69+\text{j}0.52,\ \dot{I}_{\text{f}|0|}=0$$

已知故障点 f 的正常电压为

$$\dot{U}_{f|0|}=0.97\angle0°$$

2）故障分量。故障情况下，将图 3-5（c）所示电路对 f 点化简，求得整个电网对 f 点的等值阻抗为

$$x_{\Sigma}=\frac{j0.3\times j0.2}{j0.3+j0.2}=j0.12$$

由此得故障支路的短路电流为

$$\dot{I}''_{f}=\frac{0.97\angle0°}{j0.12}=-j8.08$$

将此短路电流按阻抗反比分配到各并联的支路中去，得

$$\Delta\dot{I}''_{G}=-j8.08\times\frac{j0.2}{j0.5}=-j3.23$$

$$\Delta\dot{I}''_{M}=-j8.08\times\frac{j0.3}{j0.5}=-j4.85$$

故障点电压的故障分量为

$$\Delta\dot{U}_{f}=-0.97\angle0°$$

将正常情况和故障分量叠加，可得

$$\dot{I}''_{G}=(0.69-j0.52)+(-j3.23)=0.69-j3.75$$

$$\dot{I}''_{M}=(-0.69+j0.52)+(-j4.85)=-0.69-j4.33$$

故障点电压当然为零。由本例计算可知，大容量同步电动机在故障点附近时，对短路电流的影响较大。

普通方法主要用于一些简单电路的短路电流计算，而基于叠加原理的短路电流计算方法引入了正常分量和故障分量的概念，可以很方便地推广到复杂电路，适用范围更加广泛。

三、复杂系统计算

复杂系统计算的简化原则和简单系统相同，一般应用叠加原理。首先从已知的正常运行情况求得短路点的开路电压 $\dot{U}''_{f|0|}$，然后形成故障分量网络，即将所有电源短路接地，化简❶合并后求得网络对短路点的等值电抗 x_{Σ}，则可得短路电流为

$$\dot{I}''_{f}=\dot{U}''_{f|0|}/jx_{\Sigma} \tag{3-10}$$

若要求其他支路电流和节点电压，还必须计算故障分量网络的电流、电压分布，然后与相应的正常值相加。

实际手算时往往采用近似计算，即忽略综合负荷，且认为短路前电源电动势 E'' 乃至网络各点电压均等于 1，则有

$$I''_{f}=\frac{1}{x_{\Sigma}} \tag{3-11}$$

以下通过两个算例说明计算的过程。

【例 3-2】　图 3-6（a）所示为一环形（或称网形）电力系统，已知各元件的参数如下：
发电机 G1~G3：100MW，10.5kV，$\cos\varphi_{N}=0.86$，$x''_{d}=0.183$。

---

❶　网络化简用的基本公式见附录 D。

变压器 T1～T3：120MV·A，115/10.5kV，$U_s\% = 10.5$。

线路：三条线路完全相同，长 50km，电抗 0.44Ω/km。

试计算母线③三相短路后瞬时的 I''_f，G1、G3 送出的 I''_{G1}、I''_{G2} 和①-③、②-③线路上的电流以及母线①、②的电压。

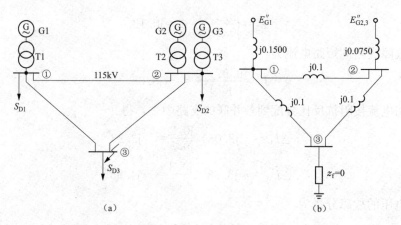

图 3-6　［例 3-2］图（一）
(a) 系统图；(b) 等效电路

解　应用叠加原理计算需要四个步骤：

(1) 作出系统在短路前的等效电路图。

(2) 分析计算短路前的运行状况，以确定短路点开路电压和各待求量的正常分量。

(3) 计算短路后各待求量的故障分量。

(4) 将（2）和（3）的计算结果叠加，得到各待求量的值。

以下就按上述四个步骤进行解题。

(1) 系统的等效电路。等效电路如图 3-6（b）所示（未计负荷）。其中，阻抗均为标幺值，功率基准值为 60MV·A，电压基准值为平均额定电压。电抗值分别计算为

$$x_{G1} = x_{G2} = x_{G3} = 0.183 \times \frac{60}{100/0.86} = 0.094$$

$$x_{T1} = x_{T2} = x_{T3} = 0.105 \times \frac{60}{120} = 0.0525$$

$$x_L = 0.44 \times 50 \times \frac{60}{115^2} = 0.1$$

(2) 短路前运行状况的分析计算。如果要计及负荷，则必须进行一次潮流计算，以确定短路点开路电压以及各待求量的正常值。这里采用近似计算，即忽略负荷，所有电动势、电压均为 1，电流均为零。因此，短路前短路点开路电压和各待求量的正常值为

$$\dot{U}_{3|0|} = 1, \ \dot{U}_{1|0|} = \dot{U}_{2|0|} = 1$$

$$\dot{I}_{G1,2,3|0|} = \dot{I}_{1\sim3|0|} = \dot{I}_{2\sim3|0|} = 0$$

(3) 计算故障分量。故障分量网络，即将电源接地，在短路母线③对地之间加一个负电压（-1），如图 3-7（a）所示。用此电路即可求得母线③的短路电流 $\dot{I}_f$（略去右上角的两撇）、发电机 G1、G2 和线路①-③、②-③的故障电流 $\Delta\dot{I}_{G1}$、$\Delta\dot{I}_{G2}$ 和 $\Delta\dot{I}_{13}$、$\Delta\dot{I}_{23}$ 以及母线

①、②电压的故障分量 $\Delta \dot{U}_1$、$\Delta \dot{U}_2$。

图 3-7(b)~(f)为化简网络的步骤。一般讲，网络化简总是从离短路点最远处开始逐步消去除短路点外的其他节点。

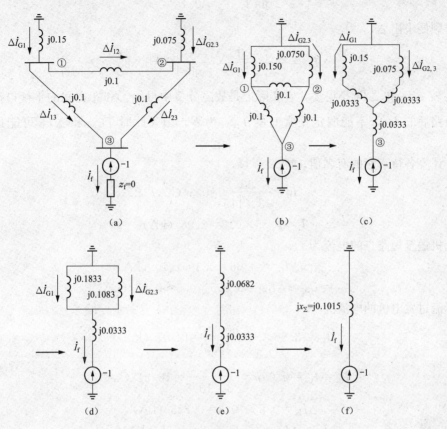

图 3-7 [例 3-2] 图（二）
(a)~(f)网络化简过程

由图 3-7（f）可得

$$\dot{I}_f = \frac{1}{j0.1015} = -j9.85$$

为了求得网络中各点电压和电流的分布，总是由短路点向网络中其他部分倒退回去计算，例如，从图 3-7（f）到图 3-7（d）可求得

$$\Delta \dot{I}_{G1} = \frac{j0.1083}{j0.1083 + j0.1833} \dot{I}_f = -j3.66$$

$$\Delta \dot{I}_{G2} = \Delta \dot{I}_{G3} = \frac{1}{2}(\dot{I}_f - \Delta \dot{I}_{G1}) = \frac{1}{2} \times (-j6.19) = -j3.095$$

$$\Delta \dot{U}_1 = 0 - (j0.15) \times (-j3.66) = -0.549$$

$$\Delta \dot{U}_2 = 0 - (j0.075) \times (-j6.19) = -0.464$$

$$\Delta \dot{U}_3 = -1$$

已知各母线电压即可求得任意线中的电流为

$$\Delta \dot{I}_{13}=\frac{\Delta \dot{U}_1-\Delta \dot{U}_3}{\text{j}0.1}=\frac{0.451}{\text{j}0.1}=-\text{j}4.51$$

$$\Delta \dot{I}_{23}=\frac{\Delta \dot{U}_2-\Delta \dot{U}_3}{\text{j}0.1}=\frac{0.536}{\text{j}0.1}=-\text{j}5.36$$

这里顺便求出 $\Delta \dot{I}_{12}$ 为

$$\Delta \dot{I}_{12}=\frac{\Delta \dot{U}_1-\Delta \dot{U}_2}{\text{j}0.1}=\frac{-0.085}{\text{j}0.1}=\text{j}0.85$$

$\Delta \dot{I}_{12}$ 较 $\Delta \dot{I}_{13}$ 和 $\Delta \dot{I}_{23}$ 小得多，它实际上是故障分量中母线①和②之间的平衡电流。如果要计算短路后的 $\dot{I}_{12}$，不能假定正常时的 $\dot{I}_{12|0|}$ 为零，因为此时 $\dot{I}_{12|0|}$ 和 $\Delta \dot{I}_{12}$ 可能是同一数量级。

（4）计算各待求量的有名值。即

$$I_{\text{B}}=\frac{60}{\sqrt{3}\times 115}=0.3 \text{ (kA)}$$

$$I_{\text{f}}=9.85\times 0.3=2.96 \text{ (kA)}$$

发电机送至短路点的电流为

$$I_{\text{G1f}}\approx \Delta I_{\text{G1f}}=3.66\times 0.3\approx 1.10 \text{ (kA)}$$

$$I_{\text{G2f}}=I_{\text{G3f}}\approx \Delta I_{\text{G2f}}=3.095\times 0.3\approx 0.93 \text{ (kA)}$$

实际流过发电机的电流为

$$I_{\text{G1}}=3.66\times \frac{60}{\sqrt{3}\times 10.5}=12.07 \text{ (kA)}$$

$$I_{\text{G2}}=I_{\text{G3}}=3.095\times \frac{60}{\sqrt{3}\times 10.5}=10.21 \text{ (kA)}$$

$$\Delta I_{12}=0.85\times 0.3=0.255 \text{ (kA)}$$

$$I_{13}\approx \Delta I_{13}=4.51\times 0.3=1.35 \text{ (kA)}$$

$$I_{23}\approx \Delta I_{23}=5.36\times 0.3=1.61 \text{ (kA)}$$

$$U_1=U_{1|0|}+\Delta U_1=(1-0.549)\times 115=51.9 \text{ (kV)}$$

$$U_2=U_{2|0|}+\Delta U_2=(1-0.464)\times 115=61.6 \text{ (kV)}$$

随着负荷的不断增加，发电机组和电网网架需要进行新建或者改造扩建，这会引起短路电流的显著变化，这里分别加以说明。

（1）电网网架加强。在［例3-2］中，假设节点②、③之间增设一条线路变成双回线供电，此时重新按照［例3-2］中的步骤重新计算，计算结果如下：

短路点短路电流为

$$\dot{I}_{\text{f}}=\frac{1}{\text{j}0.0833}=-\text{j}12$$

转换为有名值为

$$I_{\text{f}}=12 I_{\text{B}}=12\times 0.3=3.6 \text{ (kA)}$$

网络中电流为

$$I_{13}=4\times 0.3=1.2 \text{ (kA)}, \quad I_{23}=8\times 0.3=2.4 \text{ (kA)}$$

（2）电源加强。在［例3-2］中，假设在母线①上扩建了一台发电机和变压器，而网架不发生变化，此时按照［例3-2］中的步骤重新计算当母线③发生三相短路后各电气量，计算结果如下：

短路点短路电流为

$$\dot{I}_{\mathrm{f}}=\frac{1}{\mathrm{j}0.08745}=-\mathrm{j}11.435$$

转换为有名值为

$$I_{\mathrm{f}}=11.435\times I_{\mathrm{B}}=11.435\times0.3=3.4305\ (\mathrm{kA})$$

网络中电流为

$$\dot{I}_{13}=5.7175\times0.3=1.7153\ (\mathrm{kA}),\ \dot{I}_{23}=5.7175\times0.3=1.7153\ (\mathrm{kA})$$

由以上两种情况可以看出，随着电网和电源的不断建设，系统电气联系更加紧密。与之对应，发生短路时等效电路会发生变化，导致部分母线和支路的短路电流有所增大。由上述结果可以看出，在加强了电网网架的情况（1）中，发生相同的短路，短路点三相短路电流由2.96kA增加到3.6kA，支路②-③电流由1.61kA增加到2.4kA；在加强了电源的情况（2）中，短路点三相短路电流由2.96kA增加到3.4305kA，支路①-③电流由1.35kA增加到1.7153kA。一般而言，随着社会经济的发展，电力系统的电源容量越来越大，输电网络逐渐稠密，因此，短路电流也越来越大。由于断路器制造水平的制约，当短路电流大到断路器无法开断的程度时，电力系统就必须采取措施限制短路电流。

实际工程的短路电流计算可能集中在电力系统的局部范围，例如，在一个发电厂或者变电站内部，这时往往可以把其余的系统处理成一个或几个等值系统。每个等值系统用一等值电抗和其后的恒定电压源（即无限大功率电源）代表，如图3-8所示，这样等值当然是偏保守的。

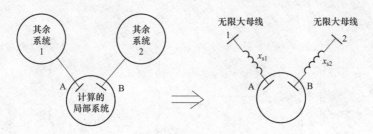

图3-8　系统等值

图中等值电抗 x_{S1}，x_{S2} 为系统1、2的原次暂态网络（即发电机电抗为 x_{d}''）对A、B点的等值电抗。有时不直接给出 x_{S1}、x_{S2}，而是给出系统1、2送至A、B点短路时的短路电流 I_1''、I_2''，若 I_1''、I_2'' 为标幺值，则它们即为 x_{S1}、x_{S2} 标幺值的倒数；还有，给出的是系统1、2送至A、B点的所谓的短路功率（视在功率）S_1''、S_2''，或称短路容量。S'' 与 I'' 的关系为

$$\begin{cases} S''=\sqrt{3}U_{\mathrm{N}}I'' & \text{（有名值）} \\ S''=I'' & \text{（标幺值）} \end{cases} \tag{3-12}$$

式中：U_{N} 为A或B处的额定电压。

短路容量是一个很重要的概念，它表现了系统电气联系的紧密程度。显然，短路容量越大，系统的电气联系越紧密。

【例3-3】　图3-9（a）所示为一火力发电厂主接线，已知相关参数如下。

发电机-变压器组：

汽轮发电机：$S_N=300MW$，$U_N=20kV$，$\cos\varphi_N=0.85$，$x_d''=0.168\Omega$。

变压器：$S_N=370MV\cdot A$，242/20kV，$U_S=14\%$。

自耦式联络变压器：$S_N=240MV\cdot A$，363/242/38.5kV，$U_{S1-2}=10\%$，$U_{S1-3}=62\%$，$U_{S2-3}=48\%$。

330kV 线路：10km，$x=0.321\Omega/km$。

330kV 系统：送至 330kV 线路始端母线短路的短路电流为 20kA。

试计算 f1 点短路时的 I_f''，$I_{G1,2,3}''$。

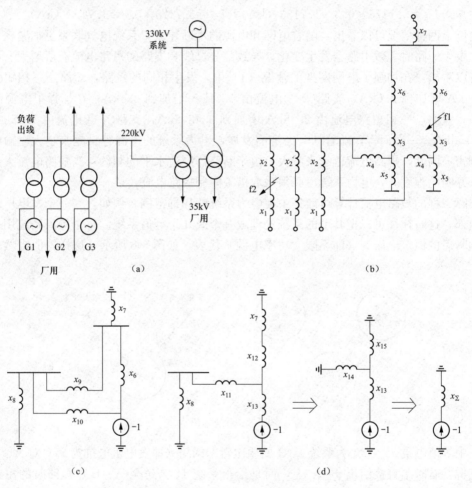

图 3-9　［例 3-3］图

(a) 接线图；(b) 等效电路；(c) f1 点短路故障分量网络；(d) 网络化简

解 (1) 等效电路如图 3-9 (b) 所示。其中不计 220kV 综合负荷以及厂用电动机的反馈电流。

取 $S_B=1000MV\cdot A$，U_B 为各电压等级平均额定电压，求得各元件电抗标幺值为

发电机 G1～G3

$$x_1=0.168\times\frac{1000}{300/0.85}=0.476$$

变压器

$$x_2 = 0.14 \times \frac{1000}{370} = 0.378$$

联络变压器

$$x_3 = \frac{1}{2} \times (0.1 + 0.62 - 0.48) \times \frac{1000}{240} = 0.500$$

$$x_4 = \frac{1}{2} \times (0.1 + 0.48 - 0.62) \times \frac{1000}{240} = -0.083$$

$$x_5 = \frac{1}{2} \times (0.62 + 0.48 - 0.1) \times \frac{1000}{240} = 2.083$$

线路

$$x_6 = 0.321 \times 10 \times \frac{1000}{345^2} = 0.027$$

330kV 系统

$$x_7 = \frac{1}{20} \times \frac{1000}{\sqrt{3} \times 345} = 0.084$$

（2）故障分量网络化简。图 3-9（c）为故障分量网络，其中

$$x_8 = \frac{1}{3}(x_1 + x_2) = 0.285$$

$$x_9 = x_3 + x_4 + x_6 = 0.444$$

$$x_{10} = x_3 + x_4 = 0.417$$

网络化简过程如图 3-9（d）所示。将 △ 形 x_6、x_9、x_{10} 化为 Y 形 x_{11}、x_{12}、x_{13} 为

$$x_{11} = \frac{x_9 x_{10}}{x_6 + x_9 + x_{10}} = \frac{0.444 \times 0.417}{0.027 + 0.444 + 0.417} = 0.209$$

$$x_{12} = \frac{x_6 x_9}{x_6 + x_9 + x_{10}} = \frac{0.027 \times 0.444}{0.888} = 0.014$$

$$x_{13} = \frac{x_6 x_{10}}{x_6 + x_9 + x_{10}} = \frac{0.027 \times 0.417}{0.888} = 0.013$$

再化简，求 x_{14}、x_{15} 为

$$x_{14} = x_8 + x_{11} = 0.285 + 0.209 = 0.494$$

$$x_{15} = x_7 + x_{12} = 0.084 + 0.014 = 0.098$$

短路点等值电抗为

$$x_\Sigma = (x_{14} /\!/ x_{15}) + x_{13} = \frac{0.494 \times 0.098}{0.494 + 0.098} + 0.013 = 0.082 + 0.013 = 0.095$$

（3）计算电流。标幺值为

$$I_f = \frac{1}{x_\Sigma} = \frac{1}{0.095} = 10.53$$

$$I_{G1} = I_{G2} = I_{G3} = \frac{1}{3} I_f \frac{x_{14} /\!/ x_{15}}{x_{14}}$$

$$= \frac{1}{3} \times 10.53 \times \frac{0.082}{0.494} = 0.583$$

有名值为

$$I_f = 10.53 \times \frac{1000}{\sqrt{3} \times 345} = 17.62 \ (\text{kA})$$

发电机送至短路点电流为

$$I_{G1f}=I_{G2f}=I_{G3f}=0.583\times\frac{1000}{\sqrt{3}\times345}=0.976\ (\text{kA})$$

发电机流过电流为

$$I_{G1}=I_{G2}=I_{G3}=0.583\times\frac{1000}{\sqrt{3}\times21}=16.03\ (\text{kA})$$

四、我国国家标准 I'' 计算

前边介绍了电力系统发生对称短路时周期分量起始值 I'' 的计算方法。必须指出，这只是计算的基本原理。计算短路电流的主要应用目的是电力系统设计中的电气设备选择。由于在设备选择时需要留有一定的安全裕度，所以并不需要十分准确的计算。显然电力设备制造厂和电力系统必须有相同的计算方法。因此，国家对短路电流的计算模型和计算项目通过国家标准的形式给予规定，颁布了国家标准 GB/T 15544—2013《三相交流系统短路电流计算》。在实际工程中必须按照该标准进行计算。另外，随着技术进步，标准会进行修订。

在国际上，目前 IEC 短路计算标准和 ANSI（American National Standards Institute）短路计算标准是世界上最有影响力的两种计算标准。ANSI 短路计算标准主要是为选择断路器提供短路电流参考值，而 IEC 短路计算标准侧重于针对短路计算给予一般性的指导。我国的国家标准主要借鉴了 IEC 短路计算标准，而与 ANSI 短路计算标准有所不同，应注意区分。

对于继电保护定值整定问题，必须根据继电保护装置的构造原理来确定短路电流计算的数学模型和计算方法。

标准 GB/T 15544—2013 对三相交流系统短路计算进行了较为全面的规定，其中主要的计算量有：I''_k 为对称短路电流初始值，指系统非故障元件的阻抗保持为短路前瞬间值时的预期（可达到的）短路电流的对称交流分量有效值；i_{dc} 为电源送出短路电流的衰减直流（非周期）分量；i_p 为电源送出短路电流的峰值；I_b 为对称开断电流，指开关设备第一对触头分断瞬间的交流分量有效值，即需要计算的该时刻电源送出的短路电流；I_k 为电源送出短路电流的稳态值。可以看出，I''_k 就是前面介绍的 I''。以下介绍国家标准中关于 I'' 计算的内容。

在实际应用中，短路电流计算仍可以采用复杂系统计算中介绍的叠加原理方法。但用叠加法计算得到的短路电流，依赖于某一特定潮流，因此不一定是最大短路电流，一定程度上影响了叠加法的实际应用。国家标准中提出的短路点等效电压源法，是一种简单实用的短路电流计算方法，其计算思想与本章前述理论相同。短路点等效电压源法可不考虑非旋转负荷的运行数据、变压器分接头位置和发电机励磁方式，无需进行关于短路前各种可能的潮流分布的计算，可以应用于各种类型的短路（包括对称短路和不对称短路）。

用等效电压源法计算短路电流时，短路点用等效电压源 $cU_n/\sqrt{3}$ 代替，该电压源为网络的唯一电压源，其他电源（如馈电网络、同步发电机、同步电动机和异步电动机的电动势）都视为零，并以自身内阻抗代替。此时，三相短路时对称短路电流初始值 I'' 的计算公式为

$$I''=\frac{cU_n}{\sqrt{3}\,|Z_\Sigma|}=\frac{cU_n}{\sqrt{3}\sqrt{R_\Sigma^2+X_\Sigma^2}} \tag{3-13}$$

式中：U_n 为系统标称电压；c 为电压修正系数，取值范围在 $0.95\sim1.1$ 之间；Z_Σ 为短路点的等效短路阻抗。

Z_Σ 的计算方法与本章前面介绍的电网对短路点的等值阻抗相同，但要注意各个元件短

路阻抗应采用校正值，以等效反映不同情况的影响。电压修正系数 c 和各元件阻抗校正的详细取值和计算公式可以参见国家标准。总之，标准采用经修正后的阻抗与等效电压源进行 I'' 计算，此时计算结果具有可接受的精度。

第二节　计算机计算复杂系统短路电流交流分量初始值的原理

实际电力系统短路电流交流分量初始值的计算，由于系统结构复杂，一般均用计算机计算。用于工程计算的商用程序很多，本节将介绍计算机计算中一般采用的数学模型和计算方法。

计算短路电流 I''，实质上就是求解交流电路的稳态电流，其数学模型也就是网络的线性代数方程组，一般选用网络节点方程，即用节点阻抗矩阵或节点导纳矩阵描述的网络方程。以下将先介绍计算用的等值网络，然后分别给出用节点阻抗矩阵和节点导纳矩阵计算短路电流和电网任意处电压、电流的公式。

一、等值网络

图 3-10 给出了计算短路电流 I''（及其分布）的等值网络。图 3-10（a）表示计及负荷影响时的等值网络。图中 G 代表发电机端电压节点（如果有必要也可以包括某些大容量的电动机），发电机等值电动势为 $\dot{E}''$，电抗为 x''_d；D 代表负荷节点，以恒定阻抗代表负荷；f 点为短路点（经 z_f 短路）。图 3-10（b）为应用叠加原理将系统分解成正常运行和求故障分量的两个网络，其中正常运行方式的求解通过潮流计算求得，而故障分量的计算由短路电流计算完成。图 3-10（c）表示在近似的实用计算中不计负荷影响时的等效网络。应用叠加原理如图 3-10（d）所示，正常运行方式为空载运行，网络中各点电压均为 1，故障分量网络中，$\dot{U}_{\text{f}|0|}=1$。这里只需作故障分量的计算。

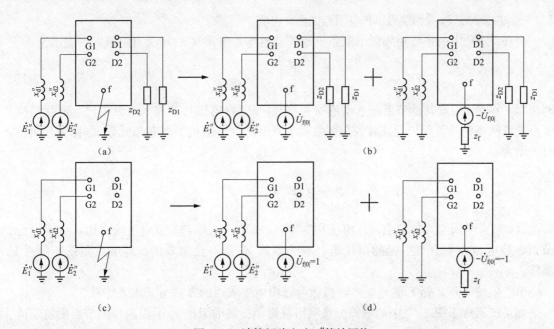

图 3-10　计算短路电流 I'' 等效网络

(a)、(b) 计及负荷；(c)、(d) 不计负荷

　　　由图 3-10 的故障分量网络可见，该网络与潮流计算时的网络的差别在于发电机节点上多接了对地电抗 x_d''，负荷节点上多接了对地阻抗 z_D（在实用计算中没有此阻抗）。当然，如果在短路计算中可以忽略线路电阻和电纳，而且不计变压器的实际变化，则短路计算网络较潮流计算网络简化，而且网络本身是纯感性的。

　　　对于故障分量网络，一般用节点方程来描述，即网络的数学模型或者用节点阻抗矩阵，或者用节点导纳矩阵。

　　　在电力系统潮流计算的数学模型中，网络方程式用节点导纳矩阵 Y 表示。Y 阵的元素与原始网络支路参数的关系简明，易于由网络电路图直观地形成。节点阻抗矩阵 Z 是 Y 的逆矩阵，它的元素与短路电流计算直接相关。以下先介绍用 Z 阵元素进行短路电流计算的计算公式。

二、用节点阻抗矩阵的计算方法

　　　任一网络用节点阻抗矩阵表示的节点电压方程为

$$
\begin{bmatrix} \dot{U}_1 \\ \vdots \\ \dot{U}_i \\ \vdots \\ \dot{U}_j \\ \vdots \\ \dot{U}_n \end{bmatrix} = \begin{bmatrix} Z_{11} & \cdots & Z_{1i} & \cdots & Z_{1j} & \cdots & Z_{1n} \\ \vdots & & \vdots & & \vdots & & \vdots \\ Z_{i1} & \cdots & Z_{ii} & \cdots & Z_{ij} & \cdots & Z_{in} \\ \vdots & & \vdots & & \vdots & & \vdots \\ Z_{j1} & \cdots & Z_{ji} & \cdots & Z_{jj} & \cdots & Z_{jn} \\ \vdots & & \vdots & & \vdots & & \vdots \\ Z_{n1} & \cdots & Z_{ni} & \cdots & Z_{nj} & \cdots & Z_{nn} \end{bmatrix} \begin{bmatrix} \dot{I}_1 \\ \vdots \\ \dot{I}_i \\ \vdots \\ \dot{I}_j \\ \vdots \\ \dot{I}_n \end{bmatrix}
\tag{3-14}
$$

式中：电压相量 $\dot{U}_1$、$\cdots$、$\dot{U}_i$、$\cdots$、$\dot{U}_j$、$\cdots$、$\dot{U}_n$ 为网络各节点对"地"电压；电流相量 $\dot{I}_1$、$\cdots$、$\dot{I}_i$、$\cdots$、$\dot{I}_j$、$\cdots$、$\dot{I}_n$ 为网络外部向各节点的注入电流。

　　　式（3-14）中的系数矩阵即节点阻抗矩阵。矩阵对角元素 Z_{ii} 称为自阻抗，可表示为

$$
Z_{ii} = \left. \frac{\dot{U}_i}{\dot{I}_i} \right|_{\dot{I}_j = 0, j \neq i}
\tag{3-15}
$$

即当除 i 节点外所有其他节点注入电流均为零时，i 节点电压与其注入电流之比，也就是从 i 节点看进网络的等值阻抗，或者说是网络对 i 节点的等值阻抗。非对角元素 Z_{ij} 称为互阻抗，可表示为

$$
Z_{ij} = Z_{ji} = \left. \frac{\dot{U}_j}{\dot{I}_i} \right|_{\dot{I}_j = 0, j \neq i}
\tag{3-16}
$$

即当除 i 节点外所有其他节点注入电流均为零时，j 节点电压与 i 节点电流之比，或者说是 i 节点单位电流在 j 节点引起的电压值。不难理解 Z_{ij} 是不会为零的，即节点阻抗矩阵总是满阵。

　　　节点阻抗矩阵 Z 是 Y 的逆矩阵，当然可以用矩阵求逆的方法由 Y 求 Z。

　　　如果已形成了图 3-10 中的故障分量网络（短路支路的阻抗 z_f 不在内）的节点阻抗矩阵。该网络只有短路点 f 有注入电流 $-\dot{I}_f$（$\dot{I}_f$ 由 f 点流向"地"），故节点电压方程为

$$\begin{bmatrix} \Delta\dot{U}_1 \\ \vdots \\ \Delta\dot{U}_f \\ \vdots \\ \Delta\dot{U}_n \end{bmatrix} = \begin{bmatrix} Z_{11} & \cdots & Z_{1f} & \cdots & Z_{1n} \\ \vdots & & \vdots & & \vdots \\ Z_{f1} & \cdots & Z_{ff} & \cdots & Z_{fn} \\ \vdots & & \vdots & & \vdots \\ Z_{n1} & \cdots & Z_{nf} & \cdots & Z_{nn} \end{bmatrix} \begin{bmatrix} 0 \\ \vdots \\ -\dot{I}_f \\ \vdots \\ 0 \end{bmatrix} = \begin{bmatrix} Z_{1f} \\ \vdots \\ Z_{ff} \\ \vdots \\ Z_{nf} \end{bmatrix} (-\dot{I}_f) \qquad (3\text{-}17)$$

短路点电压故障分量为

$$\Delta\dot{U}_f = -\dot{I}_f Z_{ff}$$

同时由图 3-10 可以看出

$$\Delta\dot{U}_f = -\dot{U}_{f|0|} + \dot{I}_f z_f$$

由此可得短路电流为

$$\dot{I}_f = \frac{\dot{U}_{f|0|}}{Z_{ff} + z_f} \approx \frac{1}{Z_{ff} + z_f} \qquad (3\text{-}18)$$

式 (3-18) 与式 (3-9) 是一致的。

不计 z_f 时，有

$$I_f \approx \frac{1}{Z_{ff}} \qquad (3\text{-}19)$$

由此可见，若已知节点阻抗矩阵的所有对角元素，可以方便地求得任一点短路的短路电流。

已知短路电流 $\dot{I}_f$ 后，代入式 (3-17) 可得非故障点电压故障分量，则各节点短路后的电压为

$$\begin{cases} \dot{U}_1 = \dot{U}_{1|0|} + \Delta\dot{U}_1 = \dot{U}_{1|0|} - Z_{1f}\dot{I}_f \approx 1 - Z_{1f}\dot{I}_f \\ \dot{U}_f = \dot{U}_{f|0|} + \Delta\dot{U}_f = z_f\dot{I}_f \\ \dot{U}_n = \dot{U}_{n|0|} + \Delta\dot{U}_n = \dot{U}_{n|0|} - Z_{nf}\dot{I}_f \approx 1 - Z_{nf}\dot{I}_f \end{cases} \qquad (3\text{-}20)$$

任一支路 $i\text{-}j$ 的电流为

$$\dot{I}_{ij} = \frac{\dot{U}_i - \dot{U}_j}{z_{ij}} \approx \frac{\Delta\dot{U}_i - \Delta\dot{U}_j}{z_{ij}} = (\Delta\dot{U}_i - \Delta\dot{U}_j)\, y_{ij}$$

$$(3\text{-}21)$$

式中：z_{ij} 为 $i\text{-}j$ 支路阻抗；y_{ij} 为 $i\text{-}j$ 支路导纳。

图 3-11 示出节点阻抗矩阵计算短路电流的原理框图。从图中可以看出，只要形成了节点阻抗矩阵，计算任一点的短路电流和网络中电压、电流的分布是很方便的，计算工作量很小。但是，形成节点阻抗矩阵的工作量较大，网络变化时的修改也比较麻烦，而且节点阻抗矩阵是满阵，需要计算机的存储量较大。针对这些问题，可以采用将不计算部分的网络化简等方法。

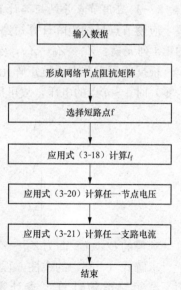

图 3-11 用节点阻抗矩阵计算
短路电流的原理框图

三、用节点导纳矩阵的计算方法

用节点导纳矩阵表示的网络节点方程为

$$
\begin{bmatrix} \dot{I}_1 \\ \vdots \\ \dot{I}_i \\ \vdots \\ \dot{I}_j \\ \vdots \\ \dot{I}_n \end{bmatrix} = \begin{bmatrix} Y_{11} & \cdots & Y_{1i} & \cdots & Y_{1j} & \cdots & Y_{1n} \\ \vdots & & \vdots & & \vdots & & \vdots \\ Y_{i1} & \cdots & Y_{ii} & \cdots & Y_{ij} & \cdots & Y_{in} \\ \vdots & & \vdots & & \vdots & & \vdots \\ Y_{j1} & \cdots & Y_{ji} & \cdots & Y_{jj} & \cdots & Y_{jn} \\ \vdots & & \vdots & & \vdots & & \vdots \\ Y_{n1} & \cdots & Y_{ni} & \cdots & Y_{nj} & \cdots & Y_{nn} \end{bmatrix} \begin{bmatrix} \dot{U}_1 \\ \vdots \\ \dot{U}_i \\ \vdots \\ \dot{U}_j \\ \vdots \\ \dot{U}_n \end{bmatrix} \tag{3-22}
$$

式（3-22）中节点导纳矩阵是节点阻抗矩阵的逆矩阵，其对角元素自导纳 Y_{ii} 为

$$
Y_{ii} = \frac{\dot{I}_i}{\dot{U}_i}\bigg|_{\dot{U}_j = 0, j \neq i} \tag{3-23}
$$

即除 i 节点外其他节点均接"地"时，自节点 i 看进网络的等值导纳，显然等于与 i 节点相连的支路导纳之和。非对角元素互导纳 Y_{ij} 为

$$
Y_{ij} = Y_{ji} = \frac{\dot{I}_j}{\dot{U}_i}\bigg|_{\dot{U}_j = 0, j \neq i} \tag{3-24}
$$

即除 i 节点外其他节点均接"地"时，j 点注入电流与 i 点电压之比，显然等于 $i-j$ 支路导纳的负值。由于网络中任一节点一般只和相邻的节点有连接支路，所以 Y_{ij} 有很多为零，即节点导纳矩阵是十分稀疏的。由上可见，节点导纳矩阵极易形成，网络结构变化时也易于修改。

（一）应用节点导纳矩阵计算短路电流的原理

应用节点导纳矩阵计算短路电流，实质上是先用它计算与短路点 f 有关的节点阻抗矩阵的第 f 列元素：$Z_{1f}\cdots Z_{ff}\cdots Z_{nf}$，然后即可用式(3-19)～式(3-21)进行短路电流的有关计算。

根据前面对节点阻抗矩阵元素的分析，$Z_{1f}\sim Z_{nf}$ 是在 f 点通以单位电流（其他节点电流均为零）时 $1\sim n$ 点的电压，故可用式（3-22）求解下列方程

$$
\begin{bmatrix} Y_{11} & \cdots & Y_{1f} & \cdots & Y_{1n} \\ \vdots & & \vdots & & \vdots \\ Y_{f1} & \cdots & Y_{ff} & \cdots & Y_{fn} \\ \vdots & & \vdots & & \vdots \\ Y_{n1} & \cdots & Y_{nf} & \cdots & Y_{nn} \end{bmatrix} \begin{bmatrix} \dot{U}_1 \\ \vdots \\ \dot{U}_f \\ \vdots \\ \dot{U}_n \end{bmatrix} = \begin{bmatrix} 0 \\ \vdots \\ 1 \\ \vdots \\ 0 \end{bmatrix} \leftarrow f\text{点} \tag{3-25}
$$

求得的 $\dot{U}_1 \sim \dot{U}_n$ 即为 $Z_{1f} \sim Z_{nf}$。

求解式（3-25）的线性方程组，有现成的计算方法和程序，例如高斯消去法等。一般电力系统短路电流计算要求计算一批节点分别短路时的短路电流，因而要多次求解与式（3-25)类似的方程，方程的不同处只在于方程右端的常数相量中"1"所在的行数（对应短路节点号）不同。为了避免每次重复对节点导纳矩阵作消去运算，一般不采用高斯消去法求解式（3-25)，而是应用三角分解法或因子表法。这两种方法实质上是相通的，以下介绍

三角分解法。

（二）三角分解法求解导纳型节点方程

将式（3-25）简写为

$$YU=I \tag{3-26}$$

Y 阵是个非奇异的对称矩阵，按照矩阵的三角分解法，Y 可表示为

$$Y=LDL^\mathrm{T}=R^\mathrm{T}DR \tag{3-27}$$

式中：D 为对角阵；L 为单位下三角阵；R 为单位上三角阵；L 和 R 互为转置阵。

式（3-27）说明 Y 阵可以分解为单位下三角阵、对角阵和单位上三角阵（即单位下三角阵的转置）的乘积。这些因子矩阵元素的表达式为

$$\begin{cases} d_{ii}=Y_{ii}-\displaystyle\sum_{k=1}^{i-1}l_{ik}^2d_{kk}=Y_{ii}-\sum_{k=1}^{i-1}r_{ki}^2d_{kk} & (i=1,2,\cdots,n) \\[2mm] r_{ij}=\dfrac{1}{d_{ii}}\left(Y_{ij}-\displaystyle\sum_{k=1}^{i-1}r_{ki}r_{kj}d_{kk}\right) & (i=1,2,\cdots,n-1;j=i+1,\cdots,n) \\[2mm] l_{ij}=\dfrac{1}{d_{jj}}\left(Y_{ij}-\displaystyle\sum_{k=1}^{j-1}l_{ik}l_{jk}d_{kk}\right) & (i=2,3,\cdots,n;j=1,2,\cdots,i-1) \end{cases} \tag{3-28}$$

式中：d、l 和 r 为矩阵 D、L 和 R 的相应元素。

这些元素 d、c、r 可以记录对常系数矩阵 Y 阵进行消去的过程，包括规格化运算和消去运算。在需要多次求解时，采用因子矩阵可以简化计算过程，提高计算速度。

由于 L 和 R 互为转置，只需算出其中一个即可。

将式（3-27）代入式（3-26）得

$$R^\mathrm{T}DRU=I \tag{3-29}$$

式（3-29）可分解为以下的三个方程

$$\begin{cases} R^\mathrm{T}W=I \\ DX=W \\ RU=X \end{cases} \tag{3-30}$$

并依次求解，由已知的节点电流相量 I 求 W，由 W 求 X，最后由 X 求得节点电压相量 U。在这三次求解中，系数矩阵为单位三角阵或对角阵，故计算工作量不大。也可以进行公式变换，将 $DX=W$ 求解过程中的除法运算改为乘法运算，即 $X=D^{-1}W$（D^{-1} 的元素为 D 元素的倒数）。

综上所述，用三角分解法求解节点导纳方程包括两部分计算：一是将 Y 三角分解，并保存 R 和 D^{-1}，为节省存储量，可将 D^{-1} 的元素存放在 R 的对角元素 1 的位置上（它实际上就是一种因子表），形式为

$$\begin{bmatrix} 1/d_{11} & \cdots & r_{1i} & \cdots & r_{1n} \\ & \ddots & & & \vdots \\ & & 1/d_{ii} & & r_{in} \\ & & & \ddots & \vdots \\ & & & & 1/d_{nn} \end{bmatrix}$$

另一部分是由已知 I 用式（3-30）计算得到 U，即为对应某短路节点的节点阻抗元素相量。

图 3-12 示出应用节点导纳矩阵计算短路电流的原理框图。

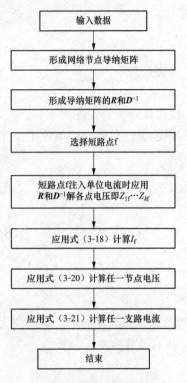

图 3-12　用节点导纳矩阵计算
短路电流的原理框图

【例 3-4】　应用计算机算法计算［例 3-2］。

解　（1）形成节点导纳矩阵

$$\boldsymbol{Y}=\begin{bmatrix} -\mathrm{j}26.666666 & \mathrm{j}10 & \mathrm{j}10 \\ \mathrm{j}10 & -\mathrm{j}33.333333 & \mathrm{j}10 \\ \mathrm{j}10 & \mathrm{j}10 & -\mathrm{j}20.0 \end{bmatrix}$$

（2）形成 $\boldsymbol{R}$ 和 $\boldsymbol{D}^{-1}$（即因子表）。应用式（3-28）计算 d_{ii}、$1/d_{ii}$ 和 r_{ij}，即得

$$d_{11}=Y_{11}=-\mathrm{j}26.666666$$

$$1/d_{11}=1/-\mathrm{j}26.666666=\mathrm{j}0.0375$$

$$r_{12}=\frac{1}{d_{11}}Y_{12}=\mathrm{j}0.0375\times\mathrm{j}10=-0.375$$

$$r_{13}=\frac{1}{d_{11}}Y_{13}=\mathrm{j}0.0375\times\mathrm{j}10=-0.375$$

$$d_{22}=Y_{22}-r_{12}^2 d_{11}=-\mathrm{j}33.333333-0.375^2\times(-\mathrm{j}26.666666)$$
$$=-\mathrm{j}29.583334$$

$$1/d_{22}=\mathrm{j}0.033803$$

$$r_{23}=\frac{1}{d_{22}}(Y_{23}-r_{12}r_{13}d_{11})$$
$$=\mathrm{j}0.033803\times(\mathrm{j}10+0.375^2\times26.666666)=-0.464791$$

$$d_{33}=Y_{33}-(r_{13}^2 d_{11}+r_{23}^2 d_{22})$$
$$=-\mathrm{j}20+\mathrm{j}(0.375^2\times26.666666+0.464791^2\times29.583334)$$
$$=-\mathrm{j}9.859093$$

$$1/d_{33}=\mathrm{j}0.101420$$

因子表中内容为

j0.0375，−0.375，−0.375，j0.033803，−0.464791，j0.101420

（3）在节点③注入单位电流，即

$$\boldsymbol{I}=\begin{bmatrix} 0 \\ 0 \\ 1 \end{bmatrix}$$

利用已求得的 $\boldsymbol{R}$ 和 $\boldsymbol{D}^{-1}$，按式（3-30）计算电压相量，即节点③的自阻抗和互阻抗为

$$\begin{bmatrix} 1 & & \\ -0.375 & 1 & \\ -0.375 & -0.464791 & 1 \end{bmatrix}\begin{bmatrix} W_1 \\ W_2 \\ W_3 \end{bmatrix}=\begin{bmatrix} 0 \\ 0 \\ 1 \end{bmatrix}\Rightarrow\begin{bmatrix} W_1 \\ W_2 \\ W_3 \end{bmatrix}=\begin{bmatrix} 0 \\ 0 \\ 1 \end{bmatrix}$$

$$\begin{bmatrix} X_1 \\ X_2 \\ X_3 \end{bmatrix}=\begin{bmatrix} \mathrm{j}0.0375 & & \\ & \mathrm{j}0.033803 & \\ & & \mathrm{j}0.101420 \end{bmatrix}\begin{bmatrix} 0 \\ 0 \\ 1 \end{bmatrix}=\begin{bmatrix} 0 \\ 0 \\ \mathrm{j}0.101420 \end{bmatrix}$$

$$\begin{bmatrix} 1 & -0.375 & -0.375 \\ & 1 & -0.464791 \\ & & 1 \end{bmatrix}\begin{bmatrix} U_1 \\ U_2 \\ U_3 \end{bmatrix}=\begin{bmatrix} 0 \\ 0 \\ \mathrm{j}0.101420 \end{bmatrix}\Rightarrow\begin{bmatrix} U_1 \\ U_2 \\ U_3 \end{bmatrix}=\begin{bmatrix} Z_{13} \\ Z_{23} \\ Z_{33} \end{bmatrix}=\begin{bmatrix} \mathrm{j}0.055709 \\ \mathrm{j}0.047139 \\ \mathrm{j}0.101420 \end{bmatrix}$$

（4）节点③流过的短路电流为

$$\dot{I}_f=\frac{1}{j0.101420}=-j9.859988$$

（5）各点电压为

$$\Delta\dot{U}_1=-j0.055709\times(-j9.859988)=-0.549290$$

$$\dot{U}_1=1-0.549290=0.450710$$

$$\Delta\dot{U}_2=-j0.047139\times(-j9.859988)=-0.464789$$

$$\dot{U}_2=1-0.464789=0.535211$$

（6）发电机电流为

$$\dot{I}_{G1}=\frac{-\Delta\dot{U}_1}{j0.15}=-j3.661933$$

$$\dot{I}_{G2}=\frac{1}{2}\times\frac{-\Delta\dot{U}_2}{j0.075}=-j3.098593$$

（7）线路电流为

$$\dot{I}_{13}\approx\Delta\dot{I}_{13}=\frac{\Delta\dot{U}_1-\dot{U}_3}{j0.1}=\frac{-0.549290+1}{j0.1}=-j4.5071$$

$$\dot{I}_{23}\approx\Delta\dot{I}_{23}=\frac{\Delta\dot{U}_2-\dot{U}_3}{j0.1}=\frac{-0.464789+1}{j0.1}=-j5.35211$$

$$\Delta\dot{I}_{12}=\frac{\Delta\dot{U}_1-\Delta\dot{U}_2}{j0.1}=\frac{-0.549290+0.464789}{j0.1}=j0.84501$$

以上计算结果与［例3-2］的结果一致。

四、短路点在线路上任意处的计算公式

若短路不是发生在网络原有节点上，而是如图3-13所示，发生在线路的任意点上，则网络增加了一个节点，其阻抗矩阵（导纳矩阵）增加了一阶，即增加了与 f 点有关的一列和一行元素。当 f 点遍历系统的所有输电线路时，显然，采取重新形成网络矩阵的方法在计算量上是不可取的，以下将介绍利用原网络阻抗矩阵中 j 和 k 两列元素直接计算与 f 点有关的一列阻抗元素（Z_{1f}，…，Z_{if}，…，Z_{ff}，…）的方法。

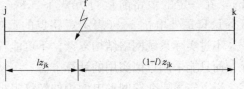

图 3-13　短路点在线路任意处

z_{jk}—线路 jk 的阻抗；l—jf 占线路总长度的比例

（1）Z_{fi}（$=Z_{if}$）。根据节点阻抗矩阵元素的物理意义，当网络中任意节点 i 注入单位电流，而其余节点注入电流均为零时，f 点的对地电压即为 Z_{fi}，故

$$Z_{fi}=\dot{U}_F=\dot{U}_j-\dot{I}_{jk}lZ_{jk}$$

$$=Z_{ji}-\frac{Z_{ji}-Z_{ki}}{z_{jk}}lz_{jk}$$

$$=(1-l)Z_{ji}+lZ_{ki} \tag{3-31}$$

式中：Z_{ji} 和 Z_{ki} 为已知的原网络的节点 j、k 对 i 的互阻抗元素。

（2）Z_{ff}。当 f 点注入单位电流时，f 点的对地电压 $\dot{U}_f$ 即为 Z_{ff}，对 f 点列节点电流方程则有

$$\frac{\dot{U}_{\mathrm{f}}-\dot{U}_{\mathrm{j}}}{lz_{\mathrm{jk}}}+\frac{\dot{U}_{\mathrm{f}}-\dot{U}_{\mathrm{k}}}{(1-l)z_{\mathrm{jk}}}=1$$

将电压用相应的阻抗元素表示，则得

$$\frac{Z_{\mathrm{ff}}-Z_{\mathrm{jf}}}{lz_{\mathrm{jk}}}+\frac{Z_{\mathrm{ff}}-Z_{\mathrm{kf}}}{(1-l)z_{\mathrm{jk}}}=1$$

化简后得

$$Z_{\mathrm{ff}}=(1-l)Z_{\mathrm{jf}}+lZ_{\mathrm{kf}}+l(1-l)z_{\mathrm{jk}}$$

其中 Z_{jf} 和 Z_{kf} 用式(3-31)代入，则

$$Z_{\mathrm{ff}}=(1-l)^2Z_{\mathrm{jj}}+l^2Z_{\mathrm{kk}}+2l(1-l)Z_{\mathrm{jk}}+l(1-l)z_{\mathrm{jk}} \tag{3-32}$$

式（3-32）中 Z_{jj}、Z_{kk}、Z_{jk} 和 z_{jk} 均已知。

由式（3-31）和式（3-32）即可求得 f 列的阻抗元素，从而可用式（3-18）～式（3-21）作短路电流的有关计算。

第三节 其他时刻短路电流交流分量有效值的计算

在电力系统的工程设计中，为了选择适当的电气设备往往还需要知道不同时间的短路电流交流分量的有效值 $I(t)$。在第二章的式(2-130)～式(2-132)和式(2-144)中，已给出一台机端点短路电流交流分量对应的 d、q 直流分量为

$$i_{d\alpha}=\left[\left(\frac{E''_{\mathrm{q}|0|}}{x''_{\mathrm{d}}}-\frac{E'_{\mathrm{q}|0|}}{x'_{\mathrm{d}}}\right)\mathrm{e}^{-t/T''_{\mathrm{d}}}+\left(\frac{E'_{\mathrm{q}|0|}}{x'_{\mathrm{d}}}-\frac{E_{\mathrm{q}|0|}}{x_{\mathrm{d}}}\right)\mathrm{e}^{-t/T'_{\mathrm{d}}}+\frac{E_{\mathrm{q}|0|}}{x_{\mathrm{d}}}\right]+\frac{\Delta E_{\mathrm{qm}}}{x_{\mathrm{d}}}F(t)$$

$$i_{q\alpha}=-\frac{E''_{\mathrm{d}|0|}}{x''_{\mathrm{q}}}\mathrm{e}^{-t/T''_{\mathrm{q}}} \tag{3-33}$$

如果发电机是经过外电抗 x_{w} 后短路，只需将 x_{w} 加到发电机电抗 x_{d}、x'_{d}、x''_{d} 和 x''_{q} 中，后者还会影响到相关的时间常数。由此可见，对于给定的发电机参数（含励磁系统），在一定的短路前运行方式下（$E_{\mathrm{q}|0|}$、$E'_{\mathrm{q}|0|}$、$E''_{\mathrm{q}|0|}$ 和 $E''_{\mathrm{d}|0|}$ 确定），短路电流交流分量只是外电抗 x_{w}（表示短路点的远近）和时间 t 的函数。

不过实际系统网络结构复杂，不可能存在各发电机均通过外电抗直接与短路点相连的情况，而只能采用近似实用的计算方法。

以下先简要介绍网形电网中的转移阻抗概念及其应用。

一、转移阻抗

（一）转移阻抗介绍

在复杂电力系统中，只保留各发电机（也可合并）电动势节点（包含无限大功率母线）和短路点，经过网络化简消去其他中间节点（或称联络节点），最后得到一个网形网络，如图 3-14 (a)～(c) 所示。在此网形网络中，可以略去各电源间的连线，因为连线中的电流是电源间的交换电流，与短路电流无关。这样就形成了一个以短路点为中心的辐射形网络［见图 3-14 (d)］，每一条辐射支路只含一个电源，经一阻抗（称为转移阻抗）与短路点相连。因此，任何系统只要化简为这样的辐射形网络，即可按不同电源类型以及各电源对短路点转移阻抗的大小，根据相应公式求得各电源支路在某一时刻送出的短路电流，它们的总和即为总的短路电流。

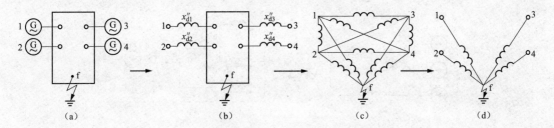

图 3-14　网络化简消去中间节点

(a) 原始系统；(b) 等值网络（1、2、3、4 为电源电动势节点）；(c) 化简后的网形网络；(d) 化简后的辐射形网络

（二）合并电源简化计算

可以将短路电流变化规律大致相同的发电机合并成等值发电机，以减少计算工作量。影响短路电流变化规律的主要因素有两个：一个是发电机的类型和参数；另一个是发电机对短路点的电气距离。在离短路点甚近的情况下，不同的发电机不宜合并。一般接在同一母线（非短路点）上的发电机总可以合并成一台等值发电机。

（三）转移阻抗原理及计算

前面比较直观地定义了转移阻抗，即消去中间节点后网形网络中电源与短路点间的连接阻抗。以下将给出转移阻抗的一般性定义。对于如图 3-14（a）所示的多电源线性网络，在某 f 点短路后，流入 f 点的短路电流交流分量可以表示为

$$\dot{I}_{\mathrm{f}} = \dot{E}_1/z_{1\mathrm{f}} + \dot{E}_2/z_{2\mathrm{f}} + \cdots + \dot{E}_i/z_{i\mathrm{f}} + \cdots = \sum_{i\in\mathrm{G}} \dot{E}_i/z_{i\mathrm{f}} \tag{3-34}$$

式中：$\dot{E}_i$ 为电源 i 的电动势；$z_{i\mathrm{f}}$ 称为电源 i 与短路点 k 间的转移阻抗。

由式（3-34）可得出转移阻抗的定义为

$$z_{i\mathrm{f}} = \left.\frac{\dot{E}_i}{\dot{I}_{\mathrm{f}}}\right|_{\dot{E}_j=0,\,j\neq i} \tag{3-35}$$

即除电动势 $\dot{E}_i$ 以外，其他电动势均为零（接地）时，$\dot{E}_i$ 与此时流入 f 点的电流之比值。根据互易原理，转移阻抗还可表示为

$$z_{i\mathrm{f}} = \left.\frac{\dot{E}_{\mathrm{f}}}{\dot{I}_i}\right|_{\dot{E}_i=0,\,i\in\mathrm{G}} \tag{3-36}$$

即所有电源电动势均为零，在 f 点加电动势 $\dot{E}_{\mathrm{f}}$ 时，$\dot{E}_{\mathrm{f}}$ 与流入 i 点的电流之比值。

很明显，在前面网形网络中定义的转移阻抗完全符合式（3-35）的定义。顺便指出，由网形网络可看出，f 点的等值阻抗等于所有转移阻抗并联值，即

$$z_{\Sigma} = z_{1\mathrm{f}} /\!/ z_{2\mathrm{f}} /\!/ \cdots /\!/ z_{i\mathrm{f}} /\!/ \cdots \tag{3-37}$$

求转移阻抗的方法如下：

（1）手算方法。除了前面已介绍过的消去中间节点的网络化简法外，还有一种特别适用于树枝形网络的单位电流法，如图 3-15（b）所示。将所有电源电动势接地，仅在 f 点加电动势 $\dot{E}_{\mathrm{f}}$，使某电源支路电流，如 $\dot{I}_1=1$，则由 $\dot{I}_1$ 可以很方便地计算出全网电流、电压乃至 $\dot{E}_{\mathrm{f}}$，计较式为 $U_{\mathrm{b}} = I_1 x_1 = x_1$，$I_2 = \dfrac{U_{\mathrm{b}}}{x_2} = \dfrac{x_1}{x_2}$，$I_4 = I_1 + I_2$，$U_{\mathrm{a}} = U_{\mathrm{b}} + I_4 x_4$，$I_3 = \dfrac{U_{\mathrm{a}}}{x_3}$，$I_{\mathrm{f}} = I_4 + I_3$，$E_{\mathrm{f}} = U_{\mathrm{a}} + I_{\mathrm{f}} x_5$。

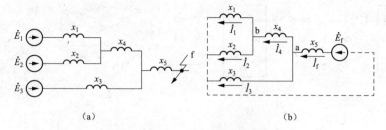

图 3-15　单位电流法求转移阻抗

(a) 原网络图；(b) 单位电流法示意图

根据式（3-36），求各转移电抗为

$$x_{1f} = E_f/I_1 = E_f$$
$$x_{2f} = E_f/I_2$$
$$x_{3f} = E_f/I_3$$

（2）一般计算机算法。对于图 3-14（b）对应的网络节点方程进行消元，即消去中间节点的变量，从而实现网络化简的过程，也就是计算机的网络化简法。

（3）另一种方法，是直接给出转移阻抗和节点阻抗矩阵元素的关系。

按照式（3-36）定义，此时的网络对应于图 3-10（d）所示的故障分量网络。应用此网络的 $\boldsymbol{Y}$ 阵因子表，在 f 点注入单位电流求得网络各点电压（即对应 f 点自互阻抗），则由式（3-36）可得

$$z_{if} = \frac{\dot{U}_f}{\dot{I}_i} = \frac{\dot{I}_f Z_{ff}}{\dfrac{\dot{U}_i}{j x_d''}} = \frac{Z_{ff}}{Z_{if}} \times j x_d'' \tag{3-38}$$

二、应用计算系数计算[●]

国家标准 GB/T 15544—2013 中短路电流初始值 I'' 的计算方法已在前文进行了介绍，这里从工程简化计算角度，介绍不同时刻的各电源送出的短路电流计算方法，包括对称开断电流 I_b、稳态短路电流 I_k 和短路电流峰值。注意在计算这些短路电流时，分别采用了计算系数 μ、λ 和 k 来进行简化。

（一）对称开断电流 I_b

短路在短路计算标准中分为近端短路和远端短路两种情况，主要区别是前者在计算对称开断电流 I_b、稳态短路电流 I_k 时在一定条件下要考虑周期分量电流的衰减。在应用故障分量网络求得对称短路电流初始值 I'' 后，按照远端短路和近端短路分别计算。

对于远端短路，交流分量在短路期间幅值恒定，即有

$$I_b = I_k = I'' \tag{3-39}$$

当系统发生近端三相短路时，计算发电机送出的 I_b 时用系数 μ 表示衰减常数，即

$$I_b = \mu I_{kG}'' \tag{3-40}$$

系数 μ 与开关断开最小延时 t_{min} 和发电机送出的 I_{kG}'' 与其额定电流 I_{rG} 的比值 I_{kG}''/I_{rG} 有关，其

---

❶　参见国家标准 GB/T 15544—2013。

关系曲线如图 3-16 所示。当 $I''_{kG}/I_{rG} \leq 2$ 时，μ 值取 1。由图可见，$t_{\min}$ 愈大，μ 愈小，即时间越长电流 I_b 越小；I''_{kG}/I_{rG} 愈大，μ 愈大，这是因为 I''_{kG}/I_{rG} 越大，表明发电机离短路点的电气距离较近，当然 I_b 越大。所以，引入系数 μ 和本节开始指出的 I_f 是时间和外电抗函数的概念完全相呼应。

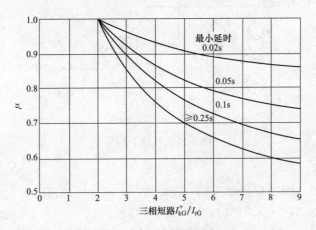

图 3-16　计算开断电流 I_b 用的系数 μ

对于异步电动机，则首先要判断哪些电动机必须计及其反馈电流。至于异步电动机的 I_b，也类似地要引入相应的计算系数，这里就不再详细介绍。

（二）稳态短路电流 I_k

至于稳态短路电流 I_k，对于同步发电机则提供系数 λ 的曲线。λ 的意义为

$$I_k = \lambda I_{rG} \tag{3-41}$$

即 λ 为稳态短路电流对于发电机额定电流的倍数。对于异步电动机，其稳态短路电流 I_k 显然为零。

在求得各发电机的 I_b（或 I_k）后，所有发电机短路送出的 I_b（或 I_k）之和，即为短路点的总开断电流 I_b（或总稳态短路电流 I_k）。

（三）短路电流峰值

当单电源支路供电系统发生三相短路时，短路电流峰值可表示为

$$i_p = k\sqrt{2}I'' \tag{3-42}$$

系数 k 由 R/X 或 X/R 决定，可通过查曲线或者经验公式计算得到。

对于辐射形电网中短路点有多个支路电源供电时，短路点处的短路电流峰值可用各支路的短路电流峰值之和表示。

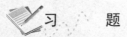 习　　题

3-1　计算［例 3-2］中母线节点②短路时的 I''_f 及 $I''_{G1,2,3}$。

3-2　计算［例 3-3］中 f2 点短路时的 I''_f 及 $I''_{G1,2,3}$。

3-3　图 3-17 所示为一火电厂主接线图，已知有关参数如下：

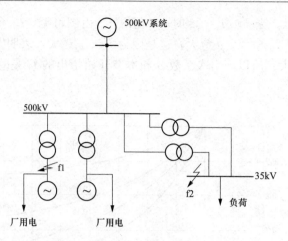

图 3-17　习题 3-3 图

发电机变压器组：

发电机：$S_N=600MW$，$U_N=20kV$，$\cos\varphi=0.9$，$x_d''=0.217\Omega$。

变压器：$S_N=720MV\cdot A$，550/20kV，$U_s=14\%$。

降压变压器：$S_N=120MV\cdot A$，525/37kV，$U_s=12\%$。

500kV 线路：250km，$x=0.302\Omega/km$。

500kV 系统：$x_s\approx0$。

试计算 f1 点和 f2 点分别发生短路时系统和两台发电机送出的 I''（f1 点短路时不计厂用电动机反馈电流）。

3-4　应用［例3-4］已算出的 **Y** 矩阵因子表计算习题 3-1，并与其已有的计算结果相比较。

3-5　应用运算曲线法计算习题 3-2 中 f2 点短路后 $t=0s$ 和 $t=0.2s$ 时的 I_f 和 $I_{G1,2,3}$，并与习题 3-2 的计算结果相比较。

3-6　应用［例3-4］已算出的 **Y** 矩阵因子表计算［例3-2］中母线节点③为短路点时 G1 和 G2、G3 对 f3 点的转移阻抗，并用其直接计算 I_{G1}'' 和 $I_{G2,3}''$；将计算结果与［例3-2］的计算结果相比较。

第四章　对称分量法及电力系统元件的各序参数和等值电路

第一、二、三章讨论了突然三相短路的物理过程和分析计算方法。可以看出，物理过程和严格的分析计算是复杂的，而近似的实用计算则是比较简单的。第四章和第五章将分析不对称故障（包括不对称短路和不对称断线）。实际电力系统中的短路故障大多数是不对称的，为了保证电力系统和它的各种电气设备的安全运行，必须进行各种不对称故障的分析和计算。在电力系统中突然发生不对称短路时，必然会引起基频分量电流的变化，并产生直流的自由分量（电感电路的特点）。除此之外，后面将详细讨论，不对称短路将会产生一系列的谐波。要准确地分析不对称短路的过程是相当复杂的，在本课程中将只介绍分析基频分量的方法。

第一节　对称分量法

图 4-1（a）、(b)、(c) 表示三组对称的三相相量。第一组 $\dot{F}_{a(1)}$、$\dot{F}_{b(1)}$、$\dot{F}_{c(1)}$ 幅值相等，相位为下标为 "a" 的相量超前下标为 "b" 的相量 120°、下标为 "b" 的相量超前下标为 "c" 的相量 120°，称为正序；第二组 $\dot{F}_{a(2)}$、$\dot{F}_{b(2)}$、$\dot{F}_{c(2)}$ 幅值相等，但相序与正序相反，称为负序；第三组 $\dot{F}_{a(0)}$、$\dot{F}_{b(0)}$、$\dot{F}_{c(0)}$ 幅值和相位均相同，称为零序。在图 4-1（d）中，将每一组带下标 "a" 的三个相量合成为 $\dot{F}_{a}$，带下标 "b" 的相量合成为 $\dot{F}_{b}$，带下标 "c" 的相量合成为 $\dot{F}_{c}$，显然 $\dot{F}_{a}$、$\dot{F}_{b}$、$\dot{F}_{c}$ 是三个不对称的相量，即三组对称的相量合成三个不对称的相量，写成数学表达式为

$$\begin{cases} \dot{F}_{a} = \dot{F}_{a(1)} + \dot{F}_{a(2)} + \dot{F}_{a(0)} \\ \dot{F}_{b} = \dot{F}_{b(1)} + \dot{F}_{b(2)} + \dot{F}_{b(0)} \\ \dot{F}_{c} = \dot{F}_{c(1)} + \dot{F}_{c(2)} + \dot{F}_{c(0)} \end{cases} \tag{4-1}$$

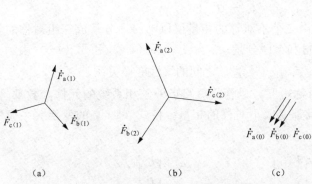

图 4-1　对称分量和合成相量

(a) 正序分量；(b) 负序分量；(c) 零序分量；(d) 合成相量

由于每一组相量是对称的，故存在关系

$$
\begin{cases}
\dot{F}_{b(1)} = e^{j240^\circ}\,\dot{F}_{a(1)} = a^2\,\dot{F}_{a(1)} \\
\dot{F}_{c(1)} = e^{j120^\circ}\,\dot{F}_{a(1)} = a\,\dot{F}_{a(1)} \\
\dot{F}_{b(2)} = e^{j120^\circ}\,\dot{F}_{a(2)} = a\,\dot{F}_{a(2)} \\
\dot{F}_{c(2)} = e^{j240^\circ}\,\dot{F}_{a(2)} = a^2\,\dot{F}_{a(2)} \\
\dot{F}_{b(0)} = \dot{F}_{c(0)} = \dot{F}_{a(0)}
\end{cases}
\tag{4-2}
$$

其中

$$
a = e^{j120^\circ} = -\frac{1}{2} + j\frac{\sqrt{3}}{2}, \quad a^2 = e^{j240^\circ} = -\frac{1}{2} - j\frac{\sqrt{3}}{2}
$$

将式（4-2）代入式（4-1）可得

$$
\begin{cases}
\dot{F}_a = \dot{F}_{a(1)} + \dot{F}_{a(2)} + \dot{F}_{a(0)} \\
\dot{F}_b = a^2\,\dot{F}_{a(1)} + a\,\dot{F}_{a(2)} + \dot{F}_{a(0)} \\
\dot{F}_c = a\,\dot{F}_{a(1)} + a^2\,\dot{F}_{a(2)} + \dot{F}_{a(0)}
\end{cases}
\tag{4-3}
$$

式（4-3）表示上述三个不对称相量与三组对称的相量中下标为"a"的相量的关系。其矩阵形式为

$$
\begin{bmatrix} \dot{F}_a \\ \dot{F}_b \\ \dot{F}_c \end{bmatrix}
=
\begin{bmatrix} 1 & 1 & 1 \\ a^2 & a & 1 \\ a & a^2 & 1 \end{bmatrix}
\begin{bmatrix} \dot{F}_{a(1)} \\ \dot{F}_{a(2)} \\ \dot{F}_{a(0)} \end{bmatrix}
\tag{4-4}
$$

或简写为

$$
\boldsymbol{F}_p = \boldsymbol{T}\boldsymbol{F}_s \tag{4-5}
$$

式（4-4）和式（4-5）说明三组对称相量合成的是三个不对称相量，其中 F_p 为三相相量，F_s 为对称分量，T 为变换矩阵。其逆关系为

$$
\begin{bmatrix} \dot{F}_{a(1)} \\ \dot{F}_{a(2)} \\ \dot{F}_{a(0)} \end{bmatrix}
=
\frac{1}{3}
\begin{bmatrix} 1 & a & a^2 \\ 1 & a^2 & a \\ 1 & 1 & 1 \end{bmatrix}
\begin{bmatrix} \dot{F}_a \\ \dot{F}_b \\ \dot{F}_c \end{bmatrix}
\tag{4-6}
$$

或简写为

$$
\boldsymbol{F}_s = \boldsymbol{T}^{-1}\boldsymbol{F}_p \tag{4-7}
$$

式（4-6）和式（4-7）说明由三个不对称的相量可以唯一地分解成三组对称的相量（即对称分量）：正序分量、负序分量和零序分量。实际上，式（4-4）和式（4-6）表示三个相量 $\dot{F}_a$、$\dot{F}_b$、$\dot{F}_c$ 和另外三个相量 $\dot{F}_{a(1)}$、$\dot{F}_{a(2)}$、$\dot{F}_{a(0)}$ 之间的线性变换关系。

如果电力系统某处发生不对称短路，尽管除短路点外三相系统的元件参数都是对称的，三相电路电流和电压的基频分量都变成不对称的相量。将式（4-6）的变换关系应用于基频电流（或电压），则有

$$
\begin{bmatrix} \dot{I}_{a(1)} \\ \dot{I}_{a(2)} \\ \dot{I}_{a(0)} \end{bmatrix}
=
\frac{1}{3}
\begin{bmatrix} 1 & a & a^2 \\ 1 & a^2 & a \\ 1 & 1 & 1 \end{bmatrix}
\begin{bmatrix} \dot{I}_a \\ \dot{I}_b \\ \dot{I}_c \end{bmatrix}
\tag{4-8}
$$

即将三相不对称电流（以后略去"基频"二字）$\dot{I}_a$、$\dot{I}_b$、$\dot{I}_c$ 经过线性变换后，可分解成三组对称的电流，即 a 相电流 $\dot{I}_a$ 分解成 $\dot{I}_{a(1)}$、$\dot{I}_{a(2)}$ 和 $\dot{I}_{a(0)}$，b 相电流 $\dot{I}_b$ 分解成 $\dot{I}_{b(1)}$、$\dot{I}_{b(2)}$ 和 $\dot{I}_{b(0)}$，c 相电流 $\dot{I}_c$ 分解成 $\dot{I}_{c(1)}$、$\dot{I}_{c(2)}$ 和 $\dot{I}_{c(0)}$。其中，$\dot{I}_{a(1)}$、$\dot{I}_{b(1)}$、$\dot{I}_{c(1)}$ 是一组对称的相量，称为正序分量电流；$\dot{I}_{a(2)}$、$\dot{I}_{b(2)}$、$\dot{I}_{c(2)}$ 也是一组对称的相量，但相序与正序相反，称为负序分量电流；$\dot{I}_{a(0)}$、$\dot{I}_{b(0)}$、$\dot{I}_{c(0)}$ 也是一组对称的相量，三个相量完全相等，称为零序分量电流。

由式（4-8）知，只有当三相电流之和不等于零时才有零序分量。由基尔霍夫电流定律可知，如果三相系统是三角形接法，或者是没有中性线（包括以"地"代中性线）的星形接法，三相线电流之和总为零，不可能有零序分量电流。只有在三相系统有中性线的星形接法中才有可能 $\dot{I}_a + \dot{I}_b + \dot{I}_c \neq 0$，则中性线中的电流 $\dot{I}_n = \dot{I}_a + \dot{I}_b + \dot{I}_c = 3\dot{I}_{a(0)}$，即为三倍零序电流，如图 4-2 所示。可见，零序电流必须以中性线作为通路。

三相系统的线电压之和总为零，因此，三个不对称的线电压分解成对称分量时，其中总不会有零序分量。

对称分量法实质上是一种叠加的方法，所以只有当系统线性时才能应用。

【例 4-1】 图 4-3 所示简单电路中，c 相断开，流过 a、b 两相的电流为 10A。试以 a 相电流为参考相量，计算线电流的对称分量。

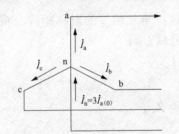

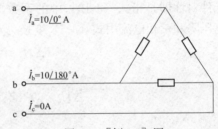

图 4-2　零序电流以中性线作通路　　　图 4-3　[例 4-1] 图

解 线电流为
$$\dot{I}_a = 10\angle 0°(\text{A}), \quad \dot{I}_b = 10\angle 180°(\text{A}), \quad \dot{I}_c = 0(\text{A})$$
按式（4-8），a 相线电流的各序电流分量为
$$\begin{cases} \dot{I}_{a(1)} = \dfrac{1}{3}[10\angle 0° + 10\angle(180° + 120°) + 0] = 5 - \text{j}2.89 = 5.78\angle -30°(\text{A}) \\[2mm] \dot{I}_{a(2)} = \dfrac{1}{3}[10\angle 0° + 10\angle(180° + 240°) + 0] = 5 + \text{j}2.89 = 5.78\angle 30°(\text{A}) \\[2mm] \dot{I}_{a(0)} = \dfrac{1}{3}[10\angle 0° + 10\angle 180° + 0] = 0(\text{A}) \end{cases}$$
按式（4-2），b、c 相线电流的各序电流分量为
$$\begin{cases} \dot{I}_{b(1)} = 5.78\angle -150°(\text{A}), \quad \dot{I}_{c(1)} = 5.78\angle 90°(\text{A}) \\[2mm] \dot{I}_{b(2)} = 5.78\angle 150°(\text{A}), \quad \dot{I}_{c(2)} = 5.78\angle -90°(\text{A}) \\[2mm] \dot{I}_{b(0)} = 0, \quad \dot{I}_{c(0)} = 0 \end{cases}$$
三个线电流中没有零序分量电流。另外，虽然 c 相电流为零，但分解后的对称分量却不为零，当然，它的对称分量之和仍为零，其他两相的对称分量之和也仍为它们原来的值。

第二节　对称分量法在不对称故障分析中的应用

首先要说明的是，在一个线性三相对称的元件中（例如线路、变压器和发电机），如果流过三相正序电流，则在元件上的三相电压降也是正序的，这一点从物理意义上很容易理解。同样地，如果流过三相负序电流或零序电流，则元件上的三相电压降也是负序的或零序的。这也就是说，对于三相对称的元件，各序分量是独立的，即正序电压只与正序电流有关，负序、零序也如此。下面以一回三相对称的线路为例来说明。

设该线路每相的自感阻抗为 z_s，相间的互感阻抗为 z_m，如果在线路上流过三相不对称的电流（由于其他地方发生不对称故障），虽然三相阻抗是对称的，但三相电压降也是不对称的。三相电压降与三相电流有如下关系

$$\begin{bmatrix} \Delta \dot{U}_a \\ \Delta \dot{U}_b \\ 0 \dot{U}_c \end{bmatrix} = \begin{bmatrix} z_s & z_m & z_m \\ z_m & z_s & z_m \\ z_m & z_m & z_s \end{bmatrix} \begin{bmatrix} \dot{I}_a \\ \dot{I}_b \\ \dot{I}_c \end{bmatrix} \tag{4-9}$$

可简写为

$$\Delta \dot{U}_p = Z_p \dot{I}_p \tag{4-10}$$

所谓元件对称即是指式（4-10）中的系数矩阵是对角元相等的对称矩阵。将式（4-10）中的三相电压降和三相电流用式（4-5）变换为对称分量，则

$$T \Delta \dot{U}_s = Z_p T \dot{I}_s$$

即

$$\Delta \dot{U}_s = T^{-1} Z_p T \dot{I}_s = Z_s \dot{I}_s \tag{4-11}$$

其中

$$Z_s = T^{-1} Z_p T = \begin{bmatrix} z_s - z_m & 0 & 0 \\ 0 & z_s - z_m & 0 \\ 0 & 0 & z_s + 2z_m \end{bmatrix} \tag{4-12}$$

式中：Z_s 为电压降的对称分量和电流的对称分量之间的阻抗矩阵。

式（4-12）说明，在三相电路元件完全对称时各序分量是独立的，即

$$\begin{cases} \Delta \dot{U}_{a(1)} = (z_s - z_m) \dot{I}_{a(1)} = z_{(1)} \dot{I}_{a(1)} \\ \Delta \dot{U}_{a(2)} = (z_s - z_m) \dot{I}_{a(2)} = z_{(2)} \dot{I}_{a(2)} \\ \Delta \dot{U}_{a(0)} = (z_s + 2z_m) \dot{I}_{a(0)} = z_{(0)} \dot{I}_{a(0)} \end{cases} \tag{4-13}$$

式中：$z_{(1)}$、$z_{(2)}$、$z_{(0)}$ 分别称为此线路的正序、负序、零序阻抗，对于静止的元件，如线路、变压器等，正序、负序阻抗是相等的，对于旋转的电机，正序、负序阻抗不相等，后面还将分别进行讨论。

由于存在式（4-2）的关系，式（4-13）可扩充为

$$\begin{cases} \Delta \dot{U}_{a(1)} = z_{(1)} \dot{I}_{a(1)}, \\ \Delta \dot{U}_{a(2)} = z_{(2)} \dot{I}_{a(2)}, \\ \Delta \dot{U}_{a(0)} = z_{(0)} \dot{I}_{a(0)}, \end{cases} \begin{cases} \Delta \dot{U}_{b(1)} = z_{(1)} \dot{I}_{b(1)}, \\ \Delta \dot{U}_{b(2)} = z_{(2)} \dot{I}_{b(2)}, \\ \Delta \dot{U}_{b(0)} = z_{(0)} \dot{I}_{b(0)}, \end{cases} \begin{cases} \Delta \dot{U}_{c(1)} = z_{(1)} \dot{I}_{c(1)} \\ \Delta \dot{U}_{c(2)} = z_{(2)} \dot{I}_{c(2)} \\ \Delta \dot{U}_{c(0)} = z_{(0)} \dot{I}_{c(0)} \end{cases} \tag{4-14}$$

式（4-14）进一步说明：对于三相对称的元件中的不对称电流、电压问题的计算，可以分解成三组对称的分量，分别进行计算。由于每组分量的三相是对称的，只需分析一相，如 a 相即可。

下面结合图 4-4（a）所示的简单系统中发生 a 相短路接地的情况，介绍用对称分量法分析其短路电流及短路点电压（均指基频分量，以后不再说明）的方法。

故障点 f 发生的不对称短路，使 f 点的三相对地电压 $\dot{U}_{fa}$、$\dot{U}_{fb}$、$\dot{U}_{fc}$ 和由 f 点流出的三相电流（即短路电流）$\dot{I}_{fa}$、$\dot{I}_{fb}$、$\dot{I}_{fc}$ 均为三相不对称，而这时发电机的电动势仍为三相对称的正序电动势，各元件-发电机、变压器和线路的三相参数当然依旧是对称的。如图 4-4（b）所示，如果将故障处电压和短路电流分解成三组对称分量，则根据前面的分析，发电机、变压器和线路上各序的电压降只与各序电流有关。由于各序本身对称，只需写出 a 相的电压平衡关系，即

$$\begin{cases} \dot{E}_a - \dot{U}_{fa(1)} = \dot{I}_{fa(1)}\left[z_{G(1)} + z_{T(1)} + z_{L(1)}\right] \\ 0 - \dot{U}_{fa(2)} = \dot{I}_{fa(2)}\left[z_{G(2)} + z_{T(2)} + z_{L(2)}\right] \\ 0 - \dot{U}_{fa(0)} = \dot{I}_{fa(0)}\left[z_{T(0)} + z_{L(0)}\right] \end{cases} \tag{4-15}$$

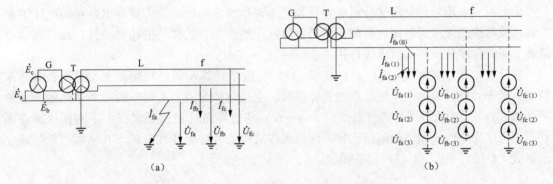

图 4-4 简单系统不对称短路分析
(a) 系统图；(b) 短路点电压、电流的各序分量

其中零序电压平衡方程不包含发电机零序阻抗，这是因为发电机侧没有零序电流流过（后边会详细分析其原因）。当计算短路电流初始值时，发电机电动势为 $\dot{E}''$，等值阻抗 $z_{G(1)}$ 为 x_d''。

图 4-5 为 a 相各序的等效电路图，或称为三序序网图。图中 f 为故障点，n 为各序的零电位点。三序网中的电压平衡关系显然就是式（4-15）。图中，$z_{\Sigma(1)} = z_{G(1)} + z_{T(1)} + z_{L(1)}$、$z_{\Sigma(2)} = z_{G(2)} + z_{T(2)} + z_{L(2)}$、$z_{\Sigma(0)} = z_{T(0)} + z_{L(0)}$ 为各序对于短路点 f 的等值阻抗。

在式（4-15）中有六个未知数（故障点的三序电压和三序电流），但方程只有三个，故还不能求解故障处的各序电压和电流。很明显，因为式（4-15）没有反映故障处的不对称性质，而只是一般地列出了各序分量的电压平衡关系。现在分析图 4-4 中故障处的不对称性质，故障处是 a 相接地，故有如下关系

$$\dot{U}_{fa} = 0, \dot{I}_{fb} = \dot{I}_{fc} = 0 \tag{4-16}$$

将这些关系转换为用 a 相的对称分量表示，则

$$\dot{U}_{\text{fa}(1)} + \dot{U}_{\text{fa}(2)} + \dot{U}_{\text{fa}(0)} = 0$$

$$a^2 \dot{I}_{\text{fa}(1)} + a \dot{I}_{\text{fa}(2)} + \dot{I}_{\text{fa}(0)} = a \dot{I}_{\text{fa}(1)} + a^2 \dot{I}_{\text{fa}(2)} + \dot{I}_{\text{fa}(0)} = 0$$

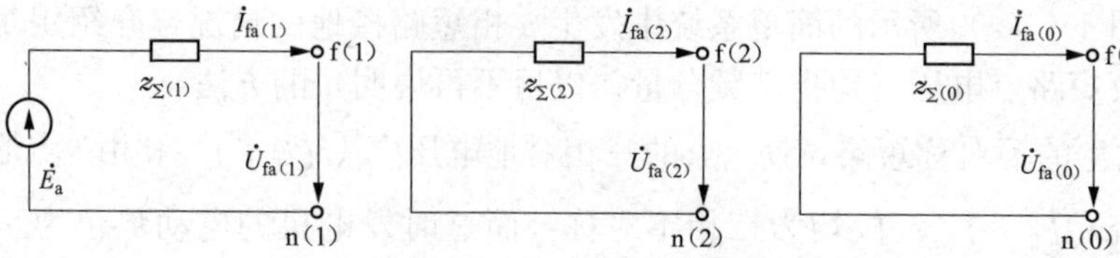

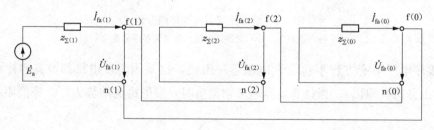

图 4-5　三序序网图

不难推算得

$$\begin{cases} \dot{U}_{\text{fa}(1)} + \dot{U}_{\text{fa}(2)} + \dot{U}_{\text{fa}(0)} = 0 \\ \dot{I}_{\text{fa}(1)} = \dot{I}_{\text{fa}(2)} = \dot{I}_{\text{fa}(0)} \end{cases} \tag{4-17}$$

式（4-17）的三个关系式又称为单相短路的边界条件。利用式（4-15）和式（4-17）即可求得 $\dot{U}_{\text{fa}(1)}$、$\dot{U}_{\text{fa}(2)}$、$\dot{U}_{\text{fa}(0)}$ 和 $\dot{I}_{\text{fa}(1)}$、$\dot{I}_{\text{fa}(2)}$、$\dot{I}_{\text{fa}(0)}$，再利用变换关系式（4-4）即可计算得到故障点的三相电压和短路电流（其中 $\dot{U}_{\text{fa}} = 0$，$\dot{I}_{\text{fb}} = \dot{I}_{\text{fc}} = 0$ 已知）。

由上可见，用对称分量法分析电力系统的不对称故障问题，首先要列出各序的电压平衡方程，或者说必须求得各序对故障点的等值阻抗，然后结合故障处的边界条件，即可算得故障处 a 相的各序分量，最后求得各相的量。

实际上，联立求解式（4-15）和式（4-17）的这个计算步骤，可用图 4-6 的等效电路来模拟。该等效电路又称为 a 相接地的复合序网，它是将满足式（4-15）的三个序网图，在故障处按（4-17）的边界条件连接起来。式（4-17）的边界条件显然要求三个序网在故障点串联。复合序网中的电动势的阻抗已知，即可求得故障处各序电压和电流，其结果当然与联立求解式（4-15）和式（4-17）是一样的。

图 4-6　a 相接地的复合序网

以下将进一步讨论系统中各元件的各序阻抗。由式（4-13）知，所谓元件的序阻抗，即为该元件中流过某序电流时，其产生的相应序电压与电流之比值。对于静止元件，正序、负序阻抗总是相等的，因为改变相序并不改变相间的互感。而对于旋转电机，各序电流通过时引起不同的电磁过程，三序阻抗总是不相等的。

必须指出，对称分量法只适用于三相对称的线性电路。如果三相电路的结构不对称，则各序分量不能解耦。这时只能采用相分量的计算方法，其计算思路是直接对 a、b、c 三相进行计算，限于篇幅，这里不再详述。

第三节　同步发电机的负序、零序电抗

同步发电机对称运行时，只有正序电流存在，相应的发电机的参数就是正序参数。稳态时的同步电抗 x_d、x_q，暂态过程中的 x'_d、x''_d 和 x''_q，都属于正序电抗。应该注意到电机是带有转动元件的电设备，所以它的负序电抗和正序电抗是不相同的。

为分析同步发电机的负序、零序电抗，需要先了解不对称短路时同步发电机内部的电磁关系。

一、同步发电机不对称短路时的高次谐波电流

不对称短路时，定子电流也包含有基频交流分量和直流分量。与三相短路不同，基频交流分量三相不对称，可以分解为正、负、零序分量。其正序分量和三相短路时的基频交流分量一样，在空气隙中产生以同步转速顺转子旋转方向旋转的磁场，它给发电机带来的影响与三相短路时相同。基频零序分量在三相绕组中产生大小相等、相位相同的脉动磁场。但定子三相绕组在空间对称，零序磁场不可能在转子空间形成合成磁场，而只是形成各相绕组的漏磁场，从而对转子绕组没有任何影响。这个结论适用于任何频率的定子电流零序分量。

定子电流中基频负序分量在空气隙中产生以同步转速与转子旋转方向相反的旋转磁场，它与转子的相对速度为两倍同步转速，并在转子绕组中感应出两倍基频的交流电流，进而产生两倍基频脉动磁场。如图 4-7 所示，这种脉动磁场 $\psi_{f2\omega}$ 可分解为两个按不同方向旋转的旋转磁场的 ψ_{f1} 和 ψ_{f2}。与转子旋转方向相反而以两倍同步速旋转的磁场 ψ_{f2} 与定子电流基频负序分量产生的旋转磁场相对静止；顺转子旋转方向以两倍同步速度旋转的磁场 ψ_{f1}，将在定子绕组中感应出三倍基频的正序电动势。但由于不对称短路定子电路处于不对称状态，这组电动势将在定子电路中产生三倍基频的三相不对称电流。而这组电流又可分解为三倍基频的正、负、零序分

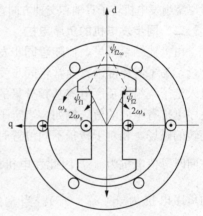

图 4-7　转子脉动磁场的分解

量。其中，正序电流产生的磁场与顺转子方向以两倍同步速度旋转的转子磁场相对静止；零序电流产生的磁场，如前所述，只是各绕组的漏磁场，对转子绕组没有影响；而负序电流产生的磁场却要在定子、转子绕组中形成新的电流分量。

定子电流中三倍基频负序分量产生的磁场，以三倍同步转速逆转子旋转方向旋转，它在转子绕组中感应出四倍基频的交流电流。这个四倍基频交流电流在转子中产生四倍基频的脉动磁场，又可分解为两个旋转磁场：逆转子旋转方向以四倍同步速度旋转的磁场与定子电流三倍基频负序分量产生的旋转磁场相对静止；顺转子旋转方向以四倍同步转速旋转的磁场，又将在定子绕组中感应出五倍基频的正序电动势。这种不断相互作用的结果是，定子电流将含有无限多的奇次谐波分量，而转子电流则含有无限多的偶次谐波分量。这些高次谐波均由定子电流基频负序分量所派生，而后者又与基频正序分量密切相关。所以，在暂态过程中，这些高次谐波分量和基频正序分量一样衰减，至稳态时仍存在。

　　定子电流中直流分量产生在空间静止不动的磁场。前面已讨论过，它在转子绕组中将引起基频脉动磁场。这一脉动磁场可分解为两个旋转磁场：逆转子旋转方向以同步速旋转的磁场与定子中直流电流的磁场相对静止；顺转子旋转方向旋转的则在定子绕组中感应出两倍基频的正序电动势。同样地，由于定子电路处于不对称状态，这组正序电动势将在定子中产生两倍基频的正、负、零序电流。同样地，正序电流的磁场与顺转子旋转方向以同步转速旋转的转子磁场相对静止；零序电流的磁场对转子绕组没有影响；而负序电流的磁场将在转子绕组中感应出三倍基频的交流电流，这个电流的脉动磁场又可分解成两个旋转磁场，其中顺转子旋转方向旋转的磁场又将在定子绕组中感应出四倍基频的正序电动势。如此等等，结果是定子电流中含有无限多的偶次谐波分量，而转子电流中含有无限多的奇次谐波分量。这些高次谐波分量与定子直流分量一样衰减，最后衰减为零。

　　上述高次谐波的幅值大小是随着谐波次数的增大而减小的。另外，如果发电机转子交轴方向具有与直轴方向完全相同的绕组，则定子电流中基频负序分量和直流分量的磁场将在转子直轴、交轴绕组中感应同样频率的交流电流，它们将在各自的绕组中产生脉动磁场。这两个磁场在时间和空间的相位都相差 $90°$，因而将只合成一个旋转磁场，其旋转方向和旋转速度则分别与定子电流基频负序分量和直流分量产生的磁场相同，因而两两相对静止。这样，即使定子电路处于不对称状态，在定子、转子电流中也不会出现高次谐波分量。隐极式发电机和凸极式有阻尼绕组发电机转子直轴和交轴方向在电磁方面较对称，电流的谐波分量较小，可以略去不计。

二、同步发电机的负序电抗

　　由上述结果可见，伴随着同步发电机定子的负序基频分量，定子绕组中包含有许多高频分量。为了避免混淆，通常将同步发电机负序电抗定义为发电机端点的负序电压基频分量与流入定子绕组的负序电流基频分量的比值。按这样的定义，在不同的情况下，同步发电机的负序电抗有不同的值。例如，当定子绕组中流过基频负序电流时，其产生的逆转子旋转方向旋转的磁场，相对于转子不同位置时遇到不同的磁阻，即在 d 方向时其等值电抗为 x_d''，在 q 方向时等值电抗为 x_q''，因此发电机端的基频负序电压平均值为 $\frac{1}{2}(I_{(2)}x_d''+I_{(2)}x_q'')$，故等值的负序电抗为 $\frac{1}{2}(x_d''+x_q'')$。当端点施加基频负序电压时，则负序电流的平均值为 $\frac{1}{2}\left(\frac{U_{(2)}}{x_d''}+\frac{U_{(2)}}{x_q''}\right)$，负序电抗为 $2x_d''x_q''/(x_d''+x_q'')$。

　　实际上，负序电抗用两相稳态短路法或逆同步旋转法测得。如果没有制造厂提供的实测数据，在实用计算中隐极机和有阻尼绕组的凸极机的负序电抗通常就取

$$x_{(2)}=\frac{x_d''+x_q''}{2}$$

无阻尼绕组的凸极机的负序电抗取 $x_{(2)}=\sqrt{x_d'x_q}$

三、同步发电机的零序电抗

　　同步发电机的零序电抗定义为施加在发电机端点的零序电压基频分量与流入定子绕组的零序电流基频分量的比值。如前所述，定子绕组的零序电流只产生定子绕组漏磁通，与此漏磁通相对应的电抗就是零序电抗。这些漏磁通与正序电流产生的漏磁通不相同，因为该漏磁通与相邻绕阻中的电流有关。实际上，零序电流产生的漏磁通较正序的要小些，其减小程度与绕组形式有关。零序电抗的变化范围为

$$x_{(0)} = (0.15 \sim 0.6)x_d''$$

实际的零序电抗可通过试验（如开口三角形法）测得。

表 4-1 列出不同类型同步电机 $x_{(2)}$ 和 $x_{(0)}$ 的大致范围。必须指出，发电机中性点通常不接地，即零序电流不能通过发电机。

表 4-1　　　　　　　　　　　　同步电机的电抗 $x_{(2)}$、$x_{(0)}$

电抗	水轮发电机		汽轮发电机	调相机
	有阻尼绕组	无阻尼绕组		
$x_{(2)}$	0.15～0.35	0.32～0.55	0.134～0.18	0.24
$x_{(0)}$	0.04～0.125	0.04～0.125	0.036～0.08	0.08

第四节　异步电动机的负序和零序电抗

异步电动机在扰动瞬时的正序电抗为 x''，现在分析其负序电抗。假设异步电动机在正常情况下转差率为 s，则转子对负序磁通的转差率应该是 $2-s$。因此，异步电动机的负序参数可以按转差率 $2-s$ 来确定。图 4-8 示出了异步电动机的等效电路图和电抗、电阻与转差率的关系曲线。图中，x_{ms}、r_{ms} 是电动机转差率为 s 时的电抗和电阻；x_{mN}、r_{mN} 为额定运行情况下的电抗和电阻。从图中可以看出，在转差率小的部分，曲线变化很陡，而当转差率增加到一定值后，曲线变化缓慢，特别在转差率为 $1 \sim 2$ 之间变化不大。因此，异步电动机的负序参数可以用 $s=1$，即转子制动情况下的参数来代替，故

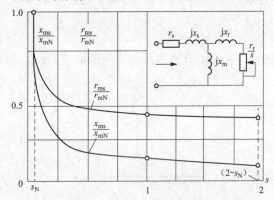

图 4-8　异步电动机等值电抗、
电阻与转差率关系曲线

$$x_{(2)} \approx x'' \tag{4-18}$$

实际上，当系统中发生不对称故障时，异步电动机端点的正序电压低于正常值，使电动机的驱动转矩相应减小。另一方面，端点的负序电压产生制动转矩［转矩正比于 $\left(\dfrac{r_{\mathrm{r}}}{2-s}-r_{\mathrm{r}}\right)=-\dfrac{(1-s)}{2-s}r_{\mathrm{r}}$，即为负值］。这就使电动机的转速迅速下降，转差率 s 增大，即转子相对于负序的转差率 $2-s$ 接近于 1，与上面的分析也是一致的。

异步电动机三相绕组通常接成三角形或不接地星形，因而即使在其端点施加零序电压，定子绕组中也没有零序电流流通，即异步电动机的零序电抗 $x_{(0)} = \infty$。

第五节　变压器的零序电抗

变压器是静止元件，稳态运行时变压器的等值电抗（双绕组变压器即为两个绕组漏抗之和）就是它的正序电抗或负序电抗。变压器的零序电抗和正序、负序电抗是很不相同的。当在变压器端点施加零序电压时，其绕组中有无零序电流以及零序电流的大小，与变压器三相

绕组的接线方式和变压器的结构密切相关。现就各类变压器分别讨论。

一、双绕组变压器

零序电压施加在变压器绕组的三角形侧或不接地星形侧时，无论另一侧绕组的接线方式如何，变压器中都没有零序电流流通。这种情况下，变压器的零序电抗 $x_{(0)}=\infty$。

零序电压施加在绕组联结成接地星形一侧时，大小相等、相位相同的零序电流将通过三相绕组经中性点流入大地，构成回路。但在另一侧，零序电流流通的情况则随该侧的接线方式而异。

1. YNd（$Y_0/\triangle$）接线变压器的零序电抗

变压器星形侧流过零序电流时，在三角形侧各相绕组中将感应零序电动势，接成三角形的三相绕组为零序电流提供了通路。但因零序电流三相大小相等、相位相同，它只在三角形绕组中形成环流，而流不到绕组以外的线路上去，如图 4-9（a）所示。

零序系统是对称三相系统，其等效电路也可以用一相表示。就一相而言，三角形侧感应的电动势以电压降的形式完全降落于该侧的漏电抗中，相当于该侧绕组短接。故变压器的零序等效电路如图 4-9（b）所示。其零序电抗则为

$$x_{(0)} = x_{\mathrm{I}} + \frac{x_{\mathrm{II}} \, x_{\mathrm{m}(0)}}{x_{\mathrm{II}} + x_{\mathrm{m}(0)}} \tag{4-19}$$

式中：x_{I}、x_{II} 分别为两侧绕组的漏抗；$x_{\mathrm{m}(0)}$ 为零序励磁电抗。

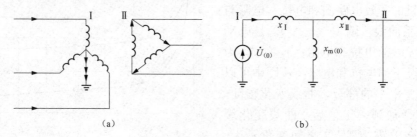

图 4-9　YNd 接线变压器的零序电流路径及零序等效电路

(a) 零序电流的路径；(b) 零序等效电路

在三相四柱（或三相五柱）等其他非三相三柱式变压器中，相应的励磁电抗 $x_{\mathrm{m}(0)}$ 很大，近似计算中认为励磁支路开路。其零序电抗为 $x_{(0)}=x_{\mathrm{I}}+x_{\mathrm{II}}$。

2. YNy（Y_0/Y）接线变压器的零效电抗

变压器一次星形侧流过零序电流，二次星形侧各相绕组中将感应零序电动势。但二次星形侧中性点不接地，零序电流没有通路，二次星形侧没有零序电流，如图 4-10（a）所示。这种情况下，变压器相当于空载，零序等效电路将如图 4-10（b）所示。其零序电抗为

$$x_{(0)} = x_{\mathrm{I}} + x_{\mathrm{m}(0)} \tag{4-20}$$

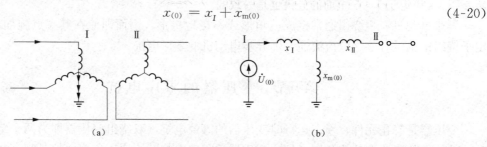

图 4-10　YNy 接线变压器的零序电流路径及零序等效电路

(a) 零序电流的路径；(b) 零序等效电路

3. YNyn（Y_0/Y_0）接线变压器

变压器一次星形侧流过零序电流，二次星形侧各绕组中将感应零序电动势。如与二次星形侧相连的电路中还有另一个接地中性点，则二次绕组中将有零序电流流通，如图 4-11（a）所示。其等效电路如图 4-11（b）所示。图中还包含了外电路电抗。如果二次绕组回路中没有其他接地中性点，则二次绕组中没有零序电流流通，变压器的零序电抗与 YNy 接线变压器的相同。

在前面讨论的几种变压器的零序等效电路中，特别是星形联结的变压器，零序励磁电抗对等值零序电抗影响很大。正序的励磁电抗都是很大的。这是由于正序励磁磁通均在铁心内部，磁阻较小。零序的励磁电抗和正序的不一样，它与变压器的结构有很大关系。

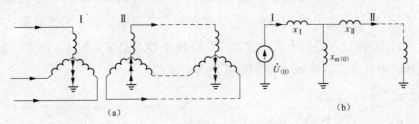

图 4-11　YNyn 接线变压器的零序电流路径及零序等效电路
(a) 零序电流的路径；(b) 零序等效电路

4. 其他类型变压器的零序阻抗

由三个单相变压器组成的三相变压器，各相磁路独立，正序、零序磁通都按相在其本身的铁心中形成回路，因而各序励磁电抗相等，而且数值很大，以致可以近似地认为励磁电抗为无限大。对于三相五柱式和壳式变压器，零序磁通可以通过没有绕组的铁心部分形成回路，零序励磁电抗也相当大，也可近似认为 $x_{m(0)} = \infty$。

三相三柱式变压器的零序励磁电抗将大不相同。这种变压器的铁心如图 4-12（a）所示（每相只画出了一个绕组）。在三相绕组上施加零序电压后，三相磁通同相位，磁通只能由箱壁返回。同时由于磁通经油箱返回，在箱壁中将感应电流，如图 4-12（b）所示。这样，油箱类似一个具有一定阻抗的短路绕组。因此，这种变压器的零序励磁电抗较小，其值可用试验方法求得，它的标幺值一般很少超过 1.0。

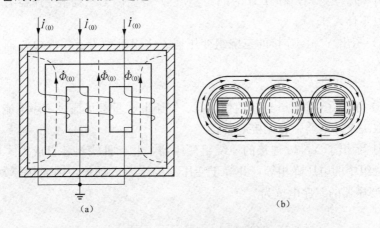

图 4-12　三相三柱式变压器
(a) 铁心和零序磁通路径；(b) 油箱壁中感应电流

综上所述，三个单相变压器组成的变压器组或其他非三相三柱式变压器，由于 $x_{m(0)} = \infty$，当接线为 YNd 和 YNyn 时，$x_{(0)} = x_I + x_{II} = x_{(1)}$；当接线为 YNy 时，$x_{(0)} = \infty$。对于三相三柱式变压器，由于 $x_{m(0)} \neq \infty$，需计入 $x_{m(0)}$ 的具体数值。在 YNd 接线变压器的零序等效电路中，励磁电抗 $x_{m(0)}$ 与二次绕组漏电抗 x_{II} 并联，$x_{m(0)}$ 比起 x_{II} 大得较多，在实用计算中可以近似取 $x_{(0)} \approx x_I + x_{II} = x_{(1)}$。

如果变压器星形侧中性点经过阻抗接地，在变压器流过正序或负序电流时，三相电流之和为零，中性线中没有电流通过，当然中性点的阻抗不需要反映在正、负序等效电路中。在图 4-13（a）所示的情况下，当三相为零序电流时，中性点阻抗上流过 3 $\dot{i}_{(0)}$ 电流，变压器中性点电位为 3 $\dot{i}_{(0)}Z_n$，因此中性点阻抗必须反映在等效电路中。由于等效电路是单相的，其中流过电流为 $\dot{i}_{(0)}$，所以在等效电路中应以 $3Z_n$ 反映中性点阻抗。图 4-13（b）是 YNd 连接的变压器星形侧中性点经阻抗 z_n 接地时的零序等效电路。

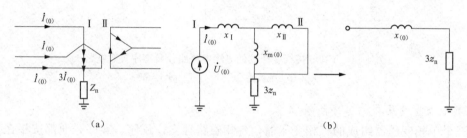

图 4-13　中性点经阻抗接地的 YNd 变压器零序电流路径及零序等效电路
（a）中性点经阻抗接地的 YNd 变压器零序电流路径；（b）零序等效电路

在分析具有中性点接地阻抗的其他类型变压器的零序等效电路时，同样要注意中性点阻抗中实际流过的电流，以便将中性点阻抗正确地反映在等效电路中。

二、三绕组变压器的零序电抗

在三绕组变压器中，为了消除 3 次谐波磁通的影响，使变压器的电动势接近正弦波，一般总有一个绕组连成三角形，以提供 3 次谐波电流的通路。通常的接线形式为 YNdy（$Y_0 / \triangle / Y$）、YNdyn（$Y_0 / \triangle / Y_0$）和 YNdd（$Y_0 / \triangle / \triangle$）等。因为三绕组变压器有一个绕组是三角形联结，可以不计入 $x_{m(0)}$。

图 4-14（a）示出 YNdy 连接的三绕组变压器。绕组Ⅲ中没有零序电流通过，因此变压器的零序电抗为

$$x_{(0)} = x_I + x_{II} = x_{I-II} \tag{4-21}$$

图 4-14（b）示出了 YNdyn 连接的变压器、绕组Ⅱ、Ⅲ都可通过零序电流，Ⅲ绕组中能否有零序电流取决于外电路中有无接地点。

图 4-14（c）示出了 YNdd 连接的三绕组变压器，Ⅱ、Ⅲ绕组各自成为零序电流的闭合回路。Ⅱ、Ⅲ绕组中的电压降相等，并等于变压器的感应电动势，因而在等效电路中 x_{II} 和 x_{III} 并联。此时变压器的零序电抗为

$$x_{(0)} = x_I + \frac{x_{II} x_{III}}{x_{II} + x_{III}} \tag{4-22}$$

应当指出，在三绕组变压器零序等效电路中，电抗 x_I、x_{II} 和 x_{III} 和正序的情况一样，它

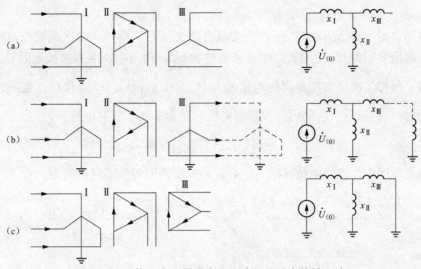

图 4-14　三绕组变压器零序电流路径及零序等效电路

(a) YNdy 连接；(b) YNdyn 连接；(c) YNdd 连接

们不是各绕组的漏电抗，而是等值电抗。

三、自耦变压器的零序电抗

自耦变压器一般用以联系两个中性点接地系统，它本身的中性点一般也是接地的。因此，自耦变压器一、二次绕组都是星形（YN）接线。如果有第三绕组，一般是三角形接线。

1. 中性点直接接地的 YNa（Y_0/Y_0）和 YNad（$Y_0/Y_0/\triangle$）接线自耦变压器的零序电抗

图 4-15 示出这两种变压器零序电流流通情况和零序等效电路。图中设 $x_{m(0)} = \infty$。它们的等效电路和普通的双绕组、三绕组变压器完全相同。需要注意的是，由于自耦变压器绕组间有直接电的联系，从等效电路中不能直接求取中性点的入地电流，而必须算出一、二次电流的有名值 $i_{(0)\text{I}}$、$i_{(0)\text{II}}$，则中性点的电流为 $3（i_{(0)\text{I}} - i_{(0)\text{II}}）$。

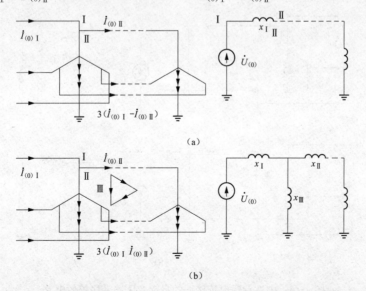

图 4-15　中性点直接接地的自耦变压器的零序电流路径及其零序等效电路

(a) YNa 连接；(b) YNad 连接

2. 中性点经电抗接地的 YNa 和 YNad 接线自耦变压器的零序电抗

这种情形如图 4-16 所示。对于 YNa 接线自耦变压器，设一、二次侧端点与中性之间的电位差的有名值分别为 U_{In}、U_{IIn}，中性点电位为 U_n，则当中性点直接接地时 $U_n=0$，折算到一次侧的一次和二次绕组端点间的电位差为 $U_{In}-U_{IIn}\dfrac{U_{IN}}{U_{IIN}}$（$U_{IN}$ 和 U_{IIN} 是一次和二次额定电压）。因此，折算到一次侧的等效零序电抗（即为 I－II 间漏电抗）为

$$x_{I-II} = \left(U_{In}-U_{IIn}\frac{U_{IN}}{U_{IIN}}\right)/I_{(0)I}$$

当自耦变压器中性点经电抗接地时，折算到一次侧的等效零序电抗为

$$x'_{I-II}=\frac{(U_{In}+U_n)-(U_{IIn}+U_n)\dfrac{U_{IN}}{U_{IIN}}}{I_{(0)I}}=\frac{U_{In}-U_{IIn}U_{IN}/U_{IIN}}{I_{(0)I}}+\frac{U_n}{I_{(0)I}}\left(1-\frac{U_{IN}}{U_{IIN}}\right)$$

$$=x_{I-II}+\frac{3x_n(I_{(0)I}-I_{(0)II})}{I_{(0)I}}\times\left(1-\frac{U_{IN}}{U_{IIN}}\right)$$

$$=x_{I-II}+3x_n\left(1-\frac{I_{(0)II}}{I_{(0)I}}\right)\left(1-\frac{U_{IN}}{U_{IIN}}\right)$$

$$=x_{I-II}+3x_n\left(1-\frac{U_{IN}}{U_{IIN}}\right)^2 \tag{4-23}$$

其等效电路如图 4-16（a）所示。

对于 YNad 接线自耦变压器，除了上述的 III 绕组断开时的 x'_{I-II}，还可以列出将 II 回路开路、折算到 I 侧的 I、III 侧之间的零序电抗为

$$x'_{I-III}=x_{I-III}+3x_n \tag{4-24}$$

I 侧绕组断开，折算到 I 侧的 II、III 侧之间的零序电抗为

$$x'_{II-III}=x_{II-III}+3x_n\left(\frac{U_{IN}}{U_{IIN}}\right)^2 \tag{4-25}$$

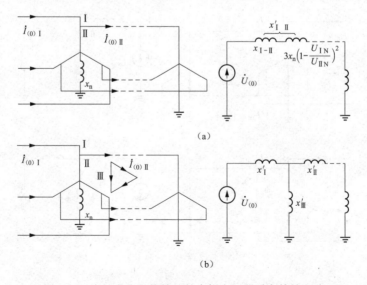

（a）

（b）

图 4-16　中性点经电抗接地的自耦变压器零序等效电路
(a) YNa 接线；(b) YNad 接线

按照求三绕组变压器各绕组等效电抗的计算公式，可求得该自耦变压器星形零序等效电路中折算到一次侧的各电抗为

$$\begin{cases} x'_{\text{I}} = \dfrac{1}{2}(x'_{\text{I-II}} + x'_{\text{I-III}} - x'_{\text{II-III}}) = x_{\text{I}} + 3x_{\text{n}}(1 - \dfrac{U_{\text{IN}}}{U_{\text{IIN}}}) \\[3mm] x'_{\text{II}} = \dfrac{1}{2}(x'_{\text{I-II}} + x'_{\text{II-III}} - x'_{\text{I-III}}) = x_{\text{II}} + 3x_{\text{n}}\dfrac{(U_{\text{IN}} - U_{\text{IIN}})U_{\text{IN}}}{U_{\text{IIN}}^2} \\[3mm] x'_{\text{III}} = \dfrac{1}{2}(x'_{\text{I-III}} + x'_{\text{II-III}} - x'_{\text{I-II}}) = x_{\text{III}} + 3x_{\text{n}}\dfrac{U_{\text{IN}}}{U_{\text{IIN}}} \end{cases} \quad (4\text{-}26)$$

以上是按有名值讨论的，如果用标幺值表示，只需将以上所得各电抗除以相应于一次侧的电抗基准值即可。

【例 4-2】 一台自耦变压器的额定容量为 120MV·A，电压为 220/121/11kV，短路电压百分数为 $U_{\text{SI-II}}\% = 10.6$、$U_{\text{SII-III}}\% = 23$、$U_{\text{SI-III}}\% = 36.4$。若将其高压侧直接接地，中压侧施加三相零序电压 10kV，如图 4-17（a）所示。试计算：

（1）中性点直接接地时各侧的零序电流。

（2）中性点经 12.5Ω 电抗接地时各侧零序电流以及中性点电位。

解 （1）中性点直接接地时变压器等效电路如图 4-17（b）所示。令中压侧为 I，高压侧为 II，低压侧为 III，则 $U_{\text{SI-II}}\% = 10.6$、$U_{\text{SII-III}}\% = 36.4$、$U_{\text{SI-III}}\% = 23$。

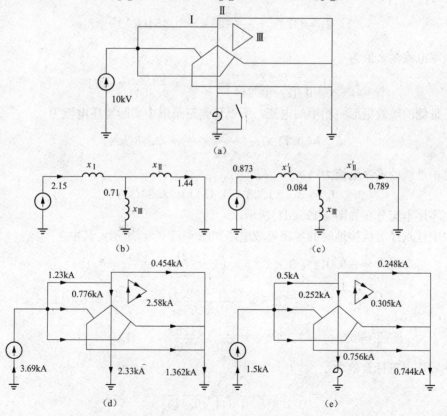

图 4-17 ［例 4-2］图

（a）原电路；（b）中性点直接接地的零序等效电路；（c）中性点经电抗接地的零序等效电路；

（d）中性点直接接地的零序电流分布；（e）中性点经电抗接地的零序电流分布

$$x_{\mathrm{I}} = \frac{1}{2} \times (10.6 + 23 - 36.4) \times \frac{1}{100} = -0.014$$

$$x_{\mathrm{II}} = \frac{1}{2} \times (10.6 + 36.4 - 23) \times \frac{1}{100} = 0.12$$

$$x_{\mathrm{III}} = \frac{1}{2} \times (23 + 36.4 - 10.6) \times \frac{1}{100} = 0.244$$

Ⅰ侧所施加的零序电压标幺值为

$$U_{(0)} = 10 / \frac{121}{\sqrt{3}} = 0.143$$

所以Ⅰ侧零序电流标幺值为

$$I_1 = \frac{0.143}{-0.014 + (0.12 /\!/ 0.244)} = 2.15$$

其有名值为

$$I_1 = 2.15 \times \frac{120}{\sqrt{3} \times 121} = 1.23 (\mathrm{kA})$$

Ⅱ侧零序电流标幺值为

$$I_2 = I_1 \frac{0.244}{0.12 + 0.244} = 2.15 \times \frac{0.244}{0.364} = 1.44$$

其有名值为

$$I_2 = 1.44 \times \frac{120}{\sqrt{3} \times 220} = 0.454 (\mathrm{kA})$$

Ⅲ侧零电流标幺值为

$$I_3 = I_1 \frac{0.12}{0.12 + 0.244} = 2.15 \times \frac{0.12}{0.364} = 0.71$$

此电流是Ⅲ侧的等效星形一相中的电流，所以Ⅲ侧三角形中实际零序电流为

$$I_{3\triangle} = 0.71 \times \frac{120}{\sqrt{3} \times 11} \times \frac{1}{\sqrt{3}} = 2.58 (\mathrm{kA})$$

流过中性线的零序电流为

$$I_n = 3 \times (1.23 - 0.454) = 2.33 (\mathrm{kA})$$

各侧零序电流分布如图 4-17 （d） 所示。

（2）中性点经电抗接地时的零序等效电路如图 4-17 （c） 所示，其中

$$x'_{\mathrm{I}} = -0.014 + 3 \times 12.5 \times \left(1 - \frac{121}{220}\right) \times \frac{120}{121^2} = 0.124$$

$$x'_{\mathrm{II}} = 0.12 + 3 \times 12.5 \times \frac{(121 - 220)121}{220^2} \times \frac{120}{121^2} = 0.044$$

$$x'_{\mathrm{III}} = 0.244 + 3 \times 12.5 \times \frac{121}{220} \times \frac{120}{121^2} = 0.413$$

Ⅰ侧零序电流标幺值为

$$I_1 = \frac{0.143}{0.124 + (0.044 /\!/ 0.413)} = 0.873$$

其有名值为

$$I_1 = 0.873 \times \frac{120}{\sqrt{3} \times 121} = 0.5 (\mathrm{kA})$$

Ⅱ侧零序电流标幺值为

$$I_2 = 0.873 \times \frac{0.413}{0.413 + 0.044} = 0.789$$

其有名值为

$$I_2 = 0.789 \times \frac{120}{\sqrt{3} \times 220} = 0.248(\text{kA})$$

Ⅲ侧三角形中实际零序电流为

$$I_{3\triangle} = \left(0.873 \times \frac{0.044}{0.044 + 0.413}\right) \times \frac{120}{\sqrt{3} \times 11} \times \frac{1}{\sqrt{3}} = 0.305(\text{kA})$$

流过中性线的零序电流为

$$I_n = 3 \times (0.5 - 0.248) = 0.756(\text{kA})$$

中性点电位为

$$V_n = 12.5 \times 0.756 = 9.45(\text{kV})$$

各侧零序电流分布如图 4-17（e）所示。

第六节　输电线路的零序阻抗和电纳

一、输电线路的零序阻抗

三相输电线路的零序阻抗，是当三相线路流过零序电流——完全相同的三相交流电流时每相的等效阻抗。这时三相电流之和不为零，不能像三相流过正、负序电流那样，三相线路互为回路，三相零序电流必须另有回路。图 4-18 表示三相架空输电线路零序电流以大地和架空地线（接地避雷线）作回路的情形。

以下将主要讨论架空输电线的零序阻抗。

为便于进行讨论，先介绍导线—大地回路的零序阻抗。

（1）单根导线-大地回路的零序自阻抗。图 4-19（a）所示的一根导线 aa'，其中流过零序电流 I_a，经大地流回。零序电流在大地中要流经相当大的范围，分析表明，在导线垂直下方大地表面的电流密度较大，愈往大地纵深零序电流密度愈小，而且，这种倾向随零序电流频率和土壤电导系数的增大而愈显著。这种回路的阻抗参数的分析计算比较复杂。20 世纪 20 年代，卡尔逊（J·R·Carson）曾经比较精确地分析了这种导线—大地回路的零序阻抗。分析结果表明，这种回路中的大地可以用一根虚设的导线 gg' 来代替，如图 4-19（b）所示。其中 D_{ag} 为实际导线与虚构导线之间的距离。

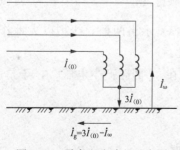

图 4-18　零序电流路径示意图

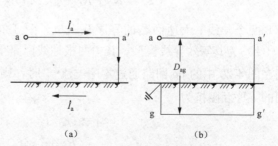

图 4-19　一根导线-大地回路
(a) 回路图；(b) 计算模型图

在此回路中，导线 aa' 的电阻 R_a 一般已知。大地电阻 R_g 根据卡尔逊的推导为

$$R_g = \pi^3 \times 10^{-4} \times f = 9.869 \times 10^{-4} \times f(\Omega/\text{km})$$

在 $f=50\text{Hz}$ 时，$R_g=0.05\Omega/\text{km}$。

下面分析回路的零序电抗。当在一根导线（严格说应为无限长导线）中通以零序电流 I 时，沿导线单位长度，从导线中心线到距导线中心线距离为 D 处，交链导线的磁链（包括导线内部的磁链）的公式为

$$\psi = I \times 2 \times 10^{-7} \times \ln\frac{D}{r}(\text{Wb/m}) \tag{4-27}$$

式中的 r' 为计及导线内部电感后的导线的等值半径。若 r 为单根导线的实际半径，则对非铁磁材料的圆形实心线，$r'=0.779r$；对铜或铝的绞线 r' 与绞线股数有关，一般 $r'=0.724\sim0.771r$；钢心铝线取 $r'=0.81r$。若为分裂导线，r' 应为导线的相应等值半径 r_{eq}，$r_{eq}=\sqrt[n]{r'd_{12}d_{13}\cdots d_{1n}}$，其中 n 为分裂导线根数，d_{12}，d_{13}，$\cdots$，d_{1n} 为同一相中一根导体与其余 $n-1$ 根导体之间的距离。

应用式（4-27）可得图 4-19（b）中 $aa'g'g$ 回路所交链的磁链为

$$\psi = I_a \times 2 \times 10^{-7}\ln\frac{D_{ag}}{r} + I_a \times 2 \times 10^{-7}\ln\frac{D_{ag}}{r_g} \quad (\text{Wb/m})$$

式中：r_g 为虚构导线的等值半径。

回路的单位长度电抗为

$$x = \frac{\omega\psi}{I_a} = 2\pi f \times 2 \times 10^{-7}\ln\frac{D_{ag}^2}{r r_g}$$

$$= 0.1445\lg\frac{D_{ag}^2}{r r_g}$$

$$= 0.1445\lg\frac{D_g}{r} \quad (\Omega/\text{km}) \tag{4-28}$$

式中：D_g 称为等值深度。

根据卡尔逊的推导，D_g 的计算式为

$$D_g = D_{ag}^2/r_g = \frac{660}{\sqrt{f/\rho}} = \frac{660}{\sqrt{f\gamma}}(\text{m}) \tag{4-29}$$

式中：ρ 为土壤电阻率，Ω/m；γ 为土壤电导率，S/m。

当土壤电导率不明确时，在一般计算中可取 $D_g=1000\text{m}$。

综上所述，单根导线—大地回路单位长度的零序自阻抗为

$$z_s = R_a + R_g + j0.1445\lg\frac{D_g}{r} \quad (\Omega/\text{km}) \tag{4-30}$$

（2）两个导线—大地回路的零序互阻抗。图 4-20（a）示出两根导线均以大地作回路，图 4-20（b）为其等效导线模型，其中两根地线回路重合。

当在图 4-20 中的 bg 回路通过零序电流 $\dot{I}_b$ 时，则会在 ag 回路产生电压 $\dot{U}_a$，于是两个回路之间的零序互阻抗为

$$z_{ab} = \dot{U}_a / \dot{I}_b$$

$$= R_g + jx_{ab}(\Omega/\text{km})$$

为了确定互感抗 x_{ab}，先分析两个回路磁链的交链情况。当在 bg 回路中流过零序电流 $\dot{I}_b$

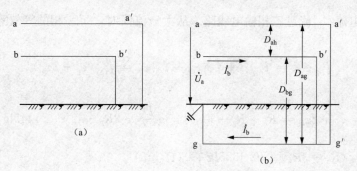

图 4-20　两个导线—大地回路
(a) 回路图；(b) 等值导线模型

时，在 ag 回路所产生的磁链由两部分组成：一部分是由 bb' 中 I_b 产生；另一部分由 gg' 中的 I_b 产生。已知在一根导线中流过零序电流 I 时，沿导线单位长度、在距离导线中心为 D_1 和 D_2 之间的磁链为

$$\psi = I \times 2 \times 10^{-7} \times \ln \frac{D_2}{D_1} \text{ (Wb/m)} \tag{4-31}$$

应用式（4-31）可求得图 4-20 (b) 中 a、b 两回路的互磁链为

$$\psi_{ab} = 2 \times 10^{-7} \times \left(I_b \ln \frac{D_{bg}}{D_{ab}} + I_b \ln \frac{D_{ag}}{r_g} \right) = 2 \times 10^{-7} \times I_b \ln \frac{D_{bg} D_{ag}}{D_{ab} r_g} \text{ (Wb/m)}$$

因为 $D_{bg} \approx D_{ag}$，所以 $D_{bg} D_{ag} / r_g \approx D_g$，代入上式后，得两回路之间的零序互感抗为

$$x_{ab} = \omega \frac{\psi_{ab}}{I_b} = 2 \times 10^{-7} \times 2\pi f \ln \frac{D_g}{D_{ab}} \text{ (}\Omega\text{/m)}$$

所以，两回路间单位长度的零序互阻抗为

$$z_m = R_g + j0.1445 \lg \frac{D_g}{D_{ab}} \text{ (}\Omega\text{/km)} \tag{4-32}$$

三相架空输电线路可看作由三个导线—大地回路所组成，下面就以导线—大地回路的零序自阻抗 z_s 和零序互阻抗 z_m 为基础分析各类架空输电线路的零序阻抗。

（一）单回路架空输电线路的零序阻抗

如果三相导线不是对称排列，则每两个导线—大地回路间的零序互电抗是不相等的，即

$$\begin{cases} x_{ab} = 0.1445 \lg \dfrac{D_g}{D_{ab}} \\[2mm] x_{ac} = 0.1445 \lg \dfrac{D_g}{D_{ac}} \\[2mm] x_{bc} = 0.1445 \lg \dfrac{D_g}{D_{bc}} \end{cases}$$

但若经过完全换位，零序互电抗就可能接近相等，即

$$x_m = \frac{1}{3}(x_{ab} + x_{ac} + x_{bc}) = 0.1445 \lg \frac{D_g}{D_m} \text{ (}\Omega\text{/km)} \tag{4-33}$$

其中

$$D_m = \sqrt[3]{D_{ab} D_{ac} D_{bc}}$$

式中：D_m 称为三相导线间的互几何均距。

当三相零序电流 $i_{(0)}$ 流过三相输电线路，从大地流回时，每一相的等效零序阻抗为 $z_{(0)}$，则有如下关系

$$\dot{i}_{(0)} z_{(0)} = \dot{i}_{(0)} z_s + \dot{i}_{(0)} z_m + \dot{i}_{(0)} z_m = \dot{i}_{(0)}(z_s + 2z_m)$$

即

$$z_{(0)} = z_s + 2z_m = R_a + R_g + j0.1445\lg\frac{D_g}{r} + 2R_g + j2 \times 0.1445\lg\frac{D_g}{D_m}$$

$$= (R_a + 3R_g) + j0.4335\lg\frac{D_g}{D_s}\ (\Omega/\text{km}) \tag{4-34}$$

其中

$$D_s = \sqrt[3]{r' D_m^2}$$

式中：D_s 称为三相导线的自几何均距。

上述零序阻抗也可以从图 4-21 的等效图中推导得出。在图 4-21 中，将三根输电线路看作一根组合导线，其中流过 $3\dot{i}_{(0)}$ 电流，组合导线的等值半径为 D_s，则组合导线的电压降为

$$\dot{U}_{(0)} = 3\dot{i}_{(0)}\left(\frac{R_a}{3} + R_g + j0.1445\lg\frac{D_g}{D_s}\right)\ (\text{V/km})$$

每相的零序等值阻抗为

$$z_{(0)} = \frac{\dot{U}_{(0)}}{\dot{i}_{(0)}} = 3\left(\frac{R_a}{3} + R_g + j0.1445\lg\frac{D_g}{D_s}\right)$$

$$= \left(R_a + 3R_g + j0.4335\lg\frac{D_g}{D_s}\right)\ (\Omega/\text{km})$$

与式（4-34）一致。

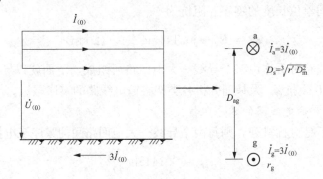

图 4-21　三相零序回路及其等效图

由式（4-34）可见，零序电抗较之正序电抗几乎大三倍，这是由于零序电流三相同相位，相间的互感使每相的等值电感增大的缘故。零序阻抗（包括以后讨论的各种情况）与大地状况有关，一般需通过实测才能得出较准确的数值。在近似估算时可以根据土壤情况选择合适的电导率用公式计算。

（二）双回路架空输电线路的零序阻抗

平行架设的两回三相架空输电线路中通过方向相同的零序电流时，不仅第一回路的任意两相对第三相的互感产生助磁作用，而且第二回路的所有三相对第一回路的第三相的互感也产生助磁作用，反过来也一样。这就使这种线路的零序阻抗进一步增大。

先讨论两平行回路间的零序互阻抗。如果不进行完全换位，两回路间任意两相的互阻抗是不相等的。在某一段内，第二回路（a′、b′、c′）对第一回路中 a 相的零序互阻抗为

$$z_{\mathrm{I}-\mathrm{II}(0)} = \left(R_\mathrm{g}+\mathrm{j}0.1445\lg\frac{D_\mathrm{g}}{D_{\mathrm{aa'}}}\right)+\left(R_\mathrm{g}+\mathrm{j}0.1445\lg\frac{D_\mathrm{g}}{D_{\mathrm{ab'}}}\right)+\left(R_\mathrm{g}+\mathrm{j}0.1445\lg\frac{D_\mathrm{g}}{D_{\mathrm{ac'}}}\right)$$

$$= 3R_\mathrm{g}+\mathrm{j}0.4335\lg\frac{D_\mathrm{g}}{\sqrt[3]{D_{\mathrm{aa'}}D_{\mathrm{ab'}}D_{\mathrm{ac'}}}}$$

经过完全换位后，第二回路对第一回路 a 相（对其他两相也如此）的互阻抗为

$$z_{\mathrm{I}-\mathrm{II}(0)} = \frac{1}{3}\left[\left(3R_\mathrm{g}+\mathrm{j}0.4335\lg\frac{D_\mathrm{g}}{\sqrt[3]{D_{\mathrm{aa'}}D_{\mathrm{ab'}}D_{\mathrm{ac'}}}}\right)\right.$$

$$+\left(3R_\mathrm{g}+\mathrm{j}0.4335\lg\frac{D_\mathrm{g}}{\sqrt[3]{D_{\mathrm{ba'}}D_{\mathrm{bb'}}D_{\mathrm{bc'}}}}\right)$$

$$\left.+\left(3R_\mathrm{g}+\mathrm{j}0.4335\lg\frac{D_\mathrm{g}}{\sqrt[3]{D_{\mathrm{ca'}}D_{\mathrm{cb'}}D_{\mathrm{cc'}}}}\right)\right] \tag{4-35}$$

$$= 3R_\mathrm{g}+\mathrm{j}0.4335\lg\frac{D_\mathrm{g}}{\sqrt[9]{D_{\mathrm{aa'}}D_{\mathrm{ab'}}D_{\mathrm{ac'}}D_{\mathrm{ba'}}D_{\mathrm{bb'}}D_{\mathrm{bc'}}D_{\mathrm{ca'}}D_{\mathrm{cb'}}D_{\mathrm{cc'}}}}$$

$$= 3R_\mathrm{g}+\mathrm{j}0.4335\lg(D_\mathrm{g}/D_{\mathrm{I}-\mathrm{II}})\,(\Omega/\mathrm{km})$$

其中

$$D_{\mathrm{I}-\mathrm{II}} = \sqrt[9]{D_{\mathrm{aa'}}D_{\mathrm{ab'}}D_{\mathrm{ac'}}D_{\mathrm{ba'}}D_{\mathrm{bb'}}D_{\mathrm{bc'}}D_{\mathrm{ca'}}D_{\mathrm{cb'}}D_{\mathrm{cc'}}}$$

式中：$D_{\mathrm{I}-\mathrm{II}}$ 称为两个回路之间的互几何均距；$D_{\mathrm{I}-\mathrm{II}}$ 愈大，则互感值愈小。

下面讨论图 4-22（a）所示的双回线路的零序阻抗。如果两个回路参数不同，零序自阻抗分别为 $z_{\mathrm{I}(0)}$ 和 $z_{\mathrm{II}(0)}$，由图 4-22（a）可列出这种双回线路的电压方程式为

$$\begin{cases}\Delta\dot{U}_{(0)} = z_{\mathrm{I}(0)}\,\dot{I}_{\mathrm{I}(0)}+z_{\mathrm{I}-\mathrm{II}(0)}\,\dot{I}_{\mathrm{II}(0)}\\ \Delta\dot{U}_{(0)} = z_{\mathrm{II}(0)}\,\dot{I}_{\mathrm{II}(0)}+z_{\mathrm{I}-\mathrm{II}(0)}\,\dot{I}_{\mathrm{I}(0)}\end{cases} \tag{4-36}$$

将式（4-36）改写为

$$\begin{cases}\Delta\dot{U}_{(0)} = (z_{\mathrm{I}(0)}-z_{\mathrm{I}-\mathrm{II}(0)})\,\dot{I}_{\mathrm{I}(0)}+z_{\mathrm{I}-\mathrm{II}(0)}(\dot{I}_{\mathrm{I}(0)}+\dot{I}_{\mathrm{II}(0)})\\ \qquad = z_{\mathrm{I}\sigma(0)}\,\dot{I}_{\mathrm{I}(0)}+z_{\mathrm{I}-\mathrm{II}(0)}(\dot{I}_{\mathrm{I}(0)}+\dot{I}_{\mathrm{II}(0)})\\ \Delta\dot{U}_{(0)} = (z_{\mathrm{II}(0)}-z_{\mathrm{I}-\mathrm{II}(0)})\,\dot{I}_{\mathrm{II}(0)}+z_{\mathrm{I}-\mathrm{II}(0)}(\dot{I}_{\mathrm{I}(0)}+\dot{I}_{\mathrm{II}(0)})\\ \qquad = z_{\mathrm{II}\sigma(0)}\,\dot{I}_{\mathrm{II}(0)}+z_{\mathrm{I}-\mathrm{II}(0)}(\dot{I}_{\mathrm{I}(0)}+\dot{I}_{\mathrm{II}(0)})\end{cases} \tag{4-37}$$

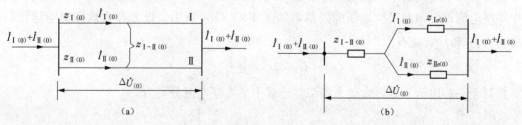

图 4-22　平行双回线路的零序等效电路

(a) 零序电流的路径；(b) 零序等效电路

其中

$$z_{\mathrm{I}\sigma(0)} = \left(r_\mathrm{I}+3R_\mathrm{g}+\mathrm{j}0.4335\lg\frac{D_\mathrm{g}}{D_{\mathrm{sI}}}\right)-\left(3R_\mathrm{g}+\mathrm{j}0.4335\lg\frac{D_\mathrm{g}}{D_{\mathrm{I}-\mathrm{II}}}\right)$$

$$= r_{\mathrm{I}} + \mathrm{j}0.4335 \lg \frac{D_{\mathrm{I-II}}}{D_{\mathrm{sI}}} (\Omega/\mathrm{km})$$

$$z_{\mathrm{II}\sigma(0)} = \left(r_{\mathrm{II}} + 3R_{\mathrm{g}} + \mathrm{j}0.4335 \lg \frac{D_{\mathrm{g}}}{D_{\mathrm{sII}}} \right) - \left(3R_{\mathrm{g}} + \mathrm{j}0.4335 \lg \frac{D_{\mathrm{g}}}{D_{\mathrm{I-II}}} \right)$$

$$= r_{\mathrm{II}} + \mathrm{j}0.4335 \lg \frac{D_{\mathrm{I-II}}}{D_{\mathrm{sII}}} (\Omega/\mathrm{km})$$

按式（4-37）可绘制平行双回线路的零序等效电路如图 4-22（b）所示。如果两个回路完全相同，$z_{\mathrm{I}(0)} = z_{\mathrm{II}(0)} = z_{(0)}$，则每一回路的零序阻抗为

$$z_{(0)}^{(2)} = z_{(0)} + z_{\mathrm{I-II}(0)} (\Omega/\mathrm{km}) \tag{4-38}$$

如果零序电流并不如图 4-22（a）所示从双回线路端流入，而是从某回路当中流入，如图 4-23（a）和图 4-24（a）所示，即不对称故障发生在线路中间，则其零序等效电路分别如图 4-23（b）和图 4-24（b）所示。

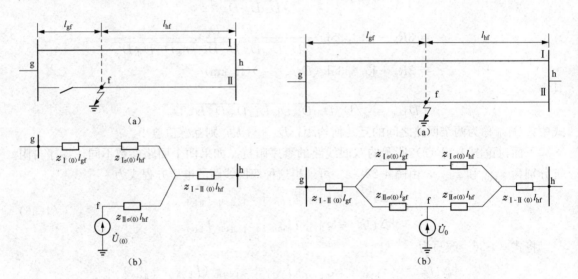

图 4-23　故障回路一端断开的零序等效电路　　　图 4-24　一回线路故障的零序等效电路
　　　（a）回路图；（b）零序等效电路　　　　　　　　（a）回路图；（b）零序等效电路

（三）架空地线对零序阻抗的影响

（1）有架空地线的单回线路。图 4-25（a）所示为一有一根架空地线的单回线路，其导线中零序电流以大地和架空地线为回路，如图 4-25（b）所示。设流经大地和架空地线的电流分别为 $\dot{i}_{\mathrm{g}}$ 和 $\dot{i}_{\omega}$，则有

$$\dot{i}_{\mathrm{g}} + \dot{i}_{\omega} = 3\dot{i}_{(0)}$$

相对于一相电流来讲，大地中和架空地线中的零序电流分别为

$$\dot{i}_{\mathrm{g}(0)} = \frac{1}{3}\dot{i}_{\mathrm{g}}, \quad \dot{i}_{\omega(0)} = \frac{1}{3}\dot{i}_{\omega}$$

架空地线也可看作是一个导线—大地回路。它的零序自阻抗也可以用式（4-30）表示。由于 $\dot{i}_{\omega(0)} = \frac{1}{3}\dot{i}_{\omega}$，在以一相表示的等效电路中，它的阻抗应放大三倍，即架空地线的零序自阻抗为

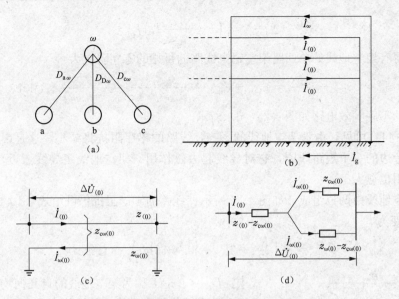

图 4-25　有架空地线的单回线路的零序等效电路

(a) 导线和架空地线布置图；(b) 零序电流流通图；

(c) 单相回路图；(d) 零序等效电路

$$z_{\omega(0)} = 3R_\omega + 3R_g + j0.4335\lg\frac{D_g}{r'_\omega}\ (\Omega/\text{km})\tag{4-39}$$

式中：r'_ω 为架空地线的等值半径。

架空地线多用钢绞线，由于是磁性材料，内部电抗较大，一般生产厂家提供内电抗 x_{in}（Ω/km），则可将式（4-39）中电抗改写为

$$x_\omega = 0.1445\lg\frac{D_g}{r'_\omega} = 0.1445\lg\frac{D_g}{r_\omega} + x_{\text{in}}\tag{4-40}$$

式中：r_ω 为架空地线实际半径。

此时可考虑采用计及内电抗的等值半径，即

$$r'_\omega = r_\omega \times 10^{\frac{-x_{\text{in}}}{0.1445}} = r_\omega e^{-15.93x_{\text{in}}}\tag{4-41}$$

与式（4-35）相似，三相导线和架空地线间的零序互阻抗为

$$z_{c\omega(0)} = 3R_g + j0.4335\lg\frac{D_g}{D_{c-\omega}}\ (\Omega/\text{km})\tag{4-42}$$

其中

$$D_{c-\omega} = \sqrt[3]{D_{a\omega}D_{b\omega}D_{c\omega}}$$

式中：$D_{c-\omega}$ 为三相导线和架空地线间的互几何均距。

以一相表示的回路图如图 4-25 (c) 所示。由图可列出其电压方程式为

$$\begin{cases}\Delta\dot{U}_{(0)} = z_{(0)}\dot{I}_{(0)} - z_{c\omega(0)}\dot{I}_{\omega(0)}\\0 = z_{\omega(0)}\dot{I}_{\omega(0)} - z_{c\omega(0)}\dot{I}_{(0)}\end{cases}\tag{4-43}$$

由式（4-43）第二式可得

$$\dot{I}_{\omega(0)} = \frac{z_{c\omega(0)}}{z_{\omega(0)}}\dot{I}_{(0)}$$

代入第一式后得

$$\Delta \dot{U}_{(0)} = \left(z_{(0)} - \frac{z_{c\omega(0)}^2}{z_{\omega(0)}} \right) \dot{I}_{(0)}$$

由此可得有架空地线的单回路架空输电线路的每相的零序阻抗为

$$z_{(0)}^{(\omega)} = z_{(0)} - \frac{z_{c\omega(0)}^2}{z_{\omega(0)}} = z_{(0)} - z_{c\omega(0)} + \frac{z_{c\omega(0)}(z_{\omega(0)} - z_{c\omega(0)})}{z_{c\omega(0)} + (z_{\omega(0)} - z_{c\omega(0)})} \quad (\Omega/\mathrm{km}) \qquad (4\text{-}44)$$

按此式绘制的零序等效电路如图 4-25（d）所示。

由式（4-44）可见，由于架空地线的影响，线路的零序阻抗将减小。这是因为架空地线相当于导线旁边的一个短路线圈，它对导线起去磁作用。架空地线距导线愈近，$z_{c\omega(0)}$ 愈大，这种去磁作用也愈大。

如果架空地线由两根组成，如图 4-26 所示。线路的零序阻抗仍可用式（4-44）表示，只是其中 $Z_{\omega(0)}$ 变为

$$z_{\omega(0)} = 3 \times \frac{R_\omega}{2} + 3R_g + \mathrm{j}0.4335\lg\frac{D_g}{D_{s\omega}} \quad (\Omega/\mathrm{km}) \qquad (4\text{-}45)$$

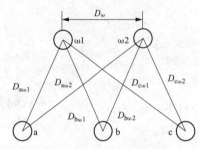

图 4-26　有两根架空地线的单回线路

式中：$D_{s\omega} = \sqrt{r'_\omega D_\omega}$ 称为架空地线的自几何均距，即把两根架空地线看作组合导线时的等值半径。

另外，$z_{c\omega(0)}$ 的表达式（4-42）中的 $D_{c-\omega}$ 应改为

$$D_{c-\omega} = \sqrt[6]{D_{a\omega1} D_{b\omega1} D_{c\omega1} D_{a\omega2} D_{b\omega2} D_{c\omega2}} \qquad (4\text{-}46)$$

（2）有架空地线的同杆双回线路。图 4-27（a）示出一同杆双回线路的地线和导线的布置图。与前类似，可将其作出一相的回路图如图 4-27（b）所示，其中将架空地线 ω_1、ω_2 组成组合导线 ω。

假设两回线路完全相同，两架空地线也完全相同，且对两回线路的相对位置对称。则图中 $z_{\mathrm{I}(0)} = z_{\mathrm{II}(0)} = z_{(0)}$ 为每回线路的零序自阻抗［式（4-34）］；$z_{\mathrm{I}\text{-}\mathrm{II}(0)}$ 为两回线路间零序互阻抗［式（4-35）］；$z_{\omega(0)}$ 为架空地线零序自阻抗［式（4-45）］；$z_{\mathrm{I}\omega(0)} = z_{\mathrm{II}\omega(0)} = z_{c-\omega(0)}$ 分别为 I、II 回路与架空地线的零序互阻抗［式（4-42）和式（4-46）］。由图可写出电压降方程为

$$\begin{cases} \Delta\dot{U}_{(0)} = z_{(0)}\dot{I}_{\mathrm{I}(0)} + z_{\mathrm{I}\text{-}\mathrm{II}(0)}\dot{I}_{\mathrm{II}(0)} - z_{c\omega(0)}\dot{I}_{\omega(0)} \\ \Delta\dot{U}_{(0)} = z_{(0)}\dot{I}_{\mathrm{II}(0)} + z_{\mathrm{I}\text{-}\mathrm{II}(0)}\dot{I}_{\mathrm{I}(0)} - z_{c\omega(0)}\dot{I}_{\omega(0)} \\ 0 = z_{\omega(0)}\dot{I}_{\omega(0)} - z_{c\omega(0)}\dot{I}_{\mathrm{I}(0)} - z_{c\omega(0)}\dot{I}_{\mathrm{II}(0)} \end{cases} \qquad (4\text{-}47)$$

从方程中消去 $\dot{I}_{\omega(0)}$ 得

$$\begin{cases} \Delta\dot{U}_{(0)} = z_{(0)}^{(\omega)}\dot{I}_{\mathrm{I}(0)} + z_{\mathrm{I}\text{-}\mathrm{II}(0)}^{(\omega)}\dot{I}_{\mathrm{II}(0)} \\ \Delta\dot{U}_{(0)} = z_{(0)}^{(\omega)}\dot{I}_{\mathrm{II}(0)} + z_{\mathrm{I}\text{-}\mathrm{II}(0)}^{(\omega)}\dot{I}_{\mathrm{I}(0)} \end{cases} \qquad (4\text{-}48)$$

其中

$$z_{(0)}^{(\omega)} = z_{(0)} - \frac{z_{c\omega(0)}^2}{z_{\omega(0)}}$$

$$z_{\mathrm{I}\text{-}\mathrm{II}(0)}^{(\omega)} = z_{\mathrm{I}\text{-}\mathrm{II}(0)} - \frac{z_{c\omega(0)}^2}{z_{\omega(0)}}$$

式中：$z_{(0)}^{(\omega)}$、$z_{\mathrm{I}\text{-}\mathrm{II}(0)}^{(\omega)}$ 分别为计及架空地线影响后，I、II 回线路的零序自、互阻抗。

式（4-48）与式（4-36）类似，其零序等效电路图 4-27（c）也与图 4-22（b）类似，因

而计及架空地线影响后每回线路的一相零序阻抗可按式（4-38）写出，即

$$z_{(0)}^{(2,\omega)} = z_{(0)}^{(\omega)} + z_{I-II(0)}^{(\omega)}$$

$$= z_{(0)} - \frac{z_{c\omega(0)}^2}{z_{\omega(0)}} + z_{I-II(0)} - \frac{z_{c\omega(0)}^2}{z_{\omega(0)}}$$

$$= z_{(0)}^{(2)} - 2\frac{z_{c\omega(0)}^2}{z_{\omega(0)}} \tag{4-49}$$

零序阻抗在计及架空地线影响后减小。

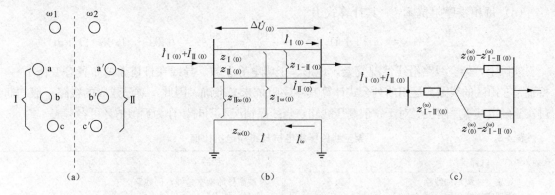

图 4-27 有架空地线的同杆双回线路

(a) 导线和架空地线布置图；(b) 单相回路图；(c) 零序等效电路图

【例 4-3】 已知：如图 4-26 所示单回线路。三相导线为 $2\times$LGJ—300 型，分裂间距为 40cm，相线中线距离 $D_{ab}=D_{bc}=9$m；架空地线为 $2\times$GJ-50 型，$D_\omega=13$m；地线与三相导线的平均垂直距离为 8m。试计算每相零序阻抗。

解 （1）三相导线的零序自阻抗 $z_{(0)}$。由相关手册查得 LGJ-300 型导线外径为 23.94mm，电阻为 0.1Ω/km。

每根导线等值半径　　　$r' = 0.81\times\frac{23.94}{2} = 9.7$（mm）

双分裂导线等值半径　　$r_{eq} = \sqrt{r'd_{12}} = \sqrt{9.7\times10^{-3}\times0.4} = 0.062$（m）

相间互几何均距　　　　$D_m = \sqrt[3]{D_{ab}D_{bc}D_{ca}} = \sqrt[3]{9\times9\times18} = 11.34$（m）

组合导线自几何均距　　$D_s = \sqrt[3]{r_{eq}D_m^2} = \sqrt[3]{0.062\times11.34^2} = 1.998$（m）

$$z_{(0)} = 0.1 + 0.15 + j0.4335\lg\frac{1000}{1.998} = 0.25 + j1.17(\Omega/km)$$

（2）架空地线的零序自阻抗 $z_{\omega(0)}$。由相关手册查得 GJ-50 型导线外径为 9mm，电阻为 3.5Ω/km，内电抗为 1.5Ω/km。

每根架空地线等值半径　　$r'_\omega = r_\omega e^{-15.93x_m} = 4.5\times10^{-3}e^{-15.93\times1.5} = 1.89\times10^{-13}$（m）

架空地线自几何均距　　　$D_{s\omega} = \sqrt{r'_\omega D_\omega} = \sqrt{1.89\times10^{-13}\times13} = 1.57\times10^{-6}$（m）

$$z_{\omega(0)} = 3\times\frac{3.5}{2} + 0.15 + j0.4335\lg\frac{1000}{1.57\times10^{-6}} = 5.4 + j3.82(\Omega/km)$$

（3）三相导线和架空地线间零序互阻抗 $z_{c\omega(0)}$。其计算式为

$$D_{a\omega1} = D_{c\omega2} = \sqrt{8^2 + \left(9 - \frac{13}{2}\right)^2} = 8.38(m)$$

$$D_{b\omega 1} = D_{b\omega 2} = \sqrt{8^2 + \left(\frac{13}{2}\right)^2} = 10.31(\text{m})$$

$$D_{c\omega 1} = D_{a\omega 2} = \sqrt{8^2 + \left(9 + \frac{13}{2}\right)^2} = 17.44(\text{m})$$

$$D_{c\omega} = \sqrt[3]{8.38 \times 10.31 \times 17.44} = 11.46(\text{m})$$

$$z_{c\omega(0)} = 0.15 + j0.4335\lg\frac{1000}{11.46} = 0.15 + j0.84 \ (\Omega/\text{km})$$

（4）每相零序阻抗 $z_{(0)}^{(\omega)}$。其计算式为

$$z_{(0)}^{(\omega)} = z_{(0)} - \frac{z_{c\omega(0)}^2}{z_{\omega(0)}} = 0.25 + j1.17 - \frac{(0.15 + j0.84)^2}{5.4 + j3.82} = 0.31 + j1.08 \ (\Omega/\text{km})$$

实际上，架空线路沿线情况复杂，地形、土壤电导系数、导线在杆塔上的布置等变化不一，特别是在山区的线路，运用前列公式计算其零序阻抗未必准确。因此，对已建成的线路一般均通过实测确定其零序阻抗。对于一般高压线路，当线路情况不明时，作为近似估计可参考表 4-2。

表 4-2　　　　　　　　　　　架空线路零序电抗与正序电抗比值

线路类型	$x_{(0)}/x_{(1)}$	线路类型	$x_{(0)}/x_{(1)}$
无架空地线单回线路	3.5	有铁磁导体架空地线双回线路	4.7
无架空地线双回线路	5.5	有良导体架空地线单回线路	2.0
有铁磁导体架空地线单回线路	3.0	有良导体架空地线双回线路	3.0

近年来，一般在超高压线路采用两根架空地线：一根采用内部有通信用光纤、外层的铠装部分由铝包钢绞线或铝合金绞线或镀锌钢绞线等组成的光纤复合架空地线 OPGW（Optical Fiber Composite Overhead Ground Wire），此线全线接地。另一根仍为普通架空地线，为减少正常运行时地线中的电能损耗（地线对三相导线不对称引起），此地线是分段的，每段约 5～6km，其首端接地，末端接有放电间隙，其余全段均由绝缘子支撑。显然，放电间隙未击穿时每段地线均不构成回路。

（四）电缆线路的零序阻抗

电缆芯间距离较小，其线路的正序（或负序）电抗比架空线路的要小得多。通常电缆的正序电阻和电抗的数值由制造厂提供。

由于电缆的铅（铝）包护层在电缆的两端和中间一些点是接地的，电缆线路的零序电流可以同时经大地和铅（铝）包护层返回，护层相当于架空地线；返回的零序电流在大地和护层之间的分配则与护层本身的阻抗和它的接地阻抗有关，而后者又因电缆的敷设方式等因素而异。因此，准确计算电缆线路的零序阻抗比较困难，一般通过实测确定。在近似估算中电缆线路的 $r_{(0)}$、$x_{(0)}$ 分别可取 $r_{(0)} = 10r_{(1)}$，$x_{(0)} = (3.5 \sim 4.6) \ x_{(1)}$。

二、架空线路的零序电容（电纳）

若考虑单回架空线路三相线路完全换位，则每相零序电容为

$$C_{(0)} = \frac{1}{18 \times 10^6 \times 3 \times \sqrt[9]{\dfrac{H_1 H_2 H_3 \ (H_{12} H_{13} H_{23})^2}{r^3 \ (D_{ab} D_{ac} D_{bc})^2}}}$$

$$= \frac{1}{3 \times 18 \times 10^6 \ln\dfrac{H_m}{D_s}} = \frac{0.0241}{3\lg\dfrac{H_m}{D_s}} \times 10^{-6}(\text{F/km}) \qquad (4\text{-}50)$$

其中
$$H_m = \sqrt[9]{H_1 H_2 H_3 (H_{12} H_{13} H_{23})^2}$$
$$D_s = \sqrt[3]{r D_m^2}$$

式中：D_s 为三相导线被看成组合导线时的等值半径或称自几何均距；H_m 为三相导线对其镜像的互几何均距。

每相的零序电纳则为

$$b_{(0)} = \omega C_{(0)} = 2\pi f C_{(0)} = \frac{7.58}{3 \lg \dfrac{H_m}{D_s}} \times 10^{-6} (\text{S/km}) \qquad (4\text{-}51)$$

对于分裂导线，其零序电容的公式形式与式（4-50）相同，其中除以 r_{eq} 换 r 外，各相导线间距离以及导线与镜像间的距离均以各相分裂导线的重心为起点。分裂导线的等值半径计算公式为

二分裂 $$r_{eq} = \sqrt{rd}$$

三分裂 $$r_{eq} = \sqrt[9]{(rd^2)^3} = \sqrt[3]{rd^2}$$

四分裂 $$r_{eq} = \sqrt[16]{(r\sqrt{2}d^3)^4} = 1.09\sqrt[4]{rd^3}$$

式中：d 为分裂间距。

等值半径增大，分裂导线的零序电容增大。

附录 E 给出了上述公式的详细推导过程，此外针对同杆双回线路的零序电容和架空地线对零序电容的影响等内容附录 E 也有详细介绍，此处限于篇幅不再给出。

【例 4-4】 已知［例 4-3］中三相导线距地面平均高度为 16m，架空地线距地面平均高度为 24m。试计算每相零序电容、电纳。

解　(1) 三相导线对其镜像的互几何均距 H_m 计算过程为

$$H_1 = H_2 = H_3 = 2 \times 16 = 32 (\text{m})$$

$$H_{12} = H_{23} = \sqrt{32^2 + 9^2} = 33.24 (\text{m})$$

$$H_{13} = \sqrt{32^2 + 18^2} = 36.72 (\text{m})$$

$$H_m = \sqrt[9]{32^3 \times 33.24^4 \times 36.72^2} = 33.56 (\text{m})$$

(2) 三相导线的自几何均距 D_s 计算过程为

$$r_{eq} = \sqrt{rd_{12}} = \sqrt{\frac{23.94 \times 10^{-3}}{2} \times 0.4} = 0.069 (\text{m})$$

$$D_s = \sqrt[3]{r_{eq} D_m^2} = \sqrt[3]{0.069 \times 11.34^2} = 2.07 (\text{m})$$

(3) 三相导线与架空地线间互几何均距 $D_{c\omega}$ 同［例 4-3］，即 $D_{c\omega} = 11.46\text{m}$。

(4) 三相导线镜像与架空地线间互几何均距 $H_{c\omega}$ 计算过程为

$$H_{1\omega1} = H_{3\omega2} = \sqrt{(32+8)^2 + \left(9 - \frac{13}{2}\right)^2} = 40.08 (\text{m})$$

$$H_{2\omega1} = H_{2\omega2} = \sqrt{(32+8)^2 + 6.5^2} = 40.52 (\text{m})$$

$$H_{3\omega1} = H_{1\omega2} = \sqrt{(32+8)^2 + (9+6.5)^2} = 42.9 (\text{m})$$

$$H_{c\omega} = \sqrt[3]{40.08 \times 40.52 \times 42.9} = 41.15 (\text{m})$$

(5) 架空地线与其镜像间互几何均距 H_ω 计算过程为

$$H_{\omega1} = 2 \times 24 = 48 (\text{m})$$

$$H_{\omega1\omega2} = \sqrt{48^2 + 13^2} = 49.73(\mathrm{m})$$

$$H_\omega = \sqrt{H_{\omega1}H_{\omega1\omega2}} = \sqrt{48 \times 49.73} = 48.86(\mathrm{m})$$

（6）架空地线自几何均距 $D_{s\omega}$ 为

$$D_{s\omega} = \sqrt{r_\omega D_\omega} = \sqrt{4.5 \times 10^{-3} \times 13} = 0.242(\mathrm{m})$$

（7）每相零序电容、电纳为

$$C_{(0)}^{(\omega)} = \frac{0.0241 \times 10^{-6}}{3\left[\lg \dfrac{H_\mathrm{m}}{D_\mathrm{s}} - \dfrac{\left(\lg \dfrac{H_{c\omega}}{D_{c\omega}}\right)^2}{\lg \dfrac{H_\omega}{D_{s\omega}}}\right]}$$

$$= \frac{0.0241 \times 10^{-6}}{3\left[\lg \dfrac{33.56}{2.07} - \dfrac{\left(\lg \dfrac{41.15}{11.46}\right)^2}{\lg \dfrac{48.86}{0.242}}\right]}$$

$$= 0.0074 \times 10^{-6}(\mathrm{F/km})$$

$$b_{(0)}^{(\omega)} = \omega C_{(0)}^{(\omega)} = 2.32 \times 10^{-6}(\mathrm{S/km})$$

第七节 零序网络的构成

零序网络中不包含电源的电动势。只有在不对称故障点，根据不对称的边界条件，分解出零序电压，才可看作是零序分量的电源。零序电流如何流通，则和网络的结构，特别是变压器的接线方式与中性点的接地方式有关。一般情况下，零序网络结构总是和正、负序网络不一样，而且元件参数也不一样。

图 4-28 示出一个构成零序网络的例子。图 4-28（a）为系统图。图 4-28（b）为零序网络图，其画法是将各元件的零序等效电路连起来（忽略电阻），其中忽略了 T3 的励磁电抗。由图 4-28（b）可见，不对称短路在不同的地方，零序电流流通情况不同：如果故障点在 L1 上，零序电流流通情况如图 4-28（c）所示，零序网络中不包括 x_1 和 x_9，另外 x_5 应分成两部分。如果故障点在 G1 的端点，则零序电流只能流过 G1，零序网络中只有 x_1。若故障点在 G2 的端点，则没有零序电流，即零序网络是断开的。因此，一般在计算中只按故障点来画零序网络，即在故障点加零序电压的情况下，以零序电流可能流通的回路作出零序网络图。

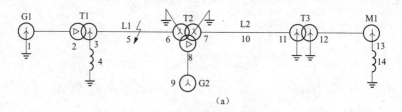

(a)

图 4-28 制定零序网络图例（一）

(a) 系统图

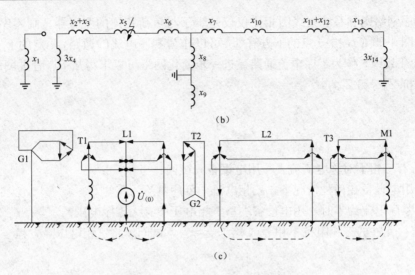

图 4-28　制定零序网络图例（二）

（b）零序网络图；（c）某线路上故障时零序电流路径图

图 4-29（b）、（c）分别是图 4-29（a）所示系统在 f 点发生不对称短路时的正序、零序

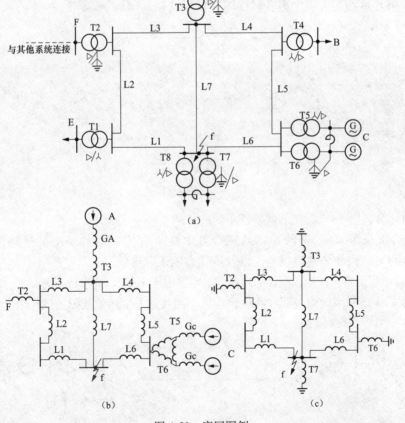

图 4-29　序网图例

（a）系统图；（b）正序网络图；（c）零序网络图

网络图。正序网络图和系统接线图相比仅仅是少了与负荷相连的变压器。画零序网络时从 f 点出发，在图 4-29（a）中 f 点的下方有 T7 可以作为零序电流的通路，f 点的上方经过 7 条线路和 T2、T3、T6 作为零序电流通路。进一步简化网络可以求得从 f 点看进网络的等值正序、零序阻抗 $Z_{\text{ff}(1)}$ 和 $Z_{\text{ff}(0)}$。

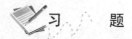

习　　题

4-1　若有三相不对称电流流入一用电设备，试问：

（1）该用电设备在何种情况下，三相电流中零序电流为零？

（2）当零序电流为零时，用电设备端口三相电压中有无零序电压？

4-2　若一元件的三相阻抗不相等（$z_a \neq z_b \neq z_c$），试问若将三相电压降方程

$$\begin{cases} \Delta \dot{U}_a = z_a \dot{I}_a \\ \Delta \dot{U}_b = z_b \dot{I}_b \\ \Delta \dot{U}_c = z_c \dot{I}_c \end{cases}$$

转换为对称分量，能否得到三序独立的电压降方程？

4-3　在图 4-30 中已知 $\dot{E}_a = 1$，$\dot{E}_b = -1$，$\dot{E}_c = j$，试用对称分量法计算 $\dot{I}_{a,b,c}$ 及中性点对地电压 $\dot{U}_{ng}$（提示：将三相电压平衡方程转换成对称分量方程）。

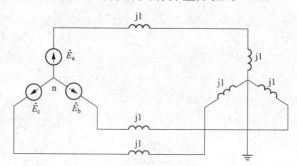

图 4-30　题 4-3 图

4-4　试计算：［例 4-2］在下列条件下：

（1）若第 Ⅲ 绕组开路（开口），分别计算中性点直接接地和经电抗接地两种情况下，220kV 和 110kV 两侧和公共绕组电流以及中性点电流和电压。

（2）若将中压侧直接接地，而在高压侧施加零序电压 10kV，试作与［例 4-2］同样的计算。

4-5　图 4-31 所示系统中一回线路停运，另一回线路发生接地故障，试作出其零序网络图。

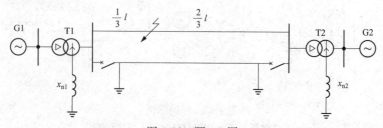

图 4-31　题 4-5 图

4-6　若具有两根架空地线的同杆双回线路中一回线路停运且两端接地，试推导剩下一回线路的每相零序电纳。

4-7　若［例 4-3］中，有两台升压变压器和一台自耦变压器高压侧星形中性点直接接地，330kV 系统中有中性点接地。计及 330kV 两回线路的互感，试画出 f1 点接地短路时以下两种情况的零序网络：

（1）中性点接地的自耦变压器与 f1 点在同一回线路上。

（2）中性点接地的自耦变压器与 f1 点不在同一回线路上。

第五章 不对称故障的分析计算

第四章已结合一个简单系统，介绍了用对称分量法分析不对称故障的基本原理。还讨论了系统中各元件的各序参数。本章将在此基础上，对各种不对称故障做进一步的分析。

第一节 各种不对称短路时故障处的短路电流和电压

图 5-1（a）所示为一个任意复杂的电力系统，在 f 点发生不对称短路，G1、G2 代表发电机端点。图 5-1（b）所示为将故障点短路电流和对地电压分解成对称分量。正序网络及其应用戴维南定理对短路点的等效电路如图 5-1（c）和图 5-1（d）所示，节点 f 的自阻抗 $Z_{ff(1)}$ 即为从 f 点看进网络的等值阻抗 $z_{\Sigma(1)}$。$\dot{U}_{f|0|}$ 为 f 点正常时电压，即开路电压。负序网络及其等值电路如图 5-1（e）和图 5-1（f）所示，发电机的负序电抗 $x_{G(2)}$ 可近似等于 x''_d。同样，$Z_{ff(2)}=z_{\Sigma(2)}$。零序网络及其等值电路如图 5-1（g）和图 5-1（h）所示。由于发电机一般通过星形/三角形接线的变压器与系统相连，发电机侧为不接地星形，零序电流设有通路，故此处略去发电机零序电抗。零序网络结构和正序网络是不相同的。同样，$Z_{ff(0)}=z_{\Sigma(0)}$。根据三个序网的等值电路，可写出一般的三序电压平衡方程为

$$\begin{cases} \dot{U}_{f|0|} - \dot{U}_{f(1)} = \dot{I}_{f(1)}z_{\Sigma(1)} \\ 0 - \dot{U}_{f(2)} = \dot{I}_{f(2)}z_{\Sigma(2)} \\ 0 - \dot{U}_{f(0)} = \dot{I}_{f(0)}z_{\Sigma(0)} \end{cases} \qquad (5\text{-}1)$$

式（5-1）中省略了下标"a"。式（5-1）是式（4-15）的一般形式。

下面结合各种不对称短路故障处的边界条件，分析短路电流和电压。

一、单相接地短路（$f^{(1)}$）

式（4-17）曾给出 a 相接地时的边界条件，略去下标"a"则为

$$\begin{cases} \dot{U}_{f(1)} + \dot{U}_{f(2)} + \dot{U}_{f(0)} = 0 \\ \dot{I}_{f(1)} = \dot{I}_{f(2)} = \dot{I}_{f(0)} \end{cases} \qquad (5\text{-}2)$$

解联立方程式（5-1）和式（5-2），或者直接由图 4-6 所示的复合序网均可解得故障处的三序电流为

$$\dot{I}_{f(1)} = \dot{I}_{f(2)} = \dot{I}_{f(0)} = \frac{\dot{U}_{f|0|}}{z_{\Sigma(1)} + z_{\Sigma(2)} + z_{\Sigma(0)}} \qquad (5\text{-}3)$$

故障相（a 相）的短路电流为

$$\dot{I}_f = \dot{I}_{f(1)} + \dot{I}_{f(2)} + \dot{I}_{f(0)} = \frac{3\dot{U}_{f|0|}}{z_{\Sigma(1)} + z_{\Sigma(2)} + z_{\Sigma(0)}} \qquad (5\text{-}4)$$

一般 $z_{\Sigma(1)}$ 和 $z_{\Sigma(2)}$ 接近相等。因此，如果 $z_{\Sigma(0)}$ 小于 $z_{\Sigma(1)}$，则单相短路电流大于同一地点的三相短路电流（$\dot{U}_{f|0|}/z_{\Sigma(1)}$）；反之，则单相短路电流小于三相短路电流。

故障处 b、c 相的电流当然为零。故障处各序电压由式（5-1）或者从复合序网求得，即

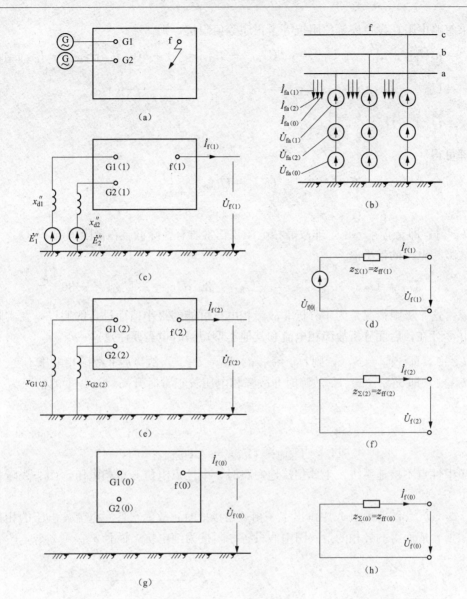

图 5-1　系统各序等效电路

(a) 复杂系统示意图；(b) 故障点电流、电压的对称分量；(c)、(d) 正序网络及等效电路；

(e)、(f) 负序网络及等效电路；(g)、(h) 零序网络及等效电路

$$
\begin{cases}
\dot{U}_{f(1)} = \dot{U}_{f|0|} - \dot{I}_{f(1)} z_{\Sigma(1)} \\
\dot{U}_{f(2)} = 0 - \dot{I}_{f(2)} z_{\Sigma(2)} \\
\dot{U}_{f(0)} = 0 - \dot{I}_{f(0)} z_{\Sigma(0)}
\end{cases}
\tag{5-5}
$$

则故障处三相电压可由转换关系式 (5-4) 求得为

$$
\begin{cases}
\dot{U}_{fa} = \dot{U}_{f(1)} + \dot{U}_{f(2)} + \dot{U}_{f(0)} = 0 \\
\dot{U}_{fb} = a^2 \dot{U}_{f(1)} + a \dot{U}_{f(2)} + \dot{U}_{f(0)} \\
\dot{U}_{fc} = a \dot{U}_{f(1)} + a^2 \dot{U}_{f(2)} + \dot{U}_{f(0)}
\end{cases}
\tag{5-6}
$$

如果忽略电阻，设负序等值阻抗等于正序等值阻抗，则

$$\dot{U}_{fb} = a^2\dot{U}_{f(1)} + a\dot{U}_{f(2)} + \dot{U}_{f(0)} = a^2(\dot{U}_{fa|0|} - \dot{I}_{f(1)}jx_{\Sigma(1)}) + a(-\dot{I}_{f(2)}jx_{\Sigma(2)}) - \dot{I}_{f(0)}jx_{\Sigma(0)}$$

$$= \dot{U}_{fb|0|} - \dot{I}_{f(1)}j(x_{\Sigma(0)} - x_{\Sigma(1)}) = \dot{U}_{fb|0|} - \frac{\dot{U}_{fa|0|}}{j(2x_{\Sigma(1)} + x_{\Sigma(0)})}j(x_{\Sigma(0)} - x_{\Sigma(1)})$$

$$= \dot{U}_{fb|0|} - \dot{U}_{fa|0|}\frac{k_0 - 1}{2 + k_0} \tag{5-7}$$

同理可得

$$\dot{U}_{fc} = \dot{U}_{fc|0|} - \dot{U}_{fa|0|}\frac{k_0 - 1}{2 + k_0} \tag{5-8}$$

其中
$$k_0 = x_{\Sigma(0)}/x_{\Sigma(1)}$$

当 $k_0 < 1$，即 $x_{\Sigma(0)} < x_{\Sigma(1)}$，非故障相电压较正常时有些降低。在极限情况下（$k_0 = 0$）会出现非故障相电压的最小值

$$\dot{U}_{fb} = \dot{U}_{fb|0|} + \frac{1}{2}\dot{U}_{fa|0|} = \frac{\sqrt{3}}{2}\dot{U}_{fb|0|}\angle 30°;\dot{U}_{fc} = \frac{\sqrt{3}}{2}\dot{U}_{fc|0|}\angle -30°$$

注意：这个极限情况是为了分析非故障相电压可能的最小值而进行的假设，在实际电力系统中并不存在，后面分析故障相电流和其他类型短路时也需要注意这一点。

当 $k_0 = 1$，即 $x_{\Sigma(0)} = x_{\Sigma(1)}$，则 $\dot{U}_{fb} = \dot{U}_{fb|0|}$，$\dot{U}_{fc} = \dot{U}_{fc|0|}$，故障后非故障相电压不变。

当 $k_0 > 1$，即 $x_{\Sigma(0)} > x_{\Sigma(1)}$，故障时非故障相电压较正常时升高，最严重的情况为 $x_{\Sigma(0)} = \infty$，则

$$\dot{U}_{fb} = \dot{U}_{fb|0|} - \dot{U}_{fa|0|} = \sqrt{3}\dot{U}_{fb|0|}\angle -30°$$

$$\dot{U}_{fc} = \dot{U}_{fc|0|} - \dot{U}_{fa|0|} = \sqrt{3}\dot{U}_{fc|0|}\angle 30°$$

即相当于中性点不接地系统发生单相接地短路时，中性点电位升至相电压，而非故障相电压升至线电压。

图 5-2（a）和图 5-2（b）中画出了 a 相短路接地时，故障点各序电流、电压的相量，以及由各序量合成而得的各相的量。图中假设各序阻抗为纯电抗，而且 $x_{\Sigma(0)} > x_{\Sigma(1)}$，所有相量

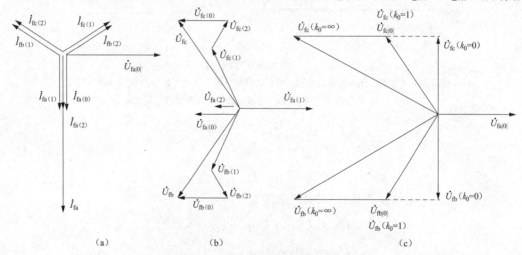

图 5-2　a 相短路接地故障处相量图

（a）电流相量图；（b）电压相量图；（c）非故障相电压变化轨迹

以 $\dot{U}_{\mathrm{fa|0|}}$ 为参考相量。显然，这两个相量图与边界条件是一致的。图 5-2（c）给出了非故障相电压变化的轨迹。

如果单相短路是经过阻抗接地，如图 5-3（a）所示，此时故障点的边界条件为

$$\dot{U}_{\mathrm{fa}} = \dot{I}_{\mathrm{fa}}z_{\mathrm{f}}; \quad \dot{I}_{\mathrm{fb}} = \dot{I}_{\mathrm{fc}} = 0 \tag{5-9}$$

将其转换为对称分量，则得

$$\begin{cases} \dot{U}_{\mathrm{f(1)}} + \dot{U}_{\mathrm{f(2)}} + \dot{U}_{\mathrm{f(0)}} = (\dot{I}_{\mathrm{f(1)}} + \dot{I}_{\mathrm{f(2)}} + \dot{I}_{\mathrm{f(0)}})z_{\mathrm{f}} \\ \dot{I}_{\mathrm{f(1)}} = \dot{I}_{\mathrm{f(2)}} = \dot{I}_{\mathrm{f(0)}} \end{cases} \tag{5-10}$$

由式（5-10）和式（5-1）即可联立求解得故障处各序电流、电压。这里介绍另一种简便方法。作图 5-3（b），它完全等效于图 5-3（a）。从而可以看作系统在 f′ 处发生 a 相直接接地。因此，以前的分析方法完全适用，只是把 z_{f} 看作故障点 f′ 与 f 间的串联阻抗。这时的复合序网如图 5-3（c）所示，它显然与式（5-10）是相符的。由复合序网立即可得故障点 f 的各序电流和电压为

$$\dot{I}_{\mathrm{f(1)}} = \dot{I}_{\mathrm{f(2)}} = \dot{I}_{\mathrm{f(0)}} = \frac{\dot{U}_{\mathrm{f|0|}}}{z_{\Sigma(1)} + z_{\Sigma(2)} + z_{\Sigma(0)} + 3z_{\mathrm{f}}} \tag{5-11}$$

电压公式同式（5-5）。

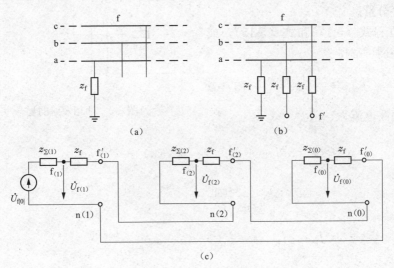

图 5-3 a 相经阻抗接地

（a）a 相经阻抗接地；（b）图（a）的等值图；（c）复合序网

二、两相短路（$\mathbf{f^{(2)}}$）

图 5-4 表示 f 点发生两相（b、c 相）短路，该点三相对地电压及流出该点的相电流（短路电流）具有下列边界条件

$$\dot{I}_{\mathrm{fa}} = 0; \quad \dot{I}_{\mathrm{fb}} = -\dot{I}_{\mathrm{fc}}; \quad \dot{U}_{\mathrm{fb}} = \dot{U}_{\mathrm{fc}} \tag{5-12}$$

将它们转换为用对称分量表示，先转换电流

$$\begin{bmatrix} \dot{I}_{\mathrm{f(1)}} \\ \dot{I}_{\mathrm{f(2)}} \\ \dot{I}_{\mathrm{f(0)}} \end{bmatrix} = \frac{1}{3} \begin{bmatrix} 1 & a & a^2 \\ 1 & a^2 & a \\ 1 & 1 & 1 \end{bmatrix} \begin{bmatrix} 0 \\ \dot{I}_{\mathrm{fb}} \\ -\dot{I}_{\mathrm{fb}} \end{bmatrix} = \frac{\mathrm{j}\dot{I}_{\mathrm{fb}}}{\sqrt{3}} \begin{bmatrix} 1 \\ -1 \\ 0 \end{bmatrix}$$

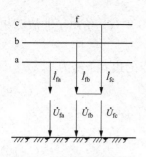

图 5-4　两相短路故障点
电流、电压

即为

$$\begin{cases} \dot{I}_{f(0)} = 0 \\ \dot{I}_{f(1)} = -\dot{I}_{f(2)} \end{cases} \tag{5-13}$$

说明两相短路故障点没有零序电流，因为故障点不与地相连，零序电流没有通路。

由式（5-12）中电压关系可得

$$\dot{U}_{fb} = a^2\dot{U}_{f(1)} + a\dot{U}_{f(2)} + \dot{U}_{f(0)}$$

$$= \dot{U}_{fc} = a\dot{U}_{f(1)} + a^2\dot{U}_{f(2)} + \dot{U}_{f(0)}$$

即

$$\dot{U}_{f(1)} = \dot{U}_{f(2)} \tag{5-14}$$

式（5-13）和式（5-14）为两相短路的三个边界条件，即

$$\dot{I}_{f(0)} = 0; \quad \dot{I}_{f(1)} = -\dot{I}_{f(2)}; \quad \dot{U}_{f(1)} = \dot{U}_{f(2)} \tag{5-15}$$

根据边界条件，式（5-15）两相短路时复合序网如图 5-5 所示，即正序网络和负序网络在故障点并联，零序网络断开，两相短路时没有零序分量。

解联立方程式（5-1）和式（5-15），或直接由复合序网可解得

$$\dot{I}_{f(1)} = -\dot{I}_{f(2)} = \frac{\dot{U}_{f|0|}}{z_{\Sigma(1)} + z_{\Sigma(2)}} \tag{5-16}$$

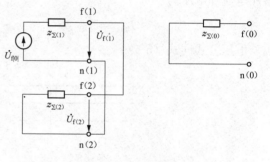

图 5-5　两相短路的复合序网

故障相短路电流为

$$\dot{I}_{fb} = a^2\dot{I}_{f(1)} + a\dot{I}_{f(2)} = (a^2 - a)\frac{\dot{U}_{f|0|}}{z_{\Sigma(1)} + z_{\Sigma(2)}}$$

$$= -j\sqrt{3}\frac{\dot{U}_{f|0|}}{z_{\Sigma(1)} + z_{\Sigma(2)}} \tag{5-17}$$

$$\dot{I}_{fc} = a\dot{I}_{f(1)} + a^2\dot{I}_{f(2)} = (a - a^2)\frac{\dot{U}_{f|0|}}{z_{\Sigma(1)} + z_{\Sigma(2)}}$$

$$= j\sqrt{3}\frac{\dot{U}_{f|0|}}{z_{\Sigma(1)} + z_{\Sigma(2)}} \tag{5-18}$$

由此可见，当 $z_{\Sigma(1)} = z_{\Sigma(2)}$ 时，两相短路电流是三相短路电流的 $\sqrt{3}/2$ 倍。所以，一般讲，电力系统两相短路电流小于三相短路电流。

由复合序网可知，当 $z_{\Sigma(1)} = z_{\Sigma(2)}$，则

$$\dot{U}_{f(1)} = \dot{U}_{f(2)} = \frac{1}{2}\dot{U}_{fa|0|}$$

$$\dot{U}_{fa} = \dot{U}_{f(1)} + \dot{U}_{f(2)} = \dot{U}_{fa|0|}$$

$$\dot{U}_{fb} = \dot{U}_{fc} = (a^2 + a)\dot{U}_{f(1)} = -\frac{1}{2}\dot{U}_{fa|0|}$$

即非故障相电压等于故障前电压。故障相电压幅值降低一半。

图 5-6 给出 b、c 相短路时，故障点各序电流、电压相量以及合成而得的各相的量。图中假设 $z_{\Sigma(1)} = z_{\Sigma(2)}$。

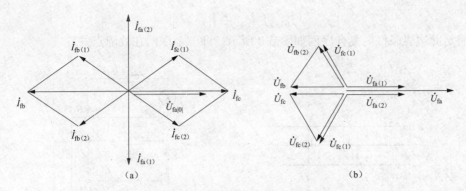

图 5-6　两相短路故障处相量图

（a）电流相量图；（b）电压相量图

如果两相通过阻抗短路，如图 5-7（a）所示，则边界条件为

$$\dot{I}_{\mathrm{fa}} = 0; \quad \dot{I}_{\mathrm{fb}} = -\dot{I}_{\mathrm{fc}}; \quad \dot{U}_{\mathrm{fb}} - \dot{U}_{\mathrm{fc}} = z_{\mathrm{f}} \dot{I}_{\mathrm{fb}} \tag{5-19}$$

转换为对称分量为

$$\dot{I}_{\mathrm{f(0)}} = 0; \quad \dot{I}_{\mathrm{f(1)}} = -\dot{I}_{\mathrm{f(2)}}; \quad \dot{U}_{\mathrm{f(1)}} - \dot{U}_{\mathrm{f(2)}} = z_{\mathrm{f}} \dot{I}_{\mathrm{f(1)}} \tag{5-20}$$

此边界条件与网络方程联立求解即得故障处电流、电压。但若直接将故障情况处理成如图 5-7（b）所示，则可视为 f′ 点两相直接短路，可作出图 5-7（c）所示的复合序网。则

$$\dot{I}_{\mathrm{f(1)}} = -\dot{I}_{\mathrm{f(2)}} = \frac{\dot{U}_{\mathrm{f|0|}}}{z_{\Sigma(1)} + z_{\Sigma(2)} + z_{\mathrm{f}}} \tag{5-21}$$

$$\dot{I}_{\mathrm{fb}} = -\dot{I}_{\mathrm{fc}} = -\mathrm{j}\sqrt{3} \, \frac{\dot{U}_{\mathrm{f|0|}}}{z_{\Sigma(1)} + z_{\Sigma(2)} + z_{\mathrm{f}}} \tag{5-22}$$

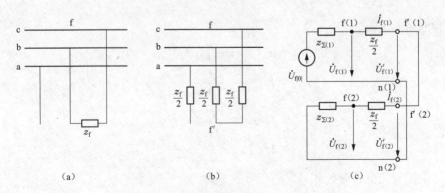

图 5-7　两相经阻抗短路的复合序网

（a）两相经阻抗短路；（b）等值于图（a）；（c）复合序网

三、两相短路接地（$\mathbf{f}^{(1,1)}$）

图 5-8 表示 f 点发生两相（b、c 相）短路接地，其边界条件显然为

$$\dot{I}_{\mathrm{fa}} = 0; \dot{U}_{\mathrm{fb}} = \dot{U}_{\mathrm{fc}} = 0 \tag{5-23}$$

式（5-23）与单相短路接地的边界条件很类似，只是电压和电流互换，因此其转换为对称分

量的形式必为

$$\begin{cases} \dot{U}_{f(1)} = \dot{U}_{f(2)} = \dot{U}_{f(0)} \\ \dot{I}_{f(1)} + \dot{I}_{f(2)} + \dot{I}_{f(0)} = 0 \end{cases} \tag{5-24}$$

显然，满足此边界条件的复合序网如图 5-9 所示，即三个序网在故障点并联。

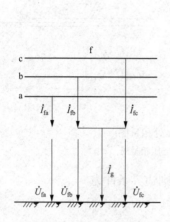

图 5-8　两相短路接地

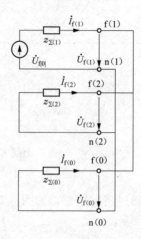

图 5-9　两相短路接地复合序网

由复合序网可求得故障处各序电流为

$$\begin{cases} \dot{I}_{f(1)} = \dfrac{\dot{U}_{f|0|}}{z_{\Sigma(1)} + \dfrac{z_{\Sigma(2)} z_{\Sigma(0)}}{z_{\Sigma(2)} + z_{\Sigma(0)}}} \\[4mm] \dot{I}_{f(2)} = -\dot{I}_{f(1)} \dfrac{z_{\Sigma(0)}}{z_{\Sigma(2)} + z_{\Sigma(0)}} \\[4mm] \dot{I}_{f(0)} = -\dot{I}_{f(1)} \dfrac{z_{\Sigma(2)}}{z_{\Sigma(2)} + z_{\Sigma(0)}} \end{cases} \tag{5-25}$$

故障相的短路电流为

$$\begin{cases} \dot{I}_{fb} = a^2 \dot{I}_{f(1)} + a\dot{I}_{f(2)} + \dot{I}_{f(0)} \\ \qquad = \dot{I}_{f(1)} \left(a^2 - \dfrac{z_{\Sigma(2)} + a z_{\Sigma(0)}}{z_{\Sigma(2)} + z_{\Sigma(0)}} \right) \\[4mm] \dot{I}_{fc} = a\dot{I}_{f(1)} + a^2 \dot{I}_{f(2)} + \dot{I}_{f(0)} \\ \qquad = \dot{I}_{f(1)} \left(a - \dfrac{z_{\Sigma(2)} + a^2 z_{\Sigma(0)}}{z_{\Sigma(2)} + z_{\Sigma(0)}} \right) \end{cases} \tag{5-26}$$

当各序阻抗为纯电抗时，式（5-26）可表示为

$$\begin{cases} \dot{I}_{fb} = \dot{I}_{f(1)} \left(a^2 - \dfrac{x_{\Sigma(2)} + a x_{\Sigma(0)}}{x_{\Sigma(2)} + x_{\Sigma(0)}} \right) \\[4mm] \dot{I}_{fc} = \dot{I}_{f(1)} \left(a - \dfrac{x_{\Sigma(2)} + a^2 x_{\Sigma(0)}}{x_{\Sigma(2)} + x_{\Sigma(0)}} \right) \end{cases} \tag{5-27}$$

对式（5-27）两端取模值，经整理后可得故障相短路电流的有效值为

$$I_{fb} = I_{fc} = \sqrt{3} \times \sqrt{1 - \frac{x_{\Sigma(2)} x_{\Sigma(0)}}{(x_{\Sigma(2)} + x_{\Sigma(0)})^2}} I_{f(1)} \tag{5-28}$$

如果 $x_{\Sigma(1)} = x_{\Sigma(2)}$，令 $k_0 = x_{\Sigma(0)} / x_{\Sigma(2)}$，则

$$I_{\text{fb}} = I_{\text{fc}} = \sqrt{3} \times \sqrt{1 - \frac{k_0}{(1+k_0)^2}} \frac{1+k_0}{1+2k_0} I_{\text{f}}^{(3)} \tag{5-29}$$

式中：$I_{\text{f}}^{(3)}$ 为 f 点三相短路时短路电流。

(1) 当 $k_0 = 0$ 时，$I_{\text{fb}} = I_{\text{fc}} = \sqrt{3} I_{\text{f}}^{(3)}$。

(2) 当 $k_0 = 1$ 时，$I_{\text{fb}} = I_{\text{fc}} = I_{\text{f}}^{(3)}$。

(3) 当 $k_0 = \infty$ 时，$I_{\text{fb}} = I_{\text{fc}} = \frac{\sqrt{3}}{2} I_{\text{f}}^{(3)}$。

在极限情况，即 $k_0 = 0$ 时，两相短路接地时故障相短路电流是该点发生三相短路时短路电流的 $\sqrt{3}$ 倍。而对于中性点不接地系统，两相短路接地时故障相短路电流是该点发生三相短路时短路电流的 $\frac{\sqrt{3}}{2}$ 倍。

两相短路接地时流入地中的电流为

$$\dot{I}_{\text{g}} = \dot{I}_{\text{fb}} + \dot{I}_{\text{fc}} = 3\dot{I}_{\text{f}(0)} = -3\dot{I}_{\text{f}(1)} \frac{z_{\Sigma(2)}}{z_{\Sigma(2)} + z_{\Sigma(0)}} \tag{5-30}$$

由复合序网可求得短路处电压的各序分量为

$$\dot{U}_{\text{f}(1)} = \dot{U}_{\text{f}(2)} = \dot{U}_{\text{f}(0)} = \dot{I}_{\text{f}(1)} \frac{z_{\Sigma(2)} z_{\Sigma(0)}}{z_{\Sigma(2)} + z_{\Sigma(0)}}$$

$$= \dot{U}_{\text{fa}|0|} \frac{z_{\Sigma(2)} z_{\Sigma(0)}}{z_{\Sigma(1)} z_{\Sigma(2)} + z_{\Sigma(1)} z_{\Sigma(0)} + z_{\Sigma(2)} z_{\Sigma(0)}} \tag{5-31}$$

则短路处非故障相电压为

$$\dot{U}_{\text{fa}} = \dot{U}_{\text{f}(1)} + \dot{U}_{\text{f}(2)} + \dot{U}_{\text{f}(0)} = 3\dot{U}_{\text{f}(1)} \tag{5-32}$$

若为纯电抗，且 $x_{\Sigma(1)} = x_{\Sigma(2)}$，则

$$\dot{U}_{\text{fa}} = 3\dot{U}_{\text{fa}|0|} \frac{k_0}{1+2k_0} \tag{5-33}$$

(1) 当 $k_0 = 0$ 时，$\dot{U}_{\text{fa}} = 0$。

(2) 当 $k_0 = 1$ 时，$\dot{U}_{\text{fa}} = \dot{U}_{\text{fa}|0|}$。

(3) 当 $k_0 = \infty$ 时，$\dot{U}_{\text{fa}} = 1.5\dot{U}_{\text{fa}|0|}$。

可以看出，对于中性点不接地系统，非故障相电压升高最多，为正常电压的 1.5 倍，但仍小于单相接地时电压的升高。

图 5-10 画出了故障处短路电流及电压的相量图。其电流相量图与单相接地时的电压相量图类似；其电压相量图则与单接接地时的电流相量图类似。

假定 b、c 两相短路后经 z_{g} 接地，如图 5-11 (a) 所示，则故障点的边界条件为

$$\dot{I}_{\text{fa}} = 0; \dot{U}_{\text{fb}} = \dot{U}_{\text{fc}} = (\dot{I}_{\text{fb}} + \dot{I}_{\text{fc}}) z_{\text{g}} \tag{5-34}$$

由 $\dot{I}_{\text{fa}} = 0$ 及 $\dot{U}_{\text{fb}} = \dot{U}_{\text{fc}}$，可得各序分量关系为

$$\dot{I}_{\text{f}(1)} + \dot{I}_{\text{f}(2)} + \dot{I}_{\text{f}(0)} = 0; \dot{U}_{\text{f}(1)} = \dot{U}_{\text{f}(2)}$$

另由 $\dot{U}_{\text{fb}} = (\dot{I}_{\text{fb}} + \dot{I}_{\text{fc}}) z_{\text{g}}$ 可得

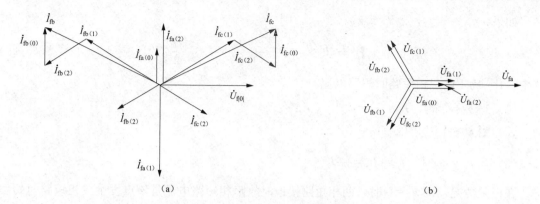

图 5-10 两相短路接地故障处相量图

(a) 电流相量图；(b) 电压相量图

$$\dot{U}_{\mathrm{fb}} = a^2 \dot{U}_{\mathrm{f}(1)} + a \dot{U}_{\mathrm{f}(2)} + \dot{U}_{\mathrm{f}(0)} = (a^2 + a)\dot{U}_{\mathrm{f}(1)} + \dot{U}_{\mathrm{f}(0)}$$

$$= -\dot{U}_{\mathrm{f}(1)} + \dot{U}_{\mathrm{f}(0)} = 3\dot{I}_{\mathrm{f}(0)} z_{\mathrm{g}}$$

总的边界条件为

$$\dot{I}_{\mathrm{f}(1)} + \dot{I}_{\mathrm{f}(2)} + \dot{I}_{\mathrm{f}(0)} = 0\,; \dot{U}_{\mathrm{f}(1)} = \dot{U}_{\mathrm{f}(2)} = \dot{U}_{\mathrm{f}(0)} - 3\dot{I}_{\mathrm{f}(0)} z_{\mathrm{g}} \tag{5-35}$$

其复合序网如图 5-11（b）所示，即零序网络串联 $3z_{\mathrm{g}}$ 后在短路点和正序、负序网并联。不难理解，因为 z_{g} 上只有三倍零序电流流过，形成的压降为 $3\dot{I}_{\mathrm{f}(0)} z_{\mathrm{g}}$。

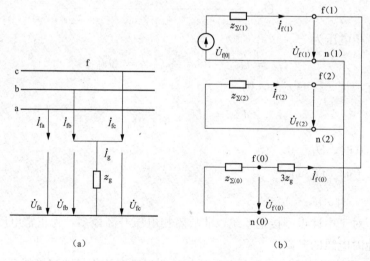

图 5-11 两相短路经阻抗接地

(a) 两相短路接地；(b) 复合序网

在两相短路经阻抗接地的计算中，仍可用式（5-25）～式（5-30）来计算电流，但只需将其中 $z_{\Sigma(0)}$ 代之以 $z_{\Sigma(0)} + 3z_{\mathrm{g}}$。

电压计算公式为

$$\dot{U}_{\mathrm{fa}} = \dot{U}_{\mathrm{f}(1)} + \dot{U}_{\mathrm{f}(2)} + \dot{U}_{\mathrm{f}(0)}$$

$$= 2\dot{I}_{\mathrm{f}(1)} \frac{z_{\Sigma(2)}(z_{\Sigma(0)} + 3z_{\mathrm{g}})}{z_{\Sigma(2)} + z_{\Sigma(0)} + 3z_{\mathrm{g}}} + \dot{I}_{\mathrm{f}(1)} \frac{z_{\Sigma(2)} z_{\Sigma(0)}}{z_{\Sigma(2)} + z_{\Sigma(0)} + 3z_{\mathrm{g}}}$$

$$= 3\dot{I}_{f(1)} \frac{z_{\Sigma(2)}(z_{\Sigma(0)} + 2z_g)}{z_{\Sigma(2)} + z_{\Sigma(0)} + 3z_g} \tag{5-36}$$

$$\dot{U}_{fb} = \dot{U}_{fc} = 3\dot{I}_{f(0)}z_g = -3\dot{I}_{f(1)} \frac{z_{\Sigma(2)}z_g}{z_{\Sigma(2)} + z_{\Sigma(0)} + 3z_g} \tag{5-37}$$

【例 5-1】 在［例 3-2］的系统中，又已知三台发电机中性点均不接地；三台变压器均为 YNd 接线（发电机侧为三角形）；经试验测得三条输电线路的零序电抗均为 0.20（以 60MV·A 为基准值）。要求计算节点③分别发生单相短路接地、两相短路和两相短路接地时故障处的短路电流和电压（基波分量初始值）。

解　（1）形成系统的三个序网图。正序网络见图 3-6（b）；负序网络与正序网络相同，但无电源，其中假设发电机负序电抗近似等于 x_d''，如图 5-12（a）所示；零序网络见图 5-12（b）。

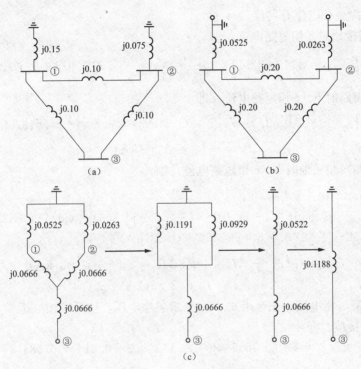

图 5-12　［例 5-1］图
(a) 负序网络；(b) 零序网络；(c) 零序网络化简

（2）计算三个序网络对故障点的等值阻抗。在［例 4-2］中已求得正序电抗为

$$z_{\Sigma(1)} = j0.1015$$

故

$$z_{\Sigma(2)} = z_{\Sigma(1)} = j0.1015$$

零序网络的化简过程如图 5-12（c）所示，得

$$z_{\Sigma(0)} = j0.1188$$

（3）计算故障处各序电流（假设故障点在正常时电压为 1）。

1）a 相短路接地，此时

$$\dot{I}_{3(1)} = \dot{I}_{3(2)} = \dot{I}_{3(0)} = \frac{1}{j0.1015 + j0.1015 + j0.1188} = -j3.11$$

2）b、c 两相短路，则

$$\dot{I}_{3(1)} = -\dot{I}_{3(2)} = \frac{1}{j0.1015 + j0.1015} = -j4.93$$

3）b、c 两相短路接地，则

$$\dot{I}_{3(1)} = \frac{1}{j0.1015 + \dfrac{j0.1015 \times j0.1188}{j0.1015 + j0.1188}} = -j6.40$$

$$\dot{I}_{3(2)} = j6.40 \frac{j0.1188}{j0.1015 + j0.1188} = j3.46$$

$$\dot{I}_{3(0)} = j6.40 \frac{j0.1015}{j0.1015 + j0.1188} = j2.95$$

（4）计算故障处相电流有名值。

1）a 相短路接地时 a 相短路电流，即

$$\dot{I}_{3a} = 3\dot{I}_{3(1)}\dot{I}_{B} = 3 \times (-j3.11) \times \frac{60}{\sqrt{3} \times 115} = -j9.33 \times 0.3 = -j2.80\text{(kA)}$$

2）b、c 相短路时 b、c 相短路电流，即

$$\dot{I}_{3b} = -j\sqrt{3}\dot{I}_{3(1)}\dot{I}_{B} = -j\sqrt{3} \times (-j4.93) \times 0.3 = -2.56\text{(kA)}$$

$$\dot{I}_{3c} = -\dot{I}_{3b} = 2.56\text{(kA)}$$

3）b、c 两相短路接地时 b、c 相短路电流，则

$$\dot{I}_{3b} = (a^2\dot{I}_{3(1)} + a\dot{I}_{3(2)} + \dot{I}_{3(0)})\dot{I}_{B}$$
$$= [(-0.5 - j0.866) \times (-j6.40) + (-0.5 + j0.866) \times (j3.46) + j2.95] \times 0.3$$
$$= (-8.54 + j4.42) \times 0.3 = -2.56 + j1.33\text{(kA)}$$

$$\dot{I}_{3c} = (a\dot{I}_{3(1)} + a^2\dot{I}_{3(2)} + \dot{I}_{3(0)})\dot{I}_{B} = 2.56 + j1.33\text{(kA)}$$

$$I_{3b} = I_{3c} = 2.88\text{(kA)}$$

（5）计算故障处相电压〔先运用式（5-1）求各序电压，然后求相电压〕。

1）a 相短路接地，则

$$\dot{U}_{3(1)} = 1 - j0.1015 \times (-j3.11) = 1 - 0.316 = 0.684$$

$$\dot{U}_{3(2)} = -j0.1015 \times (-j3.11) = -0.316$$

$$\dot{U}_{3(0)} = -j0.1188 \times (-j3.11) = -0.369$$

$$\dot{U}_{3b} = a^2\dot{U}_{3(1)} + a\dot{U}_{3(2)} + \dot{U}_{3(0)}$$
$$= (-0.5 - j0.866) \times 0.684 + (-0.5 + j0.866) \times (-0.316) - 0.369$$
$$= -0.552 - j0.866$$

$$\dot{U}_{3c} = -0.552 + j0.866$$
$$U_{3b} = U_{3c} = 1.03$$

2）b、c 两相短路，则

$$\dot{U}_{3(1)} = \dot{U}_{3(2)} = -j4.93 \times j0.1015 = 0.5$$

$$\dot{U}_{3a} = \dot{U}_{3(1)} + \dot{U}_{3(2)} = 1$$

$$\ddot{U}_{3b} = (a^2 + a)\dot{U}_{3(1)} = -0.5$$

$$\dot{U}_{3c} = -0.5$$

3) b、c 两相短路接地，则

$$\dot{U}_{3(1)} = \dot{U}_{3(2)} = \dot{U}_{3(0)} = -j3.46 \times j0.1015 = 0.35$$

$$\dot{U}_{3a} = 3\dot{U}_{3(1)} = 3 \times 0.35 = 1.05$$

以上电压均为标幺值。

四、正序增广网络（正序等效定则）的应用

综合上面讨论的三种不对称短路电流的分析结果，可以看出这三种情况下短路电流的正序分量的计算式（5-11）、式（5-21）、式（5-25）和三相短路电流 $\dot{U}_{f|0|}/z_{\Sigma(1)}$ 在形式上很相似，只是阻抗为 $z_{\Sigma(1)} + z_\Delta$，称 z_Δ 为附加阻抗。在单相短路时附加阻抗为 $z_{\Sigma(2)}$ 和 $z_{\Sigma(0)}$（或 $z_{\Sigma(0)}+3z_f$）的串联；两相短路时附加阻抗为 $z_{\Sigma(2)}$（或 $z_{\Sigma(2)}+z_f$）；两相短路接地时为 $z_{\Sigma(2)}$ 和 $z_{\Sigma(0)}$（或 $z_{\Sigma(0)}+3z_g$）的并联。这些结论也可直接从复合序网图 5-3（c）、图 5-7（c）、图 5-11（b）观察到。因此，对于任一种不对称短路，其短路电流的正序分量可以利用图 5-13 示出的正序增广网络计算。

由式（5-4）、式（5-22）、式（5-28）可以看出，故障相短路电流的值和正序分量有一定关系。因此，可以归纳得出下面的公式

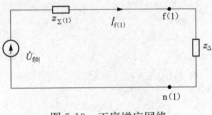

$$\begin{cases} \dot{I}_{f(1)} = \dfrac{\dot{U}_{f|0|}}{z_{\Sigma(1)} + z_\Delta} \\ I_f = M I_{f(1)} \end{cases} \quad (5\text{-}38)$$

图 5-13 正序增广网络

式中：z_Δ 为正序增广网络中的附加阻抗；M 为故障相短路电流对正序分量的倍数。

表 5-1 列出了各种短路时 z_Δ 和 M 的值。对于两相短路接地，表中的 M 值只适用于纯电抗的情况。

表 5-1　　　　　　　　　　　　各种短路时的 z_Δ 和 M 值

短路种类	z_Δ	M
三相短路	0	1
单相短路	$z_{\Sigma(2)} + (z_{\Sigma(0)} + 3z_f)$	3
两相短路	$z_{\Sigma(2)} + z_f$	$\sqrt{3}$
两相短路接地	$\dfrac{z_{\Sigma(2)} \times (z_{\Sigma(0)} + 3z_g)}{z_{\Sigma(2)} + z_{\Sigma(0)} + 3z_g}$	$\sqrt{3}\sqrt{1 - \dfrac{x_{\Sigma(2)}(x_{\Sigma(0)} + 3x_g)}{(x_{\Sigma(2)} + x_{\Sigma(0)} + 3x_g)^2}}$

【例 5-2】 计算［例 3-3］f1 点发生单相接地时的短路电流 I_{fa}''。已知 330kV 线路零序电抗 $x_0 = 3x_1 = 3 \times 0.027 = 0.081$；330kV 系统的等值零序电抗取为 $x_{\Sigma(0)} \approx x_{\Sigma(1)} = 0.084$。三组发电机变压器组中两组变压器为 YNd 接线（发电侧为三角形），一组变压器为 Yd 接线（发电侧为三角形）；两台自耦变压器中与 f1 在同一回路的自耦变压器采用中性点直接接地，而另外一台自耦变压器采用不接地接线。系统基准量取 1000MVA。

解　（1）求三序网对 f1 点的等值电抗。由［例 3-3］已知 $x_{\Sigma(1)} = x_{\Sigma(2)} = 0.095$。

零序网络见图 5-14（a），化简过程见图 5-14（b），最后得 $x_{\Sigma(0)} = 0.129$。

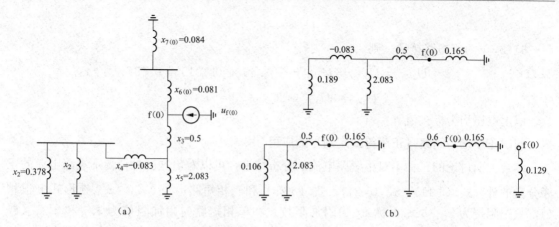

图 5-14 ［例 5-2］图

(a) 零序网络图；(b) 化简过程

（2）计算电流。由正序增广网络概念得

$$x_\Delta = x_{\Sigma(2)} + x_{\Sigma(0)} = 0.095 + 0.129 = 0.224$$

$$I_{f(1)} = \frac{1}{x_{\Sigma(1)} + x_\Delta} = \frac{1}{0.095 + 0.224} = 3.13$$

$$I''_{fa} = M I_{f(1)} = 3 \times 3.13 = 9.39$$

有名值为

$$I''_{fa} = 9.39 \times \frac{1000}{\sqrt{3} \times 345} = 15.71 (kA)$$

较三相短路电流稍小些。

【**例 5-3**】 如图 5-15（a）所示一简单电力系统，已知各元件的参数为：

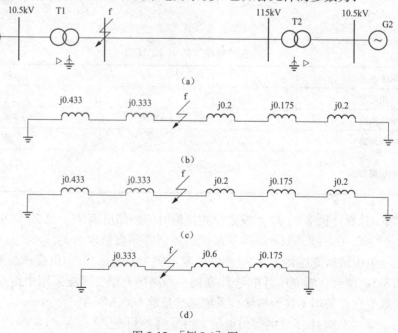

图 5-15 ［例 5-3］图

(a) 系统接线图；(b) 正序网络；(c) 负序网络；(d) 零序网络

发电机：G1：30MV·A，10.5kV，$x_d''=x_2=0.13$；G2：60MV·A，10.5kV，$x_d''=x_2=0.12$。

变压器：T1：31.5MV·A，115/10.5kV，$U_k\%=10.5$；T2：60MV·A，115/10.5kV，$U_k\%=10.5$。

线路：长60km，正序电抗 $x_1=0.44\Omega/\mathrm{km}$，零序电抗 $x_0=3x_1$。

试求 f 点分别发生三相短路和单相短路时故障点的短路电流。

解　（1）形成系统的三个序网图。三序网分别如图 5-15（b）～（d）所示。

取 $S_B=100\mathrm{MV\cdot A}$，$U_B$ 为各电压等级平均额定电压，求得各元件电抗标幺值为

发电机 G1

$$x_{G1(1)}=x_{G1(2)}=0.13\times\frac{100}{30}=0.433$$

变压器 T1

$$x_{T1(1)}=x_{T1(2)}=x_{T1(0)}=0.105\times\frac{100}{31.5}=0.333$$

线路

$$x_{L(1)}=x_{L(2)}=0.44\times60\times\frac{100}{115^2}=0.2$$

$$x_{L(0)}=3x_{L(1)}=0.6$$

变压器 T2

$$x_{T2(1)}=x_{T2(2)}=x_{T2(0)}=0.105\times\frac{100}{60}=0.175$$

发电机 G2

$$x_{G2(1)}=x_{G2(2)}=0.12\times\frac{100}{60}=0.2$$

（2）求三序网对故障点 f 的等值电抗。

正序、负序等值电抗为

$$x_{\Sigma1}=x_{\Sigma2}=(0.433+0.333)//(0.2+0.175+0.2)=0.328$$

零序等值电抗为

$$x_{\Sigma0}=0.333//(0.6+0.175)=0.233$$

$$I_{f3}=\frac{1}{0.328}=3.049$$

有名值为

$$I_{f3}=3.049\times\frac{100}{\sqrt{3}\times115}=1.531(\mathrm{kA})$$

单相短路电流为

$$I_{f1}=3\times\frac{1}{0.328+0.328+0.233}=3.375$$

有名值为

$$I_{f1}=3.375\times\frac{100}{\sqrt{3}\times115}=1.694(\mathrm{kA})$$

注意：本例中故障点 f 的零序等值电抗小于正序等值电抗，使得单相短路电流较三相短

路电流大。伴随着电网建设的发展，在一些实际电网中，由于大量采用中性点直接接地的自耦变压器等原因，使得系统零序等值电抗较小，某些情况下甚至导致单相短路电流大于三相短路电流。所以在短路电流计算和分析中，不仅需要校核三相短路，也需要校核单相短路等不对称短路。有时还需要采取专门抑制不对称短路电流的措施，以保证电网的安全运行。

五、采用国家标准求故障处短路电流

前面理论分析采用对称分量法计算三相交流系统中不对称短路产生的短路电流，而在国标 GB/T 15544—2013《三相交流系统短路电流计算》中推荐采用短路点等效电压源法计算，从后面公式对比中可以看出二者具有相近的表达形式。等效电压源法已在第三章进行了介绍，需要说明的是，在不对称短路计算中元件的负序和零序短路阻抗也应采用修正系数进行修正。

为和前面分析一致，两相短路、两相短路接地和单相短路接地分别用下标"2"、"（1，1）"和"1"表示，仍设 a 相为特殊相，公式中没有计及接地阻抗。注意：U_n 为系统标称电压，与本章前面的单相正常电压 $U_{f|0|}$ 存在 $U_n = \sqrt{3} U_{f|0|}$ 的近似关系。

单相短路接地时，短路电流交流分量初始值计算式为

$$I_{fa1} = \frac{\sqrt{3} c U_n}{z_{\Sigma(1)} + z_{\Sigma(2)} + z_{\Sigma(0)}} \tag{5-39}$$

两相短路时，短路电流初始值计算式为

$$I_{fb2} = I_{fc2} = \frac{c U_n}{|z_{\Sigma(1)} + z_{\Sigma(2)}|} = \frac{c U_n}{2|z_{\Sigma(1)}|} = \frac{\sqrt{3}}{2} I'' \tag{5-40}$$

两相短路接地时，短路相短路电流计算式为

$$\dot{I}_{fb(1,1)} = -j c U_n \frac{z_{\Sigma(0)} - a z_{\Sigma(2)}}{z_{\Sigma(1)} z_{\Sigma(2)} + z_{\Sigma(1)} z_{\Sigma(0)} + z_{\Sigma(2)} z_{\Sigma(0)}} \tag{5-41}$$

$$\dot{I}_{fc(1,1)} = j c U_n \frac{z_{\Sigma(0)} - a^2 z_{\Sigma(2)}}{z_{\Sigma(1)} z_{\Sigma(2)} + z_{\Sigma(1)} z_{\Sigma(0)} + z_{\Sigma(2)} z_{\Sigma(0)}} \tag{5-42}$$

远端短路时，若考虑 $z_{\Sigma(2)} = z_{\Sigma(1)}$，可进一步化简得到上述电流的表达式。

可以看出，在标准中短路电流计算公式与本节前面理论计算公式很相似。只是为了工程应用，对各序阻抗、电压等进行了必要修正。在不对称短路计算中，同样可以应用计算系数求得短路电流峰值、其他短路时刻短路电流分量，本书限于篇幅不再介绍。

第二节　非故障处电流、电压的计算

前面的分析只解决了不对称短路时故障处短路电流和电压的计算。若要分析计算网络中任意处的电流和电压，必须先在各序网中求得该处电流和电压的各序分量，然后再合成为三相电流和电压。非故障处电流、电压一般是不满足边界条件的。

一、计算各序网中任意处各序电流、电压

通过复合序网求得从故障点流出的 $\dot{I}_{f(1)}$、$\dot{I}_{f(2)}$、$\dot{I}_{f(0)}$ 后，进而可以计算各序网中任一处的各序电流、电压。

对于正序网络，由于故障处 $\dot{I}_{f(1)}$ 已知，根据叠加原理可将正序网络分解成正常情况和故障分量两部分，如图 5-16 所示。在近似计算中，正常运行情况作为空载运行。故障分

量的计算比较简单，因为网络中只有节点电流 $\dot{I}_{f(1)}$，由它可求得网络各节点电压以及电流分布。

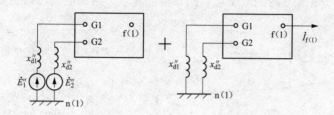

图 5-16　正序网络分解为正常情况和故障分量

对于负序和零序网络，因为没有电源，故只有故障分量，即在网络中只有故障点有节点电流，与正序故障分量一样，可以求得网络中任一节点电压和任一支路电流。

当网络结构复杂时手工计算工作量较大。应用计算机程序计算时，公式如下。

任一节点电压的各序分量为

$$\begin{cases} \dot{U}_{i(1)} = \dot{U}_{i|0|} - Z_{if(1)} \dot{I}_{f(1)} \\ \dot{U}_{i(2)} = - Z_{if(2)} \dot{I}_{f(2)} \\ \dot{U}_{i(0)} = - Z_{if(0)} \dot{I}_{f(0)} \end{cases} \tag{5-43}$$

式中：$\dot{U}_{i|0|}$ 为正常运行时该点的电压；Z_{if} 为各序网阻抗矩阵中与故障点 f 相关的一列元素。

任一支路电流的各序分量为

$$\begin{cases} \dot{I}_{ij(1)} = \dfrac{\dot{U}_{i(1)} - \dot{U}_{j(1)}}{z_{ij(1)}} \\[2mm] \dot{I}_{ij(2)} = \dfrac{\dot{U}_{i(2)} - \dot{U}_{j(2)}}{z_{ij(2)}} \\[2mm] \dot{I}_{ij(0)} = \dfrac{\dot{U}_{i(0)} - \dot{U}_{j(0)}}{z_{ij(0)}} \end{cases} \tag{5-44}$$

得到各序分量的电压、电流。可合成得到对应的相电压和电流，若中间经过了变压器，则需要对对称分量的相位作适当变换，这一点后面会介绍。

图 5-17 所示为一单电源系统在各种不同类型短路时的各序电压沿线路的分布规律。从各序网络中可以看出，这种电压分布具有普遍性。

（1）越靠近电源正序电压数值越高，越靠近短路点正序电压数值就越低。三相短路时，短路点电压为零，系统其他各点电压降低最严重；两相短路接地时正序电压降低的情况仅次于三相短路；单相接地时，正序电压值降低最小。

（2）越靠近短路点，负序和零序电压的有效值总是越高，这相当于在短路点有个负序和零序的电源。愈远离短路点，负序和零序电压数值就愈低。在发电机中性点上负序电压为零。

二、对称分量经变压器后的相位变化

各序网图是将三相等值为星形联结的单相等值电路图。如果待求电流（或电压）的某支路（或节点）与短路点之间的变压器均为 Yy0 连接，则从各序网求得的该支路（或节点）的正、负序和零序电流（若可能流通）或电压，就是该支路（或节点）的实际的各序电流（或电压），而不必转相位。应用这些序分量即可合成得到各相电流和电压。图 5-18 表明了 Yy0 变压器在正序和负序情况下两侧电压均为同相位。显然，两侧电流相量也是同相位。

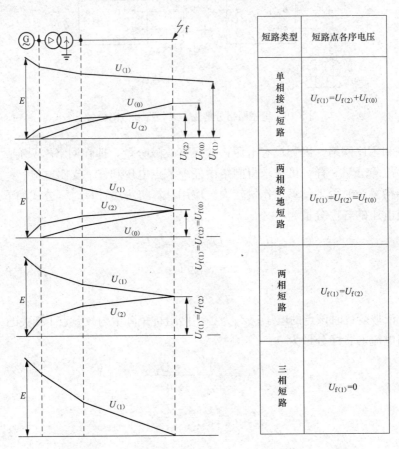

短路类型	短路点各序电压
单相接地短路	$U_{f(1)}=U_{f(2)}+U_{f(0)}$
两相接地短路	$U_{f(1)}=U_{f(2)}=U_{f(0)}$
两相短路	$U_{f(1)}=U_{f(2)}$
三相短路	$U_{f(1)}=0$

图 5-17　各种不同类型短路时各序电压沿线路的分布规律

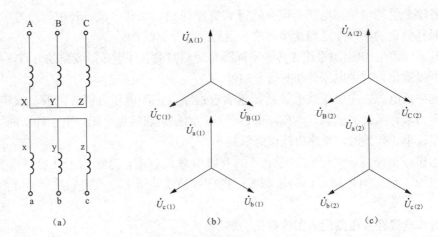

图 5-18　Yy0 变压器两侧电压相量

（a）连接方式；（b）正序分量；（c）负序分量

若待计算处与短路点间有星形/三角形联结的变压器，则从各序网求得的该处正、负序电流、电压必须分别转动不同的相位才是该处的实际各序分量。应用实际的正、负序电流和电压才能合成得到该处的各相电流和电压。

对于图 5-19 所示的 Yd11 变压器，其两侧正序电压相位关系如图 5-20（a）所示。两侧负序电压相位关系则如图 5-20（b）所示。其关系式可表示为

$$\begin{cases} \dot{U}_{a(1)} = \dot{U}_{A(1)}\,e^{j30°} = \dot{U}_{A(1)}\,e^{-j330°} \\ \dot{U}_{a(2)} = \dot{U}_{A(2)}\,e^{-j30°} = \dot{U}_{A(2)}\,e^{j330°} \end{cases} \tag{5-45}$$

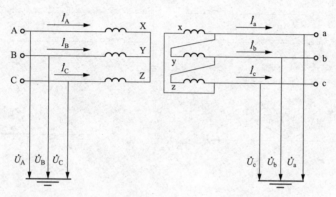

图 5-19　Yd11 变压器两侧电压、电流示意图

即对于正序分量三角形侧电压较星形侧超前30°（即 11 点钟）或落后 330°，对于负序分量则正好相反，即落后 30°或超前 330°。

显然，电流也有相同的关系，即

$$\begin{cases} \dot{I}_{a(1)} = \dot{I}_{A(1)}\,e^{j30°} = \dot{I}_{A(1)}\,e^{-j330°} \\ \dot{I}_{a(2)} = \dot{I}_{A(2)}\,e^{-j30°} = \dot{I}_{A(2)}\,e^{j330°} \end{cases} \tag{5-46}$$

电流和电压转相同的相位是不难理解的，因为两侧功率相等，则功率因数角必须相等。

对于星形/三角形的其他不同联结方式，若表示为 Ydk（k 为正序时三角形侧电压相量作为短时针所代表的钟点数），则式（5-45）可以推广为

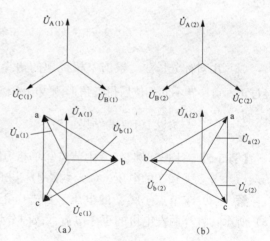

图 5-20　Yd11 变压器两侧电压对称分量的相位关系
(a) 两侧正序电压相位关系；(b) 两侧负序电压相位关系

$$\begin{cases} \dot{U}_{a(1)} = \dot{U}_{A(1)}\,e^{-jk\times30°} \\ \dot{U}_{a(2)} = \dot{U}_{A(2)}\,e^{jk\times30°} \end{cases} \tag{5-47}$$

电流关系式为

$$\begin{cases} \dot{I}_{a(1)} = \dot{I}_{A(1)}\,e^{-jk\times30°} \\ \dot{I}_{a(2)} = \dot{I}_{A(2)}\,e^{jk\times30°} \end{cases} \tag{5-48}$$

零序电流不可能经星形/三角形接法的变压器流出，所以不存在转相位的问题。

【例 5-4】 若已知图 5-21（a）中变压器星形侧 A 相接地电流为 $\dot{I}_f$，试分析电源侧 a、b、c 三

相中的线电流。

解　(1) 用按相直接分析法。由于 A 相绕组中电流为 $\dot{I}_f$，则三角形侧 a-x 绕组中电流为 $\dot{I}_f/\sqrt{3}$。因两侧电压标幺值均为 1，故星形侧与三角形侧绕组匝数比为 $\sqrt{3}/1$。其余二绕组电流为零。a、b、c 三相中的线电流如图 5-21 (a) 所示。

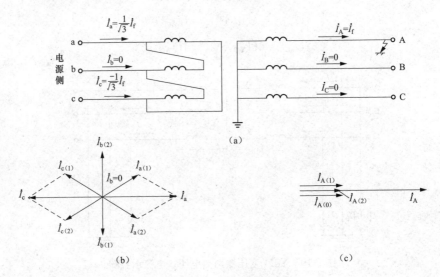

图 5-21　[例 5-4] 图
(a) 变压器接线图；(b) 三角形侧电流；(c) 星形侧电流

(2) 用对称分量法。根据单相接地的边界条件知星形侧三序电流如图 5-21 (c) 所示，经过正、负序转不同相位后得三角形侧线电流相量图见图 5-21 (b)，其中 $\dot{I}_a = -\dot{I}_c = \sqrt{3}\dot{I}_{A(1)} = \sqrt{3} \times \dfrac{\dot{I}_f}{3} = \dfrac{\dot{I}_f}{\sqrt{3}}$，与方法 (1) 的结果一致。

【例 5-5】　计算 [例 5-1] 中节点③单相短路接地时的电流与电压值。

(1) 节点①和②的电压。(2) 线路①—③的电流；(3) 发电机 1 的端电压。

解　(1) 求节点①和②的电压。首先由正序故障分量网络（也是负序网络）如图 5-22 (a) 所示，计算两发电机的正序电流（故障分量）和负序电流，即

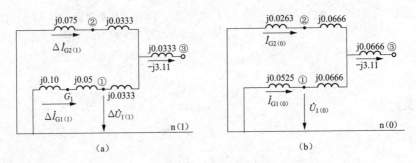

图 5-22　[例 5-5] 图
(a) 正、负序网络；(b) 零序网络

$$\Delta \dot{I}_{G1(1)} = \dot{I}_{G1(2)} = -j3.11 \frac{j0.1083}{j0.1833 + j0.1083} = -j1.155$$

$$\Delta \dot{I}_{G2(1)} = \dot{I}_{G2(2)} = -j3.11 \frac{j0.1833}{j0.1833 + j0.1083} = -j1.955$$

图中节点①、②的正序电压故障分量为

$$\Delta \dot{U}_{1(1)} = 0 - (-j1.155) \times j0.15 = -0.173$$

$$\Delta \dot{U}_{2(1)} = 0 - (-j1.955) \times j0.075 = -0.147$$

①、②两节点的正序电压为

$$\dot{U}_{1(1)} = 1 + \Delta \dot{U}_{1(1)} = 1 - 0.173 = 0.827$$

$$\dot{U}_{2(1)} = 1 + \Delta \dot{U}_{2(1)} = 1 - 0.147 = 0.853$$

①、②两节点的负序电压为

$$\dot{U}_{1(2)} = \Delta \dot{U}_{1(1)} = -0.173$$

$$\dot{U}_{2(2)} = \Delta \dot{U}_{2(1)} = -0.147$$

①、②两节点的零序电压由图 5-22（b）所示的零序网络求得，即

$$\dot{U}_{1(0)} = -\left(-j3.11 \times \frac{j0.0929}{j0.0929 + j0.1191} \right) \times j0.0525 = -0.072$$

$$\dot{U}_{2(0)} = -\left(-j3.11 \times \frac{j0.1191}{j0.0929 + j0.1191} \right) \times j0.0263 = -0.046$$

①、②两节点的三相电压为

$$\begin{bmatrix} \dot{U}_{1a} \\ \dot{U}_{1b} \\ \dot{U}_{1c} \end{bmatrix} = \begin{bmatrix} 1 & 1 & 1 \\ a^2 & a & 1 \\ a & a^2 & 1 \end{bmatrix} \begin{bmatrix} 0.827 \\ -0.173 \\ -0.072 \end{bmatrix} = \begin{bmatrix} 0.582 \\ -0.399 - j0.866 \\ -0.399 + j0.866 \end{bmatrix}$$

$$\begin{bmatrix} \dot{U}_{2a} \\ \dot{U}_{2b} \\ \dot{U}_{2c} \end{bmatrix} = \begin{bmatrix} 1 & 1 & 1 \\ a^2 & a & 1 \\ a & a^2 & 1 \end{bmatrix} \begin{bmatrix} 0.853 \\ -0.147 \\ -0.046 \end{bmatrix} = \begin{bmatrix} 0.66 \\ -0.40 - j0.866 \\ -0.40 + j0.866 \end{bmatrix}$$

它们的有效值分别为

$$\begin{bmatrix} U_{1a} \\ U_{1b} \\ U_{1c} \end{bmatrix} = \begin{bmatrix} 0.582 \\ 0.953 \\ 0.953 \end{bmatrix}; \begin{bmatrix} U_{2a} \\ U_{2b} \\ U_{2c} \end{bmatrix} = \begin{bmatrix} 0.66 \\ 0.954 \\ 0.954 \end{bmatrix}$$

由此结果可知，在非故障处 a 相电压并不为零，而 b、c 相电压较故障处低。

（2）线路①—③的电流。各序分量为

$$\dot{I}_{1-3(1)} = \frac{\dot{U}_{1(1)} - \dot{U}_{3(1)}}{z_{1-3(1)}} = \frac{0.827 - 0.684}{j0.1} = -j1.43$$

$$\dot{I}_{1-3(2)} = \frac{\dot{U}_{1(2)} - \dot{U}_{3(2)}}{z_{1-3(2)}} = \frac{-0.173 + 0.316}{j0.1} = -j1.43$$

$$\dot{I}_{1-3(0)} = \frac{\dot{U}_{1(0)} - \dot{U}_{3(0)}}{z_{1-3(0)}} = \frac{-0.072 + 0.369}{j0.2} = -j1.49$$

以上节点③各序电压由［例 5-1］求得。

线路①—③三相电流为

$$\begin{bmatrix} \dot{I}_{1-3a} \\ \dot{I}_{1-3b} \\ \dot{I}_{1-3c} \end{bmatrix} = \begin{bmatrix} 1 & 1 & 1 \\ a^2 & a & 1 \\ a & a^2 & 1 \end{bmatrix} \begin{bmatrix} -j1.43 \\ -j1.43 \\ -j1.49 \end{bmatrix} = \begin{bmatrix} -j4.35 \\ -j0.06 \\ -j0.06 \end{bmatrix}$$

有名值则为

$$\begin{bmatrix} \dot{I}_{1-3a} \\ \dot{I}_{1-3b} \\ \dot{I}_{1-3c} \end{bmatrix} = \frac{60}{\sqrt{3} \times 115} \times \begin{bmatrix} -j4.35 \\ -j0.06 \\ -j0.06 \end{bmatrix} = \begin{bmatrix} -j1.31 \\ -j0.02 \\ -j0.02 \end{bmatrix} (kA)$$

（3）G1 端电压的正序分量（故障分量）和负序分量由图 5-22（a）可得

$$\Delta \dot{U}_{G1(1)} = \dot{U}_{G1(2)} = -(-j1.155) \times (j0.10) = -0.116$$

故

$$\dot{U}_{G1(1)} = 1 - 0.116 = 0.884$$

由于发电机端电压的零序分量为零，故三相电压由正、负序合成。考虑到变压器为 Yd11 接线，所以在合成三相电压前正序分量要逆时针方向转 30°，而负序分量要顺时针方向转 30°，即

$$\begin{bmatrix} \dot{U}_a \\ \dot{U}_b \\ \dot{U}_c \end{bmatrix} = \begin{bmatrix} 1 & 1 & 1 \\ a^2 & a & 1 \\ a & a^2 & 1 \end{bmatrix} \begin{bmatrix} 0.884e^{j30°} \\ -0.116e^{-j30°} \\ 0 \end{bmatrix} = \begin{bmatrix} 0.665 + j0.5 \\ -j \\ -0.665 + j0.5 \end{bmatrix}$$

它们的有效值为

$$\begin{bmatrix} U_a \\ U_b \\ U_c \end{bmatrix} = \begin{bmatrix} 0.831 \\ 1 \\ 0.831 \end{bmatrix}$$

第三节　非全相运行的分析计算

非全相运行是指一相或两相断开的运行状态。造成非全相运行的原因很多，例如，某一线路单相接地短路后，故障相断路器跳闸；导线一相或两相断线等。电力系统在非全相运行时，在一般情况下没有危险的大电流或高电压产生（在某些情况下，例如对于带有并联电抗器的超高压线路，在一定条件下会产生工频谐振过电压）。但负序电流的出现对发电机转子有危害，零序电流对输电线路附近的通信线路有干扰。另外，负序和零序电流也可能引起某些继电保护误动作。因此，必须掌握非全相运行的分析方法。

电力系统中某处发生平相或两相断线的情况，如图 5-23（a）和图 5-23（b）所示，图中 z_{qk} 表示未断线相 qk 间的阻抗，如果 qk 表示断路器断口，则 $z_{qk}=0$，这种情况直接引起三相线路电流（从断口一侧流到另一侧）和三相断口两端电压不对称，而系统其他各处的参数仍是对称的，所以把非全相运行称为纵向故障。在不对称短路时，故障引起短路点三相电流

（从短路点流出）和短路点对地的三相电压不对称。因此通常称短路故障为横向故障。

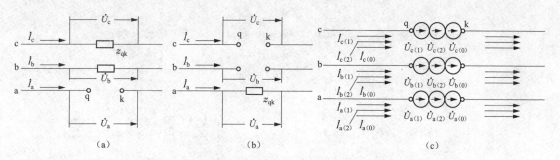

图 5-23　非全相运行示意图
(a) 单相断线；(b) 两相断线；(c) 断口处电压和线路电流各序分量

一、三序网络及其电压方程

与分析不对称短路时类似，将故障处电流、电压，即线路电流和断口间电压分解成三个序分量，如图 5-23 (c) 所示。由于系统其他地方参数三相对称，因此三序电压方程互为独立。可以与不对称短路时一样作出三个序的等值网络。图 5-24 中画出一任意复杂系统的三序网络示意图。这三个序网图与图 5-1 中的三个序网图不同，图 5-24 中的故障点 q 和 k 均为网络中的节点。

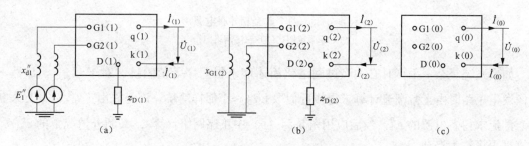

图 5-24　非全相运行的三序网络图
(a) 正序网；(b) 负序网；(c) 零序网

图 5-24 中发电机参数仍用次暂态电抗 X_d''，因为对应于电流突然变化前后，发电机磁链总保持不变。而发电机零序阻抗如本章第一节所述，可以略去。由于断线故障时电流不会像短路电流那样大，电压也不至很低，所以要计及负荷的等值阻抗（一般负荷零序电流为零，即零序阻抗为无穷大）。

同样，对于这三个序网，可以按戴维南定理写出其对故障端口的电压平衡方程式为

$$\begin{cases} \dot{U}_{qk|0|} - \dot{I}_{(1)} z_{(1)} = \dot{U}_{(1)} \\ 0 - \dot{I}_{(2)} z_{(2)} = \dot{U}_{(2)} \\ 0 - \dot{I}_{(0)} z_{(0)} = \dot{U}_{(0)} \end{cases} \tag{5-49}$$

式中：$\dot{U}_{qk|0|}$ 为 q、k 两节点间的开路电压，即当 q、k 两节点三相断开时，在电源作用下 q、k 两节点间的电压；$z_{(1)、(2)、(0)}$ 分别为正、负、零序网络从端口 q、k 看入的等值阻抗（正序电压源短路）。

对于图 5-25 (a) 所示的两个并联电源间发生非全相运行时，其三序网络很简明，如

图 5-25（b）所示，相应地有

$$z_{(1)} = z_{M(1)} + z_{N(1)}$$

$$z_{(2)} = z_{M(2)} + z_{N(2)}$$

$$z_{(0)} = z_{M(0)} + z_{N(0)}$$

$$\dot{U}_{qk|0|} = \dot{E}_M - \dot{E}_N$$

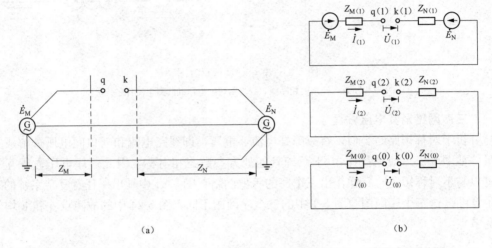

图 5-25　两个非全相并联电源

(a) 系统图；(b) 三序网络图

如果系统复杂，手算时必须经过网络化简才能求得三序等值阻抗。对于 $\dot{U}_{qk|0|}$，显然不能像发生短路时由正常潮流计算求得或近似取 $\dot{U}_{f|0|} \approx 1$ 那样简单，而是先由正常（q、k 未断开）潮流求得各电源的 $\dot{E}''$，然后应用图 5-24（a）中正序网络计算 q、k 断开情况下的 $\dot{U}_{qk|0|}$，手算过程将较为繁杂。

应用计算机程序计算过程简便。三序网对端口的等值阻抗 $z_{(1)}$、$z_{(2)}$、$z_{(0)}$ 和三序网的节点阻抗矩阵元素有一定关系。以 $z_{(1)}$ 为例，当电压源短路，从 q、k 通过一单位电流（从 q 流进，k 流出，即 $\dot{I}_{(1)} = -1$），则由式（5-49）可知，这时 q、k 间的电压值即为 $z_{(1)}$ 的值。根据叠加原理，这也就相当于分别从 q 通入一正单位电流时 q、k 间电压值（即 $Z_{qq(1)} - Z_{qk(1)}$）与 k 通入一负单位电流时 q、k 间电压值（即 $Z_{kk(1)} - Z_{qk(1)}$）之和，即

$$z_{(1)} = Z_{qq(1)} + Z_{kk(1)} - 2Z_{qk(1)} \tag{5-50}$$

同理可得

$$\begin{cases} z_{(2)} = Z_{qq(2)} + Z_{kk(2)} - 2Z_{qk(2)} \\ z_{(0)} = Z_{qq(0)} + Z_{kk(0)} - 2Z_{qk(0)} \end{cases} \tag{5-51}$$

$\dot{U}_{qk|0|}$ 的求解可应用图 5-24（a）正序网的节点导纳矩阵的因子表，在节点 G1、G2、…注入电流 $\dot{E}_1''/jx_{d1}''$、$\dot{E}_2''/jx_{d2}''$、…，即可求得在电源作用下的各节点电压，则有

$$\dot{U}_{qk|0|} = \dot{U}_{q|0|} - \dot{U}_{k|0|} \tag{5-52}$$

式（5-49）给出了各序网对断口的电压平衡方程，还必须结合断口处的边界条件，才能计算出断口处电压、电流的各序分量。下面分别讨论一相断线和两相断线的情况。

二、一相断线

若 a 相断线，不难从图 5-23（a）直接看出故障处的边界条件为

$$\begin{cases} \dot{I}_{\text{a}} = 0 \\ \dot{U}_{\text{b}} = z_{\text{qk}} \dot{I}_{\text{b}} \\ \dot{U}_{\text{c}} = z_{\text{qk}} \dot{I}_{\text{c}} \end{cases} \tag{5-53}$$

将其转换为各序分量（略去下标"a"）为

$$\dot{I}_{(1)} + \dot{I}_{(2)} + \dot{I}_{(0)} = 0$$

$$a^2 \dot{U}_{(1)} + a \dot{U}_{(2)} + \dot{U}_{(0)} = z_{\text{qk}} (a^2 \dot{I}_{(1)} + a \dot{I}_{(2)} + \dot{I}_{(0)})$$

$$a \dot{U}_{(1)} + a^2 \dot{U}_{(2)} + \dot{U}_{(0)} = z_{\text{qk}} (a \dot{I}_{(1)} + a^2 \dot{I}_{(2)} + \dot{I}_{(0)})$$

后两式又可改写为

$$a^2 (\dot{U}_{(1)} - z_{\text{qk}} \dot{I}_{(1)}) + a (\dot{U}_{(2)} - z_{\text{qk}} \dot{I}_{(2)}) + (\dot{U}_{(0)} - z_{\text{qk}} \dot{I}_{(0)}) = 0$$

$$a (\dot{U}_{(1)} - z_{\text{qk}} \dot{I}_{(1)}) + a^2 (\dot{U}_{(2)} - z_{\text{qk}} \dot{I}_{(2)}) + (\dot{U}_{(0)} - z_{\text{qk}} \dot{I}_{(0)}) = 0$$

最后得序分量的边界条件为

$$\begin{cases} \dot{I}_{(1)} + \dot{I}_{(2)} + \dot{I}_{(0)} = 0 \\ \dot{U}_{(1)} - z_{\text{qk}} \dot{I}_{(1)} = \dot{U}_{(2)} - z_{\text{qk}} \dot{I}_{(2)} = \dot{U}_{(0)} - z_{\text{qk}} \dot{I}_{(0)} \end{cases} \tag{5-54}$$

将式（5-54）与式（5-49）联立求解即可求得故障处的各序分量电流、电压。也可以按边界条件将三序网连接成复合序网，如图 5-26（a）所示，即在三序故障点 $q(1)$、$q(2)$、$q(0)$ 串联后 z_{qk} 再并联。此复合序网与两相短路接地时有些类似。应该注意的是，现在的故障处电流是流过断线线路上的电流；故障处的电压是断口间的电压。由复合序网可直接写出断线线路上各序电流（即断口电流）为

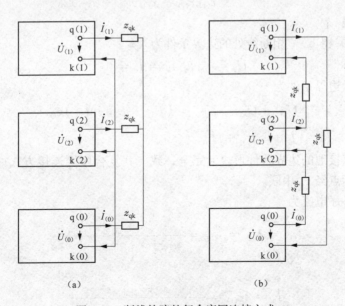

图 5-26　断线故障的复合序网连接方式

（a）一相断线；（b）两相断线

$$
\begin{cases}
\dot{I}_{(1)} = \dfrac{\dot{U}_{qk|0|}}{(z_{(1)} + z_{qk}) + \dfrac{(z_{(2)} + z_{qk})(z_{(0)} + z_{qk})}{z_{(2)} + z_{(0)} + 2z_{qk}}} \\[4mm]
\dot{I}_{(2)} = -\dot{I}_{(1)} \dfrac{z_{(0)} + z_{qk}}{z_{(2)} + z_{(0)} + 2z_{qk}} \\[4mm]
\dot{I}_{(0)} = -\dot{I}_{(1)} \dfrac{z_{(2)} + z_{qk}}{z_{(2)} + z_{(0)} + 2z_{qk}}
\end{cases}
\tag{5-55}
$$

将式（5-55）的结果代入电压方程式（5-49），即可得断口三序电压 $\dot{U}_{(1)}$、$\dot{U}_{(2)}$、$\dot{U}_{(0)}$。

由故障处的三序电流、电压可以求得三相电流、电压。如果 $z_{qk}=0$，而且三序等值阻抗均为纯电抗，则断线线路的 b、c 相电流可套用两相短路接地时的 b、c 相短路电流公式，即式（5-27）和式（5-28），得

$$
\begin{cases}
\dot{I}_b = \dot{I}_{(1)} \left(a^2 - \dfrac{x_{(2)} + ax_{(0)}}{x_{(2)} + x_{(0)}} \right) \\[4mm]
\dot{I}_c = \dot{I}_{(1)} \left(a - \dfrac{x_{(2)} + a^2 x_{(0)}}{x_{(2)} + x_{(0)}} \right) \\[4mm]
I_b = I_c = \sqrt{3} \times \sqrt{1 - \dfrac{x_{(2)} x_{(0)}}{(x_{(2)} + x_{(0)})^2}} I_{(1)}
\end{cases}
\tag{5-56}
$$

其中

$$
\dot{I}_{(1)} = \frac{\dot{U}_{qk|0|}}{j\left(x_{(1)} + \dfrac{x_{(2)} \times x_{(0)}}{x_{(2)} + x_{(0)}} \right)}
$$

故障相断口电压则与式（5-31）、式（5-32）类似，即

$$
\dot{U}_{qk,a} = 3\dot{U}_{(1)} = 3\dot{I}_{(1)} \frac{x_{(2)} x_{(0)}}{x_{(2)} + x_{(0)}}
$$

$$
= \dot{U}_{qk|0|} \frac{x_{(2)} x_{(0)}}{x_{(1)} x_{(2)} + x_{(1)} x_{(0)} + x_{(2)} x_{(0)}}
\tag{5-57}
$$

三、两相断线

由图 5-23（b）得 b、c 相断线处的边界条件为

$$
\dot{U}_a = z_{qk} \dot{I}_a;\ \dot{I}_b = \dot{I}_c = 0
\tag{5-58}
$$

其相应的各序分量边界条件为

$$
\begin{cases}
\dot{U}_{(1)} + \dot{U}_{(2)} + \dot{U}_{(0)} = (\dot{I}_{(1)} + \dot{I}_{(2)} + \dot{I}_{(0)}) z_{qk} \\[2mm]
\dot{I}_{(1)} = \dot{I}_{(2)} = \dot{I}_{(0)}
\end{cases}
\tag{5-59}
$$

与单相经阻抗短路接地的边界条件形式上完全一致。其复合序网连接方式如图 5-26（b）所示，即三序网故障点经 z_{qk} 串联。

断线线路上各序电流为

$$
\dot{I}_{(1)} = \dot{I}_{(2)} = \dot{I}_{(0)} = \frac{\dot{U}_{qk|0|}}{z_{(1)} + z_{(2)} + z_{(0)} + 3z_{qk}}
\tag{5-60}
$$

a 相电流为

$$
\dot{I}_a = 3\dot{I}_{(1)} = \frac{3\dot{U}_{qk|0|}}{z_{(1)} + z_{(2)} + z_{(0)} + 3z_{qk}}
\tag{5-61}
$$

断口处三序电压同样应用三序电压方程式（5-49）求得。

已知断口处三序电流［见式（5-55）和式（5-60）］后可以和短路故障一样，在三序网中分别求得电压和电流的分布。当然，在正序网络中要应用叠加原理。用计算机程序计算时，任一节点电压的各序分量公式与式（5-43）类似，即

$$\begin{cases} \dot{U}_{i(1)} = \dot{U}_{i|0|} - (Z_{iq(1)} - Z_{ik(1)})\dot{I}_{(1)} \\ \dot{U}_{i(2)} = -(Z_{iq(2)} - Z_{ik(2)})\dot{I}_{(2)} \\ \dot{U}_{i(0)} = -(Z_{iq(0)} - Z_{ik(0)})\dot{I}_{(0)} \end{cases} \tag{5-62}$$

式中：$\dot{U}_{i|0|}$ 在前面求 $\dot{U}_{qk|0|}$ 过程中已求得；各阻抗则为节点阻抗矩阵中的相应互阻抗。

任意支路电流的各序分量的计算公式则与式（5-44）完全相同。

【**例 5-6**】　对于图 5-27 所示的系统，为简便计算，设负荷为纯电抗，且 $x_1 = x_2 = x_0$，试计算线路末端 a 相断线时 b、c 两相电流，a 相断口电压以及发电机母线三相电压。

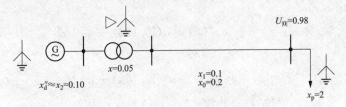

图 5-27　［例 5-6］图（一）

解　（1）断线前按正常运行方式计算，即

$$\dot{I}_{D} = 0.98/j2 = -j0.49$$

$$\dot{E}'' = 0.98 + (-j0.49) \times j0.25 = 1.1$$

（2）作出各序网图并连成复合序网，如图 5-28 所示。

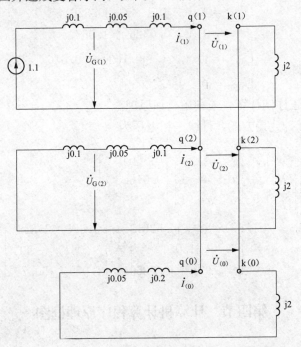

图 5-28　［例 5-6］图（二）

（3）由正序网计算出断口电压 $\dot{U}_{\mathrm{qk}|0|}$，即

$$\dot{U}_{\mathrm{qk}|0|} = \dot{E}'' = 1.1$$

由三序网得断口各序等值阻抗（直接由序网得出）为

$$z_{(1)} = z_{(2)} = \mathrm{j}(0.1+0.05+0.1+2) = \mathrm{j}2.25$$
$$z_{(0)} = \mathrm{j}(0.05+0.2+2) = \mathrm{j}2.25$$

这里 $z_{(0)} = z_{(1)}$ 纯属巧合。

（4）故障处三序电流为

$$\dot{I}_{(1)} = \frac{1.1}{\mathrm{j}(2.25 + 2.25//2.25)} = -\mathrm{j}0.326$$

$$\dot{I}_{(2)} = \dot{I}_{(0)} = -(-\mathrm{j}0.326) \times \frac{1}{2} = \mathrm{j}0.163$$

线路 b、c 相电流为

$$\dot{I}_{\mathrm{b}} = a^2(-\mathrm{j}0.326) + a(\mathrm{j}0.163) + \mathrm{j}0.163$$
$$= -\mathrm{j}a^2 \times 0.489$$

$$\dot{I}_{\mathrm{c}} = a(-\mathrm{j}0.326) + a^2(\mathrm{j}0.163) + \mathrm{j}0.163$$
$$= -\mathrm{j}a \times 0.489$$

（5）断口三序电压为

$$\dot{U}_{(1)} = \dot{U}_{(2)} = \dot{U}_{(0)} = -(\mathrm{j}0.163) \times \mathrm{j}2.25 = 0.367$$

a 相断口电压为

$$\dot{U}_{\mathrm{a}} = \dot{U}_{(1)} + \dot{U}_{(2)} + \dot{U}_{(0)} = 3 \times 0.367 = 1.1$$

（6）发电机母线三序电压为

$$\dot{U}_{\mathrm{G(1)}} = 1.1 - \mathrm{j}0.1 \times (-\mathrm{j}0.326)$$
$$= 1.1 - 0.0326 = 1.067$$

$$\dot{U}_{\mathrm{G(2)}} = \mathrm{j}0.1 \times (-\mathrm{j}0.163) = 0.016$$

$$\dot{U}_{\mathrm{G(0)}} = 0$$

这里正序电压直接由正序网计算，未利用叠加原理。

若变压器为 11 点钟连接方式，母线三相电压为

$$\begin{bmatrix} \dot{U}_{\mathrm{Ga}} \\ \dot{U}_{\mathrm{Gb}} \\ \dot{U}_{\mathrm{Gc}} \end{bmatrix} = \begin{bmatrix} 1 & 1 & 1 \\ a^2 & a & 1 \\ a & a^2 & 1 \end{bmatrix} \begin{bmatrix} 1.067\mathrm{e}^{\mathrm{j}30°} \\ 0.016\mathrm{e}^{-\mathrm{j}30°} \\ 0 \end{bmatrix}$$

$$= \begin{bmatrix} 0.938 + \mathrm{j}0.526 \\ -\mathrm{j}1.051 \\ -0.938 + \mathrm{j}0.526 \end{bmatrix} = \begin{bmatrix} 1.075\angle29.28° \\ 1.051\angle-90° \\ 1.075\angle150.72° \end{bmatrix}$$

第四节　计算机计算程序原理框图

前面介绍的用对称分量法计算不对称故障的计算步骤是很简明的。图 5-29 所示为计算简

单的不对称故障（短路或断线）的计算程序原理框图。

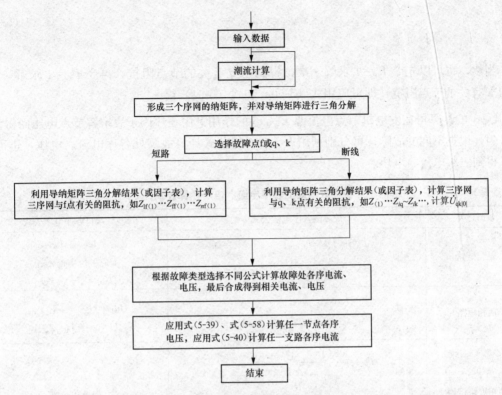

图 5-29　不对称故障计算程序框图

下面对图 5-29 所示框图作一简要说明：

（1）潮流计算可得各节点电压 $\dot{U}_{|0|}$，为短路计算提供 $\dot{U}_{f|0|}$，同时由 $\dot{U}_{|0|}$ 还可计算各发电机次暂态电动势 $\dot{E}''_{|0|}$ 以及综合负荷的正序等值阻抗 $Z_{D(1)}$。当然，如果仅作近似短路电流计算（$U_{f|0|}=1$），则可省去潮流计算。

（2）这里采用形成节点导纳矩阵的方法。发电机的正序电抗用 x''_d，可计算故障后初始的量。发电机的负序电抗近似等于 x''_d。当计算中不计负荷影响时，在正、负序网络中不接入负荷阻抗。如果计及负荷影响，负荷的正序阻抗可通过其额定功率和电压计算。负序阻抗很难确定，一般取 $x_{(2)}=0.35$（以负荷额定功率为基准）。负荷的中性点一般不接地，零序无通路。

（3）形成三个序网的节点导纳矩阵后，对它们进行三角分解或形成其因子表。利用三序网的因子表即可求得故障端点的等值阻抗。对于短路故障，只需令 $\dot{I}_f=1$（其余节点电流均为零），分别应用三序因子表经一次求解所得电压，即为三序网和 f 点有关的节点阻抗。对于断线故障，则令 $\dot{I}_q=1$、$\dot{I}_k=-1$（其余节点的电流均为零），分别应用三序因子表求解得各点电压，则故障端口阻抗为

$$z_{(1)}=\dot{U}_{q(1)}-\dot{U}_{k(1)}\ ;\ z_{(2)}=\dot{U}_{q(2)}-\dot{U}_{k(2)}\ ;\ z_{(0)}=\dot{U}_{q(0)}-\dot{U}_{k(0)} \tag{5-63}$$

而其他任一点 i 的电压就是式（5-62）中对应的阻抗，即

$$
\begin{cases}
Z_{iq(1)} - Z_{ik(1)} = \dot{U}_{i(1)} \\
Z_{iq(2)} - Z_{ik(2)} = \dot{U}_{i(2)} \\
Z_{iq(0)} - Z_{ik(0)} = \dot{U}_{i(0)}
\end{cases} \tag{5-64}
$$

当然，也可以先令 $\dot{I}_q = 1$ 求解一次，得到与 q 有关的节点阻抗，再令 $\dot{I}_k = 1$ 求解一次，得与 k 有关的节点阻抗，即可应用式（5-50）和式（5-51）得 $z_{(1)}$、$z_{(2)}$、$z_{(0)}$。

$\dot{U}_{qk|0|}$ 的计算可在发电机节点电流源 $\dot{E}_i''/jx_{di}''$ 的作用下由正序因子表求解节点电压而得。

（4）根据不同的故障，可分别利用表 5-2 所列公式计算故障处各序电流、电压，进而可合成得到三相电流、电压。

表 5-2　　　　　　　　　　各类故障处的各序电流、电压计算公式

故障种类	故障端各序电流公式	故障端口各序电压公式
单相短路	$\dot{I}_{f(1)} = \dot{I}_{f(2)} = \dot{I}_{f(0)}$ $= \dfrac{\dot{U}_{f\|0\|}}{Z_{ff(1)} + Z_{ff(2)} + Z_{ff(0)} + 3z_f}$	$\dot{U}_{f(1)} = \dot{U}_{f\|0\|} - \dot{I}_{f(1)} Z_{ff(1)}$ $\dot{U}_{f(2)} = -\dot{I}_{f(2)} Z_{ff(2)}$ $\dot{U}_{f(0)} = -\dot{I}_{f(0)} Z_{ff(0)}$
两相短路	$\dot{I}_{f(1)} = -\dot{I}_{f(2)}$ $= \dfrac{\dot{U}_{f\|0\|}}{Z_{ff(1)} + Z_{ff(2)} + z_f}$	$\dot{U}_{f(1)} = \dot{U}_{f\|0\|} - \dot{I}_{f(1)} Z_{ff(1)}$ $\dot{U}_{f(2)} = -\dot{I}_{f(2)} Z_{ff(2)}$
两相短路接地	$\dot{I}_{f(1)} = \dfrac{\dot{U}_{f\|0\|}}{Z_{ff(1)} + \dfrac{Z_{ff(2)}(Z_{ff(0)} + 3z_g)}{Z_{ff(2)} + (Z_{ff(0)} + 3z_g)}}$ $\dot{I}_{f(2)} = -\dot{I}_{f(1)} \dfrac{Z_{ff(0)} + 3z_g}{Z_{ff(2)} + (Z_{ff(0)} + 3z_g)}$ $\dot{I}_{f(0)} = -\dot{I}_{f(1)} \dfrac{Z_{ff(2)}}{Z_{ff(2)} + (Z_{ff(0)} + 3z_g)}$	同单相短路
一相断线	$\dot{I}_{(1)} = \dfrac{\dot{U}_{qk\|0\|}}{(z_{(1)} + z_{qk}) + [(z_{(2)} + z_{qk}) // (z_{(0)} + z_{qk})]}$ $\dot{I}_{(2)} = -\dot{I}_{(1)} \dfrac{z_{(0)} + z_{qk}}{z_{(2)} + z_{(0)} + 2z_{qk}}$ $\dot{I}_{(0)} = -\dot{I}_{(1)} \dfrac{z_{(2)} + z_{qk}}{z_{(2)} + z_{(0)} + 2z_{qk}}$	$\dot{U}_{(1)} = \dot{U}_{qk\|0\|} - \dot{I}_{(1)} z_{(1)}$ $\dot{U}_{(2)} = -\dot{I}_{(2)} z_{(2)}$ $\dot{U}_{(0)} = -\dot{I}_{(0)} z_{(0)}$
两相断线	$\dot{I}_{(1)} = \dot{I}_{(2)} = \dot{I}_{(0)}$ $= \dfrac{\dot{U}_{qk\|0\|}}{z_{(1)} + z_{(2)} + z_{(0)} + 3z_{qk}}$	同一相断线

（5）计算网络中任一点电压时，负序和零序电压只需计算由故障点电流引起的电压。对于正序则还需加上正常运行时的电压。

对于短路故障，应用式（5-43）计算；断线故障则应用式（5-62）计算。

无论短路或断线故障，任一支路的各序电流均可用式（5-44）计算。

关于将各序分量合成为相量的问题，牵涉到非故障点与故障点之间变压器的连接方式，框图中没有说明。

【例 5-7】　应用节点导纳阵和因子表计算［例 5-1］及［例 5-5］中节点③发生单相短路接地时，故障处的短路电流以及节点①的三序电压。

解　（1）计算三序网与节点③有关的自、互阻抗。由［例 3-4］已知正、负序自、互阻

抗为

$$Z_{13(1)} = Z_{13(2)} = j0.055709$$

$$Z_{23(1)} = Z_{23(2)} = j0.047139$$

$$Z_{33(1)} = Z_{33(2)} = j0.101420$$

由例 5-1 零序网络［见图 5-12（b）］得其节点导纳阵为

$$Y_0 = \begin{bmatrix} -j29.047619 & j5 & j5 \\ j5 & -j48.022813 & j5 \\ j5 & j5 & -j10 \end{bmatrix}$$

用与［例 3-4］类似的方法求得其因子表为

$1/d_{11}$	r_{12}	r_{13}	$1/d_{22}$	r_{23}	$1/d_{33}$
j0.034426	-0.172131	-0.172131	j0.021203	-0.124263	j0.118890

在节点③注入单位电流，求电压相量即为节点③的零序自、互阻抗，即

$$\begin{bmatrix} 1 & & \\ -0.172131 & 1 & \\ -0.172131 & -0.124263 & 1 \end{bmatrix} \begin{bmatrix} W_1 \\ W_2 \\ W_3 \end{bmatrix} = \begin{bmatrix} 0 \\ 0 \\ 1 \end{bmatrix} \Rightarrow \begin{bmatrix} W_1 \\ W_2 \\ W_3 \end{bmatrix} = \begin{bmatrix} 0 \\ 0 \\ 1 \end{bmatrix}$$

$$\begin{bmatrix} X_1 \\ X_2 \\ X_3 \end{bmatrix} = \begin{bmatrix} j0.034426 & & \\ & j0.021203 & \\ & & j0.118890 \end{bmatrix} \begin{bmatrix} 0 \\ 0 \\ 1 \end{bmatrix} = \begin{bmatrix} 0 \\ 0 \\ j0.118890 \end{bmatrix}$$

$$\begin{bmatrix} 1 & -0.172131 & -0.172131 \\ & 1 & -0.124263 \\ & & 1 \end{bmatrix} \begin{bmatrix} U_1 \\ U_2 \\ U_3 \end{bmatrix} = \begin{bmatrix} 0 \\ 0 \\ j0.118890 \end{bmatrix} \Rightarrow$$

$$\begin{bmatrix} U_1 \\ U_2 \\ U_3 \end{bmatrix} = \begin{bmatrix} Z_{13(0)} \\ Z_{23(0)} \\ Z_{33(0)} \end{bmatrix} = \begin{bmatrix} j0.023010 \\ j0.014774 \\ j0.118890 \end{bmatrix}$$

（2）故障处电流为

$$\dot{I}_{3(1)} = \dot{I}_{3(2)} = \dot{I}_{3(0)} = \frac{1}{j0.101420 + j0.101420 + j0.118890}$$

$$\approx -j3.11$$

$$\dot{I}_{3(a)} = 3 \times (-j3.11) = -j9.33$$

（3）节点①的三序电压为

$$\dot{U}_{1(1)} = 1 - (j0.055709) \times (-j3.11) = 0.827$$

$$\dot{U}_{1(2)} = -(j0.055709) \times (-j3.11) = -0.173$$

$$\dot{U}_{1(0)} = -(j0.023010) \times (-j3.11) = -0.071$$

以上计算结果与［例 5-1］、［例 5-5］一致。

【例 5-8】 应用节点导纳矩阵和因子表计算［例 5-6］的 $z_{(1)}$、$z_{(2)}$、$z_{(0)}$ 和 $\dot{U}_{qk|0|}$，以及发电机母线三序电压。

解 （1）求正（负）序网的节点导纳阵和因子表。对正序网进行编号，如图 5-30（a）

所示，为简便减少了一个节点，求得节点导纳阵和因子表为

$$\boldsymbol{Y}_{(1)} = \begin{bmatrix} -j16.666666 & j6.666666 & 0 \\ 0 & -j6.666666 & 0 \\ 0 & 0 & -j0.5 \end{bmatrix}$$

$$\begin{array}{cccccc} 1/d_{11} & r_{12} & r_{13} & 1/d_{22} & r_{23} & 1/d_{33} \\ j0.06 & -0.4 & 0 & j0.25 & 0 & j2 \end{array}$$

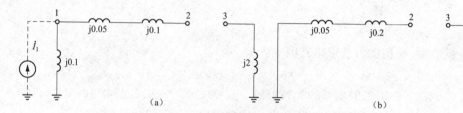

图 5-30 ［例 5-8］序网图

(a) 正序网；(b) 零序网

(2) 令 $I_q = I_2 = 1$，$I_k = I_3 = -1$，求得各点电压为

$$\begin{bmatrix} 1 & & \\ -0.4 & 1 & \\ 0 & 0 & 1 \end{bmatrix} \begin{bmatrix} W_1 \\ W_2 \\ W_3 \end{bmatrix} = \begin{bmatrix} 0 \\ 1 \\ -1 \end{bmatrix} \Rightarrow \begin{bmatrix} W_1 \\ W_2 \\ W_3 \end{bmatrix} = \begin{bmatrix} 0 \\ 1 \\ -1 \end{bmatrix}$$

$$\begin{bmatrix} X_1 \\ X_2 \\ X_3 \end{bmatrix} = \begin{bmatrix} j0.06 & & \\ & j0.25 & \\ & & j2 \end{bmatrix} \begin{bmatrix} 0 \\ 1 \\ -1 \end{bmatrix} = \begin{bmatrix} 0 \\ j0.25 \\ -j2 \end{bmatrix}$$

$$\begin{bmatrix} 1 & -0.4 & 0 \\ & 1 & 0 \\ & & 1 \end{bmatrix} \begin{bmatrix} \dot{U}_1 \\ \dot{U}_2 \\ \dot{U}_3 \end{bmatrix} = \begin{bmatrix} 0 \\ j0.25 \\ -j2 \end{bmatrix} \Rightarrow \begin{bmatrix} \dot{U}_1 \\ \dot{U}_2 \\ \dot{U}_3 \end{bmatrix} = \begin{bmatrix} j0.1 \\ j0.25 \\ -j2 \end{bmatrix}$$

由此可得

$$z_{(1)} = z_{(2)} = \dot{U}_2 - \dot{U}_3 = j2.25$$

$$Z_{12(1)} - Z_{13(1)} = Z_{12(2)} - Z_{13(2)} = \dot{U}_1 = j0.1$$

(3) 零序网的节点导纳矩阵、因子表和 $z_{(0)}$ 为

$$\boldsymbol{Y}_{(0)} = \begin{bmatrix} -j4 & 0 \\ 0 & -j0.5 \end{bmatrix}$$

$$\begin{array}{ccc} 1/d_{22} & r_{23} & 1/d_{33} \\ j0.25 & 0 & j2 \end{array}$$

同前可求得 $z_{(0)} = j2.25$。

(4) 计算 $\dot{U}_{23|0|}$。发电机节点电流源 $\dot{I}_1 = \dfrac{1.1}{j0.1} = -j1.1$，可求得节点电压为

$$\begin{bmatrix} 1 & & \\ -0.4 & 1 & \\ 0 & 0 & 1 \end{bmatrix} \begin{bmatrix} W_1 \\ W_2 \\ W_3 \end{bmatrix} = \begin{bmatrix} -j11 \\ 0 \\ 0 \end{bmatrix} \Rightarrow \begin{bmatrix} W_1 \\ W_2 \\ W_3 \end{bmatrix} = \begin{bmatrix} -j11 \\ -j4.4 \\ 0 \end{bmatrix}$$

$$\begin{bmatrix} X_1 \\ X_2 \\ X_3 \end{bmatrix} = \begin{bmatrix} j0.06 & & \\ & j0.25 & \\ & & j2 \end{bmatrix} \begin{bmatrix} -j11 \\ -j4.4 \\ 0 \end{bmatrix} = \begin{bmatrix} 0.66 \\ 1.1 \\ 0 \end{bmatrix}$$

$$\begin{bmatrix} 1 & -0.4 & 0 \\ & 1 & 0 \\ & & 1 \end{bmatrix} \begin{bmatrix} \dot{U}_{1|0|} \\ \dot{U}_{2|0|} \\ \dot{U}_{3|0|} \end{bmatrix} = \begin{bmatrix} 0.66 \\ 1.1 \\ 0 \end{bmatrix} \Rightarrow \begin{bmatrix} \dot{U}_{1|0|} \\ \dot{U}_{2|0|} \\ \dot{U}_{3|0|} \end{bmatrix} = \begin{bmatrix} 1.1 \\ 1.1 \\ 0 \end{bmatrix}$$

$$\dot{U}_{qk|0|} = \dot{U}_{23|0|} = 1.1 - 0 = 1.1$$

以上计算结果与 [例 5-6] 一致。

(5) 计算发电机母线三序电压。先由表 5-2 中公式得 $\dot{I}_{(1)}$、$\dot{I}_{(2)}$、$\dot{I}_{(0)}$ 为

$$\dot{I}_{(1)} = \frac{1.1}{j(2.25 + 2.25//2.25)} = -j0.326$$

$$\dot{I}_{(2)} = \dot{I}_{(0)} = j0.326 \times \frac{1}{2} = j0.163$$

代入式 (5-62) 得发电机母线正、负序电压为

$$\dot{U}_{1(1)} = \dot{U}_{1|0|} - (Z_{12(1)} - Z_{13(1)})\dot{I}_{(1)}$$
$$= 1.1 - j0.1 \times (-j0.326) = 1.067$$

$$\dot{U}_{1(2)} = -j0.1 \times (j0.163) = 0.016$$

电力系统中还有一种不对称故障，输电线路串联补偿电容器两端的过电压保护间隙的击穿可能发生在一相或两相，如图 5-31 所示。

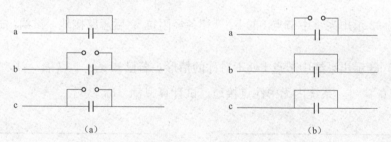

图 5-31　串联电容器两端过电压保护间隙击穿
(a) 单相击穿；(b) 两相击穿

按照前面的分类，这种情况应属于纵向故障，但性质上又是短路。单相击穿相应于一相短路接地的边界条件，两相击穿则对应两相短路接地。

以上介绍的是网络中只有一种故障的情况，称为简单故障。电力系统中故障还可以是多重的，即不止一处发生故障，称为复杂故障。常见的复杂故障是一处发生不对称短路，而有一处或两处的断路器非全相跳闸。对称分量法应用于分析简单故障的原理也适用于复杂故障。两重故障时，可将两个故障端口（如可由短路处短路点和地组成一个端口）的电流、电压总共分解为 12 个序分量。每个序的两端口网络可列出两个方程，3 个序共 6 个方程，加上两个故障口的 6 个边界条件即可对 12 个序分量求解。这方面的内容本课程不再进行详细叙述。

还有一点必须指出的是，前面所有的不对称故障分析中，均以 a 相作为故障的特殊相。例如，单相短路时 a 相接地；两相短路时为 b、c 相短路等，这样可以使以 a 相为代表的序分

量边界条件比较简单。例如，当 b 相接地时，故障处的边界条件为

$$\begin{cases} \dot{U}_{fb} = 0 \\ \dot{I}_{fa} = \dot{I}_{fc} = 0 \end{cases} \tag{5-65}$$

转换为各序量的关系为

$$\begin{cases} a^2 \dot{U}_{fa(1)} + a\dot{U}_{fa(2)} + \dot{U}_{fa(0)} = 0 \\ a^2 \dot{I}_{fa(1)} = a\dot{I}_{fa(2)} = \dot{I}_{fa(0)} \end{cases} \tag{5-66}$$

若 c 相接地，则边界条件为

$$\begin{cases} \dot{U}_{fc} = 0 \\ \dot{I}_{fa} = \dot{I}_{fb} = 0 \end{cases} \tag{5-67}$$

各序量的边界条件为

$$\begin{cases} a\dot{U}_{fa(1)} + a^2 \dot{U}_{fa(2)} + \dot{U}_{fa(0)} = 0 \\ a\dot{I}_{fa(1)} = a^2 \dot{I}_{fa(2)} = \dot{I}_{fa(0)} \end{cases} \tag{5-68}$$

式（5-66）和式（5-68）与 a 相接地的边界条件式（5-2）在形式上类似，只是正序、负序分量前有系数 a 或 a^2。显然，在简单故障情况下，无论实际故障发生在哪一相，均可假设 a 相为特殊相，因为电压、电流的相对关系是一样的。当系统有两重以上故障时，每处故障的特殊相可能不相同，则必然会出现特殊相不是 a 相的情况。

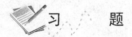

习　　题

5-1　图 5-32 示出系统中节点 f 的 b、c 相各经阻抗 z_f 后短路接地，试给出边界条件及复合序网。

5-2　图 5-33 示出系统中节点 f 处不对称的情形。若已知 $x_f = 1$，$U_{f|0|} = 1$，由 f 点看入系统的 $x_f = 1$，$U_{f|0|} = 1$，系统内无中性点接地。试计算 $\dot{I}_{fa}$、$\dot{I}_{fb}$、$\dot{I}_{fc}$。

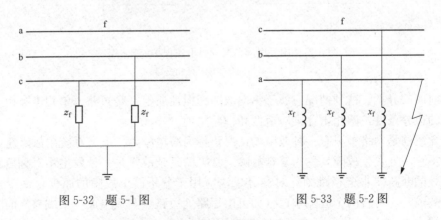

图 5-32　题 5-1 图   图 5-33　题 5-2 图

5-3　图 5-34 示出一简单系统。若在线路始端处测量 $Z_a = \dot{U}_{ag}/\dot{I}_a$，$Z_b = \dot{U}_{bg}/\dot{I}_b$，$Z_c = \dot{U}_{cg}/\dot{I}_c$。试分别作出 f 点发生三相短路和三种不对称短路时 $|Z_a|$、$|Z_b|$、$|Z_c|$ 和 λ（可取 0、0.5、1）的关系曲线，并分析计算结果。

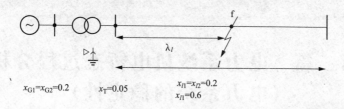

图 5-34　题 5-3 图

5-4　已知图 5-35 所示变压器星形侧 B、C 相短路时的 $\dot{I}_{\mathrm{f}}$。试以 $\dot{I}_{\mathrm{f}}$ 为参考相量画出三角形侧线路上的三相电流相量。

（1）用对称分量法。

（2）用相量分析法。

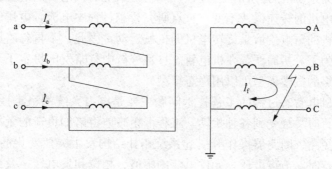

图 5-35　题 5-4 图

5-5　计算例 5-2 中 f1 点发生两相接地（f1 点与中性点接地自耦变压器不在同一回线路上）时的 I_{fb}''、I_{fc}'' 以及发电机的三相电压。

5-6　在例 5-6 中，如果末端发生 b、c 相断线，试用复合序网分别计算末端负荷中性点接地和不接地两种情况下的线路 a 相电流。

5-7　对于图 5-36 中的线路串联电容保护间隙一相击穿的情形，试画出其复合序网，并写出三序网端口等值阻抗以及 $\dot{U}_{\mathrm{qk}|0|}$（击穿前线路电流为 $\dot{I}_{|0|}$）的表达式。

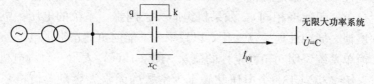

图 5-36　题 5-7 图

第二篇 电力系统机电暂态过程分析
（电力系统的稳定性）

第六章 电力系统稳定性问题概述和各元件机电特性

第一节 概 述

本篇将分析电力系统的另一种暂态过程——电力系统的机电暂态过程。在分析电磁暂态过程时，认为旋转电机的转速保持不变，重点研究暂态过程中电流、电压的变化。在分析机电暂态过程时，分析的重点恰恰是旋转电机的机械运动，因此，不再忽略旋转电机转速随时间的变化。同时，为了分析简便，在机电暂态过程分析中忽略发电机定子绕组的电磁暂态过程，从而使电力网络的数学模型可以用稳态模型。

属于电力系统机电暂态过程的工程技术问题主要是电力系统的稳定性问题。前已述及，电力系统在正常运行时总会受到各种扰动。工程上粗略地将诸如负荷的微小波动等扰动称为小扰动；而将诸如短路、断路器操作等引起系统拓扑结构发生突然变化的扰动称为大扰动。电力系统在正常运行时，节点电压、元件电流的幅值、相位和发电转速及系统频率等电气量基本保持常数；但在暂态过程中，一般而言这些物理量将随时间显著变化。显然，在暂态过程中，电力系统至少在局部，甚至大范围区域是不能正常向负荷提供电能的。

电力系统稳定性问题是分析系统在某稳态运行方式下受到某种扰动后，能否经过一段时间回到原来的运行状态或者过渡到一个新的稳态运行状态的问题。如果能够，则认为该稳态运行方式在该扰动下是稳定的。反之，若系统不能回到原来的运行状态而且也不能建立一个新的稳态运行状态则称该稳态运行方式是不稳定的。在电力系统工程领域，一个稳态运行方式分别受到各种预想扰动后都是稳定的，才称该稳态运行方式是稳定的。

（1）功角稳定性（同步稳定性）。电力系统正常运行的重要标志即系统中的所有同步发电机均同步运行（电气角速度相同）。如果机组间失去同步，系统的电压、电流和功率等状态变量就会大幅度地、周期性地振荡变化，以致系统不能向负荷正常供电。

下面用一个简单系统说明功角稳定性的概念。图 6-1（a）表示一台发电机经变压器、线路和无限大容量系统（相当于一个电压和频率为常数的无限大容量等值机）相连的简单系统。图 6-1（b）中实线部分画出了正常运行时的相量图。图中忽略了各元件的电阻及线路导纳，$x_\Sigma = x_G + x_T + x_L$；假设发电机为隐极机，其等值电动势的幅值为常数。正常运行时发电机和无限大容量系统是同步的，即在相量图中 $\dot{E}$ 和 $\dot{U}$ 以同一角速度（ω_0）旋转。因此，$\dot{E}$ 和 $\dot{U}$ 之间的相位差 δ（又称为发电的功角）是常数，即各相量之间的相对空间位置维持不变。这时，系统任一点的电压，例如相量图中画出的线路始端电压 $\dot{U}_L$，是恒定的；发电机送出的电流和功率也是恒定的，它们都是 δ 的函数。显然，功角 δ 是这个系统的状态变量。如果由于某种干扰使发电机的转速不再保持同步转速，例如比同步转速快了，则相量 $\dot{E}$ 的旋

转速度比相量 $\dot{U}$ 的快，则 $\dot{E}$ 和 $\dot{U}$ 间的相角差 δ 将随时间变化而不再是常数。图 6-1 （b）中虚线表示 $\dot{E}$ 对 $\dot{U}$ 的相对运动。显然，如果 $\dot{E}$ 和 $\dot{U}$ 一直不同步，则 δ 将不断变化。由相量图可见，系统中任一点的电压幅值将不断地振荡，从而输送功率也不断地振荡，以致系统不能正常工作。这种情况即为系统功角不稳定。

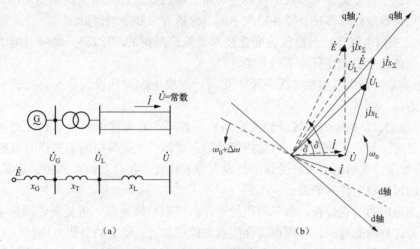

图 6-1　简单系统及其相量图
（a）系统图；（b）相量图

　　由转动力学可知，发电机转子的转速是由作用在转子上的转矩所决定的。作用在转子上的动力矩由原动机提供，阻力矩主要由发电机的电磁转矩提供。当上述两部分转矩平衡时，转子维持匀速（正常情况为同步转速）旋转运动。一旦这两部分转矩不平衡时就会引起转子的加速或减速，转子就将偏离同步转速。原动机的机械转矩是由发电厂动力部分（例如火电厂的锅炉和汽轮机）的运行状态所决定，发电机的电磁转矩是由发电机及其连接的电力网络中的所有元件的运行状态所决定。在电力系统运行过程中，如果发生了使作用在转子上的转矩不平衡的干扰，发电机转速即发生变化。现代电力系统中有成百上千台发电机并列运行，稳态情况下所有发电机的电转速都保持为同步转速，因而所有发电机转子之间的电夹角保持恒定。但是，在实际运行中，各种干扰是不可避免的。小的干扰时时刻刻都在发生，例如电力系统中负荷的随机波动；大的干扰虽不可预知何时发生但必然发生，例如电网中突然发生的短路会引起发电机电磁转矩的显著变化。由于继电保护的动作需要一定的时间才能将短路元件切除，因而将故障发生时刻到故障切除时刻这段时间称为系统故障期间，而将故障切除后的系统称为故障后系统。系统的一个稳态运行方式在受到干扰后，所有发电机组经过一段过程的运动变化后仍能恢复同步运行，即机组转子之间的电角度 δ 能达到一个稳态值，则称该稳态运行方式，或者说系统是功角稳定的；否则就是功角不稳定的，必须采取有效的措施。

　　电力系统在暂态过程中的行为十分复杂，除了上述最基本的功角稳定性问题之外还有两类特殊问题：一类是电压稳定性问题；一类是频率稳定性问题。电压稳定性问题的表现是在暂态过程中，功角变化并不剧烈，但是系统某些节点的电压却持续下降。目前学术界和工程界对电压稳定性问题的内在机理还在揭示过程中，一般的共识是系统无功功率的平衡状况以及负荷的动态无功电压特性与电压稳定性问题关系密切。频率稳定性问题的表现是在暂态过程中，功角变化并不剧烈，但是系统的频率却持续下降。对这两类问题的深入研究目前还在发展中，因此，本课程将主要介绍功角稳定性。功角稳定性的基本概念和分析方法对电压稳定性和频率稳定性的分析都有帮助和借鉴意义。

（2）功角稳定性分类。电力系统在发生功角失稳的动态过程中表现出不同的特征，导致在分析研究功角稳定性时将其分类并采取不同的分析方法和控制对策。

2001 年，我国电网运行与控制标准化技术委员会制定的 DL 755—2001《电力系统安全稳定导则》中将功角稳定性分为下列三类。

1）静态稳定。是指电力系统受到小干扰后，不发生非周期性失步，自动恢复到初始运行状态的能力。

2）暂态稳定。是指电力系统受到大扰动后，各同步电机保持同步运行并过渡到新的或恢复到原来稳态运行方式的能力，通常指保持第一或第二个振荡周期不失步的功角稳定。

3）动态稳定。是指电力系统受到小的或大的干扰后，在自动调节和控制装置的作用下，保持长过程的运行稳定性的能力。

由于动态稳定的过程较长，参与动作的元件和控制系统更多、更复杂，而且电压失稳问题也可能与长过程动态有关。本课程仅介绍静态稳定和暂态稳定的分析方法。

为了掌握功角稳定性的基本特性和分析方法，首先必须对系统中各主要元件的机电动态特性有深入了解。现代电力系统机电暂态过程分析的一个基本问题就是各种元件数学模型的建立。

第二节　同步发电机组的机电特性

一、同步发电机组转子运动方程

根据转动力学，略去风阻、摩擦等损耗，同步发电机组转子的机械角速度与作用在转子轴上的转矩之间有如下关系

$$J \frac{\mathrm{d}\Omega}{\mathrm{d}t} = M_\mathrm{T} - M_\mathrm{E} \tag{6-1}$$

式中：Ω 为转子机械角速度，rad/s；J 为与转子同轴旋转的质量块的转动惯量，$\mathrm{kg \cdot m^2}$；M_T 和 M_E 分别为原动机机械转矩和发电机电磁转矩，$\mathrm{N \cdot m}$；t 为时间，s。

在电力系统分析中，通常将转动惯量 J 用惯性时间常数表示。为此，注意当转子以额定转速 Ω_0（即同步转速）旋转时，其动能为

$$W_\mathrm{K} = \frac{1}{2} J \Omega_0^2 \tag{6-2}$$

式中：W_K 为转子在额定转速时的动能，J。

因而可得 $J = 2W_\mathrm{K}/\Omega_0^2$，代入式（6-1）得

$$\frac{2W_\mathrm{K}}{\Omega_0^2} \frac{\mathrm{d}\Omega}{\mathrm{d}t} = \Delta M \tag{6-3}$$

其中 $\Delta M = M_\mathrm{T} - M_\mathrm{E}$。

如果转矩采用标幺值，将式（6-3）两端同除以转矩基准值 $M_\mathrm{B} = S_\mathrm{B}/\Omega_0$，则得

$$\frac{2W_K}{S_B\Omega_0}\frac{\mathrm{d}\Omega}{\mathrm{d}t} = \Delta M_* \tag{6-4}$$

式中：S_B 为功率基准，$V \cdot A$（$N \cdot m/s$）。

由于电角速度和机械角速度存在下列关系

$$\omega = \rho\Omega$$

设同步发电机转子绕组的极对数为 ρ，当电角速度为同步电角速度 ω_0 时，机械角速度为 Ω_0，因此，当电角速度和机械角速度的基准值分别取为 ω_0 和 Ω_0 时，它们的标幺值相等。这样，式（6-4）可改写为

$$\frac{T_J}{\omega_0}\frac{\mathrm{d}\omega}{\mathrm{d}t} = \Delta M_* \tag{6-5}$$

其中

$$T_J = \frac{2W_K}{S_B}$$

为发电机组的惯性时间常数，s。注意：此时间常数的大小与基准容量有关，当无特殊说明时均以发电机本身的额定容量为功率基准值。在标幺制下，由于系统基准容量唯一，因此，发电机的惯性时间常数必须进行容量折算。顺便指出，在英美的书籍中多采用 $H = T_J/2$，则相应地式（6-5）中惯性时间常数 T_J 也用 2H 替代。

发电机组的惯性时间常数的物理意义可解释如下：

式（6-5）可改写为

$$T_J\frac{\mathrm{d}\Omega_*}{\mathrm{d}t} = \Delta M_*$$

其中 $\Omega_* = \Omega/\Omega_0$。由此式可得

$$\mathrm{d}t = T_J\frac{\mathrm{d}\Omega_*}{\Delta M_*}$$

令 $\Delta M_* = 1$，并将上式从 $\Omega_* = 0$ 到 $\Omega_* = 1$ 进行积分，则

$$t = \int_0^1 \frac{T_J}{\Delta M_*}\mathrm{d}\Omega_* = T_J\Omega_* \Big|_0^1 = T_J \tag{6-6}$$

式（6-6）说明，T_J 为在发电机组转子上加额定转矩后，转子从静止状态（$\Omega_* = 0$）匀加速到额定转速（$\Omega_* = 1$）所需要的时间。

顺便指出，通常电机制造厂提供的发电机组的数据是飞轮转矩（或称回转力矩）GD^2，它和 T_J 之间的关系为

$$T_J = \frac{J\Omega_0^2}{S_B} = \frac{GD^2}{4}\times\frac{\Omega_0^2}{S_B} = \frac{GD^2}{4S_B}\left(\frac{2\pi n}{60}\right)^2 = \frac{2.74GD^2}{1000S_B}n^2$$

式中：GD^2 为发电机组的飞轮转矩，$t \cdot m^2$；S_B 为发电机的额定容量，$kV \cdot A$；n 为发电机组的额定机械转速，r/min。

在转动力学中，描述旋转运动的物理量除了转速之外还有角位移。电力系统机电暂态分析的目的是分析各发电机转子之间的相对转动运动，显然，可以用转子与某参考轴的夹角刻划各发电机转子的空间位置。

在图 6-2 中，发电机的 q 轴以电角速度 $\omega(t)$ 旋转，参考相量以同步电角速度 ω_0 旋转，它们之间的夹角为 $\delta(t)$。显然有

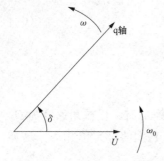

图 6-2　δ 和 ω、ω_0 的关系

$$\delta(t) = \delta_0 + \int_0^t [\omega(\tau) - \omega_0]\mathrm{d}\tau \qquad (6\text{-}7)$$

式中：δ_0 为转子与参考轴的初始夹角。

当 $\omega(t)$ 不等于常数 ω_0 时，δ 不断变化，是时间的函数。上式对时间求导可将积分方程化为微分方程，从而可得状态空间分析法的数学方程为

$$\frac{\mathrm{d}\delta}{\mathrm{d}t} = \omega - \omega_0 \qquad (6\text{-}8)$$

在电力系统分析中通常采用标幺制，因此上式又可写成

$$\frac{\mathrm{d}\delta}{\mathrm{d}t} = \omega_0(\omega_* - 1) \qquad (6\text{-}9)$$

另外，对式（6-5）中的转矩有

$$\Delta M_* = \frac{\Delta M}{M_\mathrm{B}} = \frac{(p_\mathrm{T} - p_\mathrm{E})/\Omega}{S_\mathrm{B}/\Omega_0} = \frac{p_{\mathrm{T}*} - p_{\mathrm{E}*}}{\Omega_*}$$

式中：$p_{\mathrm{T}*}$ 和 $p_{\mathrm{E}*}$ 分别为发电机的机械功率和电磁功率的标幺值。

在机电暂态分析中，所关注的机械角速度 Ω 的变化范围不大，因此，角速度的变化对转矩变化的数值影响也不大，故在上式中近似认为 $\Omega_* = 1$，则转矩的标幺值等于功率的标幺值，即 $\Delta M_* = p_{\mathrm{T}*} - p_{\mathrm{E}*}$。则式（6-5）成为

$$T_\mathrm{J} \frac{\mathrm{d}\omega_*}{\mathrm{d}t} = p_{\mathrm{T}*} - p_{\mathrm{E}*} \qquad (6\text{-}10)$$

式（6-9）和式（6-10）称为发电机转子运动方程。注意：其中转速和功率是标幺制，时间常数 T_J 和时间 t 是有名值。为了书写简便，以后略去标幺制下标"$*$"。在标幺制下，有时转矩和功率也不严格区分。

转子运动方程表明了发电机转子的角速度、角位移与转子上不平衡转矩或功率的关系。在稳态运行时机械转矩或功率与发电机的电磁转矩或输出的电磁功率相等；在暂态过程中机械转矩或功率受调速器的控制而变化，电磁功率也随时间变化。在近似分析较短时间内的暂态过程时，可以假设调速器不起作用，汽轮机的汽门或水轮机的导向叶片的开度不变，即机械转矩或功率不变。电力系统机电暂态过程分析最主要的内容即是求解每一台发电机的角位移、角速度与时间的关系 $\delta(t)$ 和 $\omega(t)$。

【例 6-1】 已知一汽轮发电机的惯性时间常数 $T_\mathrm{J} = 10\mathrm{s}$，额定机械转速为 3000r/min。若稳态运行时发电机输出功率为额定功率，在 $t=0$ 时其出口断路器突然断开。不计调速器的作用，试计算：

（1）经过多长时间其相对电角度（功角）成为 $\delta = \delta_0 + \pi$（其中 δ_0 为断路器断开前的值）。

（2）在该时刻转子的机械转速。

解　（1）已知 $T_\mathrm{J} = 10\mathrm{s}$，$t = 0\mathrm{s}$ 时断路器断开，从而 $p_\mathrm{E} = 0$；不计发电机调速器的作用，因而 $p_\mathrm{T} = 1$。对式（6-10）两边积分可得角速度

$$\omega(t) = \omega(0) + \int_0^t \frac{p_\mathrm{T}}{T_\mathrm{J}}\mathrm{d}\tau = 1 + \frac{1}{10}t$$

代入式（6-9）可得

$$\delta(t) = \delta_0 + \int_0^t \omega_0 [\omega(\tau) - 1]\mathrm{d}\tau$$

$$= \delta_0 + \int_0^t \omega_0 \left(1 + \frac{1}{10}\tau - 1\right) d\tau$$

$$= \delta_0 + \int_0^t 10\pi\tau \, d\tau$$

$$= \delta_0 + 5\pi\tau^2 \Big|_0^t$$

$$= \delta_0 + 5\pi t^2$$

依题意，有方程

$$\delta_0 + 5\pi t^2 = \delta_0 + \pi$$

解之得

$$t = \frac{1}{\sqrt{5}} = 0.447\text{s}$$

（2）转速标幺值为

$$\omega(t)\Big|_{t=1/\sqrt{5}} = \left(1 + \frac{1}{10}t\right)_{t=1/\sqrt{5}} = 1 + \frac{1}{10\sqrt{5}} = 1.045$$

机械转速有名值为

$$\Omega(t)\Big|_{t=1/\sqrt{5}} = \Omega(0.447) = \Omega_* \Omega_0 = 1.045 \times 3000 = 3135(\text{r/min})$$

二、发电机的电磁转矩和电磁功率

在发电机转子运动方程式（6-10）中，涉及发电机的机械功率 $p_{\text{T}*}$ 和电磁功率 $p_{\text{E}*}$。机械功率由原动机及其调速系统决定，为简化分析，忽略调速系统的作用而认为机械功率为稳态值。这里介绍发电机电磁功率。

由图 2-22 可知，发电机定子绕组的三相瞬时输出功率为

$$p_0 = u_a i_a + u_b i_b + u_c i_c$$

这个功率既与发电机的运行状态有关，也与发电机的外电路（负荷或者说与电力网络）有关。对上式采用 Park 变换，即用 dq0 坐标系的物理量表示，则为

$$p_0 = u_d i_d + u_q i_q + 2u_0 i_0$$

由发电机定子绕组电压方程式（2-85）可知，消去电压变量，得

$$p_0 = (-i_d r + \dot{\psi}_d - \omega\psi_q)i_d + (-i_q r + \dot{\psi}_q + \omega\psi_d)i_q + 2(-i_0 r + \dot{\psi}_0)i_0$$

整理可得

$$\omega(\psi_d i_q - \psi_q i_d) = p_0 + r(i_d^2 + i_q^2 + 2i_0^2) - (\dot{\psi}_d i_d + \dot{\psi}_q i_q + 2\dot{\psi}_0 i_0) \tag{6-11}$$

注意：式（6-11）左边与发电机转子的转速成正比，因而根据发电机输入输出能量守恒可以断定该功率是原动机拖动发电机转子旋转运动后，定子绕组的磁链穿过发电机气隙而耦合在转子上的发电机负载功率，即为发电机的电磁功率，即

$$p_E = \omega(\psi_d i_q - \psi_q i_d) = p_0 + r(i_d^2 + i_q^2 + 2i_0^2) - (\dot{\psi}_d i_d + \dot{\psi}_q i_q + 2\dot{\psi}_0 i_0) \tag{6-12}$$

因此可知发电机的电磁转矩为

$$M_E = i_q \psi_d - i_d \psi_q \tag{6-13}$$

它既可以表示发电机处于稳态运行状态也可以表示暂态过程时的电磁转矩。由式（6-12）可见，在稳态情况下，定子绕组的磁链为常数，电磁功率也为常数，它由两部分构成：其中一部分输送到电力网络，即 p_0；另一部分由发电机定子绕组电阻消耗，即 $r(i_d^2 + i_q^2 + 2i_0^2)$。在

暂态过程中，发电机转子的转速、定子磁链和定子电流都随时间变化，因而电磁功率也随时间变化。除了送往电力网络和定子电阻的消耗外，电磁功率的一部分以磁场能量的形式储存在定子绕组中，即 $\dot{\psi}_d i_d + \dot{\psi}_q i_q + 2\dot{\psi}_0 i_0$。由式（6-13）可见，电磁转矩与定子绕组的零轴磁链无关。由第二章第五节的讨论已知，这是因为零轴磁链在空间的合成磁链为零，即零轴磁链不能穿过气隙而对转子产生力的作用。

式（6-13）的电磁功率表达式中含有定子输出功率、定子电流和定子磁链。这样，分析同步发电机受到干扰后的暂态过程，必须将转子运动方程式（6-10）和第二章介绍的同步电机回路基本方程式（2-85）以及电力网络联立求解。现代电力系统由成百上千台发电机通过庞大的电力网络连接在一起而构成，问题的计算规模使分析计算十分困难。因此，电力系统暂态分析根据分析目的而被分为电磁暂态分析和机电暂态分析。

电磁暂态分析的结果主要应用于电力设备的设计制造和运行中设备的保护，因此，电磁暂态分析关注暂态过程中元件中流过的电流和元件所承受的电压，而不关心发电机转子的运动。同时，由于电磁暂态的发展过程相对于发电机转速的变化要快得多，因此，在进行电磁暂态分析时近似认为发电机的转速为同步转速而忽略其随时间的变化。从数学上讲，即取消了转子运动方程式（6-9）和式（6-10）而只保留发电机的绕组电压方程式（2-85）。前边介绍的对单台发电机机端突然短路引发的发电机电磁暂态过程和电力网络中的短路分析都属于电磁暂态分析。顺便指出，对于电力系统中变压器等其他元件的电磁暂态过程的详尽分析由"电力系统过电压分析"课程介绍。

前已述及，电力系统机电暂态过程分析的目的是指导电力系统的建设规划和运行，它主要关心系统受到扰动后发电机转子之间的相对运动经过一段不长的时间是否能够趋于静止，而一般不关心元件中的电流和电压。因此，在分析机电暂态过程时，为简化分析方法而近似处理发电机定子绕组的电磁暂态过程。这种简化主要包括两点：第一，忽略定子绕组磁链随时间变化而产生的电动势，即在发电机绕组电压方程式（2-85）中，令

$$\dot{\psi}_d = \dot{\psi}_q = 0$$

从而，定子绕组电压方程从微分方程变为代数方程；第二，只计及定子绕组中的正序正弦分量而忽略其他分量，同时近似认为这个正弦分量的频率为同步角频率。这样，与发电机定子绕组连接的电力网络即可用其稳态模型描述。这两点近似大幅度地降低了电力系统机电暂态过程分析的复杂度。理论分析和大量数值计算的经验表明，采用上述近似之后，得到的发电机转子角位移 $\delta(t)$ 和角速度 $\omega(t)$ 的准确度在工程上是可以接受的。

发电机转子上的励磁绕组是一个实体绕组，而阻尼绕组是对阻尼条或涡流效应的等值绕组。根据对分析结果准确度的影响和要求，发电机的数学模型可以采用忽略或计及阻尼绕组的模型。励磁绕组中的电源电压通过励磁调节器控制，从而可以调节励磁电流，进而调节发电机的空载电动势、暂态电动势和次暂态电动势。由发电机绕组电压方程式（2-85）可以看到，转子的三个绕组电压方程分别含有 $\dot{\psi}_f$、$\dot{\psi}_D$ 和 $\dot{\psi}_Q$，因而是微分方程。由于数字计算机的普及，在现代电力系统分析中，对转子绕组的电磁暂态过程进行详细的分析并无困难，由于课时限制，本书只介绍近似分析方法。

以下在上述机电暂态分析的两个基本近似条件下建立发电机在不同转子绕组模型下的电磁功率表达式。

（一）简单系统中发电机的功率

现以图 6-1（a）所示简单系统为例，分析发电机的电磁功率。顺便指出，这种系统也称为单机无穷大系统。为简化分析，忽略定子绕组回路的电阻。

1. 隐极同步发电机的功-角特性

（1）以空载电动势和同步电抗表示的发电机功-角特性。在暂态过程中，进一步忽略转子回路的电磁暂态过程，则励磁电流为常数，因而空载电动势 E_q 也为常数。这时只有发电机的功角 δ 是随时间变化的，其他电气量相当于稳态运行。由隐极式同步发电机的相量图（见图 6-3）可以导出发电机以空载电动势 E_q 和同步电抗表示的功率方程。

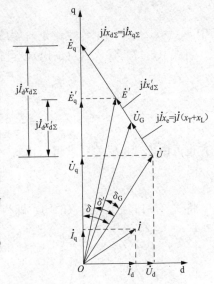

图 6-3 隐极式同步发电机的相量图

在稳态条件下，由于不计定子回路的电阻，由式（6-12）可知发电机的电磁功率就等于发电机的输出功率，即

$$P_E = U_d I_d + U_q I_q \tag{6-14}$$

由图 6-3 可得

$$\begin{cases} E_q = U_q + I_d x_{d\Sigma} \\ 0 = U_d - I_q x_{d\Sigma} \end{cases} \tag{6-15}$$

其中 $x_{d\Sigma} = x_d + x_e$，$x_{q\Sigma} = x_q + x_e$；而 x_e 为从发电机机端到无穷大母线的输电网络的等值电抗。

将式（6-15）代入有功功率的表达式，可得以 E_q 为电动势的功率表达式为

$$P_{Eq} = \left(\frac{E_q - U_q}{x_{d\Sigma}} \right) U_d + \frac{U_d}{x_{d\Sigma}} U_q$$

$$= \frac{E_q U_d}{x_{d\Sigma}} = \frac{E_q U}{x_{d\Sigma}} \sin\delta \tag{6-16}$$

在式（6-16）中，无限大容量系统的母线电压 U 为常数。由于忽略转子回路的暂态过程，E_q 也为常数。这样发电机发出的电磁功率仅是 δ 的函数。δ 是空载电动势 $\dot{E}_q$（即 q 轴）对于母线电压 $\dot{U}$ 的相对角，又称功角。在采用这种模型进行机电暂态分析时，母线电压 $\dot{U}$ 是恒以同步角速度 ω_0 旋转的相量，而 q 轴的旋转速度是转子旋转的速度 ω。这样，由转子运动方程式（6-9）、式（6-10）和电磁功率表达式（6-16）即构成了系统的机电暂态过程数学模型。不难理解，在暂态过程中，δ 和 ω 都是时间的函数，因此，发电机的电磁功率也是随时间变化的。

图 6-4 所示为简单系统中的隐极发电机有功功率和功角 δ 的关系曲线，此曲线为一正弦曲线，其最大值出现在功角为 90°处，为 $E_q U/x_{d\Sigma}$，是发电机电磁功率极限。注意：极限值与发电机空载电动势 E_q、无穷大母线电压 U 和定子回路等值电抗 $x_{d\Sigma}$ 有关。

（2）以暂态电动势和暂态电抗表示的发电机电磁功率。在暂态过程中，当近似认为自动励磁调节装置能保持 E_q' 不变时，则发电机的电磁功率与稳

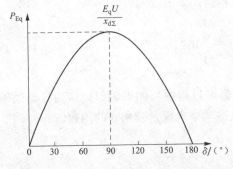

图 6-4 E_q 为常数时隐极式同步发电机
有功功率的功-角特性

态时以暂态电动势和暂态电抗表示的发电机电磁功率表达式相同，仅是功角 δ 的函数。

由图 6-3 可见，此时电动势、电压和电流的关系为

$$\begin{cases} E'_q = U_q + I_d x'_{d\Sigma} \\ 0 = U_d - I_q x_{d\Sigma} \end{cases} \tag{6-17}$$

其中 $x'_{d\Sigma} = x'_d + x_e$，而 $x_e = x_T + x_L$ 为从发电机机端到无穷大母线的输电网络的等值电抗。

将式（6-17）代入式（6-14），可得

$$\begin{aligned} P_{E'q} &= \Big(\frac{E'_q - U_q}{x'_{d\Sigma}}\Big)U_d + \frac{U_d}{x_{d\Sigma}}U_q \\ &= \frac{E'_q U}{x'_{d\Sigma}}\sin\delta - \frac{U^2}{2} \times \frac{x_{d\Sigma} - x'_{d\Sigma}}{x_{d\Sigma} x'_{d\Sigma}}\sin2\delta \end{aligned} \tag{6-18}$$

此式也可由 E_q 和 E'_q 关系求得。由式（6-14）和式（6-17）中第一式消去 I_d 得

$$E_q = \frac{x_{d\Sigma}}{x'_{d\Sigma}}E'_q - \frac{x_{d\Sigma} - x'_{d\Sigma}}{x'_{d\Sigma}}U\cos\delta \tag{6-19}$$

将式（6-19）代入式（6-16）即得式（6-18）。

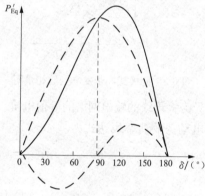

图 6-5　E'_q 为常数时隐极式同步发电机
有功功率的功-角特性

按式（6-18）绘制的功-角特性如图 6-5 所示。由于暂态电抗和同步电抗不相等，出现了一个按两倍功角正弦变化的功率分量，它和后边将要介绍的凸极发电机的磁阻功率相类似，称为暂态磁阻功率。由于它的存在，与用空载电动势表示的功-角特性曲线相比，特性曲线发生了畸变，使功率极限有所增加，并且极限值出现在功角大于 $90°$ 处。

由式（6-17）可见，计算暂态电动势 E'_q 必须将机端电压和定子电流投影到 q、d 轴上，比较繁锁。在近似工程计算中，还可采取式（2-44）的模型，即用 x'_d 后的电动势 $\dot{E}'$ 代替 $\dot{E}'_q$。这时可推得

$$P_{E'} = \frac{E'U}{x'_{d\Sigma}}\sin\delta' \tag{6-20}$$

式中：δ' 为 $\dot{E}'$ 和 $\dot{U}$ 之间的夹角。

由图 6-3 可得

$$\begin{aligned} \delta' &= \delta - \sin^{-1}\frac{I_q(x_{d\Sigma} - x'_{d\Sigma})}{E'} \\ &= \delta - \sin^{-1}\Big[\frac{U}{E'}\Big(1 - \frac{x'_{d\Sigma}}{x_{d\Sigma}}\Big)\sin\delta\Big] \end{aligned} \tag{6-21}$$

在近似计算中往往以 δ' 代替 δ。

（3）以发电机端电压表示的发电机电磁功率。在暂态过程中，如果近似地认为自动励磁调节装置能保持发电机端电压 U 不变，则发电机的电磁功率也仅是功角 δ 的函数。

由图 6-3 可直接写出发电机的功率为

$$P_{U_G} = \frac{U_G U}{x_e}\sin\delta_G \tag{6-22}$$

式中：x_e 为发电机端与无限大母线间电抗；δ_G 为 U_G 与 $\dot{U}$ 之间的夹角。

类似地，可得

$$\delta_G = \delta - \sin^{-1}\left[\frac{U}{U_G}\left(1 - \frac{x_e}{x_{d\Sigma}}\right)\sin\delta\right] \tag{6-23}$$

2. 凸极式发电机的功-角特性

与前边对隐极机的推导完全平行，仅需注意 d、q 轴磁路不同而导致的对应电抗不相等。图 6-6 所示为一凸极发电机的相量图，由此图可导出以不同电动势和电抗表示的凸极发电机的功-角关系式。

（1）以空载电动势和同步电抗表示发电机。由图 6-6 可见

$$\begin{cases} E_q = U_q + I_d x_{d\Sigma} \\ 0 = U_d - I_q x_{q\Sigma} \end{cases} \tag{6-24}$$

代入式（6-14）得

$$P_{E_q} = \left(\frac{E_q - U_q}{x_{d\Sigma}}\right)U_d + \frac{U_d}{x_{q\Sigma}}U_q$$

$$= \frac{E_q U}{x_{d\Sigma}}\sin\delta + \frac{U^2}{2} \times \frac{x_{d\Sigma} - x_{q\Sigma}}{x_{d\Sigma}x_{q\Sigma}}\sin2\delta \tag{6-25}$$

按式（6-25）绘制的功角特性曲线如图 6-7 所示。由于凸极发电机直轴和交轴的磁阻不等，即直轴和交轴同步电抗不相等，功率中出现了一个按两倍功角的正弦变化的分量，即磁阻功率。相对于隐极机 E_q 为常数时的正弦功-角特性曲线，凸极机的功-角特性曲线发生了畸变，功率极限略有增加，并且极限值出现在功角小于 90°处。

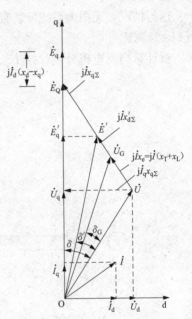

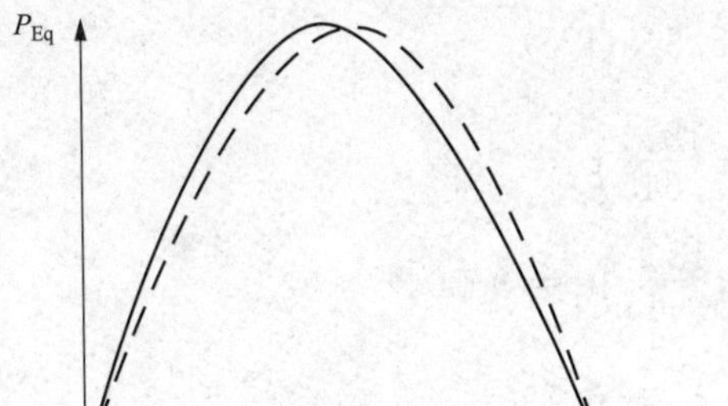

图 6-6　凸极发电机的相量图

（2）以暂态电动势和暂态电抗表示发电机。由图 6-6 得

$$\begin{cases} E_q' = U_q + I_d x_{d\Sigma}' \\ 0 = U_d - I_q x_{q\Sigma} \end{cases} \tag{6-26}$$

可参照式（6-18），以 $x_{q\Sigma}$ 代替 $x_{d\Sigma}$ 得

$$P_{E_q'} = \frac{E_q' U}{x_{d\Sigma}'}\sin\delta - \frac{U^2}{2}\frac{x_{q\Sigma} - x_{d\Sigma}'}{x_{q\Sigma}x_{d\Sigma}'}\sin2\delta \tag{6-27}$$

式（6-27）同样可由将式（6-19）代入式（6-25）而得。式（6-27）的功角特性曲线与图 6-5 类似。由于凸极机的 x_q 往往小于隐极机的 x_d，故其暂态磁阻功率往往小于隐极机的相应分量。

图 6-7　E_q 为常数时凸极式同步发电机
　　　有功功率的功-角特性

同样，用暂态电动势 E_q' 对于凸极机也是不方便的，进一步的简化可以 E' 代替 E_q'，则有功功率的表达式与式（6-20）相同。

（3）发电机端电压为常数的功率表达式与式（6-22）相同，只是 δ_G 的表达式（6-23）中的 $x_{d\Sigma}$ 应换成 $x_{q\Sigma}$。

【例 6-2】 图 6-8（a）所示的简单系统中各元件参数如下：

发电机 G：$P_N = 300\text{MW}$，$U_N = 18\text{kV}$，$\cos\varphi_N = 0.85$，$x_d = x_q = 2.36$，$x_d' = 0.32$；

变压器 T1：$S_N = 360 \text{MV} \cdot \text{A}$，$18/242 \text{kV}$，$U_s\% = 14$；

变压器 T2：$S_N = 360 \text{MV} \cdot \text{A}$，$220/121 \text{kV}$，$U_s\% = 14$；

输电线路 L：$U_N = 220 \text{kV}$，$l = 200 \text{km}$，$x_1 = 0.41 \Omega/\text{km}$。

运行情况：无限大系统母线吸收的功率为 $P_0 = 250 \text{MW}$，$\cos\varphi_0 = 0.98$；无限大系统母线电压 $U = 115 \text{kV}$。

试计算当发电机分别保持 E_q、E_q'、E' 以及 U_G 为常数时的功率特性。

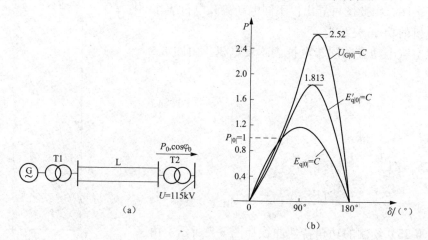

图 6-8　［例 6-2］系统图和功率特性曲线

(a) 系统图；(b) 功率特性曲线

解　(1) 各元件电抗标幺值。取 $S_B = 250 \text{MV} \cdot \text{A}$，$U_{B(110)} = 115 \text{kV}$，则

$$U_{B(220)} = 115 \times \frac{220}{121} = 209 (\text{kV})$$

$$U_{B(18)} = 209 \times \frac{18}{242} = 15.545 (\text{kV})$$

$$x_d = 2.36 \times \frac{250 \times 0.85}{300} \times \left(\frac{18}{15.545}\right)^2 = 2.241$$

$$x_d' = 0.32 \times \frac{250 \times 0.85}{300} \times \left(\frac{18}{15.545}\right)^2 = 0.304$$

$$x_{T1} = 0.14 \times \frac{250}{360} \times \left(\frac{242}{209}\right)^2 = 0.130$$

$$x_{T2} = 0.14 \times \frac{250}{360} \times \left(\frac{220}{209}\right)^2 = 0.108$$

$$x_L = \frac{1}{2} \times 200 \times 0.41 \times \frac{250}{209^2} = 0.235$$

系统综合阻抗为

$$x_e = x_{T1} + x_L + x_{T2} = 0.130 + 0.235 + 0.108 = 0.473$$

$$x_{d\Sigma} = x_{q\Sigma} = x_d + x_e = 2.241 + 0.473 = 2.714$$

$$x_{d\Sigma}' = x_d' + x_e = 0.304 + 0.473 = 0.777$$

(2) 正常运行时的机端电压 $U_{G|0|}$、近似暂态电动势 $E_{|0|}'$、空载电动势 $E_{q|0|}$、暂态电动势 $E_{q|0|}'$ 为

$$P_0 = \frac{250}{250} = 1, \quad Q_0 = P_0 \frac{\sqrt{1-\cos\varphi_0}}{\cos\varphi_0} = 1 \times \frac{\sqrt{1-0.98^2}}{0.98} = 0.2, \quad U = \frac{115}{115} = 1$$

$$U_{G|0|} = \sqrt{\left(U + \frac{Q_0 x_e}{U}\right)^2 + \left(\frac{P_0 x_e}{U}\right)^2} = \sqrt{(1+0.2\times0.473)^2 + 0.473^2} = 1.193$$

$$E'_{|0|} = \sqrt{(1+0.2\times0.777)^2 + 0.777^2} = 1.392$$

$$E_{q|0|} = \sqrt{(1+0.2\times2.714)^2 + 2.714^2} = 3.122$$

$$\delta_{|0|} = \tan^{-1}\frac{2.714}{1+0.2\times2.714} = 60.39°$$

$$E'_{q|0|} = U_{q|0|} + I_{d|0|}x'_{d\Sigma} = U_{q|0|} + \frac{E_{q|0|} - U_{q|0|}}{x_{d\Sigma}}x'_{d\Sigma}$$

$$= 1 \times \cos60.39° + \frac{3.122 - \cos60.39°}{2.714} \times 0.777 = 1.25$$

（3）各电动势、电压分别保持常数时发电机电磁功率特性。有

$$P_{Eq} = \frac{E_{q|0|}U}{x_{d\Sigma}}\sin\delta = \frac{3.122}{2.714}\sin\delta = 1.15\sin\delta$$

$$P_{E'q} = \frac{E'_{q|0|}U}{x'_{d\Sigma}}\sin\delta - \frac{U^2}{2}\frac{x_{d\Sigma} - x'_{d\Sigma}}{x_{d\Sigma}x'_{d\Sigma}}\sin2\delta$$

$$= 1.609\sin\delta - 0.459\sin2\delta$$

$$P_{E'} = \frac{E'_{|0|}U}{x'_{d\Sigma}}\sin\delta' = 1.79\sin\delta'$$

$$= 1.79\sin\left\{\delta - \sin^{-1}\left[\frac{1}{1.392}\left(1 - \frac{0.777}{2.714}\right)\sin\delta\right]\right\}$$

$$= 1.79\sin[\delta - \sin^{-1}(0.512\sin\delta)]$$

$$P_{UG} = \frac{U_{G|0|}U}{x_e}\sin\delta_G = 2.52\sin\delta_G$$

$$= 2.52\sin\left\{\delta - \sin^{-1}\left[\frac{1}{1.193}\left(1 - \frac{0.473}{2.714}\right)\sin\delta\right]\right\}$$

$$= 2.52\sin[\delta - \sin^{-1}(0.692\sin\delta)]$$

（4）各功率特性的最大值及其对应的功角为

1）$E_{q|0|}$ 保持不变。$\delta = 90°$ 时功率最大，即

$$P_{EqM} = 1.15$$

2）$E'_{q|0|}$ 保持不变。最大功率时的功角为

$$\frac{dP_{E'q}}{d\delta} = 1.609\cos\delta - 2\times0.459\cos2\delta = 0$$

$$\delta = 113.2°$$

$$P_{E'qM} = 1.609\sin113.2° - 0.459\sin(2\times113.2°) = 1.813$$

3）$E'_{|0|}$ 保持不变。最大功率时 $\delta' = 90°$，则有

$$90° = \delta - \sin^{-1}(0.512\sin\delta)$$

$$\delta = 117.15°$$

$$P_{E'M} = 1.79$$

由此可见，$E'_{|0|}$ 保持不变与 $E'_{q|0|}$ 保持不变的功率特性很接近。

4）$U_{G|0|}$ 保持不变。最大功率时 $\delta_G = 90°$，则

$$90° = \delta - \sin^{-1}(0.692\sin\delta)$$

$$\delta = 124.68°$$

$$P_{U_GM} = 2.52$$

图 6-8（b）画出了以上三条功率特性曲线，其中 $E'_{q|0|}$ 等于常数时的功率极限值大于 $E_{q|0|}$ 等于常数时的功率极限值；$U_{G|0|}$ 为常数时的功率极限值又大于 $E'_{q|0|}$ 为常数时的值。必须注意，这一现象并非此例题特有。观察图 6-3 可知，若 E_q 为常数，当 δ 增大时，E'、E'_q 以及 U_G 等均会减小。或者由式（6-19）可得

$$dE'_q/d\delta = -\left(\frac{x_{d\Sigma} - x'_{d\Sigma}}{x_{d\Sigma}}\right)\sin\delta$$

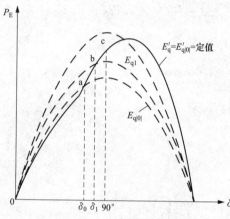

图 6-9　E'_q 为常数时的功率特性

说明当 E_q 为常数且 δ 在 [0，90°] 时，E'_q 随着 δ 的增加而减小。因而，δ 增大时要维持 E'_q 或 U_G 不变，只能增大 E_q 即增加励磁。图 6-9 所示为 E'_q 为常数的功率特性，由对应不同 E_q 的功率曲线上相应的点相连而成。

其中 a 为正常运行点，功角为 δ_0，空载电动势为 $E_{q|0|}$，暂态电动势为 $E'_{q|0|}$。当 δ 增加至 δ_1 时，为保持 $E'_{q|0|}$ 不变，空载电动势必须由 $E_{q|0|}$ 增加至 E_{q1}，则在 $E_q = E_{q1}$ 的功率曲线上对应 δ_1 的点 b 就是 E'_q 为常数的功率曲线上的又一点。不难看出，E'_q 为常数的功率曲线高于 E_q 为常数的功率曲线，而且其功率极限对应的角度大于

90°。由此不难推论 U_G 为常数的功率曲线又高于 E'_q 为常数的功率曲线。实际上，由 E_q、E' 和 U_G 与系统间的联系电抗满足 $x_{d\Sigma} > x'_{d\Sigma} > x_e$，也可以解释它们对应的功率极限由小到大。

（二）多机系统中的发电机电磁功率表达式

前边介绍的单机无穷大系统通常用于建立暂态稳定分析的基本概念，在实际工程中，这种情况并不多见。现代电力系统有成百上千台发电机通过电力网络连接而并列运行。由于建立发电机模型时采用的 dq0 坐标是以发电机自身转子绕组磁轴定位的，因此，当系统中有多台发电机时，这些发电机的电气量必须统一到同一坐标系才能进行分析。这时前边推导的单机系统的电磁功率表达式不能用于多机系统。这部分内容将在第八章第四节介绍。这里只介绍将发电机以一等值电抗和该电抗后的电动势（例如 x'_d 和 $\dot{E}'$）描述时发电机电磁功率的表达式。在这种情况下，由于无需将发电机定子电压和定子电流分解为 d、q 轴分量，因而每台发电机的电磁功率有简明的表达式。但是，必须强调指出，相对于计及发电机转子绕组暂态过程的数学模型，这种模型是十分粗略的。

（1）多机系统的发电机电磁功率。设电力网络有 N 个节点，其中 G 个节点上接有发电机，则在 G 个节点上应接入各发电机的等值电抗和电动势。为叙述方便，这里将所有负荷用恒定导纳描述。设系统正常运行时，节点 D 的有功、无功负荷和电压幅值分别为 P_D、Q_D 和 U_D，则节点上的恒定导纳即为

$$y_{D} = \frac{1}{U_{D}^2}(P_{D} - jQ_{D}) \tag{6-28}$$

顺便指出，对于负荷的其他描述方法将在后边介绍。

加入发电机和负荷等值电路后的网络模型如图 6-10 所示。显见，经过扩展后的网络较计算潮流时的网络多了 G 个发电机电动势节点，而且仅在这些节点上含有电压源，即发电机等值电动势。经网络变换消去除发电机电动势节点外的 N 个节点（也称中间节点），可以得到 $G \times G$ 阶的导纳矩阵 $\mathbf{Y}$，称此导纳矩阵为系统的收缩网络导纳矩阵。则任一发电机的功率即为

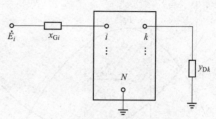

图 6-10 接入发电机和负荷等效
电路后的网络模型

$$P_{Ei} = \text{Re}(\dot{E}_i \hat{I}_i) = \text{Re}\left(\dot{E}_i \sum_{j=1}^{G} \hat{E}_j \hat{Y}_{ij} \right)$$

$$= \sum_{j=1}^{G} E_i E_j (G_{ij}\cos\delta_{ij} + B_{ij}\sin\delta_{ij}) \quad i = 1, 2, \cdots, G \tag{6-29}$$

式中：Y_{ij} 为发电机电动势节点 i 和 j 之间的互导纳 $(G_{ij} + jB_{ij})$；δ_{ij} 为 $\dot{E}_i$ 和 $\dot{E}_j$ 相量间的夹角，即 $\delta_i - \delta_j$；δ_i 和 δ_j 分别为电动势 $\dot{E}_i$ 和 $\dot{E}_j$ 的相角，其参考相量为系统潮流计算时的平衡节点相量。

式（6-29）表明，任一发电机的电磁功率是该发电机电动势相对于其他发电机电动势相量的相位差的函数。注意：正是这些相位差表征着各发电机转子之间的相对空间位置。显然，如果这些相位差是随时间变化的，那么发电机的电磁功率也是随时间变化的，因而系统中所有节点的电压幅值也是随时间变化的。在这种情况下，系统的负荷是不能正常工作的。

由式（6-29）可见，在系统含有三台及以上发电机的情况下，发电机电磁功率是功角差的多元函数，因而一般不再用曲线作出发电机的功-角特性。但是，对于两机系统，本质上两台机的功角差是一个变量，因而仍然可以作出发电机的功-角特性曲线。

（2）两机系统的功率特性。由式（6-29），两台机的功率表达式为

$$\begin{cases} P_{E1} = E_1^2 G_{11} + E_1 E_2 (G_{12}\cos\delta_{12} + B_{12}\sin\delta_{12}) \\ \quad = E_1^2 G_{11} + E_1 E_2 \,|\, Y_{12} \,|\, \sin(\delta_{12} + \beta_{12}) \\ P_{E2} = E_2^2 G_{22} + E_1 E_2 (G_{12}\cos\delta_{21} + B_{12}\sin\delta_{21}) \\ \quad = E_2^2 G_{22} + E_1 E_2 (G_{12}\cos\delta_{12} - B_{12}\sin\delta_{12}) \\ \quad = E_2^2 G_{22} - E_1 E_2 \,|\, Y_{12} \,|\, \sin(\delta_{12} - \beta_{12}) \end{cases} \tag{6-30}$$

式中：$|\, Y_{12} \,|$ 为互导纳 Y_{12} 的模值；$\beta_{12} = \tan^{-1} G_{12}/B_{12}$。

根据式（6-30）作出的 P_{E1} 和 P_{E2} 与 δ_{12} 的关系曲线如图 6-11 所示。如果将 P_{E1} 和 P_{E2} 表示成 $\delta_{21}(\delta_{21} = \delta_2 - \delta_1)$ 的函数关系，则在 $P_E\text{-}\delta_{21}$ 平面上两个功率曲线的形状将互换。

单机与无限大系统相连是两机系统的特殊情况，当然可以用式（6-30）推得其发电机功率特性。如果发电机经 $x'_{d\Sigma}$ 与无限大系统母线相连，则 $G_{11} = G_{12} = 0$，$B_{12} = \frac{1}{x'_{d\Sigma}}$，$E_1 = E'$，$E_2 = U$，$\delta_{12} = \delta$，发电机功率表达式即为

$$P_E = P_{E'} \approx \frac{E'U}{x'_{d\Sigma}}\sin\delta \tag{6-31}$$

与式（6-20）形式一致。

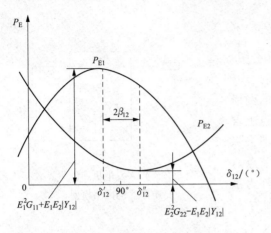

图 6-11 两机系统的功-角特性

$$(\delta'_{21}=90°-\beta_{12}；\ \delta''_{21}=90°+\beta_{12})$$

发电机向无限大系统输送的功率为

若计及回路里的电阻，如图 6-12（a）所示，则

$$Y_{11}=Y_{22}=-Y_{12}=\frac{1}{r+\mathrm{j}x_\Sigma}=\frac{r-\mathrm{j}x_\Sigma}{r^2+x_\Sigma^2}$$

$$G_{11}=G_{22}=\frac{r}{r^2+x_\Sigma^2}$$

$$|Y_{12}|=\frac{1}{\sqrt{r^2+x_\Sigma^2}}$$

$$\beta_{12}=-\tan^{-1}\frac{r}{x_\Sigma}$$

发电机电动势处功率为

$$P_\mathrm{E}=\mathrm{Re}(\dot{E}\,\hat{I})=E^2\frac{r}{r^2+x_\Sigma^2}+\frac{EU}{\sqrt{r^2+x_\Sigma^2}}$$

$$\sin(\delta-\tan^{-1}r/x_\Sigma) \tag{6-32}$$

$$P_\mathrm{U}=\mathrm{Re}(U\hat{I})=-U^2\frac{r}{r^2+x_\Sigma^2}+\frac{EU}{\sqrt{r^2+x_\Sigma^2}}\sin(\delta+\tan^{-1}r/x_\Sigma) \tag{6-33}$$

P_E 和 P_U 的曲线如图 6-12（b）所示，二者之差即为电阻 r 消耗的功率。

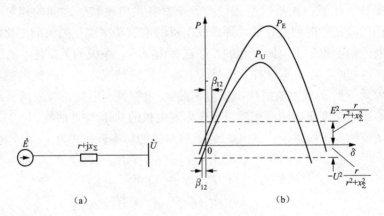

（a）　　　　　　　　　　　　（b）

图 6-12　计及电阻时简单系统的功率特性

（a）系统图；（b）功率特性曲线

【例 6-3】 试计算图 6-13（a）所示系统在发电机暂态电动势 E' 为常数情况下的功率特性。图中的所有参数均以发电机 1 的额定功率为基准值。

解　（1）根据正常运行方式计算 $\dot{E}'_1$ 和 $\dot{E}'_2$。由图 6-13（b）得

$$\dot{E}'_1=\dot{U}_{|0|}+\mathrm{j}x'_{d1\Sigma}\dot{I}_1=1+\mathrm{j}0.7\times\frac{0.9-\mathrm{j}0.4}{1}$$

$$=1.28+\mathrm{j}0.63=1.43\angle26.2°$$

$$\dot{E}'_2=\dot{U}_{|0|}+\mathrm{j}x'_{d2\Sigma}\dot{I}_2=1+\mathrm{j}0.1\times\frac{1.8-\mathrm{j}0.9}{1}$$

$$=1.09+\mathrm{j}0.18=1.10\angle9.38°$$

$$\delta_{12|0|}=26.2°-9.38°=16.8°$$

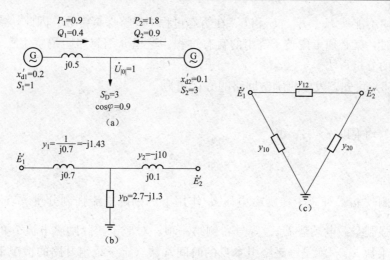

图 6-13　[例 6-3] 图

(a) 系统图；(b) 等值电路；(c) 网络化简

（2）网络化简，计算 Y_{11}、Y_{12}、Y_{22}。首先计算负荷等值导纳为

$$y_D = \frac{P_D - jQ_D}{U_{|0|}^2} = 2.7 - j1.3$$

系统的等值星形网络如图 6-13（b）所示，将其变换为三角形网络如图 6-13（c）所示，其中三个支路的导纳为

$$y_{12} = \frac{y_1 y_2}{\Sigma y} = \frac{(-j1.43) \times (-j10)}{-j1.43 - j10 + 2.7 - j1.3} = \frac{-14.3}{2.7 - j12.73} = -1.1\angle 78°$$
$$= -0.23 - j1.07$$

$$y_{10} = \frac{(-j1.43) \times (2.7 - j1.3)}{2.7 - j12.73} = 0.33\angle -37.7° = 0.26 - j0.20$$

$$y_{20} = \frac{(-j10) \times (2.7 - j1.3)}{2.7 - j12.73} = 2.3\angle -37.7° = 1.82 - j1.4$$

$$Y_{11} = y_{10} + y_{12} = 0.03 - j1.27$$
$$Y_{12} = -y_{12} = 0.23 + j1.07 = 1.1\angle 78°$$
$$Y_{22} = y_{20} + y_{12} = 1.59 - j2.47$$

（3）求功率特性。将上述计算结果代入式（6-30）中得

$$P_{E1} = E_1^2 G_{11} + E_1 E_2 |Y_{12}| \sin(\delta_{12} + \beta_{12})$$
$$= 1.43^2 \times 0.03 + 1.43 \times 1.1 \times 1.1\sin(\delta_{12} + \beta_{12})$$
$$= 0.061 + 1.73\sin(\delta_{12} + 12°)$$

$$P_{E2} = E_2^2 G_{22} - E_1 E_2 |Y_{12}| \sin(\delta_{12} - \beta_{12})$$
$$= 1.1^2 \times 1.59 - 1.43 \times 1.1 \times 1.1\sin(\delta_{12} - 12°)$$
$$= 1.92 - 1.73\sin(\delta_{12} - 12°)$$

三、电动势变化过程的方程式

前面介绍了单机无穷大系统中认为 E_q、E_q'、E' 和 U_G 在暂态过程中可以保持不变的发电机电磁功率表达式，其中粗略地计及了转子绕组的电磁暂态过程。但是实际的发电机励磁调节器并没有如此强大的能力。换句话说，由于定子和转子绕组电磁暂态过程的影响，励磁调

节器的控制规律不能使 E_q、E'_q、E' 和 U_G 在暂态过程中严格保持常数。因此，当对分析准确度有较高要求时，就必须考虑转子绕组的暂态过程。这里介绍忽略阻尼绕组[1]、只计及励磁绕组暂态过程的分析方法。

由式（2-85）可知，发电机励磁回路的方程式为

$$u_f = r_f i_f + \dot{\psi}_f$$

将上式两侧均乘以 x_{ad}/r_f，得

$$\frac{x_{ad}}{r_f} u_f = x_{ad} i_f + \frac{x_f}{r_f} \frac{x_{ad}}{x_f} \dot{\psi}_f$$

其中，等号左侧 $\frac{x_{ad}}{r_f} u_f$，对应于在励磁电压 u_f 作用下的励磁电流强制分量 u_f/r_f 的空载电动势，一般称为强制空载电动势 E_{qe}。等号右侧第一项，对应于实际励磁电流 i_f 的空载电动势 E_q；第二项的乘数 x_f/r_f 就是励磁绕组本身的时间常数（定子绕组开路的情况下）T_f，或表示为 T'_{d0}，第二项中的 $\frac{x_{ad}}{x_f} \psi_f$ 就是暂态电动势 E'_q。这样，励磁回路方程即为

$$E_{qe} = E_q + T'_{d0} \frac{dE'_q}{dt} \tag{6-34}$$

由式（6-24）和式（6-26）可知

$$E_q = E'_q + I_d(x_d - x'_d)$$

将上式代入式（6-34），消去空载电动势 E_q 得

$$T'_{d0} \frac{dE'_q}{dt} = E_{qe} - [E'_q + I_d(x_d - x'_d)] \tag{6-35}$$

式（6-35）就是描述暂态电动势变化过程的方程。其中强制空载电动势 E_{qe} 与励磁电压 u_f 成正比。因此，如果忽略励磁调节器的作用，则励磁电压 u_f 为常数，那么 E_{qe} 也为常数，其值由稳态计算可得；当计及励磁调节器的作用时，励磁电压 u_f 随时间变化，那么 E_{qe} 也是随时间变化，其变化规律由励磁调节器决定。本章下一节将介绍自动调节励磁系统的作用原理和数学模型。

式（6-35）中还含有发电机直轴电流 I_d，在多机系统中，I_d 需通过网络方程才能获取。此处仅介绍图 6-1（a）所示的单机无穷大系统。以隐极机为例，由式（6-17）得

$$I_d = \frac{E'_q - U_q}{x'_{d\Sigma}} = \frac{E'_q - U\sin\delta}{x'_{d\Sigma}}$$

代入式（6-35），得

$$T'_{d0} \frac{dE'_q}{dt} = E_{qe} - \frac{x_{d\Sigma}}{x'_{d\Sigma}} E'_q + \frac{x_d - x'_d}{x'_{d\Sigma}} U\sin\delta \tag{6-36}$$

这样，由转子运动方程式（6-9）、式（6-10），电磁功率表达式（6-18）和式（6-36）共同构成了考虑励磁绕组暂态过程的、单机（隐极机）无穷大系统机电暂态过程的数学模型。当认为励磁电压恒定时，在这个系统中共有 δ、ω 和 E'_q 三个状态变量。依照相同的方法，读者可以推导凸极机的单机无穷大系统模型。

---

[1] 有阻尼绕组电机的电动势变化方程可参阅 T. J Hammous, D. J. Winning. Comparisons of synchronous machine models in the study of the transient behaviour of electrical power systems. P. I. E. E, No. 10, 1971.

第三节　自动调节励磁系统的作用原理和数学模型

由上节可知，发电机励磁绕组电源电压 u_f 是控制发电机运行状态的重要控制变量。例如，在式（6-36）中，若考虑发电机励磁调节器的作用，强制空载电动势 E_{qe}（与 u_f 成正比）即为变量。显然，u_f 的变化规律将影响 δ、ω 和 E'_q 的变化过程。同理，对于多机系统，各发电机的励磁调节器将对系统的动态特性产生重要的影响。因此，发电机励磁调节系统的设计和分析方法研究一直是电力系统最重要研究领域之一。本节简要介绍 u_f 的产生和自动调节方法。前者即是主励磁系统的工作原理，后者即是自动调节励磁装置及其框图。对电力系统分析问题而言，最终需要得到的是 u_f 满足的方程式或方程组，即励磁调节系统的数学模型。

一、主励磁系统

电力系统中励磁发电机的种类很多，容量也大小各异。对应地，主励磁系统的种类也十分庞杂。粗略地可以按 u_f 的产生方法将主励磁系统分为直流励磁机、交流励磁机和静止励磁系统三大类。静止励磁系统的励磁电源取自发电机或电网，仅以电压源提供励磁功率的称为自并励，若同时有电压源和电流源的则称为自复励。以下仅重点介绍前两类。

（一）直流励磁机励磁

直流励磁机是一台与发电机同轴旋转的直流发电机。直流励磁机发出的直流电输入发电机励磁绕组，是发电机的励磁电源。直流励磁机自身的励磁有自励或他励两种类型。自励直流励磁机利用其剩磁自励；他励直流励磁机需另用一台自励直流发电机励磁，这时称他励励磁机为主励磁机，而给主励磁机励磁的自励直流发电机为副励磁机。图6-14为他励直流励磁机励磁系统。对于容量较大的同步发电机，直流励磁机一般采用他励。

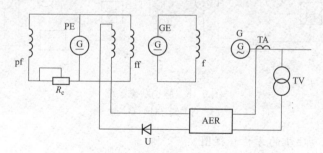

图 6-14　具有副励机（他励）直流励磁机励磁系统

GE—励磁机；PE—副励磁机；TV、TA—电压、电流互感器；
U—整流器；f、ff、pf—发电机、励磁机、副励磁机励磁绕组；
AER—自动励磁调节器；R_c—继电强行励磁短接电阻

直流励磁机励磁具有结构和接线简单、运行经验丰富等优点，但因励磁机集电环换向困难、可靠性差而难以制造大容量直流发电机。因此，由于现代电力系统同步发电机的容量较大，直流励磁机励磁已在逐步淘汰过程中。

（二）交流励磁机励磁

交流励磁机是一台与发电机同轴旋转的交流发电机，其输出电流经大功率整流器整流后供给发电机励磁回路。这种励磁方式根据励磁机电源和整流方式的不同又分为：自励式静止

半导体励磁——利用交流励磁机发出的交流电经整流后作交流励磁机自身的励磁电源；他励
式静止半导体励磁——交流励磁机有他励电源，即中频副励磁机；他励式旋转半导体励磁
（无刷励磁）——交流励磁机的副励磁机为一永磁发电机，其磁极是旋转的，而交流励磁机则
正好相反，是旋转电枢式。副励磁机的定子交流电经整流后供给交流励磁机的定子励磁，交
流励磁机的交流电直接输至同轴旋转的整流装置，经整流后作发电机励磁绕组电源，因而无
需集电环和电刷等接触元件。

　　交流励磁机励磁系统具有便于制造、成本低、工作可靠以及反应迅速等一系列优点。

　　图 6-15 示出的是他励式交流励磁机、静止不可控半导体整流励磁系统的原理接线图。其
中励磁机、副励磁机与发电机同轴旋转。

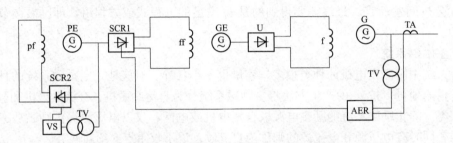

图 6-15　他励式交流励磁机静止半导体不可控整流励磁系统原理接线图

SCR—晶闸管整流器；VS—自励恒压单元；其他符号同图 6-14

　　图 6-16 为静止励磁系统，其励磁电源取自发电机本身。

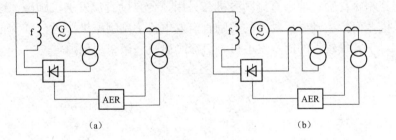

（a）　　　　　　　　　　　　　　　　　　（b）

图 6-16　静止励磁系统

（a）自并励；（b）自复励

（三）他励直流励磁机的方程和框图

　　图 6-14 的他励直流励磁机的回路图如图 6-17（a）所示。图中 u_f 为励磁机输出电压（即
发电机励磁绕组电压）；u_{ff} 为励磁机他励绕组的输入电压；i_{ff} 为他励绕组电流。

　　他励绕组的电压平衡方程为

$$u_{ff} = r_{ff}i_{ff} + \frac{\mathrm{d}\psi_{ff}}{\mathrm{d}t} \tag{6-37}$$

　　当不计转速变化时，励磁机的内电动势与磁链 ψ_{ff} 成正比，近似地可认为励磁机电压 u_f
正比于 ψ_{ff}，即

$$u_f = k\psi_{ff} \tag{6-38}$$

　　当不计励磁机铁心饱和时，有

$$u_f = kL_{ff}i_{ff} = \beta_f i_{ff} \tag{6-39}$$

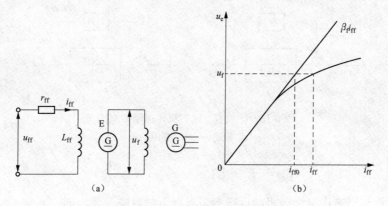

图 6-17　他励直流励磁机励磁系统

(a) 系统回路图；(b) 励磁机的负载特性曲线

式中：β_f 为图 6-17 (b) 励磁机负载特性曲线线性部分的斜率。

当计及励磁机铁心饱和时，有

$$u_f = \beta_f i_{ff0} = \frac{\beta_f}{1 + S_E} i_{ff} \tag{6-40}$$

式中：i_{ff0} 为假设不饱和时对应 u_f 的他励电流；饱和系数 $S_E = \dfrac{i_{ff}}{i_{ff0}} - 1$，随饱和度不同而变化，不计饱和时 $S_E = 0$。

将式 (6-38)～式 (6-40) 代入式 (6-37) 中，得

$$u_{ff} = r_{ff}(1 + S_E)u_f/\beta_f + \frac{L_{ff}}{\beta_f}\frac{\mathrm{d}u_{ff}}{\mathrm{d}t}$$

可改写为

$$u_{ff} = \frac{r_{ff}}{\beta_f}\left((1 + S_E)u_f + T_{ff}\frac{\mathrm{d}u_{ff}}{\mathrm{d}t}\right) \tag{6-41}$$

式中：$T_{ff} = L_{ff}/r_{ff}$ 为他励绕组的时间常数。

若选定 u_f 的基准值为 u_{fB}，则 i_{ff} 的基准值 i_{fB} 由下式决定，即

$$u_{fB} = \beta_f i_{fB} \tag{6-42}$$

他励绕组电压基准值为

$$u_{ffB} = r_{ff} i_{fB} = \frac{r_{ff}}{\beta_f} u_{fB} \tag{6-43}$$

将式 (6-41) 转换为标幺值，即两端同除式 (6-43) 的两端，得

$$u_{ff*} = (1 + S_E)u_{f*} + T_{ff}\frac{\mathrm{d}u_{f*}}{\mathrm{d}t}$$

省略标幺值的下标后为

$$T_{ff}\frac{\mathrm{d}u_f}{\mathrm{d}t} = -(1 + S_E)u_f + u_{ff} \tag{6-44}$$

根据式 (6-44) 可得传递函数框图如图 6-18 所示，有图 6-18 (a)、(b) 两种彼此等价的形式。

(四) 他励交流励磁机的方程和框图

交流励磁机是一个交流同步发电机，因此可以将前边已导得的同步发电机的电动势方程应用到励磁机的电压方程。同步发电机电动势方程式 (6-35) 可改写为

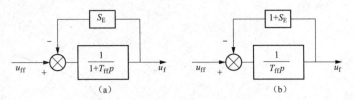

图 6-18   他励直流励磁机传递函数框图
(a) 框图一；(b) 框图二

$$E_{qe} = E'_q + I_d(x_d - x'_d) + T'_{d0}\frac{dE'_q}{dt}$$

其中各运行参量与当前作为励磁机的运行参量有以下的对应关系，即

$$E_{qe} \Rightarrow u_{ff}$$

$$E'_q \Rightarrow u_f（即暂态电动势近似等于端电压）$$

$$T'_{d0} \Rightarrow T_{ff}$$

$I_d \Rightarrow i_f$（忽略励磁绕组电阻，则励磁机的负荷为纯感性，因此 $I_q = 0$，$I_d =$ 负荷电流 i_f）

将励磁机运行参量代入上式，并计及励磁机铁心饱和，可得

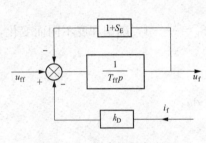

图 6-19   他励交流励磁机
传递函数框图

$$u_{ff} = (1 + S_E)u_f + i_f(x_d - x'_d) + T_{ff}\frac{du_f}{dt}$$

或者改写为

$$T_{ff}\frac{du_f}{dt} = -(1 + S_E)u_f - k_D i_f + u_{ff} \quad (6\text{-}45)$$

其中 $$k_D = x_d - x'_d$$

式（6-45）与式（6-44）相比仅多了一项，这是由于交流同步发电机的去磁电枢反应使电动势有所降低。

他励交流励磁机传递函数框图如图 6-19 所示。

二、自动调节励磁装置及其框图

他励直流励磁机方程式（6-44）和他励交流励磁机方程式（6-45）中的他励绕组输入电压 u_{ff} 是励磁调节系统的控制对象。由上述两式可见，通过控制 u_{ff} 达到控制 u_f 的作用。励磁调节器的种类很多，目前多采用晶闸管和微机控制系统。励磁调节器的作用是接收、处理和放大控制器的输入信号，以形成合适的励磁调节。控制信号通常选用发电机定子电压、电流等。励磁调节器中一般包括测量、放大、稳定作用以及限幅等环节。

这里仅介绍用于他励交流励磁机的晶闸管励磁调节器，其原理框图如图 6-20 所示。图中点划线框中为调节器，调节器的输入信号为发电机端电压（和定子电流）。当发电机端电压（和定子电流）发生波动时，测量单元测得的电压信号与给定的电压相比较，得到电压偏差信号，该信号经放大环节放大后，作用于移相触发单元，产生不同相位的触发脉冲，进而改变晶闸管的导通角，使励磁机励磁绕组的电压 u_{ff} 得到调节，最终达到调节发电机励磁绕组电压乃至发电机电压的目的。

图 6-20 的简化传递函数框图为图 6-21。电压量测滤波单元用一个一阶惯性环节描述，其时间常数 T_R 主要取决于滤波回路的参数；电流量测单元的时间常数很小，故略去不计，而以比例环节 K 描述。综合放大、移相触发及晶闸管输出等单元近似合并为一个一阶惯性环节，其放大倍数为 K_A，时间常数为 T_A。调节器采用的转子电压软负反馈环节是为了提高调

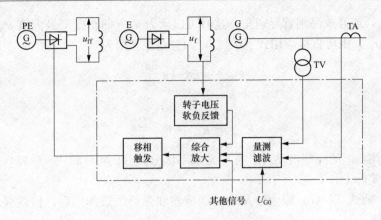

图 6-20　晶闸管励磁调节器原理框图

节系统的稳定性并改善调节器品质，其输出量正比于转子电压的变化率。通常此环节是用一个变压器或电阻和电容组成的微分电路来实现，故可用一个惯性微分环节模拟，K_F 为放大倍数，T_F 为时间常数。至此得到信号 u_r，与副励磁机励磁绕组输出电压 u_p 比较得到 u_{ff} 输入主励磁机。图中限幅环节的上限 u_{ffmax} 对应于强行励磁时励磁电压的极限值 u_{fm}。U_{G0} 是发电机机端电压参考值；"其他信号"是辅助励磁控制信号；如果有"其他信号"，则应接辅助控制的传递函数框图，例如后面将提到的为抑制系统低频振荡而设置的电力系统稳定器 PSS 等；如果没有，此端子输入信号即为零。对于机电暂态分析问题，由图 6-21 即可列出励磁系统关于 E_{qe} 的微分和代数方程组。

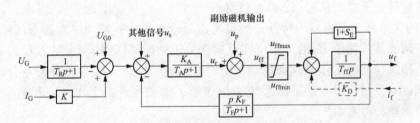

图 6-21　晶闸管励磁调节器传递函数框图

三、自动调节励磁系统的简化模型

由图 6-21 框图得到的励磁系统数学方程将引入过多的微分变量，即状态变量，从而使分析的计算负担加重。因此，在近似的简化分析中，可以将图 6-21 的框图简化为用偏差量表示的一个等值的一阶惯性环节，如图 6-22 所示，这时其表达式为

$$-K_e \Delta U_G = (1 + T_e p) \Delta u_f$$

式中：$K_e > 0$、$T_e > 0$ 为等值的放大倍数和时间常数。负号表示端电压下降时励磁电压增加。由于励磁电压 u_f 和强制空载电动势 E_{qe} 间为线性关系，即 $\dfrac{x_{ad}}{r_f} u_f = E_{qe}$，在标幺制中若取它们的基准值满足此比例关系，则 u_f 和 E_{qe} 的标幺值相等。上式即可改写为

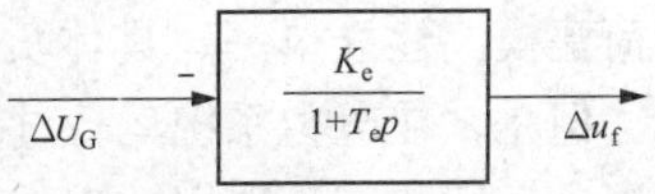

$$-K_e \Delta U_G = (1 + T_e p) \Delta E_{qe} \tag{6-46}$$

图 6-22　自动励磁系统简化框图

顺便指出，当发电机电压由于系统发生短路而大幅度下降时，强行励磁或立即短接

图 6-14 中的 R_c，或开放晶闸管导通角，这时可以认为 u_{ff} 立即跃变至最大值 u_{ffmax}，即对应于励磁电压峰值 u_{fm}，则可直接应用式（6-44），如忽略饱和则为

$$u_{fm} = u_f + T_{ff} \frac{du_f}{dt}$$

相应地有

$$E_{qem} = E_{qe} + T_{ff} \frac{dE_{qe}}{dt} \tag{6-47}$$

式中：E_{qem} 为对应 u_{fm} 的空载电动势；有些文献不区分式（6-46）和式（6-47）中的时间常数而统称为 T_e。实际上，T_e 接近于 T_{ff}。

式（6-46）或式（6-47）即为计及励磁调节器和强行励磁作用后，描述强制空载电动势变化规律的方程。

回顾从同步发电机的转子运动方程式（6-10）引出电磁功率 p_E 的方程式（6-18）；p_E 的方程又引出发电机暂态电势 E'_q 的方程式（6-34）；E'_q 的方程又引出强制空载电势 E_{qe}，E_{qe} 即由励磁调节系统的方程式（6-46）或式（6-47）确定。注意：图 6-21 和图 6-22 中没有再引出新的未知变量。至此，在同步发电机组的数学模型中，只有式（6-10）中的原动机机械功率 P_T 作为常数。事实上，原动机输出机械功率与原动机的功率特性、调速系统有关。目前电力系统中的原动机主要是水轮机和汽轮机。水轮机机械功率的大小与水轮机导水叶开度的大小有关；汽轮机机械功率的大小则与汽轮机汽门开度大小有关。P_T 和导水叶或汽门开度 μ 的关系即为原动机的功率特性。开度 μ 则受控于调速器，如果发电机的负荷突然增加而使转子轴上的原动机功率（转矩）小于电磁功率（转矩），则转速会下降，调速器测量到转速下降的信号（$\Delta\omega$），就会开大开度 μ，从而增加 P_T，以求新的平衡。开度 μ 与 $\Delta\omega$ 的关系即为调速器的特性。如果考虑原动机输出机械功率在暂态过程中的变化，类似于励磁调节器作用于 E_{qe} 的方法，即可建立关于调速器作用于 P_T 的方程。本篇将不再介绍原动机和调速器的工作原理和数学模型，有兴趣的读者可以参看有关专著。同样，对于励磁系统，本教材仅以一种励磁系统为例介绍了励磁系统的工作原理和数学建模过程，更详细的数学模型可参看❶。

第四节 负 荷 特 性

在电力系统的暂态过程中，电力网络的节点电压和频率都是变化的。因此，连接于节点的电力负荷从系统中实际吸收的功率也是变化的。同时，负荷功率的变化又反过来影响节点电压和系统频率，即影响系统的暂态过程。负荷特性是指负荷功率与其电源电压和频率的关系。一般而言，描述这种关系的方程式是一组微分代数方程。建立这种数学关系的研究称为负荷建模。建立单一、具体负荷的数学模型并不困难，例如一盏白炽灯或是一台异步电动机。但是，在电力系统运行过程中，具体负荷的种类、台数千千万万，而且每种负荷的分布位置、运行状态、取用功率都是随机变化的。因此，在电力系统分析中逐一建立这些负荷的数学模型既不可能也不必要。在电力系统分析问题中，通常采用综合负荷的数学模型。综合

❶ IEEE power engineering society, "IEEE recommended practice for excitation system models for power system stability studies", IEEE Std 421.5-1992

负荷是指连接于一个变电站低压母线的配电网及由其供电的所有负荷。建立综合负荷模型是一个专门的研究领域，本节只对其作简要介绍，由此使读者掌握负荷对电力系统暂态过程产生影响的机理和分析方法。

一、综合负荷的静态电压特性

在暂态过程分析中，由前边的基本假设，近似认为电力网络中的电压、电流只有基波分量，而且频率与系统额定频率的偏差不大，这样就可以只考虑电压对负荷取用功率的影响。在忽略综合负荷的暂态过程的条件下，一般可以根据统计资料或实测数据得到负荷功率和电压的静态关系曲线。通常将特性曲线近似地用二次多项式拟合，即

$$\begin{cases} P_D = a_p U^2 + b_p U + c_p \\ Q_D = a_q U^2 + b_q U + c_q \end{cases} \tag{6-48}$$

其中功率和电压一般为以正常运行状态值为基准值的标幺值，故有

$$\begin{cases} a_p + b_p + c_p = 1 \\ a_q + b_q + c_q = 1 \end{cases} \tag{6-49}$$

由式（6-48）可见，功率的第一项与电压平方成正比，代表恒定阻抗负荷；第二项代表恒定电流负荷；第三项为恒定功率负荷。因此，该负荷模型也称为 ZIP 模型。显然，各系数都是非负常数。在前面讨论多机系统的发电机功率特性时，即假设所有负荷均为恒定阻抗（导纳），其数值由潮流计算的结果而得［见式（6-28）］。实际上就是近似地认为负荷从系统吸收的功率总是正比于负荷节点电压的平方，即 $a_p=1$，$b_p=0$，$c_p=0$。这是最粗略的处理负荷的方法。

于是，负荷的等值阻抗可以写成

$$Z_L = \frac{U^2}{P_D - jQ_D} \tag{6-50}$$

在暂态过程中，节点电压幅值 $U(t)$ 随时间变化，因而综合负荷的等值阻抗也随时间变化。

二、用典型异步电动机描述的综合负荷动态等值阻抗

在暂态过程中，当节点电压幅值的变化速度和幅度较大时，忽略负荷的暂态过程而仅仅采用式（6-48）描述负荷时，对系统暂态过程分析的结果误差较大，因此需要考虑负荷的暂态过程。由于实际电力系统负荷中，容量份额最大的动态负荷是异步电动机，因此，一种简单的处理方法就是在节点总负荷中以一定的比例用一台异步电动机来描述负荷的暂态特性，并称这台异步电动机为典型机。为简化分析，这里介绍一种忽略异步电动机转子电磁暂态过程的异步电动机等值方法。

（一）异步电动机的动态等值电抗

由于不计异步电动机转子的电磁暂态过程，即可以应用异步电动机稳态运行时的等效电路分析其等值阻抗和电磁转矩。图 6-23（a）为异步电动机稳态运行时的 T 型等效电路，可简化为图 6-23（b）的 Γ 型等效电路。图中，$r_s+jx_{s\sigma}$、$r_r/s+jx_{r\sigma}$ 和 $r_\mu+jx_\mu$ 分别为异步机定子电抗、转子电抗和励磁电抗；变量 s 为异步机的转差率，即

$$s = \frac{\omega_0 - \omega_r}{\omega_0} = 1 - \omega_{r*} \tag{6-51}$$

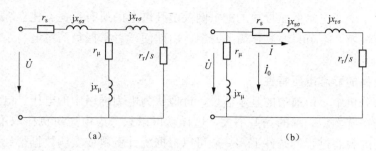

图 6-23　异步电动机的等效电路

(a) T 型等效电路；(b) Γ 型等效电路

式中：ω_r 为异步电动机转子的转速；ω_0 为系统频率。

由图 6-23 (b) 可得异步电动机的等值阻抗为

$$Z_M = \frac{(r_\mu + jx_\mu)(r_s + r_r/s + jx_{s\sigma} + jx_{r\sigma})}{(r_\mu + jx_\mu) + (r_s + r_r/s + jx_{s\sigma} + jx_{r\sigma})} \tag{6-52}$$

由上式可见，异步电动机的等值阻抗随异步电动机的转差率 s 变化而变化。下边讨论转差率 s 的确定方法。

(二) 异步电动机组转子运动方程

与同步发电机组的转子运动方程相似，描述异步电动机组的转子运动方程式为

$$T_J \frac{ds}{dt} = M_m - M_E \tag{6-53}$$

式中：T_J 为异步电动机组的惯性时间常数；M_m 为异步电动机拖动的机械负载的转矩；M_E 为异步电动机的电磁转矩。

注意：负载转矩增大将使异步机转差增大，而电磁转矩增大将使转差减小。

(1) 机械负载的转矩。被异步电动机拖动的机械，种类很多，特性不一。通常表示它们的转矩特性的计算式为

$$M_m = K[\alpha + (1-\alpha)(1-s)^\beta] \tag{6-54}$$

式中：α 为异步电动机机械负载转矩中与转速无关部分所占的比例，或称为静止阻力矩；β 为机械负载转矩与转速有关的指数；K 为异步电动机的负荷率，即异步电动机实际负荷与其额定负荷的比值。

这些参数可在计算时根据具体情况选择合适的数值。

(2) 异步电动机的电磁转矩。由图 6-23 (b) 可得到通过气隙传递到转子侧的有功功率为

$$P_{Ea} = I^2 \frac{r_r}{s} = \frac{U^2 r_r}{(r_s + r_r/s)^2 + (x_{s\sigma} + x_{r\sigma})^2} \frac{1}{s}$$

其中转子绕组中的有功功率损耗为

$$\Delta P_E = I^2 r_r = \frac{U^2 r_r}{(r_s + r_r/s)^2 + (x_{s\sigma} + x_{r\sigma})^2}$$

因此，被转换为机械功率的电磁功率为

$$P_E = P_{Ea} - \Delta P_E = \frac{U^2 r_r}{(r_s + r_r/s)^2 + (x_{s\sigma} + x_{r\sigma})^2} \frac{1-s}{s}$$

转子轴上的电磁转矩则为

$$M_{\mathrm{E}} = \frac{P_{\mathrm{E}}}{\omega_*} = \frac{P_{\mathrm{E}}}{1-s} = \frac{U^2 r_{\mathrm{r}}}{(r_{\mathrm{s}} + r_{\mathrm{r}}/s)^2 + (x_{\mathrm{s}\sigma} + x_{\mathrm{r}\sigma})^2} \frac{1}{s} \qquad (6\text{-}55)$$

为使电磁转矩的表达式更为简洁，引入异步机的临界转差率 s_{cr} 和最大转矩 M_{Emax}。为此，由上式得方程 $\dfrac{\partial M_{\mathrm{E}}}{\partial s} = 0$，忽略定子电阻，即令 $r_{\mathrm{s}} = 0$，可解得临界转差率 s_{cr}，即转矩最大时所对应的转差率为

$$s_{\mathrm{cr}} = \frac{r_{\mathrm{r}}}{x_{\mathrm{s}\sigma} + x_{\mathrm{r}\sigma}}$$

以及与之对应的最大转矩为

$$M_{\mathrm{Emax}} = \frac{U^2}{2(x_{\mathrm{s}\sigma} + x_{\mathrm{r}\sigma})} \qquad (6\text{-}56)$$

代入式（6-55）后，可得

$$M_{\mathrm{E}} = \frac{2M_{\mathrm{Emax}}}{\dfrac{s}{s_{\mathrm{cr}}} + \dfrac{s_{\mathrm{cr}}}{s}} \qquad (6\text{-}57)$$

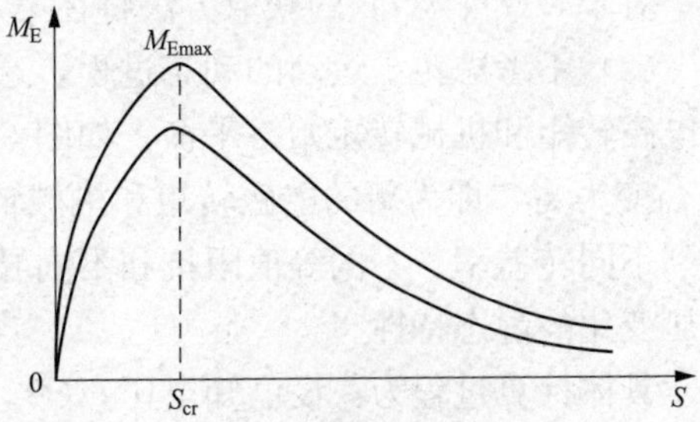

图 6-24　异步电动机电磁转矩-转差率特性

图 6-24 示出不同端电压下的 M_{E}-s 曲线。由式（6-56）和式（6-57）可见，异步电动机的最大电磁转矩与电压平方成正比，而实际电磁转矩由最大转矩和异步电动机转差率共同确定。

（三）综合负荷的动态等值阻抗

典型机选定以后，典型机的参数均为已知。设定稳态转差率 s_0，即由式（6-52）设定了典型机的稳态等值阻抗 Z_{M0}。设在稳态运行时，由异步电动机描述的负荷功率为 $P_{\mathrm{L0}} + \mathrm{j}Q_{\mathrm{L0}}$，节点电压幅值为 U_0，则负荷的稳态阻抗为

$$Z_{\mathrm{L0}} = \frac{U_0^2}{P_{\mathrm{M0}} - \mathrm{j}Q_{\mathrm{M0}}}$$

令

$$C_Z = \frac{Z_{\mathrm{L0}}}{Z_{\mathrm{M0}}}$$

此后，在整个暂态过程中，认为负荷接入系统的等值阻抗与典型机的等值阻抗的复比例系数 C_Z 不变。

对暂态过程中典型机等值阻抗的计算有两种方法。

（1）考虑异步电动机转子运动的动态过程。在正常稳态运行时，异步电动机的电磁转矩与机械转矩相等，如图 6-25（a）中 M_{m} 和 $U = U_0$（正常电压）时 M_{E} 的交点 a_0 所示，相应的转差率为 s_0。这时，按图 6-23 的等值电路求得的异步电动机等值阻抗与正常运行时的等值阻抗相对应。顺便指出，图 6-25 中 M_{m} 和 M_{E} 还有另一个交点，其对应的转差率明显大于 s_0，而且 $\dfrac{\mathrm{d}M_{\mathrm{E}}}{\mathrm{d}s} < 0$，但该点是不稳定平衡点，实际运行中不能在此点运行。在学习了第七章静态稳定基本概念后，读者就会理解上述结论。

当网络受到扰动，异步电动机端电压突然变化时，异步电动机的电磁转矩也突然变化。图 6-25（a）示出当端电压突然降至 U_1，由于计及转子运动的暂态过程，转差率 s 是状态变量，因而在电压突变瞬间转差率不能突变而仍为 s_0，机械转矩仍为 a_0 点，而电磁转矩则降至 a_1 点，即 M_{E} 和 M_{m} 不平衡。在不平衡转矩作用下可由式（6-53）求得转差率的变化，相

应地由式（6-52）得到异步电动机等值阻抗的变化。这就是在系统动态过程中计及异步电动机转子运动过程，从而决定转差率的变化，乃至异步电动机等值阻抗的变化。

在计算上，转子运动方程式（6-53）通过电磁转矩式（6-57）以节点电压为控制变量，因此，当随时间变化的节点电压幅值 $U(t)$ 已知时，由上边的转子运动方程即可获得转差率 $s(t)$，进而代入式（6-52）即可得到典型机的等值阻抗 $Z_M(t)$，进而得到综合负荷的等值阻抗为

$$Z_L(t) = C_Z Z_M(t) \tag{6-58}$$

对于 $U(t)$、$s(t)$ 的获取方法将在第八章介绍。

（2）不考虑转子运动的动态过程。这种处理方法近似地认为节点电压变化过程中典型机的电磁转矩和机械转矩始终平衡，如图 6-25（b）所示，当端电压由 U_0 降至 U_1 时，转差率由 s_0 变为 s_1，即为新的电磁转矩和机械转矩特性的交点。由此，可根据不同电压方便地计算得到不同转差率、不同等值阻抗和不同异步电动机吸收的功率，后者即为异步电动机功率随电压变化的静态特性。

具体计算过程为：设已知电压 $U(t)$，则由式（6-54）、式（6-56）和式（6-57）令典型机的机械转矩与电磁转矩相等，可解出 $s(t)$。此后的计算与考虑转子运动暂态过程的算法相同。显然，这种算法在获取 $s(t)$ 时认为 $ds/dt = 0$，从而忽略了转子运动的暂态过程。

最后需要指出，由上面的分析可见，当异步电动机端电压下降时，其转差率会增加。由电动机等值电路可知，转差率的增加导致其等值电阻乃至等值阻抗减小，功率因数也会下降。如果电压降得很多，以致电磁转矩的最大值也小于机械转矩时，异步电动机的转子会因转差率不断增加趋向停转，这时转差率为常数 1，异步电动机即成为恒定阻抗。对于真实的异步电动机，当转差率为 1 的时间过长时，电机的过电流保护就会动作而切除电机。

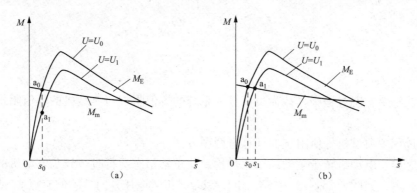

图 6-25 异步电动机端电压变化时转差率的变化

(a) 动态过程；(b) 静态过程

第五节 柔性输电装置特性

柔性交流输电系统（Flexible AC Transmission System，FACTS）是最近四十年发展起来的新型输电技术，简称 FACTS。FACTS 装置泛指利用电力电子器件构成的可控串联、并联无功补偿、可控移相等设备，目前已形成了一系列 FACTS 装置。第一代 FACTS 装置是利用半控型器件，即可控晶闸管实现；第二代是利用全控型器件，如门极可关断器件

（GTO）实现。相对而言，可控晶闸管实现的 FACTS 装置原理简单、技术成熟。本节即以可控并联补偿和可控串联补偿为例来介绍 FACTS 装置的工作原理、特性和数学模型。

传统电力系统在建成以后，输电线路的参数是不可控的，因而对电力系统的稳态潮流和稳定性控制只能利用发电机励磁控制和调速器控制。即便系统中可能装有少量的机械式有载可调分接头变压器、机械式可调并联补偿等设备，但是，对于稳态潮流控制问题，由于设备机械寿命的原因而不能频繁调节；对于系统暂态特性改善问题，由于机械设备的响应速度太慢而基本无效。因此，相对于含有大量 FACTS 装置的柔性交流输电系统，传统电力系统就是刚性的。目前，FACTS 设备已有大量应用，确定优化电力系统潮流分布的控制策略的方法也日趋成熟，但是，如何利用 FACTS 的快速响应特性来提高电力系统稳定性的问题仍处在发展中。

一、静止无功补偿器（Static Var Compensator，SVC）

历史上同步调相机曾作为系统动态无功补偿的重要装置，但是由于调相机是旋转元件，运行维护复杂，因此除非特殊情况现已基本不再新安装调相机。传统的机械式可投切并联补偿电容器，其调节缓慢而不连续。SVC 在补偿的技术特性上与调相机几乎相同，因此相对于调相机的旋转，称可控并联补偿为静止无功补偿。

图 6-26 为 SVC 的原理接线图。图中 TCR（Thyristor Controlled Reactor）为晶闸管控制的电抗器，忽略电抗器的电阻而用电感 L 等值。通过对晶闸管触发角的控制可以实现对电抗值的连续调节。晶闸管在正向电压条件下被触发后，从截止状态变为导通状态的暂态过程十分迅速，因此在以下分析中认为它是瞬时完成的。TSC（Thyristor Switched Capacitor）为晶闸管投切的电容器，通过对阀的控制使电容器投入或退出运行。

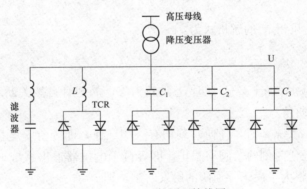

图 6-26　SVC 的原理接线图

（一）晶闸管控制的电抗器

SVC 并联在补偿节点，因此，设 SVC 承受的电压为 $u = U_m \sin\omega t$。图 6-27 为 TCR 的电压、电流波形图。注意：阀只能在正向电压时才能被触发。由图可知，在交流电压的正半波，阀 1 在 $\omega t = \alpha$ 时被触发；在负半波，即 $\omega t = \alpha + \pi$ 时，阀 2 被触发。此后两阀轮番被触发。晶闸管是半控型器件，阀的截止只能随电流过零而自然关断。α 为阀电压过零变正到阀触发的角度，因此称为阀的触发滞后角，简称触发角。以下通过分析 α 与电感电流 i_L 的关系，进而导出 TCR 的基波等值电抗。

（1）电感电流 i_L 的波形和触发角 α 的范围。在阀导通期间，电感电流方程为

$$L\mathrm{d}i_L/\mathrm{d}t = U_m \sin\omega t \tag{6-59}$$

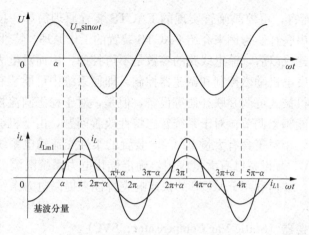

图 6-27 TCR 电压、电流波形图

两边对时间积分得电感电流的通解为

$$i_L = K - \frac{U_m}{\omega L}\cos\omega t$$

式中：K 为积分常数。

α 是 TCR 也即 SVC 的控制变量，因为电感电流不能突变，因此在触发时刻：$\omega t = \alpha + k\pi$ $(k=0,1,2,\cdots)$，电感电流为零，故有

$$0 = K - \frac{U_m}{\omega L}\cos(\alpha + k\pi) \quad k = 0,1,2,\cdots$$

将 K 代入通解，可得 i_L 的解析式为

$$i_L = \frac{U_m}{\omega L}[\cos(\alpha + k\pi) - \cos\omega t] \quad k = 0,1,2,\cdots \tag{6-60}$$

由上式可知，当 $\omega t = (k+2)\pi - \alpha$ 时 i_L 重新为零，晶闸管自然关断。波形宽度为 $2(\pi - \alpha)$，称 $\beta = \pi - \alpha$ 为导通角。

由 i_L 波形可知，$\alpha = \pi/2$ 时，任何时刻均有一阀导通，即等价于电抗器直接并联于系统中；而当 $\alpha = \pi$ 时，任何时刻两个阀均截止，即等价于电抗器退出系统。若 $\alpha < \pi/2$，则已导通阀的电流回零时刻将大于尚未导通阀的触发时刻，即

$$(k+2)\pi - \alpha > (k+1)\pi + \alpha$$

则未导通阀由于此时阀电压为零而不能被触发而导通，从而就有一个阀在任何时刻总是截止状态，因此，应禁止 TCR 工作在这种状态。因此可得，TCR 触发角的运行范围为 $\alpha \in [\pi/2, \pi]$，则 $\beta \in [0, \pi/2]$。

（2）i_L 的基波分量以及 TCR 的等值参数。由于晶闸管的控制作用，电感电流已发生畸变而不再是正弦电流。顺便指出，SVC 需配置合适的滤波器抑制谐波电流注入系统。经傅里叶分解，可得电感电流 i_L 的基波分量的幅值为

$$I_{Lm1} = \frac{U_m}{\pi\omega L}(2\beta - \sin2\beta) \tag{6-61}$$

由此可得 TCR 的基波等值电抗以及从系统吸收的无功功率为

$$\begin{cases} X_L = \dfrac{U_m}{I_{Lm1}} = \dfrac{\pi \omega L}{2\beta - \sin 2\beta} \\ Q_L = \dfrac{2\beta - \sin 2\beta}{\pi \omega L} U^2 \end{cases} \quad \beta \in \left[0, \dfrac{\pi}{2}\right] \tag{6-62}$$

由上式可见，TCR 的等值电抗是导通角（触发角）的连续函数。因而，当电感 L 已定时，等值电抗即可在一定范围连续快速调节。

（二）晶闸管投切的电容器

TCR 只提供纯感性无功补偿，但是实际电力系统常常需要的是容性无功补偿。为了使装置既可以提供容性补偿又可以提供感性补偿，SVC 采用 TCR 与 TSC 并联的电路结构。为了适应系统的各种运行方式，电容器可以分组投切。为了提高装置的响应速度，TSC 用一对反向并联的晶闸管来代替机械式开关投切电容器。切除电容器很简单，只要停止对阀的触发脉冲即可。而投入电容器时应注意，自然关断时电容电压等于电源电压峰值（或正、或负），忽略电容器的泄漏电流，此电压保持不变，因此在投入电容器时应在电源电压峰值与电容器已有电压相等时（即正负号相同）触发导通，以减少投入时的冲击电流。据此，可选触发角 $\alpha = \pi/2$，则任何时刻总有一个阀导通，即电容器投入运行。

显然，电容器的电抗和向系统注入的无功功率为

$$\begin{cases} X_C = -1/\omega C \\ Q_C = \omega C U^2 \end{cases} \tag{6-63}$$

式中：C 为投入的电容器电容。

（三）SVC 的静态特性和动态模型

由式（6-62）和式（6-63）可得 SVC 的等值电抗和向系统注入无功功率为

$$\begin{cases} X_{SVC} = \dfrac{\pi \omega L}{2\beta - \sin 2\beta - \pi \omega^2 LC} \\ Q_{SVC} = Q_C - Q_L = \left(\omega C - \dfrac{2\beta - \sin 2\beta}{\pi \omega L}\right) U^2 \end{cases} \tag{6-64}$$

由式（6-64）可见，SVC 可以看作是由 TCR 的导通角控制的可调电抗。当 $\beta = 0$ 时，等值电抗取得最小值：$X_{SVCmin} = -1/\omega C$；当 $\beta = \pi/2$ 时，等值电抗取得最大值：$X_{SVCmax} = \omega L / (1 - \omega^2 LC)$。根据实际工程需要，可以选择合适的参数 L、C，使 SVC 的等值电抗在一定范围内连续可调。当需要的容性补偿比较大时，可以采用多组 TSC，即 $C = C_1 + C_2 + \cdots$。

显见，SVC 抽出系统的电流 I_{SVC} 与节点电压 U 的关系为

$$U = X_{SVC} I_{SVC} \tag{6-65}$$

因此，对确定的 β，在 I_{SVC}-U 平面上，SVC 的静态伏安特性是过原点的、斜率为 X_{SVC} 的直线。而当 β 从 $\pi/2$ 向零变化时，由式（6-64）可见，SVC 的伏安特性即以原点为轴从斜率 X_{SVCmax} 向斜率 X_{SVCmin} 逆时针旋转。图 6-28（a）中的辐射形线条即表示等值阻抗随 β 变化时的情形。

将系统从 SVC 所接节点进行戴维南等效变换，设戴维南电动势和内电抗分别为 U_0 和 X_D，则节点电压与抽出电流的关系即为

$$U = U_0 - X_D I_{SVC} \tag{6-66}$$

显然，系统电压的波动将使 U_0 发生改变。为叙述方便，忽略系统电压波动时 X_D 的变化，则节点电压分别为 $U_1 \sim U_6$ 时，图 6-28（a）中的斜率为负 X_D 的平行直线即为对应 U_0

为 $U_1 \sim U_6$ 时的系统伏安特性。

现在对节点进行无功补偿。设定 SVC 的控制策略为

$$U = U_{\text{ref}} + X_{\text{e}} I_{\text{SVC}} \tag{6-67}$$

上式在 I_{SVC}-U 平面上是与电压轴相交于 U_{ref} 的斜率为 X_{e} 的直线。如图 6-28（a）中的直线 AB。其中，U_{ref} 为电压参考值，即对 SVC 所接节点电压的控制目标；X_{e} 是 SVC 控制整定值，为零时，即为无差调节。通常为了避免 SVC 过度频繁的调节和对 SVC 容量的较大需求，总将 X_{e} 整定为 $0.01 \sim 0.05$ 的小正数。这样，当节点电压波动时，由式（6-66）和式（6-67）表示的两条直线的交点即是所需的 SVC 运行点。又由式（6-65）可知，连接这个交点到原点的直线斜率即是所需的 X_{SVC} 值，再由式（6-64）即可求得所需的 TCR 触发角。

由上述分析可得 SVC 的静态伏安特性如图 6-28（b）所示。直线 OB 和 OA 分别是 $\beta = \beta_6 = 0$ 和 $\beta = \beta_1 = \pi/2$ 时，SVC 的伏安特性边界；直线 AB 是 SVC 控制策略式（6-67），即 β 在 $[0, \pi/2]$ 之间的伏安特性，通常 SVC 在此范围运行。在上述分析中，SVC 电流的参考方向是从系统抽出。因此，I_{SVC} 为正是感性补偿；I_{SVC} 为负是容性补偿。当系统电压变化不大而 SVC 容量足够时，由式（6-67）可见，经 SVC 补偿后节点电压 U 几乎不变（X_{e} 很小）。

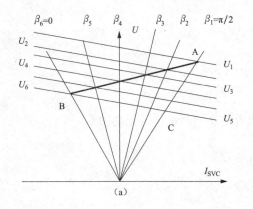
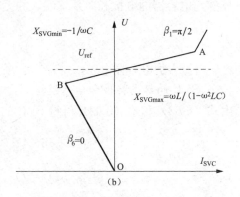

图 6-28　SVC 的静态特性

（a）系统电压变化以及等值阻抗随 β 变化的示意图；（b）SVC 的伏安特性

SVC 的快速、连续和既可容性又可感性补偿的特性与同步调相机相类似，因此在稳态电压控制中已得到了广泛的应用。但是对于暂态控制问题，即系统在暂态过程中如何控制 X_{SVC} 使之有利于改善系统的暂态特性，还在研究发展过程中。目前已有的研究和应用多是在暂态过程中尽力维持 SVC 所连接的节点电压为给定值，降低该节点电压的振荡幅度。图 6-29 为一简化的 SVC 动态控制器的传递函数框图，包括一个超前-滞后环节（可以不计）和一个带输出限幅的比例放大延时环节。比例放大延时环节用以模拟功率放大和移相触发过程。其中输入量为参考电压 U_{ref} 和节点电压 U 之差，输出量即为 B_{SVC}。

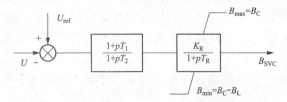

图 6-29　SVC 控制器的传递函数框图

二、晶闸管控制的串联电容器（Thyristor Controlled Series Capacitor，TCSC）

传统的串联补偿是在输电线路上串入电容值固定的电容器，目的是减小输电线路的等值

阻抗，从而缩短输电线路的电气距离，提高输电线路的输送极限。TCSC 采用 TCR 与固定电容并联后再串入输电线路，从而构成可控串联补偿。图 6-30 为 TCSC 的原理接线图。注意：TCSC 的电路结构与 SVC 完全一致，但是 TCSC 是串联于输电线路中而 SVC 是并联于补偿节点。由前已知，在分析 SVC 等值阻抗时 SVC 的电压是正弦电压，而电流

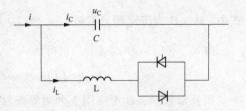

图 6-30　TCSC 的原理接线图

发生畸变。下面在分析 TCSC 的等值阻抗时，由于电力系统谐波管理的要求，可以认为输电线路中流过的电流只有基波，从而流过 TCSC 的电流也只是基波电流。不难理解，由于晶闸管的控制作用，这时 TCSC 两端的电压将发生畸变。

图 6-31 为 TCR 阀在某导通情况下的线路电流 i、电感电流 i_L 和电容器电压 u_C 的波形图。触发滞后角是阀电压为正后经过的角度，仍记为 α。因此，在图中的时间坐标下，电感电流从零开始增加时的角度是 $\alpha - \pi/2$。TCSC 流过的电流已知，下面分析 TCSC 的电压，即电容电压，进而导出 TCSC 的等值电抗 X_{TCSC}。

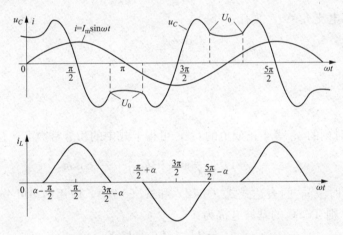

图 6-31　TCR 线路和电感及电容器电压波形图

（一）TCR 导通期间 $\omega t \in \left(\alpha - \dfrac{\pi}{2} + k\pi, \ \dfrac{3\pi}{2} - \alpha + k\pi \right)$，$k = 0,\ 1,\ 2,\ \cdots$，导通角 $\beta = \pi/2 - \alpha$

由前所述，线路电流为 $i = I_m \sin\omega t$，当阀处于稳态导通时，各电气量有下列关系

$$\begin{cases} i = i_L + i_C \\[2mm] u_C = L \dfrac{\mathrm{d}i_L}{\mathrm{d}t} \\[2mm] i_C = C \dfrac{\mathrm{d}u_C}{\mathrm{d}t} \end{cases} \tag{6-68}$$

由式（6-68）易得关于电感电流的方程为

$$i_L + LC \frac{\mathrm{d}^2 i_L}{\mathrm{d}t} = I_m \sin\omega t \tag{6-69}$$

方程是电感电流的二阶非齐次微分方程，其通解为

$$i_L = D\sin\omega t + A\cos\omega_0 t + B\sin\omega_0 t \tag{6-70}$$

式中：A、B 为待定积分常数；$\omega_0 = 1/\sqrt{LC}$，$\lambda = \omega_0/\omega$，$D = \dfrac{\lambda_2}{\lambda^2-1}I_m$。

由式（6-68）和式（6-69）可得

$$u_C = L(D\omega\cos\omega t - A\omega_0\sin\lambda\omega t + B\omega_0\cos\lambda\omega t) \tag{6-71}$$

积分常数 A、B 可应用下列边界条件获取：

（1）由阀开通时 $\omega t = k\pi + \alpha - \pi/2$，$i_L = 0$ 以及 $u_C = (-1)^k U_0$。U_0 在图 6-31 中已标出，为阀开通和关断时刻电容电压的绝对值，目前是待定量。将上列两个边界条件分别代入式（6-70）和式（6-71），可得含有未知数 A、B 和 U_0 的两个方程。

（2）由阀关断时 $\omega t = k\pi - \alpha + 3\pi/2$，$u_C = (-1)^{k+1}U_0$。代入式（6-71）得第三个方程。

由以上三个方程联立，即可解得 A、B 和 U_0。然后将 A、B 代入式（6-71）即可得

$$u_C = DL\left[\omega\cos\omega t - (-1)^k\frac{\omega_0\cos\alpha}{\cos\lambda\beta}\sin\lambda\left(\omega t - \frac{\pi}{2} - k\pi\right)\right] \tag{6-72}$$

（二）TCR 关断期间 $\omega t \in \left(\dfrac{\pi}{2} - \alpha + k\pi,\ \alpha - \dfrac{\pi}{2} + k\pi\right)$，$k = 0,\ 1,\ 2,\ \cdots$

在此时段电感电流 $i_L = 0$，故有

$$C\frac{du_C}{dt} = i \tag{6-73}$$

解得

$$u_C = -\frac{I_m}{\omega C}\cos\omega t + K \tag{6-74}$$

由 TCR 关断时刻的 u_C 等于正或负的 U_0，可得上式中的积分常数 K，从而得

$$u_C = (-1)^k\left(\frac{I_m}{\omega C}\sin\alpha + U_0\right) - \frac{I_m}{\omega C}\cos\omega t \tag{6-75}$$

对导通和关断时段 u_C 的表达式式（6-72）和式（6-74），应用傅里叶分解，可得电容电压基波幅值 U_{Cm1}，则 TCSC 的基波电抗为

$$X_{TCSC} = U_{Cm1}/I_m = K_\beta X_C \tag{6-76}$$

其中 $X_C = -1/\omega C$

$$K_\beta = 1 + \frac{2}{\pi} \times \frac{\lambda^2}{\lambda^2-1}\left[\frac{2\cos^2\beta}{\lambda^2-1}(\lambda\tan\lambda\beta - \tan\beta) - \beta - \frac{\sin2\beta}{2}\right] \tag{6-77}$$

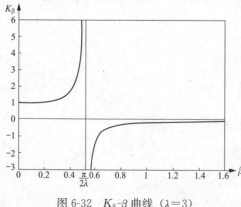

图 6-32　K_β-β 曲线（$\lambda = 3$）

由式（6-76）和式（6-77）可见，TCSC 的等值电抗 X_{TCSC} 由导通角 β 调节。TCSC 是由固定电容与 TCR 并联构成，当发生 L、C 并联谐振时应有 $X_{TCSC} \to \infty$。因此，当 L、C 的配置使 TCSC 既可容性又可感性补偿时，K_β 在 $\beta \in [0, \pi/2]$ 上存在无穷大间断点。由式（6-77）可知，当 $\beta \to \pi/(2\lambda)$ 时有 $\tan\lambda\beta \to \infty$，则 $K_\beta \to \infty$，即发生 LC 并联谐振。这时相当于将输电线路断开，因此在运行时禁止 β 接近谐振点 $\pi/(2\lambda)$。由于设备造价的原因，一般将 λ^2 大约设

计为 7 左右。图 6-32 示出 $\lambda=3$ 时的 K_β-β 曲线。由图可见，$\beta\in(0,\pi/2\lambda)$ 时，$K_\beta>0$，即 TCSC 为容抗；$\beta\in(\pi/2\lambda,\pi/2)$ 时，$K_\beta<0$，则 TCSC 为感抗状态。特别地，当 $\beta=0$，相当于电抗器退出，称为阻断模式，这时 $K_\beta=1$；而当 $\beta=\pi/2$，相当于电抗器始终接入，称为旁路模式，这时 $K_\beta=1/(1-\lambda^2)$。

TCSC 一般运行在容抗的状态。实际的 TCSC 通常可由多个如图 6-30 所示的模块组成，各模块有各自的触发角，通过不同触发角的组合而使 TCSC 的等值电抗变化范围更大，调整更平滑。

在分析系统动态行为时，TCSC 可表示成串联在线路中的一个可变电抗，其中电抗值由控制系统决定。图 6-33 为某 220kV 线路的 TCSC 的控制系统原理结构图[1]。图中阻抗控制方式可选择闭环或开环，其中 X_{TCSC0} 为目标电抗，X_{TCSC1} 为测量的实际电抗，闭环时按 X_{TCSC0} 和 X_{TCSC1} 的差值调节。此外，为阻尼系统低频振荡的阻尼控制环节以及为提高系统暂态稳定的暂态控制环节的作用原理将在后面两章中说明。图中保护环节即根据触发角、晶闸管电流及电容器电压等的限制确定的对 X_{TCSC} 的限幅环节。

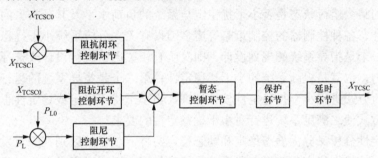

图 6-33　某 220kV 线路 TCSC 控制系统原理结构图

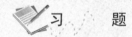

习　　题

6-1　已知一水轮发电机额定功率为 300MW，额定功率因数为 0.875；飞轮转矩 GD^2 为 70000t·m²，转速为 125r/min。试解决如下问题：

（1）计算 T_J。

（2）若全系统计算时的基准功率 $S_B=200\text{MV·A}$，试说明 T_J 应如何归算。

6-2　若在［例 6-2］中发电机是一台凸极机。其参数为：

$P_N=300\text{MW}$，$U_N=18\text{kV}$，$\cos\varphi_N=0.875$

$x_d=1.289$，$x_q=0.912$，$x'_d=0.458$

试计算发电机分别保持 $E_{q|0|}$、$E'_{q|0|}$ 以及 $U_{q|0|}$ 为常数时的发电机功率特性。

6-3　在习题 6-2 中，若希望得到 $E'_{q|0|}=C$ 的功率特性，试计算 E_q 和 δ 的对应值（δ 由 $\delta_{|0|}\sim180°$ 间选 6 点）。

6-4　若在简单系统的输电线路始端接一并联电抗器，试写出发电机的功率表达式（发电机用 E'、x'_d 等值），并分析若无限大系统吸收的功率不变，接入电抗器使发电机的功率极限增大还是减小？

---

❶　郭剑波，武守远，等. 甘肃成碧 220kV 可控串补国产化示范工程研究. 电网技术. 29 (19), 2005.10。

第七章　电力系统小干扰稳定性分析

电力系统小干扰稳定是指电力系统受到任意小的干扰后，不发生自激振荡或单调性失步，自动恢复到初始运行状态的能力。电力系统在正常运行时，几乎时时刻刻都受到各式各样的小的干扰。例如：系统中负荷的小量变化；架空输电线因风吹摆动引起的线间距离（影响线路电抗）的微小变化等。因此，电力系统要在一个预设的运行方式下正常运行就必须有承受小干扰的能力。所谓能承受小干扰，即是系统的稳态运行点受到小干扰后能够仅仅依靠系统固有的动态性质自我保持而不偏离预设的稳态运行点。如果能够保持，则称系统的这个稳态运行点是小干扰稳定的，反之则是不稳定的。注意：小干扰稳定性的扰动类型是任意的，扰动的大小是指数学上的无穷小。

电力系统的某个运行状态是否小干扰稳定与系统的负荷水平及其分布、网络拓扑、发电机组的动态特性、各种控制器的控制策略等诸多因素有关。分析系统小干扰稳定性的基本目的有两个：第一个是指导系统的规划设计，即对所有相关因素进行设计或选择，以尽量提高系统的输送能力，也就是提高系统的小干扰稳定性；第二个是指导系统的运行调度，即对系统拟实施的运行方式进行小干扰稳定性校核计算，当小干扰不稳定或稳定性程度较低时，调整系统的运行方式使之满足系统运行对小干扰稳定性的要求。

小干扰稳定性分析又分为静态稳定和动态稳定两种。二者的区别在于对发电机组的数学描述的详略不同。静态稳定忽略发电机调速系统的作用，近似考虑发电机励磁调节系统的作用，例如将发电机看作暂态电抗 x'_d 后的电动势 E' 以及负荷采用恒定阻抗描述。动态稳定则详细地计及系统的各种动态特性。

第一节　简单电力系统的静态稳定

在如图 6-1 所示的一台发电机经变压器、线路与无限大容量系统并联运行的简单系统中，假设发电机是隐极机，则在某稳态运行下发电机的相量图如图 7-1（a）所示。图中 $x_{d\Sigma} = x_d + x_T + x_L$。

由第六章所述，发电机输出的电磁功率为

$$P_E = UI\cos\varphi = \frac{E_q U}{x_{d\Sigma}}\sin\delta \tag{7-1}$$

如果不考虑发电机励磁调节器的作用，即认为发电机的空载电动势 E_q 恒定，则发电机的功-角特性曲线为如图 7-1（b）所示的正弦曲线。

若不计原动机调速器的作用，则原动机的机械功率 P_T 不变。假定在某一正常运行情况下，发电机向无限大系统输送的功率为 P_0，由于忽略了电阻以及机组的摩擦、风阻等功率损耗，P_0 即等于原动机输出的机械功率 P_T。由图 7-1（b）可见，当输送 P_0 时，系统有 a 点和 b 点两个功率平衡点，即有两个 δ 值，可使 $P_E = P_0 = P_T$。考虑到系统必然受到各种小的扰动，从下面的分析可以看到，只有 a 点是能保持的实际运行点，而 b 点是不可能保持的平衡点。

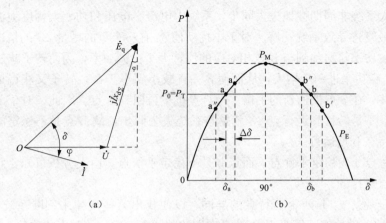

图 7-1　简单系统的功率特性

(a) 相量图；(b) 功率特性

　　先分析系统运行在 a 点的情况。设此时系统中出现了某种瞬时的充分微小的扰动，使功角 δ 增加了一个微小增量 $\Delta\delta$，则发电机输出的电磁功率达到与图中点 a' 点相对应的值。由于原动机的机械功率 P_T 保持不变，仍为 P_0，因此，发电机输出的电磁功率大于原动机的机械功率，即转子过剩转矩为负值，因而，由转子运动方程可知，发电机转子将减速，因此 δ 将减小，这与初始小扰动使 δ 增大的趋势是相反的。由于转子在运动过程中存在的阻尼作用（后详），经过一系列减幅振荡后运行点重新回到 a 点。图 7-2（a）中给出了功角 δ 变化过程的示意曲线。同样，如果小扰动使 δ 减小了 $\Delta\delta$，则发电机输出的电磁功率为 a″ 点的对应值，这时输出的电磁功率小于输入的机械功率，转子过剩转矩为正，转子将加速，δ 将增加。同样经过一系列振荡后又回到运行点 a。由上可见，在运行点 a，当系统受到无论是使 δ 增加还是减小的小扰动，系统都能够自行恢复到原先的平衡状态，因此运行点 a 是小干扰稳定的，或者说是静态稳定的。

　　b 点的情况则完全不同。如果小扰动使 δ_b 有个增量 $\Delta\delta$，则发电机输出的电磁功率将减小到与 b' 点对应的值，小于机械功率。过剩的转矩为正，转子即加速，功角 δ 将进一步增大。而功角增大时，与之相应的电磁功率又将进一步减小。这样继续下去，功角不断增大，运行点再也回不到 b 点。图 7-2（b）中画出 δ 随时间不断增大的情形。δ 的不断增大标志着

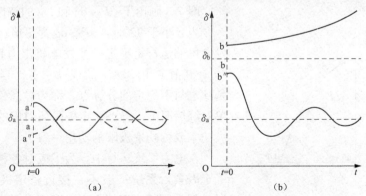

图 7-2　受小扰动后功角变化特性

(a) 运行点 a；(b) 运行点 b

发电机与无限大系统非周期性地失去同步，系统中电流、电压和功率大幅度地波动，系统无法正常运行，最终将导致系统瓦解。对于小扰动使 δ_b 有一个负的增量 $\Delta\delta$ 的情况也有相同的结果。这时电磁功率将增加到与 b'' 点相对应的值，大于机械功率，因而转子减速，δ 将减小；δ 的减小将使电磁功率进一步增大，从而使 δ 一直减小到小于 δ_a，转子又获得加速，然后又经过一系列振荡，在 a 点抵达新的平衡。运行点也不再回到 b 点。因此，对于 b 点而言，在受到小扰动后，不是转移到运行点 a，就是与系统失去同步，故 b 点是不稳定的，即系统本身没有能力维持在 b 点运行。

据上分析称点 a 为稳定平衡点，而点 b 是不稳定平衡点。由上分析可知，系统是不可能在不稳定平衡点运行的。

下面进一步观察 a、b 两个运行点的异同，以便找出某些规律来判断系统的稳定与否。a、b 两点对应的电磁功率都等于 P_0，这是它们的共同点。但 a 点对应的功角 δ_a 小于 $90°$，在 a 点运行时，随着功角 δ 的增大电磁功率也增大，随功角 δ 的减小电磁功率也减小。而 b 点对应的功角 δ_b 则大于 $90°$，在 b 点运行时，随功角 δ 的增大电磁功率反而减小，随功角 δ 的减小电磁功率反而增大。换言之，在 a 点，两个变量 ΔP_E 与 $\Delta\delta$ 的符号相同，即 $\Delta P_E/\Delta\delta>0$，或改写为微分的形式 $dP_E/d\delta>0$（可简写为 $dP/d\delta>0$）；在 b 点，两个变量 ΔP_E 与 $\Delta\delta$ 的符号相反，即 $\Delta P_E/\Delta\delta<0$ 或 $dP_E/d\delta<0$，这是它们的不同点。

对上述系统，如果加大原动机出力，使 $P_T=P_M$，则系统只有一个平衡点，即 $P_0=P_M$，$\delta_0=90°$。同样由上边的分析方法可知这个平衡点是不稳定平衡点。因为，对于使 $\Delta\delta$ 为正的小扰动，系统将失去平衡而不能重回这个平衡点。显见，对这个平衡点，有 $dP_E/d\delta=0$。

综上分析，可以得出结论：对于目前所讨论的简单系统，平衡点为稳定平衡点的充分必要条件为

$$\left.\frac{dP_E}{d\delta}\right|_{P_E=P_0}>0 \tag{7-2}$$

导数 $dP_E/d\delta$ 称为整步功率系数，其大小可以说明发电机维持同步运行的能力，即说明静态稳定的程度。式 (7-2) 亦称简单系统的静态稳定判据。

由功率公式 (7-1) 可以求得

$$\frac{dP_E}{d\delta}=\frac{E_q U}{x_{d\Sigma}}\cos\delta \tag{7-3}$$

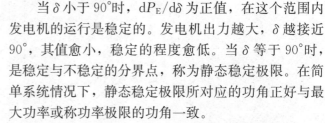

图 7-3 画出了 $dP_E/d\delta$ 和 P_E 的特性曲线。

当 δ 小于 $90°$ 时，$dP_E/d\delta$ 为正值，在这个范围内发电机的运行是稳定的。发电机出力越大，δ 越接近 $90°$，其值愈小，稳定的程度愈低。当 δ 等于 $90°$ 时，是稳定与不稳定的分界点，称为静态稳定极限。在简单系统情况下，静态稳定极限所对应的功角正好与最大功率或称功率极限的功角一致。

在电力系统运行中，为了应对各种不可预知的不确定因素，系统一般不在接近稳定极限的情况下运行，而是保留一定的稳定裕度。小干扰稳定储备系数（或者称为静态稳定储备系数）为

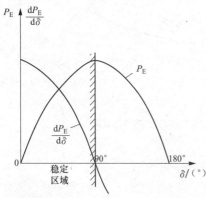

图 7-3　$dP_E/d\delta$ 和 P_E 的变化特性

$$K_P = \frac{P_M - P_0}{P_0} \times 100\% \tag{7-4}$$

式中：P_M 为电磁功率极限；P_0 为某一运行情况下的输送功率。我国现行的《电力系统安全稳定导则》规定：系统在正常运行方式下，K_P 应不小于 $15\% \sim 20\%$；在事故后的运行方式下，K_P 应不小于 10%。所谓事故后的运行方式，是指事故后系统尚未恢复到它原始的正常运行方式的情况。例如，事故使双回路中的一回路被切除，有待重新投入。这时系统的联系被削弱了，即 $x_{d\Sigma}$ 增大，P_M 减小，可以暂时降低对稳定储备的要求。

如果发电机是凸极式的，其功-角特性曲线如图 6-7 所示。与前类似，只有在曲线的上升部分运行时系统是静态稳定的。在 $dP_E/d\delta$ 等于零处是静稳定极限，此时 δ 略小于 $90°$。显然，静稳定极限与功率极限也是一致的。

对于上述简单系统，系统通常只有两个平衡点，其中一个是稳定平衡点，另一个是不稳定平衡点。而当发电机出力为极限值时，系统只有一个不稳定平衡点。在多机系统中，平衡点的个数也与运行方式有关，在确定了一个拟运行的平衡点之后，需分析这个平衡点的小干扰稳定性。获取平衡点的主要计算是电力系统潮流计算，多机系统小干扰稳定性的分析方法在后边介绍。

第二节　小干扰法分析简单系统静态稳定

第一节从概念上介绍了简单电力系统的静态稳定判据，下面将用小干扰法得出稳定判据。

小干扰法的理论基础是 19 世纪俄国学者李雅普诺夫（Lyapunov）奠定的。在各元件动态数学模型的基础上，按照电力系统的连接方式和电学理论建立的描述电力系统的数学模型一般是如下的微分-代数系统，即

$$\begin{cases} \dot{x} = f(x,y) \\ 0 = g(x,y) \end{cases} \quad t \geqslant t_0; x(t_0) = x_0; y(t_0) = y_0 \tag{7-5}$$

其中：$x(t) = [x_1(t) \quad x_2(t) \quad \cdots \quad x_n(t)]^T$ 是状态向量，维数为 n，故称系统为 n 阶系统；$y(t) = [y_1(t) \quad y_2(t) \quad \cdots \quad y_m(t)]^T$ 是代数变量，维数为 m。$f(x,y)$ 和 $g(x,y)$ 是非线性连续、可微函数向量，维数分别为 n 和 m。如果在初始时刻 t_0，点 (x_0, y_0) 满足

$$\begin{cases} 0 = f(x_0, y_0) \\ 0 = g(x_0, y_0) \end{cases} \tag{7-6}$$

则称该点为系统的一个平衡点，由式（7-5）可见，这时系统的所有变量保持不变。对应于物理系统即是系统的一个运行方式。由于代数方程 $g(x,y)$ 是非线性的，所以一般很难由这个代数方程将代数变量 y 显化为 x 的函数。因此，通常并不能通过消去代数变量而将微分-代数系统化为只有状态方程的数学模型。但是，根据隐函数存在定理，由 $g(x,y)$ 可以唯一地确定 $y = \varphi(x)$。因此，数学本质上微分-代数系统仍是动力学系统。

设 (x_0, y_0) 是系统拟采取的运行方式，现在需考察这个运行方式是否小干扰稳定。为此，设系统在初始时刻 $t_0 = 0$ 受到扰动，使系统的运行点偏离平衡点而成为 $(x_0 + \Delta x, y_0 + \Delta y)$。显然，将这个点代入式（7-5），由于 $\dot{x} \neq 0$，系统的状态变量 $x(t)$ 和代数变量 $y(t)$ 将开始在式（7-5）的约束下随时间发生变化。由于 $f(x,y)$ 和 $g(x,y)$ 是非线性函数，因此一般无法获得 $x(t)$ 和 $y(t)$ 的解析解，从而不能判明当 $t \rightarrow \infty$，系统运行点是否能重新回到

(x_0, y_0)。因此，考察平衡点 (x_0, y_0) 的小干扰稳定性有以下方法。

将非线性函数 $f(x, y)$ 和 $g(x, y)$ 在平衡点 (x_0, y_0) 的邻域展开，并忽略高阶无穷小项，即可得到

$$\begin{cases} \Delta \dot{x} = F_x \Delta x + F_y \Delta y \\ 0 = G_x \Delta x + G_y \Delta y \end{cases} \quad t \geqslant t_0; \Delta x(t_0) = \Delta x_0; \Delta y(t_0) = \Delta y_0 \qquad (7\text{-}7)$$

其中

$$F_x = \begin{bmatrix} \dfrac{\partial f_1}{\partial x_1} & \dfrac{\partial f_1}{\partial x_2} & \cdots & \dfrac{\partial f_1}{\partial x_n} \\ \dfrac{\partial f_2}{\partial x_1} & \dfrac{\partial f_2}{\partial x_2} & \cdots & \dfrac{\partial f_2}{\partial x_n} \\ \vdots & \vdots & & \vdots \\ \dfrac{\partial f_n}{\partial x_1} & \dfrac{\partial f_n}{\partial x_2} & \cdots & \dfrac{\partial f_n}{\partial x_n} \end{bmatrix}_{(x,y)=(x_0,y_0)} \qquad F_y = \begin{bmatrix} \dfrac{\partial f_1}{\partial y_1} & \dfrac{\partial f_1}{\partial y_2} & \cdots & \dfrac{\partial f_1}{\partial y_m} \\ \dfrac{\partial f_2}{\partial y_1} & \dfrac{\partial f_2}{\partial y_2} & \cdots & \dfrac{\partial f_2}{\partial y_m} \\ \vdots & \vdots & & \vdots \\ \dfrac{\partial f_n}{\partial y_1} & \dfrac{\partial f_n}{\partial x_2} & \cdots & \dfrac{\partial f_n}{\partial y_m} \end{bmatrix}_{(x,y)=(x_0,y_0)}$$

$$G_x = \begin{bmatrix} \dfrac{\partial g_1}{\partial x_1} & \dfrac{\partial g_1}{\partial x_2} & \cdots & \dfrac{\partial g_1}{\partial x_n} \\ \dfrac{\partial g_2}{\partial x_1} & \dfrac{\partial g_2}{\partial x_2} & \cdots & \dfrac{\partial g_2}{\partial x_n} \\ \vdots & \vdots & & \vdots \\ \dfrac{\partial g_m}{\partial x_1} & \dfrac{\partial g_m}{\partial x_2} & \cdots & \dfrac{\partial g_m}{\partial x_n} \end{bmatrix}_{(x,y)=(x_0,y_0)} \qquad G_y = \begin{bmatrix} \dfrac{\partial g_1}{\partial y_1} & \dfrac{\partial g_1}{\partial y_2} & \cdots & \dfrac{\partial g_1}{\partial y_m} \\ \dfrac{\partial g_2}{\partial y_1} & \dfrac{\partial g_2}{\partial y_2} & \cdots & \dfrac{\partial g_2}{\partial y_m} \\ \vdots & \vdots & & \vdots \\ \dfrac{\partial g_m}{\partial y_1} & \dfrac{\partial g_m}{\partial y_2} & \cdots & \dfrac{\partial g_m}{\partial y_m} \end{bmatrix}_{(x,y)=(x_0,y_0)}$$

式（7-7）中的四个系数矩阵是常数矩阵，由隐函数存在定理，G_y 是可逆矩阵，因此，可由代数方程解出 Δy 然后代入微分方程得

$$\Delta \dot{x} = A \Delta x \qquad (7\text{-}8)$$

其中

$$A = F_x - F_y G_y^{-1} G_x$$

称式（7-8）为原系统式（7-5）的线性化系统；矩阵 A 是 n 阶常数矩阵，称为系统矩阵。由线性代数理论可知，矩阵 A 在复数域上有 n 个特征值。对非线性系统式（7-5）的上述平衡点的小干扰稳定性，李亚普诺夫提出的定理断定：①如果 A 的所有特征值都具有负实部，则该平衡点是稳定平衡点；②如果 A 具有正实部的特征值，则该平衡点是不稳定平衡点；③如果 A 具有实部为零的特征值，则该平衡点的稳定性不能由 A 确定，称该平衡点为临界平衡点。

对于电力系统运行，通常总希望运行的平衡点不仅是稳定的，而且有一定的稳定裕度，因此，在工程应用上，一旦系统矩阵出现零实部或正实部特征值时都认为该平衡点是不稳定平衡点。

一、小干扰法分析简单系统的静态稳定

（一）列出系统状态方程

首先建立形如式（7-5）的数学模型。在简单系统中只有一个发电机元件需要列出其状态方程。发电机转子运动方程为

$$\begin{cases} \dot{\delta} = (\omega - 1)\omega_0 \\ \dot{\omega} = \dfrac{1}{T_J}(P_T - P_E) \end{cases}$$

由于原动机时间常数较大，故不计原动机的动态特性，认为原动机输出功率 P_E 为常数。这样，在上式中还需列出电磁功率 P_E 的方程。由前已知，对发电机当采用的假设条件不同

时，P_E 的方程也不同，下边先采用最简单的数学模型。对隐极机，认为励磁调节系统可使发电机空载电动势 E_q 为常数。于是将式（6-16）代入上述转子运动方程，得

$$\begin{cases} \dot{\delta} = (\omega - 1)\omega_0 \\ \dot{\omega} = \dfrac{1}{T_J}\left(P_T - \dfrac{E_q U}{x_{d\Sigma}}\sin\delta\right) \end{cases} \tag{7-9}$$

由上式对比式（7-5）可见：系统阶数 n 为 2，即系统有两个状态变量——发电机功角 δ 和转速 ω。没有代数方程，即 m 为 0。式（7-9）中含有非线性函数 $\sin\delta$，因此系统是非线性系统。

求系统的稳态平衡点，即由代数方程

$$\begin{cases} \dot{\delta} = (\omega - 1)\omega_0 = 0 \\ \dot{\omega} = \dfrac{1}{T_J}\left(P_T - \dfrac{E_q U}{x_{d\Sigma}}\sin\delta\right) = 0 \end{cases} \tag{7-10}$$

当 $P_T < E_q U / x_{d\Sigma}$ 时，由上式可解得两个平衡点，设系统稳态时的实际运行点为

$$\begin{cases} \omega_{|0|} = 1 \\ \delta_{|0|} = \arcsin\dfrac{P_T X_{d\Sigma}}{E_q U} < \dfrac{\pi}{2} \end{cases} \tag{7-11}$$

现在考察这个平衡点的小干扰稳定性。

（二）将系统状态方程在平衡点线性化

由式（7-7）求得系统在此平衡点的雅克比矩阵，可得线性化系统为

$$\begin{bmatrix} \Delta\dot{\delta} \\ \Delta\dot{\omega} \end{bmatrix} = \begin{bmatrix} 0 & \omega_0 \\ -S_{Eq}(\delta_{|0|})/T_J & 0 \end{bmatrix}\begin{bmatrix} \Delta\delta \\ \Delta\omega \end{bmatrix} \tag{7-12}$$

其中　　　　　　　　　　$$S_{Eq}(\delta) = \frac{\mathrm{d}P_{Eq}}{\mathrm{d}\delta} = \frac{E_q U}{x_{d\Sigma}}\cos\delta \tag{7-13}$$

由前已知，$S_{Eq}(\delta)$ 为发电机的整步功率系数。图 7-4 为上述线性系统的框图。

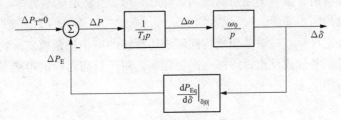

图 7-4　简单系统中发电机的框图

（三）根据系统矩阵 A 的特征值判断系统的稳定性

由于是二阶系统，可由特征方程直接解出特征值为

$$|\rho I - A| = \begin{vmatrix} \rho & -\omega_0 \\ S_{Eq}(\delta_{|0|})/T_J & \rho \end{vmatrix} = \rho^2 + \frac{\omega_0}{T_J}S_{Eq}(\delta_{|0|}) = 0$$

显然，特征值为

$$\rho_{1,2} = \pm\sqrt{-\frac{\omega_0}{T_J}S_{Eq}(\delta_{|0|})} \tag{7-14}$$

由式（7-11）和式（7-13）可知，在目前考察的平衡点，由于 $\delta_{|0|} < \frac{\pi}{2}$，所以 S_{Eq} $(\delta_{|0|}) > 0$，$\boldsymbol{A}$ 的特征值为一对实部为零的共轭复根。如前所述，平衡点稳定性是临界状态。但是，对于这里的简单系统，可以认为该平衡点是稳定的。之所以如此，是因为在建立系统模型时忽略了发电机的电气阻尼和机械摩擦及风阻。在后面可以看到，考虑了正阻尼的因素后，系统的特征值即有负实部。

而对于系统的另一个平衡点有

$$\begin{cases} \omega_{|0|} = 1 \\ \delta_{|0|} = \dfrac{\pi}{2} - \arcsin \dfrac{P_T X_{d\Sigma}}{E_q U} > \dfrac{\pi}{2} \end{cases}$$

由式（7-13）可知，$S_{Eq}(\delta_{|0|}) < 0$。由式（7-14）可知，该平衡点的系统矩阵具有一正一负两个实数特征值。因此，这个平衡点是不稳定平衡点，即系统不可能在此状态稳定运行。

进一步考虑将发电机的原动机出力逐步加大，即 P_T 逐渐增大时，由式（7-10）可见，稳定平衡点与不稳定平衡点将逐步靠近，最终当 P_T 与发电机电磁功率极限相等时，两个平衡点重合为一个平衡点。此时 $S_{Eq}(\pi/2) = 0$。由式（7-14）可知，系统矩阵 $\boldsymbol{A}$ 具有两个零特征值（后边可以看到，考虑系统的阻尼后，一个为零值，另一个为非零实数），从而这个平衡点是临界平衡点。

上述结论与式（7-2）的判据是一致的：发电机必须运行在 $S_{Eq} > 0$ 的状况下。这时，由式（7-12）可见，施加在转子上的转矩与功角偏差 $\Delta\delta$ 反号，起着抑制功角偏离平衡点的作用。即 $\Delta\delta$ 为正时，这个转矩为负，是阻力矩，其效应是使转子减速，从而使 $\Delta\delta$ 减小；而当 $\Delta\delta$ 为负时，这个转矩为正，是动力矩，其效应是使转子加速，从而使 $\Delta\delta$ 增大。反之，若 $S_{Eq} < 0$，则这个转矩与功角偏差同号，起着促使功角偏离平衡点的作用，因此，系统将单调地失去稳定。顺便指出，区别于振荡失稳，亦称这种单调失稳为爬坡失稳。S_{Eq} 的大小标志着同步发电机维持同步运行的能力，故称其为发电机的整步功率系数。另外，即便发电机保持同步转速，只要功角有偏离平衡点的倾向，即 $\Delta\delta \neq 0$，该转矩就不为零，因此，也称与 $\Delta\delta$ 成正比的这个转矩为同步转矩。

由线性系统理论可知，一对共轭复特征值描述系统的一个振荡模式。特征值的实部与该振荡模式的衰减时间常数成反比；虚部是振荡频率。对于目前讨论的单机系统，系统只有一个振荡模式。振荡频率为

$$f = \frac{1}{2\pi} \sqrt{-\frac{\omega_0}{T_J} S_{Eq}(\delta_{|0|})} \tag{7-15}$$

一般 T_J 为 5～10s；发电机正常出力情况下 $S_{Eq}(\delta_{|0|})$ 为 0.5～1，则 f 为 1Hz 左右。因此，如果系统运行在不稳定平衡点时，系统的表现即为：尽管系统未进行任何操作，但是，由于小扰动的出现，系统即发生振荡而失去稳定。相对于 50Hz 工频，这种振荡频率很低，故称这种现象为自励低频振荡。而对于稳定平衡点，其特征值都具有负实部，当系统运行点偏离平衡点的距离足够小时，系统会作衰减振荡，最后运行点恢复为平衡点。

以上在转子运动方程中，电磁功率 P_E 采用了式（6-16），同样的方法可以分析 P_E 为其他形式的情况，例如，凸极机的、E_q 为常数的式（6-25），E'_q 为常数的式（6-18）、式（6-27）等。

【例 7-1】　图 7-5（a）所示为一简单电力系统。发电机为隐极机，惯性时间常数和各元件参数的标幺值基准功率已统一为发电机额定功率。已知无限大系统母线电压为 $1\angle0°$，发电机端电压为 1.05 时向系统输送的功率为 0.8。设 E_q 为常数，试计算此运行方式下系统的静态稳定储备系数以及振荡频率。

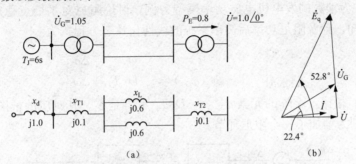

图 7-5　[例 7-1] 系统图和相量图
(a) 系统图和等值电路图；(b) 相量图

解　（1）静态稳定储备系数。因为 E_q 为常数，故此系统的静态稳定极限对应 $\delta=90°$ 时的电磁功率 $E_\mathrm{q}U/x_{\mathrm{d}\Sigma}$。为此，可按下列步骤计算空载电动势 E_q。

1）计算相量 U_G 的相角 δ_G。应用式（6-22），电磁功率表达式为

$$P_\mathrm{E}=\frac{UU_\mathrm{G}}{x_{\mathrm{T}1}+x_\mathrm{L}+x_{\mathrm{T}2}}\sin\delta_\mathrm{G}=\frac{1\times1.05}{0.5}\sin\delta_\mathrm{G}=0.8$$

求得
$$\delta_\mathrm{G}=22.4°$$

2）计算定子电流 $\dot{I}$。则

$$\dot{I}=\frac{\dot{U}_\mathrm{G}-\dot{U}}{\mathrm{j}(x_{\mathrm{T}1}+x_\mathrm{L}+x_{\mathrm{T}2})}=\frac{1.05\angle22.4°-1\angle0°}{\mathrm{j}0.5}=0.80\angle4.29°$$

3）计算 $\dot{E}_\mathrm{q}$。则

$$\dot{E}_\mathrm{q}=\dot{U}+\mathrm{j}\dot{I}x_{\mathrm{d}\Sigma}=1\angle0°+\mathrm{j}0.80\angle4.29°\times1.5=1.51\angle52.8°$$

以上计算结果示于图 7-5（b）。

功率极限及静态稳定储备系数为

$$P_\mathrm{M}=P_\mathrm{EqM}=\frac{E_\mathrm{q}U}{x_{\mathrm{d}\Sigma}}=\frac{1.51\times1}{1.5}\approx1$$

$$K_\mathrm{p}=\frac{1-0.8}{0.8}=25\%$$

（2）振荡频率 f。可计算为

$$\left.\frac{\mathrm{d}P_\mathrm{Eq}}{\mathrm{d}\delta}\right|_{\delta=\delta_0}=\frac{E_\mathrm{q}U}{x_{\mathrm{d}\Sigma}}\cos\delta_0=1\times\cos52.8^2=0.605$$

$$f=\frac{1}{2\pi}\sqrt{\frac{2\pi\times50}{6}\times0.605}\approx0.9(\mathrm{Hz})$$

二、阻尼作用对静态稳定的影响

在建立发电机转子运动方程式（6-10）时忽略了转子在转动过程中具有的机械阻尼转矩。实际上，在暂态过程中，发电机组除了转子在转动过程中具有的机械阻尼转矩外，还有发电机转子上闭合回路所产生的电气阻尼转矩。现在近似地将这些转矩用阻尼系数 D 描述，

从而式（6-10）成为

$$T_{\mathrm{J}} \frac{\mathrm{d}\omega}{\mathrm{d}t} = P_{\mathrm{T}} - p_{\mathrm{E}} - D\omega \tag{7-16}$$

式中：D 称为阻尼转矩系数。

现在仍以 E_{q} 为常数的发电机电磁功率模型为例，讨论阻尼对平衡点稳定性的影响。由前边已有分析可知，计及阻尼功率后简单系统的线性化状态方程式为

$$\begin{bmatrix} \Delta\dot\delta \\ \Delta\dot\omega \end{bmatrix} = \begin{bmatrix} 0 & \omega_0 \\ -S_{\mathrm{Eq}}(\delta_{|0|})/ & -D/T_{\mathrm{J}} \end{bmatrix} \begin{bmatrix} \Delta\delta \\ \Delta\omega \end{bmatrix} \tag{7-17}$$

与式（7-12）相比，$\boldsymbol{A}$ 阵的元素 $a_{21} = -D/T_{\mathrm{J}}$ 不再是零。其对应的框图如图 7-6 所示，它与图 7-4 的区别为增加了一个阻尼环节。

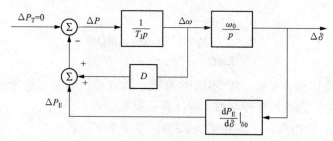

图 7-6 计及阻尼功率的系统框图

系统的特征方程为

$$|\rho\boldsymbol{I} - \boldsymbol{A}| = \begin{vmatrix} \rho & -\omega_0 \\ S_{\mathrm{Eq}}(\delta_{|0|})/T_{\mathrm{J}} & \rho + D/T_{\mathrm{J}} \end{vmatrix} = \rho^2 + \frac{D}{T_{\mathrm{J}}}\rho + \frac{\omega_0}{T_{\mathrm{J}}}S_{\mathrm{Eq}}(\delta_{|0|}) = 0$$

求得特征值为

$$\rho_{1,2} = -\frac{D}{2T_{\mathrm{J}}} \pm \frac{1}{2T_{\mathrm{J}}}\sqrt{D^2 - 4T_{\mathrm{J}}\omega_0 S_{\mathrm{Eq}}(\delta_{|0|})} \tag{7-18}$$

由上式对特征值的取值分析如下。

（1）若 $S_{\mathrm{Eq}} < 0$，则无论 D 值如何，总有一个实部为正的特征值。因此，系统将单调地失去稳定，只是在正阻尼即 $D > 0$ 的情况下失稳过程较慢。

（2）若 $S_{\mathrm{Eq}} > 0$，则 D 的正、负将决定系统是否稳定。

1）$D > 0$。由于一般 D 不是很大，所以 $D^2 - 4T_{\mathrm{J}}\omega_0 S_{\mathrm{Eq}}(\delta_{|0|}) < 0$，这时特征值为一对实部为负的共轭复数，故系统是稳定的。系统受到小扰动后，$\Delta\delta$ 和 $\Delta\omega$ 作衰减振荡后趋近于零。即便 $D^2 - 4T_{\mathrm{J}}\omega_0 S_{\mathrm{Eq}}(\delta_{|0|}) > 0$，系统将得到两个负实根，系统也是稳定的。

2）$D < 0$。特征值为一对实部为正的共轭复数。系统受到小扰动后，$\Delta\delta$ 和 $\Delta\omega$ 作增幅振荡，即系统振荡失稳。

由上述分析可知，系统或者说平衡点稳定的条件为

$$S_{\mathrm{Eq}}(\delta_{|0|}) = \frac{\mathrm{d}P_{\mathrm{E}}}{\mathrm{d}\delta}\bigg|_{\delta=\delta_{|0|}} > 0; D > 0 \tag{7-19}$$

从物理意义上很容易理解 $D > 0$ 时的阻尼作用。与同步转矩的命名方法类似，称与转速偏差 $\Delta\omega$ 成正比的转矩 $D\Delta\omega$ 为异步转矩，即只要发电机异步运行，这个转矩便存在。由式（7-16）可见，异步转矩 $D\Delta\omega$ 是阻力矩，只有在 $D > 0$ 时才起着抑制转速偏离平衡点的作

用。即 $\Delta\omega$ 为正时，异步转矩是阻力矩，其效应是使转子减速，从而使 $\Delta\omega$ 减小；而当 $\Delta\omega$ 为负时，异步转矩是动力矩，其效应是使转子加速，从而使 $\Delta\omega$ 增大。$D<0$ 的情况与此相反，将促使转速偏差增大而使系统振荡失稳。

由式（7-18）和上边对同步转矩和异步转矩的作用分析可知，同步转矩充分而异步转矩不足时，系统将发生爬坡失稳；异步转矩充分而同步转矩不足时，系统将发生振荡失稳；只有同步转矩和异步转矩都充分时，即式（7-19）成立时系统才是稳定的。

图 7-7 示出阻尼转矩（功率）对振荡的影响。先观察阻尼转矩系数 $D=0$ 的情形，其微小振荡如图 7-7（a）和图 7-7（b）所示。设瞬时出现的微小扰动使功角减小 $\Delta\delta$，系统的运行点从 a 转移至 b。为叙述方便，以下按功角变化分为四个期间。

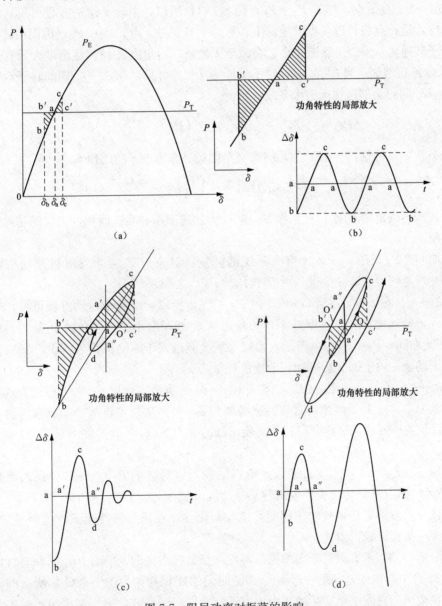

图 7-7　阻尼功率对振荡的影响

a）功-角特性曲线；（b）等幅振荡（$D=0$）；（c）衰减振荡（$D>0$）；（d）增幅振荡（$D<0$）

（1）$\delta_b \to \delta_a$。由于 $P_T > P_E$，转子转速将从同步转速 $\omega_b = 1$ 逐渐增大，功角将从 δ_b 逐渐增大，运行点将沿功-角特性曲线向上转移。在功角到达 a 点的瞬间，$P_T = P_E$；由于从 b 点向 a 点转移的过程中转子一直在加速，故在 a 点时 $\omega_a > 1$。由于转子转速的升高，转子动能的增量为转子过剩转矩在角位移上所做的功。当转矩近似用功率替代时，动能增量为

$$\Delta E_K = \frac{1}{2} J \omega_a^2 - \frac{1}{2} J \omega_b^2 = \int_{\delta_b}^{\delta_a} \left(P_T - \frac{E_q U}{x_{d\Sigma}} \sin\delta \right) d\delta$$

由图 7-7（a）可见，ΔE_K 的几何意义是曲边三角形 bab' 的面积 S_+。

在此期间，$P_T > P_E$，原动机输入发电机的能量（对应于 P_T），一部分送入无穷大系统（对应于 P_E），另一部分转化为发电机转子的动能增加（对应于 $P_T - P_E$）。

（2）$\delta_a \to \delta_c$。在 a 点，尽管 $P_T = P_E$，但 $\omega_a > 1$，所以，由转子运动方程可见，功角还要加大。这样，运行点将越过 a 点继续向上转移。一旦越过 a 点，$P_T < P_E$，因而由转子运动方程知，转子转速将从 $\omega_a > 1$ 逐渐减小，在减至 1 之前，功角由 δ_a 持续逐渐增大，直至 $\omega_c = 1$，功角为 δ_c 才停止增加。当 $\delta = \delta_c$ 时，转子动能为 $J/2$。可见，在 $\delta_b \to \delta_a$ 期间转子动能增加的量，在 $\delta_a \to \delta_c$ 期间全部送往无穷大系统。因此

$$\Delta E_K = \frac{1}{2} J \omega_c^2 - \frac{1}{2} J \omega_a^2 = \int_{\delta_a}^{\delta_c} \left(P_T - \frac{E_q U}{x_{d\Sigma}} \sin\delta \right) d\delta$$

由图 7-7（a）可见，$-\Delta E_K$ 的几何意义是曲边三角形 cac' 的面积 S_-，即

$$\int_{\delta_b}^{\delta_a} \left(P_T - \frac{E_q U}{x_{d\Sigma}} \sin\delta \right) d\delta = -\int_{\delta_a}^{\delta_c} \left(P_T - \frac{E_q U}{x_{d\Sigma}} \sin\delta \right) d\delta$$

由上式即可确定 δ_c 的值。分别称 S_+ 和 S_- 为加速面积和减速面积，上式即是加速面积等于减速面积。

在此期间，$P_T < P_E$，送入无穷大系统的能量（对应于 P_E）为发电机原动机输入能量（对应于 P_T）与转子动能减少量（对应于 $P_E - P_T$）之和。

（3）$\delta_c \to \delta_a$。在 c 点，尽管 $\omega_c = 1$，但 $P_T < P_E$，所以，由转子运动方程可见，转速还要减小。这样，转速由 $\omega_c = 1$ 逐渐减小，功角也从 δ_c 逐渐减小。当功角减至 δ_a 时，$P_T = P_E$，$\omega_a < 1$。在此期间，$P_T < P_E$，由于送入无穷大系统能量大于原动机输入能量，所以发电机继续消耗转子动能。由上面分析可知，动能消耗量为 S_-。

（4）$\delta_a \to \delta_b$。在 a 点，$P_T = P_E$，但 $\omega_a < 1$，因而功角继续减小，一旦越过 a 点，$P_T > P_E$，转速将从 $\omega_a < 1$ 开始增加，直到转速增加到 $\omega_b = 1$，功角不再减小。显然，当 $\omega_b = 1$ 时转子动能又恢复为 $J/2$，在此期间转子动能增加的量为 S_+，由于 $S_+ = S_-$，所以 $\omega_b = 1$ 时的功角必是 δ_b。

在此期间，$P_T > P_E$，原动机输入发电机的能量（对应于 P_T），一部分送入无穷大系统（对应于 P_E），另一部分转化为发电机转子的动能增加（对应于 $P_T - P_E$）。

如此往复，发电机功角和转速周期性地等幅振荡。在局部线性化下，$P_E = S_{Eq} \Delta\delta$，则由加速面积等于减速面积可得 $\delta_c - \delta_a = \delta_a - \delta_b$ 的关系。

由上分析可知，没有阻尼功率的振荡特性，是运行点在 P-δ 平面上沿功-角特性曲线以初始运行点 δ_a 为中心作往返等距的运动。$\Delta\delta$ 随时间的变化规律为图 7-7（b）所示的等幅振荡曲线。顺便指出，在发电机实际运行中，由于转速周期性地波动将引起机组机械振动，危及机组安全，因此，这种等幅振荡方式是不允许的。

阻尼功率系数不为零时，情况将有所不同。由于这时增加了一项与角速度偏移量成正比的阻尼功率分量，运行点不再沿原来的功-角特性 bac 转移。

图 7-7 (c) 为 $D>0$ 时发电机局部功-角特性。运行点由于扰动偏移到 b 点后，转子加速，$\Delta\omega>0$，阻尼功率也为正值，运行点移动的轨迹将从正向（向上）偏离原来的功—角特性 bac，而且随着转子转速的逐渐增大，偏离的垂直距离也逐渐增大。这就是图 7-7 (c) 中的弧线 bo。越过 O 点后，转子减速，但转速仍高于同步速，即阻尼功率仍为正值，运行点移动的轨迹仍从正向偏离 bac。但随着转子转速的逐渐减小，偏离的垂直距离也逐渐减小，直至转速恢复为同步速，运行点到达 bOc 的 c 点，这就是图中的弧线 Oc。由于在 c 点，$\omega_c=1$，所以功角停止增加并且转子动能的增量耗尽，所以 c 点的位置可由曲边三角形 bOb′ 与 cOc′ 相等的条件所决定。于是，可以看到，由于阻尼为正，加速面积 bOb′ 小于 $D=0$ 时的 bab′，因此必有 $\delta_c-\delta_a<\delta_a-\delta_b$。然后功角开始减小，根据同样原理，运行点移动的轨迹将是 cO′d，而不再是 cab。注意功角返程的减速面积为曲边三角形 cO′c′，小于 $D=0$ 时的返程减速面积 cac′，从而 $\delta_a-\delta_d<\delta_c-\delta_a$。如此等等，形成了衰减振荡。

事实上，由于转子的位置偏离了平衡点，即初始功角差 $\Delta\delta\neq0$，因而转子就具有了势能，这个势能的大小即是将转子从平衡状态 δ_a 移至 δ_b 净阻力矩所作的功，几何上即是 bab′ 的面积。计及阻尼后，由图 7-7 (c) 可见，在 $\delta_b\rightarrow\delta_a$ 的过程中，阻尼耗能即是曲边三角形 baa′ 的面积；在 $\delta_a\rightarrow\delta_c$ 的过程中，阻尼耗能为曲边三角形 caa′ 的面积；在 $\delta_c\rightarrow\delta_a$ 的过程中，阻尼耗能为曲边三角形 caO′ 的面积。如此，在振荡过程中，由于阻尼功率的存在，最终将把初始势能耗尽，从而使 $\Delta\delta\rightarrow0$，$\Delta\omega\rightarrow0$，转子只有动能 $J/2$。而在 $D=0$ 时由于转子初始势能不能被消耗，只能在动能势能之间周期转换。

由上分析可知，在正阻尼，即 $D>0$ 情况下，机组的振荡特性是衰减振荡。运行点在 P-δ 平面上顺时针旋转移动，最终回到平衡点。$\Delta\delta$ 随时间的变化规律为如图 7-7 (c) 所示的衰减振荡曲线。

图 7-7 (d) 为 $D<0$ 时发电机局部功—角特性。这时的情况与 $D>0$ 的情况恰恰相反。运行点偏移到 b 点后，转子加速，$\Delta\omega$ 为正值，但阻尼功率却为负值，以致运行点移动的轨迹将从反向（向下）偏离电磁功率曲线 bac，随着转子转速的增大，偏离的垂直距离也逐渐增大。这就是图 7-7 (d) 中的弧线 bO。越过 O 点后，转子减速，但转速仍高于同步速，阻尼功率仍为负值，运行点的轨迹从反向偏离 bac，直至 c 点。这就是图中的弧线 Oc。这样，在 $\delta_b\rightarrow\delta_a$ 的过程中，加速面积成为曲边梯形 ab′ba′ 的面积，比 $D=0$ 时的加速面积 bab′ 大 aOb，于是必有 $\delta_c-\delta_a>\delta_a-\delta_b$。相似地，功角减小时，运行点移动的轨迹也将从正向而不是反向偏离 cab，从而使 $\delta_a-\delta_d>\delta_c-\delta_a$。如此等等，振荡的幅度不断增大，形成了所谓的自励振荡。从转子能量的角度分析，$D<0$ 时，随着振荡过程的进行，转子初始势能被不断放大，因而 $\Delta\delta\rightarrow\infty$，从而发电机失去稳定。

由上分析可知，在负阻尼，即 $D<0$ 情况下，机组的振荡特性是增幅振荡。运行点在 P-δ 平面上逆时针旋转移动，渐渐远离平衡点。$\Delta\delta$ 随时间的变化规律为如图 7-7 (d) 所示的增幅振荡曲线。

发电机的机械阻尼总是正的。因此，当出现总阻尼为负的现象时，一般是由不合适的自动励磁调节器或者不合适的网络参数引起。这种现象虽十分罕见，但后果是妨碍发电机的稳定运行，因此必须谨慎防范。例如，快速励磁调节系统的采用、初始功角较小、定子外电路中有串联电容而使定子回路总电阻相对于总电抗较大等因素可能导致负阻尼。

如果励磁调节系统配置适当，系统不可能发生低频自发振荡，则可仅以整步功率系数大于零作为判断静态稳定性的判据。

最后必须指出，以上结论是由对单机无穷大系统的分析基础得出的。对于多机系统，以上结论仅有参考意义，多机系统的实际运行点是否小干扰稳定必须通过小干扰稳定性分析计算判定。

第三节　自动励磁调节系统对静态稳定的影响

第六章介绍了空载电动势 E_q、暂态电动势 E'_q 和机端电压 U_G 分别为常数时的发电机功-角特性以及对应的发电机出力极限。显然，工程上发电机的出力极限必须大于发电机的额定出力才不至于因为小干扰稳定的约束使发电机出力受限。由前面的分析和图 6-8（b）已知，E_q 为常数是不考虑励磁调节器的作用，这时的功率极限最低。E'_q 为常数是考虑了励磁调节器的作用，这时的功率极限高于 E_q 为常数时的功率极限。如果自动励磁调节器能基本保持 U_G 不变，则功率极限最高。由此可见，自动励磁调节器有对提高系统静态稳定性或者说提高发电机出力极限的作用。本节以按电压偏差调节的比例式调节器为例来分析自动励磁调节系统对静态稳定的影响机理。前已述及，励磁调节系统的种类很多，但是下面介绍的分析方法具有一般性。

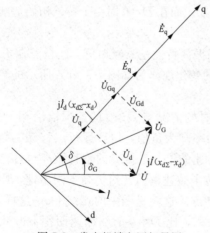

图 7-8　发电机端电压相量图

一、按电压偏差比例调节励磁

（一）列出系统的状态方程

为不失一般性，此处以凸极发电机为例。考虑励磁调节器作用时，发电机电磁功率的数学表达式式（6-27）中的暂态电动势 E'_q 不能再看作常数，而是由励磁调节器控制的变量。这样，除了转子运动方程之外还需补充 E'_q 的方程，即式（6-34）。在式（6-34）中又引入了两个变量：空载电动势 E_q 和强制空载电动势 E_{qe}，为此补入式（6-19）描述 E_q，是个代数方程。而对于 E_{qe}，则由励磁调节器控制，即补入式（6-46）。而式（6-46）中引入了变量发电机机端电压 U_G。为此，以下建立 U_G 与系统状态变量之间的关系。

图 7-8 示出发电机端电压相量图，由图得

$$\begin{cases} U_{Gd} = I_q x_q = U_d \dfrac{x_q}{x_{q\Sigma}} = \dfrac{x_q}{x_{q\Sigma}} U \sin\delta \\ U_{Gq} = U_q + I_d (x_{d\Sigma} - x_d) \end{cases}$$

其中 $I_d = (E'_q - U_q)/x'_{d\Sigma}$，代入上式后得

$$U_{Gq} = \frac{x_e}{x'_{d\Sigma}} E'_q + \frac{x'_d}{x'_{d\Sigma}} U \cos\delta \tag{7-20}$$

式中：x_e 为发电机机端到无穷大母线的电抗，显然，$x_e = x_{d\Sigma} - x_d = x'_{d\Sigma} - x'_d$。

从而可得

$$U_{\mathrm{G}} = \sqrt{U_{\mathrm{Gd}}^2 + U_{\mathrm{Gq}}^2} = \left[\left(\frac{x_{\mathrm{q}}}{x_{\mathrm{q}\Sigma}}U\sin\delta\right)^2 + \left(\frac{x_{\mathrm{e}}}{x_{\mathrm{d}\Sigma}'}E_{\mathrm{q}}' + \frac{x_{\mathrm{d}}'}{x_{\mathrm{d}\Sigma}'}U\cos\delta\right)^2\right]^{\frac{1}{2}} \tag{7-21}$$

至此，系统方程全部建立。其中微分方程为式（6-9）、式（6-10）、式（6-34）、式（6-46），分别对应的状态变量为 δ、ω、E_{q}' 和 E_{qe}。在以上四个微分方程中，三个代数变量与状态变量之间的关系是代数方程。P_{E} 为式（6-27），E_{q} 为式（6-19），U_{G} 为式（7-21）。显然，对于目前这个问题，可以先由这三个代数方程解出三个代数变量，然后代入微分方程以消去代数变量，从而建立系统的状态空间模型。但是，前已述及，对于更一般的问题，代数变量与状态变量之间的关系是非线性隐函数关系，因此，并不能方便地将代数变量显化为状态变量的函数。所以，通常的做法并不预先消去代数变量，常采用以下这种方法。

为了建立基本概念和易于分析，首先忽略励磁调节器的暂态过程。即认为励磁调节器的响应速度很快，取式（6-46）中的时间常数 $T_{\mathrm{e}}=0$。不忽略 T_{e} 的情况将在后面介绍。从而，式（6-46）由微分方程退化为代数方程为

$$\Delta E_{\mathrm{qe}} = -K_{\mathrm{e}}\Delta U_{\mathrm{G}} \tag{7-22}$$

E_{qe} 也退化为代数变量而不再是状态变量。

现在对上述微分-代数系统在平衡点即稳态运行点线性化。

转子运动方程式（6-9）、式（6-10）线性化后为

$$\begin{cases} \Delta\dot{\delta} = \omega_0\Delta\omega \\ \Delta\dot{\omega} = -\Delta P_{\mathrm{E}}/T_{\mathrm{J}} \end{cases} \tag{7-23}$$

暂态电动势 E_{q}' 方程式（6-34）线性化后为

$$\Delta E_{\mathrm{qe}} = \Delta E_{\mathrm{q}} + T_{\mathrm{d0}}'\frac{\mathrm{d}\Delta E_{\mathrm{q}}'}{\mathrm{d}t}$$

由于 E_{qe} 仅在上式出现，而且式（7-22）是显式表达式，故可直接将式（7-22）代入上式以消去代数变量 E_{qe}，得

$$-K_{\mathrm{e}}\Delta U_{\mathrm{G}} = \Delta E_{\mathrm{q}} + T_{\mathrm{d0}}'\frac{\mathrm{d}\Delta E_{\mathrm{q}}'}{\mathrm{d}t} \tag{7-24}$$

电磁功率 P_{E} 方程式（6-27）线性化后为

$$\Delta P_{\mathrm{E}} = K_1\Delta\delta + K_2\Delta E_{\mathrm{q}}' \tag{7-25}$$

其中

$$\begin{cases} K_1 = S_{\mathrm{E}'\mathrm{q}} = \left(\frac{\partial P_{\mathrm{E}'\mathrm{q}}}{\partial\delta}\right)_0 = \frac{E_{\mathrm{q}}'U}{x_{\mathrm{d}\Sigma}'}\cos\delta_0 + U^2\frac{x_{\mathrm{d}\Sigma}' - x_{\mathrm{q}\Sigma}}{x_{\mathrm{d}\Sigma}'x_{\mathrm{q}\Sigma}}\cos2\delta_0 \\ K_2 = \left(\frac{\partial P_{\mathrm{E}'\mathrm{q}}}{\partial E_{\mathrm{q}}'}\right)_0 = \frac{U}{x_{\mathrm{d}\Sigma}'}\sin\delta_0 \end{cases} \tag{7-26}$$

空载电动势 E_{q} 方程式（6-19）线性化后为

$$\Delta E_{\mathrm{q}} = \frac{1}{K_3}\Delta E_{\mathrm{q}}' + K_4\Delta\delta \tag{7-27}$$

其中

$$\begin{cases} K_3^{-1} = \left(\frac{\partial E_{\mathrm{q}}}{\partial E_{\mathrm{q}}'}\right)_0 = x_{\mathrm{d}\Sigma}/x_{\mathrm{d}\Sigma}' \\ K_4 = \left(\frac{\partial E_{\mathrm{q}}}{\partial\delta}\right)_0 = \frac{x_{\mathrm{d}\Sigma} - x_{\mathrm{d}\Sigma}'}{x_{\mathrm{d}\Sigma}'}U\sin\delta_0 \end{cases} \tag{7-28}$$

机端电压 U_G 方程式（7-21）线性化后为

$$\Delta U_G = K_5 \Delta\delta + K_6 \Delta E'_q \tag{7-29}$$

其中

$$K_5 = \left(\frac{\partial U_G}{\partial \delta}\right)_0 = \frac{U_{Gd|0|} U x_q \cos\delta_0}{U_{G|0|} x_{q\Sigma}} - \frac{U_{Gq|0|} U x'_d \sin\delta_0}{U_{G|0|} x'_{d\Sigma}} \tag{7-30}$$

$$K_6 = \left(\frac{\partial U_G}{\partial E'_q}\right)_0 = \frac{U_{Gq|0|}}{U_{G|0|}}\left(\frac{x_{d\Sigma} - x_d}{x'_{d\Sigma}}\right) \tag{7-31}$$

将以上所有线性化方程写成矩阵形式为

$$\begin{bmatrix} \Delta\dot{\delta} \\ \Delta\dot{\omega} \\ \Delta\dot{E}'_q \\ 0 \\ 0 \\ 0 \end{bmatrix} = \begin{bmatrix} 0 & \omega_0 & 0 & 0 & 0 & 0 \\ 0 & 0 & 0 & 0 & 0 & -1/T_J \\ 0 & 0 & 0 & -1/T'_{d0} & -K_e/T'_{d0} & 0 \\ K_4 & 0 & 1/K_3 & -1 & 0 & 0 \\ K_5 & 0 & K_6 & 0 & -1 & 0 \\ K_1 & 0 & K_2 & 0 & 0 & -1 \end{bmatrix} \begin{bmatrix} \Delta\delta \\ \Delta\omega \\ \Delta E'_q \\ \Delta E_q \\ \Delta U_G \\ \Delta P_E \end{bmatrix} \tag{7-32}$$

对应上式，系统的框图为图 7-9。图中 Δu_s 为辅助励磁信号，目前取为零；测量环节的惯性时间常数 T_e 目前也取为零。

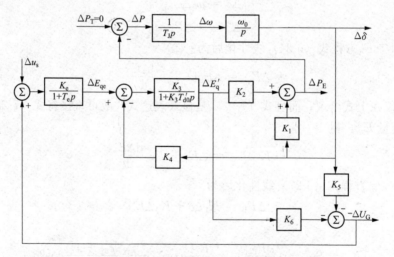

图 7-9　具有比例型励磁调节器的单机无穷大系统框图

消去代数变量 Δy 可得系统矩阵为

$$\begin{aligned}
A &= \begin{bmatrix} 0 & \omega_0 & 0 \\ 0 & 0 & 0 \\ 0 & 0 & 0 \end{bmatrix} - \begin{bmatrix} 0 & 0 & 0 \\ 0 & 0 & -1/T_J \\ -1/T'_{d0} & -K_e/T'_{d0} & 0 \end{bmatrix} \begin{bmatrix} -1 & 0 & 0 \\ 0 & -1 & 0 \\ 0 & 0 & -1 \end{bmatrix}^{-1} \begin{bmatrix} K_4 & 0 & 1/K_3 \\ K_5 & 0 & K_6 \\ K_1 & 0 & K_2 \end{bmatrix} \\
&= \begin{bmatrix} 0 & \omega_0 & 0 \\ -K_1/T_J & 0 & -K_2/T_J \\ -(K_4 + K_e K_5)/T'_{d0} & 0 & -(1 + K_e K_3 K_6)/(T'_{d0} K_3) \end{bmatrix}
\end{aligned} \tag{7-33}$$

系统的线性化方程即为

$$\begin{bmatrix} \Delta\dot{\delta} \\ \Delta\dot{\omega} \\ \Delta\dot{E}'_q \end{bmatrix} = \begin{bmatrix} 0 & \omega_0 & 0 \\ -K_1/T_J & 0 & -K_2/T_J \\ -(K_4+K_eK_5)/T'_{d0} & 0 & -(1+K_eK_3K_6)/(T'_{d0}K_3) \end{bmatrix} \begin{bmatrix} \Delta\delta \\ \Delta\omega \\ \Delta E'_q \end{bmatrix} \quad (7-34)$$

系统是三阶系统。系数矩阵的特征方程为

$$| \rho\boldsymbol{I} - \boldsymbol{A} | = \begin{vmatrix} \rho & -\omega_0 & 0 \\ K_1/T_J & \rho & K_2/T_J \\ (K_4+K_eK_5)/T'_{d0} & 0 & \rho+(1+K_eK_3K_6)/(T'_{d0}K_3) \end{vmatrix} = 0$$

展开后得

$$\rho^3 + \frac{1+K_eK_3K_6}{T'_{d0}K_3}\rho^2 + \frac{\omega_0 K_1}{T_J}\rho + \frac{\omega_0}{T'_{d0}T_J}\left[\left(\frac{K_1}{K_3}-K_2K_4\right)+K_e(K_1K_6-K_2K_5)\right] = 0 \quad (7-35)$$

（二）稳定判据的分析

式（7-35）是一元三次代数方程，其中各次幂的系数可由前边相关的表达式计算得出，然后按根与系数的关系可得三个特征值。应该指出，对现代电力系统，系统的阶数可高达数千阶，因此，并不通过生成系统的特征方程来计算特征值，而是有专门的计算方法计算 $\boldsymbol{A}$ 阵的特征值。这里，由于是简单系统，为了分析各种因素对小干扰稳定性的影响，并不具体计算特征值，而是用劳斯判据得出系统小干扰稳定的条件。以下先介绍劳斯判据。

对于任意实系数代数方程

$$a_0\rho^n + a_1\rho^{n-1} + a_2\rho^{n-2} + \cdots + a_{n-1}\rho + a_n = 0 \quad (7-36)$$

可由各次幂的系数作以下劳斯阵列

$$\begin{array}{llll} a_0 & a_2 & a_4 & a_6 \quad \cdots \\ a_1 & a_3 & a_5 & a_7 \quad \cdots \\ b_1 & b_2 & b_3 & b_4 \quad \cdots \\ c_1 & c_2 & c_3 & c_4 \quad \cdots \\ \cdots & \cdots & \cdots & \cdots \\ e_1 & e_2 \\ f_1 \\ g_1 \end{array}$$

阵列元素 b_1、b_2、$\cdots$、c_1、c_2、$\cdots$等根据下列公式计算，即

$$b_1 = \frac{a_1a_2 - a_0a_3}{a_1}; \quad b_2 = \frac{a_1a_4 - a_0a_5}{a_1}; \quad b_3 = \frac{a_1a_6 - a_0a_7}{a_1}; \quad \cdots$$

$$c_1 = \frac{b_1a_3 - a_1b_2}{b_1}; \quad c_2 = \frac{b_1a_5 - a_1b_3}{b_1}; \quad c_3 = \frac{b_1a_7 - a_1b_4}{b_1}; \quad \cdots$$

劳斯判据为：方程式（7-36）的所有根具有负实部的充分必要条件是方程的所有系数和劳斯阵列第一列的各项均为正值。方程中实部为正值的根的个数等于劳斯阵列的第一列中各项的正、负号改变的次数。

由于电力系统对小干扰稳定程度的要求，对于劳斯阵列的第一列中出现零元素的特殊情况在此不予讨论。

据此，构造方程式（7-35）的劳斯阵列为

$$1 \qquad\qquad\qquad \frac{\omega_0 K_1}{T_J} \qquad\qquad 0$$

$$\frac{1+K_e K_3 K_6}{T'_{d0} K_3} \qquad\qquad \frac{\omega_0}{T'_{d0} T_J}\left[\left(\frac{K_1}{K_3}-K_2 K_4\right)+K_e(K_1 K_6 - K_2 K_5)\right] \quad 0$$

$$\frac{\omega_0}{T_J}\left(\frac{K_2 K_3 K_4 + K_e K_2 K_3 K_5}{1+K_e K_3 K_6}\right) \qquad\qquad 0$$

$$\frac{\omega_0}{T'_{d0} T_J}\left[\left(\frac{K_1}{K_3}-K_2 K_4\right)+K_e(K_1 K_6 - K_2 K_5)\right] \qquad 0$$

由劳斯判据，系统小干扰稳定的条件为以下各式同时成立，即

$$\begin{cases} \dfrac{\omega_0 K_1}{T_J}>0; \quad \dfrac{1+K_e K_3 K_6}{T'_{d0} K_3}>0; \quad \dfrac{\omega_0}{T_J}\dfrac{K_2 K_3 K_4 + K_e K_2 K_3 K_5}{1+K_e K_3 K_6}>0 \\[3mm] \dfrac{\omega_0}{T'_{d0} T_J}\left[\left(\dfrac{K_1}{K_3}-K_2 K_4\right)+K_e(K_1 K_6 - K_2 K_5)\right]>0 \end{cases} \tag{7-37}$$

注意到在前边推导的各个 K 系数的定义，除 K_1 的正负与运行状态有关外，只有 K_5 一般小于零（即 δ 增大时，U_G 下降），其他 K 系数都大于零。这样，上述判据等价于以下三式同时成立，即

$$K_1>0 \tag{7-38}$$

$$K_4 + K_e K_5 > 0 \tag{7-39}$$

$$\frac{K_1}{K_3}-K_2 K_4 + K_e(K_1 K_6 - K_2 K_5)>0 \tag{7-40}$$

以下说明这三个条件的物理意义。

（1）条件一：$K_1>0$。由式（7-26）知 K_1 是发电机的整步系数。这个条件对发电机稳态出力提出了限制。由图 6-5 可见，考虑了励磁调节器的作用后稳定极限角 δ_{sl} 可扩展到大于 $90°$ 的范围，即对应于 E'_q 保持常数的功率特性最大值的角度（$K_1=0$）一般能达到 $110°$ 左右，因此扩大了稳定运行的范围。

（2）条件二：$K_4 + K_e K_5 > 0$。由式（7-28）可知 K_4 总大于零，K_5 一般小于零，因此，这个条件限定了励磁调节器放大倍数 K_e 的最大值，即

$$K_e \leqslant -K_4/K_5 = K_{emax} \tag{7-41}$$

为了确定放大倍数的上限值 K_{emax}，并使其与发电机运行状态无关且留有一定裕度，故将 K_5 的绝对值放大。因此，在式（7-30）中，忽略第一项并近似认为 $U_{Gq|0|}=U_{G|0|}$，则

$$K_{emax}=-K_4/K_5 \approx \frac{x_{d\Sigma}-x'_{d\Sigma}}{x'_d} = \frac{x_d - x'_d}{x_d} \tag{7-42}$$

现在假设 K_e 就取为上边的最大值，由以下分析可知，这时 $\Delta\delta$ 和 $\Delta\omega$ 的变化将不影响暂态电动势 E'_q。换言之，当 $K_e = K_{emax}$ 时，在系统机电暂态过程中 E'_q 为常数。

注意式（7-28）、式（7-30）和式（7-42），可知式（7-34）中 E'_q 方程中的 $K_{emax} K_5 + K_4 = 0$，则 E'_q 方程成为

$$T'_{d0}\Delta\dot{E}'_q = -(K_{emax} K_6 + 1/K_3)\Delta E'_q \tag{7-43}$$

由式（7-43）显见，暂态电动势 E'_q 不受其他状态变量影响。首先证明 E'_q 自身是稳定的。式（7-43）是线性齐次微分方程，易知其特征值为

$$\rho = -(K_{emax} K_6 + 1/K_3)/T'_{d0}$$

因此，E'_q 自身稳定需 $K_{emax}K_6 + 1/K_3 > 0$。由式中各 K 参数的定义式（7-28）、式（7-31）和式（7-42），显然有

$$K_{emax}K_6 + \frac{1}{K_3} = \frac{x_{d\Sigma} - x'_{d\Sigma}}{x'_d} \times \frac{U_{Gq|0|}}{U_{G|0|}} \frac{x_{d\Sigma} - x_d}{x'_{d\Sigma}} + \frac{x_{d\Sigma}}{x'_{d\Sigma}} > 0$$

因此，E'_q 自身是稳定的。这样，在忽略阻尼绕组暂态过程，采用快速（即 $T_e = 0$）、高增益（$K_e = K_{emax}$）比例型电压调节器时，可以直接认为 E'_q 为常数。这就是前边推导 E'_q 为常数时电磁功率表达式式（6-18）和出力极限 $S_{E'q} = 0$ 的理论依据。在这种励磁调节器下，结合条件一对 $K_1 > 0$ 的要求，比起没有励磁调节器时的稳定极限 $S_{Eq} = 0$，现在系统的稳定极限提高为 $S_{E'q} = 0$。图 7-10 示出了这种比例型励磁调节器使小干扰稳定极限由 $S_{Eq} = 0$（$\delta = 90°$）、$P_M = P_{EqM}$ 增加到 $S_{E'q} = 0$、$P_M = P_{E'qM}$ 的情形。图中还用虚线给出了 $U_G = C$ 的稳定极限。但是，由上述分析，由于条件二的约束，发电机仅能维持 $E'_q \approx C$，而不能保持发电机端电压 $U_G \approx C$。从发电机调压的角度看，没有完全达到调整机端电压的目的。后边可以看到，降低励磁调节的响应速度，即 $T_e > 0$ 时，可以使 K_{emax} 限值提高，从而进一步提高稳定极限。

在数学上，对于目前的快速励磁调节器，如果将增益 K_e 取得大于 K_{emax}，那么将使劳斯阵列第一列的倒数第二个元素为负，而第一列最后一个元素依然为正。由劳斯判据可知，第一列的元素正负号发生了两次变化，这时特征值中将有两个具有正实部，并且是一对共轭复数特征值。从工程上可知，这时系统会发生增幅振荡而失去稳定。由前面分析已知，发生增幅振荡的机理是发电机的电磁功率中出现了负的阻尼功率。以下推导将证明这一点。

由式（7-32）可见，电磁功率增量 ΔP_E 由两部分组成。其中，一部分是同步功率，即

$$\Delta P_{e1} = K_1 \Delta \delta \tag{7-44}$$

另一部分为

$$\Delta P_{e2} = K_2 \Delta E'_q$$

由式（7-34）的第三式解出 $\Delta E'_q$，然后代入上式可得

$$\Delta P_{e2} = -\frac{K_2 K_3 (K_4 + K_5 K_e)}{1 + K_3 T'_{d0}\rho + K_3 K_6 K_e} \Delta \delta \tag{7-45}$$

以下将说明 ΔP_{e2} 中包括与 $\Delta \delta$ 成比例的整步功率和与 $\Delta \omega$ 成比例的阻尼功率两部分。假设 $\Delta \delta$ 作幅值为 a_m、频率为 h 的振荡，即

$$\Delta \delta = a_m \sin ht \tag{7-46}$$

由于是稳态振荡，可以用复数分析法。即

$$\begin{cases} \Delta \delta = a_m e^{jht} \\ \Delta \omega = \rho \Delta \delta = jh \Delta \delta \end{cases} \tag{7-47}$$

在式（7-45）中令 $\rho = jh$，则 ΔP_{e2} 中与 $\Delta \delta$ 成比例的功率（实部）为整步功率；与 $jh\Delta \delta$ 成比例的功率（虚部）为阻尼功率，即

$$\begin{aligned} \Delta P_{e2} &= \frac{-K_2 K_3 (K_4 + K_5 K_e)}{(1 + K_3 K_6 K_e) + jh K_3 T'_{d0}} \Delta \delta \\ &= \frac{-K_2 K_3 (K_4 + K_5 K_e)}{(1 + K_3 K_6 K_e)^2 + (h K_3 T'_{d0})^2} [(1 + K_3 K_6 K_e) - jh K_3 T'_{d0}] \Delta \delta \\ &= \Delta S \Delta \delta + jh \Delta D \Delta \delta \end{aligned} \tag{7-48}$$

式中：ΔS 和 ΔD 分别为附加的整步功率系数和阻尼系数。它们的表达式为

$$\begin{cases} \Delta S = \dfrac{-K_2 K_3(1+K_3 K_6 K_e)}{(1+K_3 K_6 K_e)^2+(hK_3 T'_{d0})^2}(K_4+K_5 K_e) \\[3mm] \Delta D = \dfrac{+K_2 K_3 K_3 T'_{d0}}{(1+K_3 K_6 K_e)^2+(hK_3 T'_{d0})^2}(K_4+K_5 K_e) \end{cases} \tag{7-49}$$

注意：式（7-49）中除 K_5 小于零外，其余量均为正数。因此 ΔS 和 ΔD 的正负仍与此处讨论的条件二相关。当 $K_e < K_{emax}$，则 $K_4+K_e K_5 > 0$。所以 $\Delta S < 0$，$\Delta D > 0$。即 ΔP_{e2} 中的同步功率为负，考虑到条件一的要求 $K_1 > 0$，ΔP_{e1} 完全是同步功率，则系统的总同步功率系数 $K_1+\Delta S$ 依然大于零。由前分析，同步功率和异步功率均为正，系统是稳定的。当 $K_e = K_{emax}$ 时，则 $K_4+K_e K_5 = 0$，$\Delta S = 0$，$\Delta D = 0$。即没有阻尼，而总的整步功率系数为 K_1。由条件一已知系统稳定极限为 $K_1 = 0$，即 E'_q 为常数时的功率极限。当 $K_e > K_{emax}$，则 $K_4+K_e K_5 < 0$，$\Delta S > 0$，而 $\Delta D < 0$。这时，总的整步功率系数虽有提高，相应的功率特性比 E'_q 为常数时的还要高，但出现了负阻尼功率，将引起系统增幅振荡而失去稳定。

综上所述，条件二限定了励磁调节器的增益最大值。当 $K_e = K_{emax}$ 时，可以近似认为发电机 E'_q 为常数。$K_e > K_{emax}$ 时，条件二破坏，系统会产生负阻尼而振荡失稳。

（3）条件三：$\dfrac{K_1}{K_3} - K_2 K_4 + K_e(K_1 K_6 - K_2 K_5) > 0$。注意 $K_3 > 0$，则

$$K_e K_3(K_1 K_6 - K_2 K_5) > K_2 K_3 K_4 - K_1$$

在条件一的约束下 $K_1 > 0$，前已述及，K 系数中只有 $K_5 < 0$，因此 $K_1 K_6 - K_2 K_5 > 0$；式（6-19）可以导出得

$$K_2 K_3 K_4 - K_1 = -\frac{E_q U}{x_{d\Sigma}}\cos\delta_0 = -S_{Eq} \tag{7-50}$$

条件三给出了增益 K_e 的下限约束，即

$$K_e > \frac{-S_{Eq}}{K_3(K_1 K_6 - K_2 K_5)} = K_{emin} \tag{7-51}$$

若 $K_e < K_{emin}$，由前分析可知劳斯阵列第一列最后一个元素为负，由劳斯判据知特征值中有一个是正实部。这意味着系统将单调地失去稳定。由式（7-49）可见，K_e 过小，则 $\Delta D > 0$，$\Delta S < 0$，即虽然阻尼功率增大，但总同步功率系数 $K_1+\Delta S$ 将小于零，因此系统单调地失去稳定。

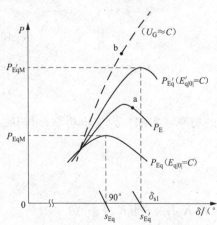

图 7-10　按电压偏差调节的比例式
励磁调节器的静稳极限

图 7-10 中示出了 $K_e < K_{emin}$ 时的功率特性 P_E，它低于 $E'_{q|0|} = C$ 的功率特性，当 $90° < \delta < \delta_{sl}$ 时，运行点就可能落在 P_E 曲线的下降部分，例如图中的 a 点，导致系统非周期失稳。

注意：上述分析结论是针对具体的平衡点 $[\delta_{|0|}\quad \omega_{|0|}\quad E'_{q|0|}]^T$ 得到的。在实际系统运行中，发电机的稳态出力是在最小出力和额定出力之间变动。为了避免对励磁调节器参数 K_e 的频繁调整，工程中整定 K_e 时可根据上述结论，对发电机出力逐点计算出对应的 K_e，然后选择能够适应发电机所有运行点的一个作为 K_e 的整定值。下面举例说明。

【例 7-2】　一简单电力系统参数为：$x_e = x_T + x_L = 0.504$，$x_d = x_q = 0.982$，$x'_d = 0.344$，$x_{d\Sigma} = 1.486$，$x'_{d\Sigma} = 0.848$。已知正常运行时 $P_{E|0|} = 1$，$E_{q|0|} = 1.972$，$\delta_0 = 49°$，$U = 1$。若发电机装有按端电压偏差调节的比例式励磁调节器（$T_e \approx 0$），试选择放大倍数 K_e。

解　（1）计算正常运行时的 K_{emax} 和 K_{emin}。

1）计算各运行变量。已知：$\delta_0 = 49°$，$E_{q|0|} = 1.972$，则

$$E'_{q|0|} = E_{q|0|} \frac{x'_{d\Sigma}}{x_{d\Sigma}} + \frac{x_{d\Sigma} - x'_{d\Sigma}}{x_{d\Sigma}} U \cos\delta_0$$

$$= 1.972 \times \frac{0.848}{1.486} + \frac{1.486 - 0.848}{1.486} \cos 49° = 1.407$$

$$U_{Gd|0|} = U \frac{x_d}{x_{d\Sigma}} \sin\delta = \frac{0.982}{1.486} \sin 49° = 0.499$$

$$U_{Gq|0|} = E_q \frac{x_e}{x_{d\Sigma}} + \frac{x_d}{x_{d\Sigma}} U \cos\delta$$

$$= 1.972 \times \frac{0.504}{1.486} + \frac{0.982}{1.486} \cos 49° = 1.103$$

$$U_{G|0|} = \sqrt{U_{Gd}^2 + U_{Gq}^2} = \sqrt{0.499^2 + 1.103^2} = 1.21$$

2）计算 $K_1 \sim K_6$。有

$$K_1 = \frac{E'_q U}{x'_{d\Sigma}} \cos\delta + U^2 \frac{x'_{d\Sigma} - x_{d\Sigma}}{x'_{d\Sigma} x_{d\Sigma}} \cos 2\delta$$

$$= \frac{1.407}{0.848} \cos 49° + \frac{-0.638}{0.848 \times 1.486} \cos 98° = 1.158$$

$$K_2 = \frac{U}{x'_{d\Sigma}} \sin\delta = \frac{1}{0.848} \sin 49° = 0.89$$

$$K_3 = \frac{x'_{d\Sigma}}{x_{d\Sigma}} = \frac{0.848}{1.486} = 0.571$$

$$K_4 = \frac{x_{d\Sigma} - x'_{d\Sigma}}{x'_{d\Sigma}} U \sin\delta = \frac{1.486 - 0.848}{0.848} \sin 49° = 0.568$$

$$K_5 = \frac{U_{Gd} x_d \cos\delta}{U_G x_{d\Sigma}} - \frac{U_{Gq} x'_d \sin\delta}{U_G x'_{d\Sigma}}$$

$$= \frac{0.499 \times 0.982 \cos 49°}{1.21 \times 2.486} - \frac{1.103 \times 0.344 \sin 49°}{1.21 \times 0.848} = -0.1$$

$$K_6 = \frac{U_{Gq}}{U_G} \frac{x_{d\Sigma} - x_d}{x'_{d\Sigma}} = \frac{1.103}{1.21} \times \frac{0.504}{0.848} = 0.542$$

3）计算 K_{emax}，K_{emin}。此时有

$$K_{emax} = \frac{-K_4}{K_5} = \frac{-0.568}{-0.1} = 5.68$$

$$K_{emin} = \frac{-S_{Eq}}{K_3(K_1 K_6 - K_2 K_5)} = \frac{-\dfrac{E_{q|0|} U}{x_{d\Sigma}} \cos\delta_0}{K_3(K_1 K_6 - K_2 K_5)}$$

$$= \frac{-\dfrac{1.972}{1.486} \cos 49°}{0.571(1.158 \times 0.542 + 0.89 \times 0.1)} = -2.13$$

即

$$0 < K_e < 5.68$$

（2）选取合适的 K_e。K_e 不能仅满足基本运行方式的稳定要求，而必须使系统有足够的稳定储备，即功率储备。因此，K_e 应能从基本运行方式开始，不断增加功率即功角 δ 直到稳定极限角 δ_{sl} 的过程中均保证系统稳定。

由以上可知，$K_1 \sim K_6$（K_3 除外）均是 δ、E_q 的函数，而 δ 增加后端电压 U_G 下降，调节器作用使 E_q 增加，E_q 与 U_G 的静态对应关系为

$$-K_e(U_G - U_{G|0|}) = E_q - E_{q|0|}$$

其中

$$U_G = \sqrt{U_{Gd}^2 + U_{Gq}^2} = \sqrt{\left(\frac{E_q x_e}{x_{d\Sigma}} + \frac{x_d}{x_{d\Sigma}}U\cos\delta\right)^2 + \left(U\frac{x_q}{x_{q\Sigma}}\sin\delta\right)^2}$$

以上两式中消去 U_G 后可得 E_q 的表达式为

$$aE_q^2 + bE_q + c = 0$$

其中

$$a = \frac{K_e^2 x_e^2}{x_{d\Sigma}^2} - 1$$

$$b = 2\left[K_e^2 \frac{x_d x_e}{x_{d\Sigma}^2}U\cos\delta + (E_{q|0|} + K_e U_{G|0|})\right]$$

$$c = K_e^2 \frac{x_d^2}{x_{d\Sigma}^2}U^2\cos^2\delta + K_e^2 \frac{x_q^2}{x_{q\Sigma}^2}U^2\sin^2\delta - (E_{q|0|} + K_e U_{G|0|})^2$$

对于隐极机有

$$c = K_e^2 \frac{x_d^2}{x_{d\Sigma}^2}U^2 - (E_{q|0|} + K_e U_{G|0|})^2$$

由上可知，E_q 是 δ 和 K_e 的函数，因此只能用试探法，即先预选一 K_e，然后逐步增加 δ。对应每一 δ 的计算过程为：首先由 K_e，增加 $\delta \Rightarrow E_q$ 以及 $P_E \Rightarrow E_q'$，再计算 U_{Gd}、U_{Gq}，然后逐次推出 $U_G \Rightarrow K_1 \sim K_6 \Rightarrow K_{emax}$、$K_{emin}$，最后分析所选的 K_e 是否合适。

1）预选 K_e。假设所选的 K_e 能使系统达到稳定极限，即 $K_1 = S_{E_q'} = 0$。由式（7-26）得

$$S_{E_q'} = \frac{E_{E_q'}U}{x_{d\Sigma}'}\cos\delta + U^2\frac{x_{d\Sigma}' - x_{d\Sigma}}{x_{d\Sigma}x_{d\Sigma}'}\cos2\delta$$

$$= \frac{1.407}{0.848}\cos\delta_{sl} - \frac{0.638}{0.848 \times 1.486}\cos2\delta_{sl} = 0$$

解得

$$\delta_{sl} = 105.24°$$

由 δ_{sl} 和 $E_{q|0|}'$ 可计算其他运行变量及有关系数为

$$U_{Gd} = \frac{0.982}{1.486}\sin105.24° = 0.638$$

$$U_{Gq} = \frac{E_q'}{x_{d\Sigma}'}x_e + \frac{x_d'}{x_{d\Sigma}'}U\cos\delta = \frac{1.407}{0.848} \times 0.504 + \frac{0.344}{0.848}\cos105.24°$$

$$= 0.73$$

$$U_G = \sqrt{0.638^2 + 0.73^2} = 0.97$$

$$K_4 = \frac{1.486 - 0.848}{0.848}\sin105.24° = 0.726$$

$$K_5 = \frac{0.638 \times 0.982\cos105.24°}{0.97 \times 1.486} - \frac{0.73 \times 0.344\sin105.24°}{0.97 \times 0.848}$$

$$= -0.409$$

$$K_{emax} = \frac{0.726}{0.409} \approx 1.8$$

2）预选 $K_e = 1.8$ 后的检验。逐步增加 δ，对应每一 δ 进行前述计算过程，其中只有第一步（由 K_e，$\delta \Rightarrow E_q$ 以及 P_E）是新的，其余与正常运行时的计算类似。

以下仅列出 $\delta = 60°$ 时的第一步计算。

E_q 方程中的系数为

$$a = \frac{1.8^2 \times 0.504^2}{1.486^2} - 1 = -0.627$$

$$b = 2 \times \left[1.8^2 \times \frac{0.982 \times 0.504}{1.486^2}\cos60° + (1.972 + 1.8 \times 1.21)\right]$$

$$= 9.03$$

$$c = 1.8^2 \times \frac{0.982^2}{1.486^2} - (1.972 + 1.8 \times 1.21)^2 = -15.807$$

解得

$$E_q = \frac{9.03 - \sqrt{9.03^2 - 4 \times 0.627 \times 15.807}}{2 \times 0.627} = 2.04$$

$$P_E = \frac{E_q U}{x_{d\Sigma}}\sin\delta = \frac{2.04}{1.486}\sin60° = 1.189$$

以下由 δ、E_q 计算其他运行变量，$K_1 \sim K_6$、K_{emax} 和 K_{emin} 的计算过程不再列出。

所有计算结果列于表 7-1。

表 7-1   [例 7-2] 计算结果

δ	E_q	P_E	E_q'	U_G	$S_{E'q}$	K_{emax}	K_{emin}
49°	1.972	1	1.407	1.21	1.158	5.68	−2.13
60°	2.04	1.189	1.378	1.171	1.066	4.46	−1.714
70°	2.11	1.334	1.351	1.127	0.933	3.64	−1.255
80°	2.205	1.461	1.333	1.08	0.748	2.97	−0.697
90°	2.305	1.551	1.316	1.023	0.506	2.42	0
100°	2.40	1.590	1.296	0.955	0.21	1.995	0.939
105.24°	2.486	1.614	1.307	0.924	0.031	1.797	1.629
110°	2.547	1.611	1.308	0.89	−0.14		

由计算结果可知，选 $K_e = 1.8$ 是合适的，系统可达稳定极限，即 $\delta_{sl} = 105.24$，$E_{q|0|}' \approx$ C，$P_M \approx P_{E'qM} \approx 1.614$，稳定储备 $= \frac{1.614 - 1}{1} = 61.4\%$。

（三）计及 T_e 时系统的状态方程和稳定判据

上面分析了励磁调节器时间常数 T_e 近似为零的情况。下面分析 T_e 不为零时对系统小干扰稳定性的影响。实际励磁调节器中，快速晶闸管励磁系统的 T_e 较小，但一般励磁调节系统的 T_e 大约为 $0.5 \sim 1s$。计及 T_e 后，分析方法并不发生变化，但系统模型有变化。与上面不计 T_e 时相比，励磁调节器方程由代数方程式（7-22）换为微分方程式（6-46），即

$$T_e \Delta \dot{E}_{qe} = -\Delta E_{qe} - K_e \Delta U_G$$

由于强制空载电动势的变化必须服从上式，此时强制空载电动势是状态变量而非代数变量。因此，系统增加了一个状态变量，由三阶系统变成了四阶系统。对应式（7-32），现在系统的线性化方程为

$$
\begin{bmatrix} \Delta\dot{\delta} \\ \Delta\dot{\omega} \\ \Delta\dot{E}'_q \\ \Delta\dot{E}_{qe} \\ 0 \\ 0 \\ 0 \end{bmatrix} = \begin{bmatrix} 0 & \omega_0 & 0 & 0 & 0 & 0 & 0 \\ 0 & 0 & 0 & 0 & 0 & 0 & -1/T_J \\ 0 & 0 & 0 & 1/T'_{d0} & -1/T'_{d0} & 0 & 0 \\ 0 & 0 & 0 & -1/T_e & 0 & -K_e/T_e & 0 \\ K_4 & 0 & K_3^{-1} & 0 & -1 & 0 & 0 \\ K_5 & 0 & K_6 & 0 & 0 & -1 & 0 \\ K_1 & 0 & K_2 & 0 & 0 & 0 & -1 \end{bmatrix} \begin{bmatrix} \Delta\delta \\ \Delta\omega \\ \Delta E'_q \\ \Delta E_{qe} \\ \Delta E_q \\ \Delta U_G \\ \Delta P_E \end{bmatrix} \quad (7\text{-}52)
$$

式（7-52）中的 K 系数与前面式（7-32）中的定义相同。系统框图仍为图7-9，此时 T_e 不为零。

消去式（7-52）中的代数变量得状态方程为

$$
\begin{bmatrix} \Delta\dot{\delta} \\ \Delta\dot{\omega} \\ \Delta\dot{E}'_q \\ \Delta\dot{E}_{qe} \end{bmatrix} = \begin{bmatrix} 0 & \omega_0 & 0 & 0 \\ -K_1/T_J & 0 & -K_2/T_J & 0 \\ -K_4/T'_{d0} & 0 & -1/K_3 T'_{d0} & -1/T'_{d0} \\ -K_e K_5/T_e & 0 & -K_e K_6/T_e & -1/T_e \end{bmatrix} \begin{bmatrix} \Delta\delta \\ \Delta\omega \\ \Delta E'_q \\ \Delta E_{qe} \end{bmatrix} \quad (7\text{-}53)
$$

然后列出上式的特征方程，再用劳斯判据分析得出系统稳定的条件为

$$
S_{E'q} + \frac{T_e}{T'_d} S_{Eq} > 0 \quad (7\text{-}54)
$$

$$
K_{e\min} < K_e < K_{e\max} \quad (7\text{-}55)
$$

其中
$$
T'_d = K_3 T'_{d0} = \frac{x'_{d\Sigma}}{x_{d\Sigma}} T'_{d0}
$$

$$
K_{e\max} = \frac{1 + \dfrac{\omega_0 T_e^2}{T_J(T'_d + T_e)}(T'_d S_{E'q} + T_e S_{Eq})}{1 + \dfrac{T_e}{T'_d}\left(1 - \dfrac{K_3 K_4 K_6}{K_5}\right)} \times \left(\frac{K_4}{-K_5}\right) \quad (7\text{-}56)
$$

由式（7-50）可见，当发电机初始功角逐步增大为90°时，S_{Eq} 将先于 $S_{E'q}$ 由正变负，因而，由上边的稳定条件之一式（7-54）可见，考虑到 $T_e > 0$ 后，发电机功角极限比 $T_e = 0$ 时由 $S_{E'q} > 0$ 限定的极限（前面的 δ_{sl}）有所下降。励磁调节器增益的下限 $K_{e\min}$ 未受 T_e 影响，仍由式（7-50）确定；增益的上限成为式（7-56），在 $T_e = 0$ 时的增益上限前乘了一个系数。注意在式（7-54）的约束下，这个系数的分子为正；因此，选择合适的正数 T_e，系数的分母也为正，而相对于式中的其他参数 $\omega_0 = 100\pi$ 很大，所以励磁调节器增益的上限有很大提高。由前边的分析已知，高倍增益的采用，可能使机端电压在暂态过程中保持常数，因而电磁功率的功角曲线峰值会有大幅度提高。这时功角的极限虽然比 $T_e = 0$ 时小，但对应的发电机出力极限却大，即提高了发电机出力极限。图7-10中的虚线给出了 U_G 近似为常数时发电机的运行极限点 b。

前文曾经指出：速度过快的高倍增益励磁调节器可以引起发电机的自励低频振荡。由以上分析，考虑励磁调节器的作用后，只要按上述方法选择合适的增益 K_e 与时间常数 T_e，即

可大幅度提高发电机的稳定极限。

【例 7-3】　在［例 7-1］中，若发电机装有按电压偏差调节的励磁调节器可以维持 $E'_q \approx C$，已知发电机 $x'_d = 0.3$，试计算系统的静态稳定储备系数。

解　由［例 7-1］已知 $\dot{I} = 0.80\angle 4.29°$，则

$$\dot{E}' = \dot{U} + j\dot{I}x'_{d\Sigma} = 1 + j0.80\angle 4.29° \times 0.8 = 1.15\angle 33.8°$$

$$\dot{E}'_q = 1.15\cos(52.8 - 33.8) = 1.09$$

$$P_{E'q} = \frac{E'_q U}{x'_{d\Sigma}}\sin\delta - \frac{U^2}{2}\frac{x_{d\Sigma} - x'_{d\Sigma}}{x_{d\Sigma} x'_{d\Sigma}}\sin2\delta$$

$$= \frac{1.09}{0.8}\sin\delta - \frac{1}{2} \times \frac{0.7}{1.5 \times 0.8}\sin2\delta$$

$$= 1.36\sin\delta - 0.29\sin2\delta$$

$$\frac{\mathrm{d}P_{E'q}}{\mathrm{d}\delta} = 1.36\cos\delta - 0.58\cos2\delta = 0$$

解得 $\delta = 109.5°$

$$P_{E'qm} = 1.36\sin109.5° - 0.29\sin2 \times 109.5°$$

$$= 1.46$$

稳定储备系数为

$$K_p = \frac{1.46 - 0.8}{0.8} = 82.5\%$$

明显高于空载电动势为常数时的 K_p。

如果近似用 $E' = C$ 的功率特性，则

$$P_{E'M} = \frac{E'U}{x'_{d\Sigma}} = \frac{1.15 \times 1}{0.8} = 1.44$$

$$K_p = \frac{1.44 - 0.8}{0.8} = 80\%$$

与 $E'_q = C$ 时的 K_p 很接近。

二、励磁调节器的改进

由上边的分析可以看出，励磁调节器对发电机出力极限影响很大。相对于调速系统，励磁系统的响应速度很快，因此，通过设计性能良好的励磁调节器来提高系统的稳定性一直是电力系统的重要研究领域。这里只是为了建立基本概念而以简单系统和比例式励磁调节器为例介绍了励磁调节器对稳定性的影响机理。

（一）电力系统稳定器（Power Sytem Stabilizer，PSS）及强力式调节器

由式（6-46）可知，比例式励磁调节器的输入信号只采用了机端电压，由前边对这种励磁调节器作用的分析已知，当速度过快、增益过大时，发电机容易产生自励低频振荡，而过小的增益又降低发电机的出力极限。因此，当发电机参数之间的配合使仅靠上述的比例式励磁调节器不能获得足够的稳定极限时，需加入辅助励磁控制器。多年来，学术界提出了多种形式的辅助励磁控制器，但是应用最成功的是 20 世纪 60 年代提出的电力系统稳定器。鉴于引起发电机自励振荡的原因是高增益产生了负阻尼，因此，PSS 在励磁调节器的输入信号中附加一个控制信号 Δu_S，希望以此控制信号补偿高增益产生的负阻尼而使总阻尼为正。PSS

的输入信号 U_{IS} 通常为发电机的电角速度、端电压、电磁功率、系统频率中的一个或者它们的组合。这样 PSS 即是一个辅助励磁调节器。PSS 的传递函数框图如图 7-11 所示。输出信号 U_S 即为图 7-9 中所示的 Δu_S。

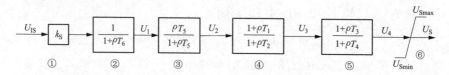

图 7-11　电力系统稳定器的传递函数框

图中：框①为 PSS 的增益；框②为测量环节，其时间常数为 T_6，由于其数值很小，可以忽略而取其值为零；框③为隔直环节，也称高通滤波器，其作用是阻断稳态输入信号，从而使 PSS 在系统稳态运行时不起作用，时间常数 T_5 的值通常较大，约为 5s。框④和框⑤分别为两个超前滞后环节。PSS 至少应有一个超前滞后环节，而且大多数情况也是一个，将时间常数 T_3 和 T_4 取为零时即相当于只有一个超前滞后环节；框⑥为限幅环节。PSS 的参数 K_S 和 $T_1 \sim T_4$，必须正确选择才能起到积极作用。参数的具体确定方法有专门的研究，此处不再讨论。加装了 PSS 后，励磁调节器的放大倍数可以进一步提高，以致有可能保持发电机的端电压恒定，稳定极限达到 P_{UG} 功率特性的最大值。

强力式调节器是按某些运行参数，如电压、功角、角速度、功率等的一阶甚至二阶导数调节励磁，即调节器的输入信号为 $p\Delta U_G$、$p^2\Delta U_G$ 等的统称。这类调节器也有可能保持发电机端电压为常数。

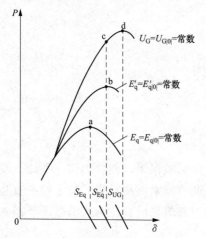

图 7-12　不同励磁调节方式的稳定极限

（二）调节励磁对静态稳定影响的综述

（1）无励磁调节时，系统静态稳定极限由 $S_{Eq} = 0$ 确定，它与 P_{Eq} 的功率极限一致，为图 7-12 中的 a 点。

（2）当发电机装有按某运行参数偏移量调节的比例式调节器时，如果放大倍数选择合适，可以大致保持 $E_q' = E_{q|0}' = $ 常数。静态稳定极限由 $S_{E'q} = 0$ 确定，它与 $P_{E'q}$ 的功率极限一致，即图 7-12 中的 b 点。

（3）当发电机装有按两个运行参数偏移量调节的比例式调节器，例如带电压校正器的复式励磁装置时，如电流放大倍数合适，其稳定极限同样可与 $S_{E'q} = 0$ 对应，同时电压校正器也可使发电机端电压大致保持恒定，则稳定极限运行点为图 7-12 中的 c 点。

（4）在装有 PSS 或强力式调节器情况下，系统稳定极限运行点可达图 7-12 中的 d 点，即 P_{UG} 的最大功率，对应 $S_{UG} = 0$。

第四节　多机系统的静态稳定近似分析

前面几节对一台发电机与无限大容量系统并联运行的简单系统，作了静态稳定的分析。由分析过程可知，如果要计及各种对发电机有影响的因素，即使是一台发电机也是相当复杂的。实际的电力系统中发电机台数很多，加之系统中还有其他各种动态元件，因而系统状态方程的阶数很高，影响系统稳定极限的因素也很多。因此，像上边对简单系统分析那样，解析地得到妨碍系统稳定极限进一步提高的各种具体因素是十分困难的。在数学上，造成这种困难的主要原因是当系统的阶数大于 4 时，系统特征方程的根与特征方程的系数之间没有解析解。因而对多机系统，只能针对具体系统的具体运行点（平衡点），通过特征值的数值计算来判断系统在该运行点的稳定性。当然，上边对简单系统分析得到的结论对分析多机系统有重要的参考价值。电力系统小干扰稳定性的分析方法和控制方法研究已经发展了很长时间，由于科学和技术的不断进步，这一领域仍在继续发展中。现代由于计算工具（数字计算机）和计算技术的发展，通过数值计算来分析数千阶的电力系统的稳定性并无困难。以下介绍的简化方法仍然是帮助读者建立基本概念，为后续学习打下基础。

　　首先是对发电机采用简化模型。由第三节知，如果励磁调节器的参数选择得适当，将不致引起发电机振荡失去稳定，这时可以把发电机看作是一个有恒定暂态电动势 E'_q 的电源，而不再计及调节器的影响。为了计算方便，还近似地认为发电机暂态电抗后电动势 E' 为常数。其次，是关于电力系统负荷的近似处理。在前述的简单系统中没有出现负荷模型，负荷已并入无限大系统中。由简单系统的分析已知，发电机的稳态出力大小关乎系统的平衡点，不同的平衡点，系统的稳定储备不同。一般而言，出力越大稳定储备越小，甚至不稳定。发电机稳态出力大小即表征着系统负荷的大小。在多机系统中，不仅全系统负荷的大小将影响系统的稳定性，而且负荷在系统中的分布和承担负荷的发电机开机方式也将影响稳定性。这些因素集中由电力系统潮流计算解决，是计算系统平衡点的基础。对于要考察其稳定性的运行方式（或者说平衡点），每个负荷的动态特性也会产生影响。当负荷采用动态模型时，系统的阶数将大幅度增加，因此，在以下介绍的近似计算中，忽略负荷的动态特性而采用恒定阻抗模型。

　　本节首先介绍两机系统静态稳定的近似工程分析方法，它可以方便地推广到更复杂的多机系统。

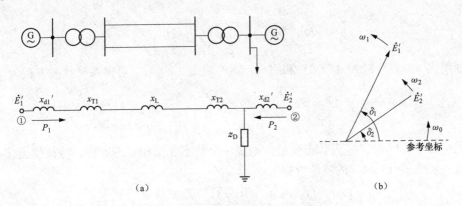

图 7-13　负荷为恒定阻抗的两机系统

(a) 两机系统及其等值电路；(b) 电动势相量图

　　图 7-13（a）为一个两机系统。负荷采用恒定阻抗模型。发电机采用恒定暂态电动势 E' 与暂态电抗串联的模型。暂态电动势对于某一参考坐标（例如负荷节点的电压）的角度记为 δ_1 和 δ_2（严格讲应为 δ'_1 和 δ'_2），如图 7-13（b）所示。对一个具体的负荷 $P_L + jQ_L$ 和开机方式 $P_{G1} + jQ_{G1}$ 和 $P_{G2} + jQ_{G2}$，可以得出系统的潮流分布，从而由前边介绍的方法可以得出图中

所示的负荷等值阻抗 Z_D 以及两台发电机的暂态电动势和初始功角。这样，上述两机系统的状态方程仅有两台机的转子运动方程。将系统在平衡点线性化为

$$\Delta\dot\delta_1 = \omega_0 \Delta\omega_1 \tag{7-57}$$

$$T_{J1}\Delta\dot\omega_1 = -\Delta P_{E1} - D_1\Delta\omega_1 \tag{7-58}$$

$$\Delta\dot\delta_2 = \omega_0 \Delta\omega_2 \tag{7-59}$$

$$T_{J2}\Delta\dot\omega_2 = -\Delta P_{E2} - D_2\Delta\omega_2 \tag{7-60}$$

现在的问题是如何求得每台机各自的电磁功率偏移量 ΔP_E。由于负荷是恒定阻抗，可看作是网络中的阻抗。将图 7-13（a）的星形网络变换成三角形网络，即消去负荷节点，则网络就只含有发电机 1、2 两个节点。这时发电机的功率表达式为式（6-30），即

$$\begin{cases} P_{E1} = E_1'^2 G_{11} + E_1' E_2' (B_{12}\sin\delta_{12} + G_{12}\cos\delta_{12}) \\ P_{E2} = E_2'^2 G_{22} + E_1' E_2' (-B_{12}\sin\delta_{12} + G_{12}\cos\delta_{12}) \end{cases} \tag{7-61}$$

将式（7-61）线性化，即

$$\begin{cases} \Delta P_{E1} = \dfrac{\mathrm{d}P_{E1}}{\mathrm{d}\delta_{12}}\bigg|_{\delta_{120}} \Delta\delta_{12} = S_{E1}\Delta\delta_{12} \\ \Delta P_{E2} = \dfrac{\mathrm{d}P_{E2}}{\mathrm{d}\delta_{12}}\bigg|_{\delta_{120}} \Delta\delta_{12} = S_{E2}\Delta\delta_{12} \end{cases} \tag{7-62}$$

其中

$$\begin{cases} S_{E1} = E_1' E_2' (-G_{12}\sin\delta_{12} + B_{12}\cos\delta_{12}) \\ S_{E2} = E_1' E_2' (-G_{12}\sin\delta_{12} - B_{12}\cos\delta_{12}) \end{cases} \tag{7-63}$$

式（7-61）表明发电机的电磁功率是相对角 δ_{12} 的函数。事实上，两台发电机转子的相对运动静止时，两台发电机即是同步的。因此，以下以相对角 δ_{12} 为状态变量，其偏移量为 $\Delta\delta_{12}=\Delta\delta_1-\Delta\delta_2$；对应地，角速度也用两台机的相对角速度 ω_{12} 作为状态变量，其偏移量为 $\Delta\omega_{12}=\Delta\omega_1-\Delta\omega_2$。为此，近似认为两台发电机的惯性时间常数 T_{J1}、T_{J2} 和阻尼系数 D_1、D_1 之间满足

$$\frac{D_1}{T_{J1}} = \frac{D_2}{T_{J2}} = \frac{1}{2}\left(\frac{D_1}{T_{J1}} + \frac{D_2}{T_{J2}}\right)$$

分别用式（7-57）减式（7-59）和式（7-58）减式（7-60），可得系统状态方程为

$$\begin{bmatrix} \Delta\dot\delta_{12} \\ \Delta\dot\omega_{12} \end{bmatrix} = \begin{bmatrix} 0 & \omega_0 \\ -\left(\dfrac{S_{E1}}{T_{J1}} - \dfrac{S_{E2}}{T_{J2}}\right) & -\dfrac{1}{2}\left(\dfrac{D_1}{T_{J1}} + \dfrac{D_2}{T_{J2}}\right) \end{bmatrix} \begin{bmatrix} \Delta\delta_{12} \\ \Delta\omega_{12} \end{bmatrix} \tag{7-64}$$

顺便指出，若以 δ_1、δ_2 为状态变量，则多一个状态变量和状态方程，特征值会多一个冗余的零根。系统式（7-64）的特征方根为

$$\rho_{1,2} = -\frac{1}{4}\left(\frac{D_1}{T_{J1}} + \frac{D_2}{T_{J2}}\right) \pm \frac{1}{2}\sqrt{\frac{1}{4}\left(\frac{D_1}{T_{J1}} + \frac{D_2}{T_{J2}}\right)^2 - 4\omega_0\left(\frac{S_{E1}}{T_{J1}} - \frac{S_{E2}}{T_{J2}}\right)} \tag{7-65}$$

由上式可见，系统具有一对负实部的共轭复根条件为

$$\frac{D_1}{T_{J1}} + \frac{D_2}{T_{J2}} > 0 \tag{7-66}$$

$$\frac{S_{E1}}{T_{J1}} - \frac{S_{E2}}{T_{J2}} > 0 \tag{7-67}$$

若近似认为发电机励磁调节器配置适当，不产生负阻尼，则 D_1、$D_2 > 0$，条件式（7-66）

自然满足。那么，系统稳定的近似判据即为条件式（7-67）。反之，系统的稳态运行点若不满足条件式（7-67），则系统存在一个正实部的特征值，系统将单调地失去稳定。

对一个具体的负荷和具体的开机方式，按上述方法即可判定两机系统在此平衡点是否能够稳定运行。

下面再从功率特性上分析满足式（7-67）的运行情况。图 6-11 所示为两台发电机电磁功率和 δ_{12} 的关系曲线，图中画出的是 $\delta_{12}>0$ 的部分曲线，即对应于 $\delta_1>\delta_2$ 的运行情况。由曲线知，在 δ_{12}' 处 P_{E1} 达到最大值，在 δ_{12}'' 处 P_{E2} 达到最小值。若正常运行时 $\delta_{12}<\delta_{12}'$，系统总是满足条件式（7-67），即系统是静态稳定的。当正常运行的 $\delta_{12}>\delta_{12}''$ 时，系统不能满足条件式（7-67），系统将不能保持静态稳定。因此，保证该平衡点静态稳定的 δ_{12} 的极限一定落在 δ_{12}' 和 δ_{12}'' 之间的区域。具体对应的角度 $\delta_{12\max}$ 可由式

$$\frac{1}{T_{J1}}\frac{dP_{E1}}{d\delta_{12}} - \frac{1}{T_{J2}}\frac{dP_{E2}}{d\delta_{12}} = 0 \tag{7-68}$$

解出。

对一个具体的负荷 P_L+jQ_L，忽略开机方式对等值阻抗、暂态电动势的影响，初始值 $\delta_{120}=\delta_{10}-\delta_{20}$ 表征了这个负荷在两台发电机之间的分配，分配方案由式（7-61）决定。由图 6-11 可见，当两台机的初始功角差为 $\delta_{12\max}\in(\delta_{12}',\delta_{12}'')$ 时，对发电机电磁功率而言既不是最大功率也不是最小功率。这样，由于 $\delta_{12}=\delta_1-\delta_2$，对系统中的每台发电机而言，$\delta_{12}$ 的稳定区域可能使 δ_1 和 δ_2 扩展到单台发电机的功角极限以外。因此，在两机系统中，系统的静态稳定极限与单机无穷大系统中的发电机的功率极限是不一致的。这一现象可以作如下的物理解释：当运行点处于 $\delta_{12}'\sim\delta_{12}''$ 之间的某一角度 δ_{12} 时，由图 6-11 可见，此时两台发电机的功率特性曲线的斜率都小于零，尽管如此，但系统依然可以稳定运行，这是因为如果某一扰动使 δ_{12} 产生一增量，即 $\Delta\delta_{12}>0$，则使两台发电机的 ΔP_{E1} 和 ΔP_{E2} 均小于零，于是两台机的转子都开始加速，其加速度与 $-\Delta P_E/T_J$ 成正比。当满足稳定判据式（7-67）时，$-\Delta P_{E2}/T_{J2}>-\Delta P_{E1}/T_{J1}$，说明发电机 2 的加速度大于发电机 1 的加速度，即 δ_2 增加得比 δ_1 增加得更快，结果使 δ_{12} 开始减小而逐渐回到扰动前的运行点。同样的方法可以分析得 $\Delta\delta_{12}<0$ 情况。

工程上，由于 δ_{12}' 和 δ_{12}'' 之间的区间较小，同时每台机组功角稳定区域的扩展并没有使机组的最大可能输出功率增加，因此，对系统的确定负荷 P_L+jQ_L 而言，通常就近似地把送端发电机的功率极限作为系统的稳定极限，即 $\delta_{12\max}=\delta_{12}'$。

上述极限值的用途是确定两台机分担系统负荷 P_L+jQ_L 的方案时，必须控制两台机的功角差不能大于 $\delta_{12\max}$。两机系统还有一种极限，即两台发电机共同可以承担的最大负荷。由于负荷采用恒定阻抗模型，用上边的方法解析地得到这个极限是困难的。但是，由于只有一个负荷点，可以采用数值分析的方法获得这个极限。即从一个稳定平衡点对应的负荷值开始，逐步增加负荷，直至系统不存在稳定平衡点。对每一个点采用上述方法。与单机无穷大系统的原则类似，对于两机系统，系统负荷极限应大于两台机的额定容量之和，这样才能充分发挥机组的发电能力。

【例 7-4】　试计算［例 6-3］系统的静态稳定极限及稳定储备系数。

解　（1）静态稳定极限。如前所述，近似地以对应发电机 1 的功率极限的功角作为静态稳定极限，相应的功率极限为

$$P_{1M} = E_1'^2 G_{11} + E_1'E_2'|Y_{12}| = 1.43^2 \times 0.03 + 1.43 \times 1.1 \times 1.1 = 1.79$$

（2）稳定储备系数为

$$K_p = \frac{1.79-0.9}{0.9} \times 100\% = 99\%$$

对于具有 G 台机的系统，若选定第 G 台机的功角和角速度为参考量，则状态变量为 $\Delta\delta_{iG}$，$\Delta\omega_{G}$（$i=1, 2, \cdots, G-1$）。注意：$\delta_{ij}=\delta_{iG}-\delta_{jG}$。故可在电磁功率表达式式（6-29）中将 δ_{ij} 直接换作 $\delta_{iG}-\delta_{jG}$，则发电机 i 的电磁功率偏移量表达为

$$\Delta P_{Ei} = \sum_{j=1}^{G-1} \frac{\partial P_{Ei}}{\partial \delta_{jG}} \Delta\delta_{jG} = \sum_{j=1}^{G-1} S_{ij}\Delta\delta_{jG} \quad i=1,2,\cdots,G \tag{7-69}$$

由式（6-29）可得式（7-69）中系数为

$$S_{ij} = \frac{\partial P_{Ei}}{\partial \delta_{jG}} = -E'_i E'_j (G_{ij}\sin\delta_{ij} + B_{ij}\cos\delta_{ij}) \quad j=1,2,\cdots,G-1; j\neq i$$

$$S_{ii} = \frac{\partial P_{Ei}}{\partial \delta_{iG}} = E'_i \sum_{j\neq i}^{G} E'_j(-G_{ij}\sin\delta_{ij} + B_{ij}\cos\delta_{ij}) \tag{7-70}$$

各发电机的转子运动方程（不计阻尼）则为

$$\begin{cases} \dot{\delta}_{iG} = \Delta\omega_{iG}\omega_0 \\ \Delta\dot{\omega}_G = \dfrac{-\Delta P_{Ei}}{T_{Ji}} + \dfrac{\Delta P_{EG}}{T_{JG}} \end{cases} \quad i=1,2,\cdots,G-1 \tag{7-71}$$

全系统的状态方程共 $2(G-1)$ 个。当特征方程阶数大于 4 时，已不能得到特征值的解析解，而只能按运行方式计算出方程中的系数（如 S_{ii}、S_{ij} 等），用数值计算的方法求得该运行方式下的特征值。如果所有特征值的实部均为负数，系统在此运行方式下是稳定的，否则系统静态不稳定。这种方法虽可判断系统是否稳定，但不能确定系统稳定的程度。

最后必须指出，现代电力系统分析可以对发电机组采用更为详细的、阶数更高的数学模型，负荷也可以采用动态模型，还有直流输电及 FACTS 等其他元件的动态数学模型，从而建立如式（7-5）的微分-代数系统模型。在这种数学模型下，我国一般区域电力系统的阶数约为 2000 阶左右，超大规模电力系统的阶数可以高达近万阶。建立系统模型的基本方法将在第八章简述。分析这类问题的基本方法和过程已如本章介绍，国内外工业应用程序也已十分成熟。在多机系统中，度量系统的小干扰稳定程度有多种不同定义的指标，使用较多的宏观指标为：设 α 是所有特征值中实部最大的特征值的实部，则 α 越小越稳定。

第五节　提高系统小干扰稳定性的措施

在电力系统运行中，运行调度人员根据系统负荷分布、系统的现有条件和某种调度原则首先提出一个拟实施的运行方式。这时必须考核这个运行方式是否具有自保持的能力，即小干扰是否稳定。由前已知，考虑到系统运行中可能出现的不确定因素，运行方式必须小干扰稳定而且具有一定的稳定裕度。如果这个拟实施的运行方式不满足小干扰稳定性的要求，就必须对这个运行方式进行调整使其满足要求。一般而言，只要调整就会丧失其他利益，当利益丧失过多时，就必须从系统建设的角度采取措施。

电力系统小干扰稳定性的基本性质说明，发电机可能输送的功率极限愈高则实际运行的平衡点小干扰稳定性程度愈高。以单机对无限大系统的情形来看，减少发电机与系统之间的联系电抗就可以增加发电机的功率极限。从物理意义上讲，这就是加强发电机与无限大系统

的电气联系。对于多机系统，加强机组之间的电气联系，即意味着缩短机组之间的电气距离，也就是减小网络中各元件的电抗。以下介绍的几种提高小干扰稳定性的措施，都是直接或间接地减小电抗的措施。顺便指出，在通过增加系统网络的联系紧密程度来提高小干扰稳定性时，必须兼顾不能使短路电流增大到超标的水平。

一、采用自动调节励磁装置

在分析单机对无限大系统的静态稳定时曾经指出，当发电机装设比例型励磁调节器时，发电机可看作具有 E_q'（或 E'）为常数的功率特性，这也就相当于将发电机的电抗从同步电抗 x_d 减小为暂态电抗 x_d' 了。如果采用按机端电压和/或其他运行参数的变化率调节励磁则甚至可以维持发电机端电压为常数，这就相当于将发电机的电抗减小为零。因此，发电机装设先进的调节器就相当于缩短了发电机与系统间的电气距离，从而提高了静态稳定性。因为励磁调节器在机组总投资中所占的比重很小，所以在各种提高静态稳定性的措施中，总是优先考虑安装性能良好的自动励磁调节器和辅助励磁调节器。

二、减小元件的电抗

发电机之间的联系电抗总是由发电机、变压器和线路的电抗所组成。相对于输电线路，发电机、变压器的设计制造要复杂得多。因此，通常总是设法减小线路电抗，具体做法有下列几种。

（一）采用分裂导线

分裂导线扩大了线路的等值半径，因而降低了线路的等值电抗。高压输电线路采用分裂导线的主要目的是为了避免输电线路的电晕损耗，同时，较小的线路阻抗缩短了机组之间和电源与负荷之间的电气距离，客观上有利于系统小干扰稳定性的提高。

例如，对于 500kV 的线路，采用单根导线时电抗大约为 $0.42\Omega/\text{km}$；采用两分裂导线时约为 $0.32\Omega/\text{km}$；采用三分裂导线时电抗约为 $0.30\Omega/\text{km}$；采用四分裂时为 $0.29\Omega/\text{km}$。图 7-14 示出采用分裂导线的 500kV 线路单位长度参数。

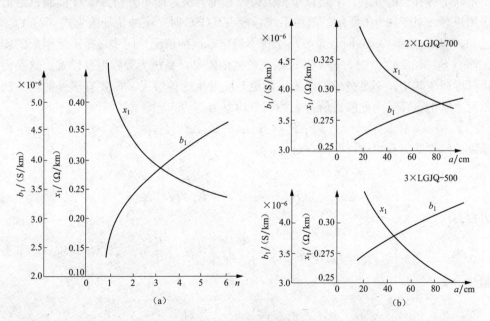

图 7-14　分裂导线参数
（a）电抗与分裂根数的关系；（b）电抗与根与根之间几何均距的关系

（二）提高线路额定电压等级

忽略连接节点 i 与 j 之间的输电线路的等值电阻和对地电容，在标幺制下容易导得输电线路输送的有功功率为

$$P_{ij} = \frac{U_i U_j}{x_L}\sin\delta_{ij}$$

式中：U_i、U_j 和 δ_{ij} 分别为节点电压的幅值和相角差。忽略运行中的电压偏移，由上式可见，输送功率的极限与电压的平方成正比，与线路电抗成反比。当系统需要输送的功率大于上述极限时，就必须考虑采取措施提高这个极限。在标幺制下，只能考虑减小 x_L。减小电抗有两种途径，一是增加线路回数，但当回数增到三回以上时，再增加回数已不具有经济上的优势。有些情况下，考虑到线路占地，增加回数更不具备条件，这时就需考虑采用更高的电压等级。在标幺制下，提高线路额定电压等级也可以等值地看作是减小线路电抗。因为线路电抗的标幺值为

$$x_{L_*(B)} = xl\,\frac{S_B}{U_{NL}^2}$$

式中：U_{NL} 为线路的额定电压。由此可见，线路电抗标幺值与其电压平方成反比。

当然，提高线路额定电压势必要加强线路的绝缘、加大杆塔的尺寸并增加变电所的投资。因此，一定的输送功率和输送距离对应一个经济上合理的线路额定电压等级。顺便指出，这正是长距离、大容量输送电能需要采用较高电压等级输电线路的机理，而降低网络损耗仅仅是伴随的优点。

（三）采用串联电容补偿

在较高电压等级的输电线路上装设串联电容以补偿线路电抗，可以提高该线路传输功率的能力以及系统的稳定性。特别是若采用 TCSC，串联电容的等值电抗是可变的，则进一步提升了串联电容补偿的效果。下边以单机无穷大系统为例，简单分析 TCSC 抑制机组低频振荡的作用机理。对于图 6-1 所示的简单系统，没有 TCSC 时系统的特征值为式（7-14）。由前分析已知，当 $S_{Eq}(\delta_{|0|})<0$ 时，系统小干扰不稳定，这种情况是同步转矩不足引起的爬坡型失稳。而当 $S_{Eq}(\delta_{|0|})>0$ 时，若不考虑系统的其他阻尼，系统为等幅振荡模式。这是由于异步转矩（即阻尼转矩）不足造成的。为了避免系统发生这种情况，需要有额外的调节功率加入以阻尼系统的振荡，为此假设所加入的调节功率为

$$\Delta P = K_\omega \Delta\omega + K_\delta \Delta\delta \tag{7-72}$$

系统的线性化方程由式（7-12）变为

$$\begin{bmatrix}\Delta\dot\delta\\\Delta\dot\omega\end{bmatrix}=\begin{bmatrix}0 & \omega_0\\(K_\delta-S_{Eq})/T_J & K_\omega/T_J\end{bmatrix}\begin{bmatrix}\Delta\delta\\\Delta\omega\end{bmatrix}$$

特征方程为

$$|\rho I-A|=\begin{vmatrix}\rho & -\omega_0\\-(K_\delta-S_{Eq})/T_J & \rho-K_\omega/T_J\end{vmatrix}=\rho^2-\frac{K_\omega}{T_J}\rho-\frac{\omega_0}{T_J}(K_\delta-S_{Eq})=0$$

特征值为

$$\rho_{1,2}=\frac{K_\omega}{2T_J}\pm\sqrt{\left(\frac{K_\omega}{4T_J}\right)^2+\frac{\omega_0}{T_J}(K_\delta-S_{Eq})} \tag{7-73}$$

由上式可以看出，附加异步转矩 $K_\omega\Delta\omega$ 的系数 K_ω 决定着系统是否稳定；而附加同步转

矩 $K_\delta \Delta \delta$ 的系数 K_δ 只影响到系统的振荡频率。根据上边的分析，设加装 TCSC 后的系统如图 7-15 所示。

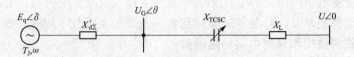

图 7-15　加入 TCSC 后的单机无穷大系统

则系统状态方程由式（7-9）变为

$$\begin{cases} \dot{\delta} = (\omega - 1)\omega_0 \\ \dot{\omega} = \dfrac{1}{T_J}\left(P_T - \dfrac{E_q U}{x_{d\Sigma} + X_{TCSC}}\sin\delta\right) \end{cases} \tag{7-74}$$

其中 $x_{d\Sigma} = x'_{d\Sigma} + x_L$。

注意：TCSC 的等值阻抗 X_{TCSC} 是控制变量，将上式在稳态运行点线性化，得

$$\begin{cases} \dot{\delta} = \omega_0 \Delta\omega \\ T_J \Delta\dot{\omega} = \left(-\dfrac{E_q U}{x_{d\Sigma} + X_{TCSC}}\cos\delta\right)\bigg|_0 \Delta\delta + \left(\dfrac{E_q U}{(x_{d\Sigma} + X_{TCSC})^2}\sin\delta\right)\bigg|_0 \Delta X_{TCSC} \end{cases} \tag{7-75}$$

为了引入异步转矩，将 TCSC 阻抗的控制信号取为 $\Delta\omega$，为分析方便，假设控制策略为比例型，即

$$\Delta X_{TCSC} = -K\Delta\omega \tag{7-76}$$

其中 K 为比例系数。将上式代入系统方程式（7-75），易得系统矩阵为

$$A = \begin{bmatrix} 0 & \omega_0 \\ -\dfrac{E_q U}{T_J(x_{d\Sigma} + X_{TCSC})}\cos\delta & \dfrac{-K E_q U}{T_J(x_{d\Sigma} + X_{TCSC})^2}\sin\delta \end{bmatrix}\Bigg|_0 \tag{7-77}$$

加入 TCSC 后系统的特征值为

$$\rho_{1,2} = \frac{-K E_q U}{2T_J(x_{d\Sigma} + X_{TCSC})^2}\sin\delta \pm \sqrt{\left(\frac{-K E_q U}{2T_J(x_{d\Sigma} + X_{TCSC})^2}\sin\delta\right)^2 - \frac{E_q U \omega_0}{T_J(x_{d\Sigma} + X_{TCSC})}\cos\delta} \tag{7-78}$$

欲使特征值为一对实部为负的共轭复数，需 K 满足

$$0 < K \leqslant \frac{2}{\sin\delta}\sqrt{\frac{\omega_0 T_J (x_{d\Sigma} + X_{TCSC})^3}{E_q U}\cos\delta}\,\Bigg|_0 \tag{7-79}$$

TCSC 即可以阻尼系统的机电振荡。由式（7-78）的第一项可见，阻尼的效果随着负荷的增加而增强。即功角 δ 的增加导致 TCSC 的阻尼特性增强。这一点十分重要，因为无 TCSC 的系统通常正是在负荷逐渐加重时，阻尼也愈来愈弱。

以上通过简单系统说明了 TCSC 对提高输送能力的作用。

一般来说，串联电容补偿度 $K_C = x_C / x_L$ 愈大，线路等值电抗愈小，对提高稳定性愈有利。但 K_C 的增大还要受到其他条件的限制。例如，当在线路上安装了串联补偿后，短路电流即会由于短路回路阻抗的下降而升高。如果升高幅度过大而导致需增加断路器遮断容量时则需进行经济技术比较。另外，过补偿 $K_C > 1$ 时，短路电流还可能呈容性电流。这时电流、

电压相位关系的紊乱将引起某些保护装置的误动作。对发电机附近或与发电机直接相连的输电线路，串联补偿可能引起发电机的自励磁现象。若发电机外部电抗呈现容性，电枢反应可能起助磁作用，使发电机的电流和电压无法控制地上升，直至发电机磁路饱和为止。

串联电容补偿特别是 TCSC 装置的实施包含一系列的工程技术问题，这里不再介绍。

三、改善系统的结构和采用中间补偿设备

（一）改善系统的结构

改善系统的结构即是规划建设合适的网络拓扑以加强系统的联系。例如，增加输电线路的回路数；另外，当输电线路通过的地区原来就有电力系统时，将这些中间电力系统与输电线路连接起来也是有利的。这样可以使长距离的输电线路中间点的电压得到维持，相当于将输电线路分成两段，缩小了电气距离。而且，中间系统还可与输电线路交换有功功率，起到互为备用的作用。

（二）采用中间补偿设备

如果在输电线路中间的降压变电所内装设 SVC，则可以维持 SVC 端点电压甚至高压母线电压恒定，从而输电线路也就等值地分为两段，功率极限得到提高。

从第六章中所介绍的 SVC 的原理可以看出，并联补偿 SVC 相当于在母线上并联了一个可以快速、连续调整的电抗。通过调整这个电抗值，SVC 或者从系统吸收无功功率或者向系统注入无功功率。因而其作用相当于在补偿点有一台同期调相机，从而对系统电压提供了一个支撑点。如图 7-16 所示，设系统被粗略地等值为经联络线相连接的送端系统与受端系统。

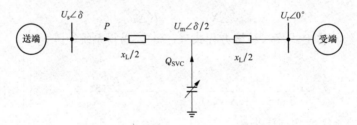

图 7-16　装有 SVC 的系统示意图

为分析方便，设 SVC 安装在联络线中点并忽略线路电阻。由式（6-67）可知，SVC 可以动态地调整注入系统的无功电流，从而调整电压 U_m。为简化分析，设 SVC 可以维持电压恒为 U_m。那么由送端系统经联络线输送到受端系统的功率为

$$P = \frac{U_s U_m}{x_L/2} \sin \frac{\delta}{2} = \frac{U_m U_r}{x_L/2} \sin \frac{\delta}{2} \tag{7-80}$$

式中：x_L 为线路的等值电抗；U_s 和 U_r 分别为送端和受端系统的母线电压模值；U_m 为补偿点电压模值；δ 为送端系统母线电压的相角。

而系统没有安装 SVC 时，输送功率为

$$P = \frac{U_s U_r}{x_L} \sin\delta \tag{7-81}$$

二者相比，安装 SVC 后系统输送能力大约提高一倍。两种情况下的功角曲线如图 7-17 所示。

以上只是定性地分析了 SVC 对提高系统输送能力的作用。在实际应用中，由于 SVC 容量有限及控制的要求，式（6-67）中的 X_e 不等于零，因而并不能维持补偿点的电压为恒定值。

另外，为运行维护和安装方便，通常 SVC 总是安装在枢纽变电站的母线上而不是某条输电线的中间。这样，实际上由 SVC 提高的输送容量需根据实际情况进行计算。

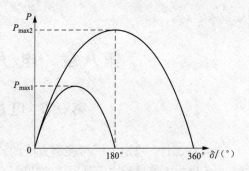

图 7-17　安装 SVC 前后的功角曲线

实际的电力系统是高度非线性的复杂动力学系统。暂态过程中，SVC 对系统动态特性的改善与其控制策略的优劣关系密切。目前，实际工程中采用的控制策略多是经典控制理论下的线性控制，对于增益和各种时间常数可由校核计算试凑得出。

以上提高静态稳定的措施均是从减小电抗这一点着眼，在正常运行中提高发电机的电动势和电网的运行电压也可以提高功率极限。为使电网具有较高的电压水平，必须在系统中设置足够的无功功率电源。

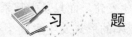

习　　题

7-1　对［例 7-1］，试分别计算下列两种情况的系统静态稳定储备系数。

（1）若一回线路停运检修，运行参数 $(\dot{U}, U_G, P_0)$ 仍不变。

（2）发电机改为凸极机（$x_d = 1, x_q = 0.8$），其他情况不变。

7-2　在简单系统中，若发电机的按电压偏差调节的比例式励磁调节器的放大倍数 K_e 为零，试推得系统的静态稳定判据。

7-3　假设在图 7-11 中加入的 PSS 传递函数为 $G_s(p) = K_\omega$，试列出（设 $T_e = 0$）：

（1）系统状态方程。

（2）状态方程系数矩阵特征方程。

（3）劳斯判据，并分析系统稳定范围和 K_{emax} 发生的变化。

7-4　试列出三机系统（发电机为实用模型）的系统状态方程（第三台机为功角、角速度的参考量）。

第八章 电力系统暂态稳定

第一节 电力系统暂态稳定概述

电力系统暂态稳定分析与控制方法的研究对电力系统规划设计和运行调度具有重要的意义。由于电力系统运行中经常发生的情况是由于暂态稳定问题的约束而使系统不能充分发挥输送电能的能力，因此，提高系统的暂态稳定性与提高系统的输送能力几乎是同一个问题。从第六章已知，一个拟运行的方式必须是小干扰稳定的。小干扰稳定的平衡点，系统依赖自身的性质具有自我保持这个平衡点也即这个运行方式的能力；而对于小干扰不稳定的平衡点，系统不可能在此状态运行。因此，小干扰稳定性并不涉及具体的扰动类型。尽管用词上讲"系统"的小干扰稳定性，但是具体分析时是通过针对系统的一个拟运行方式，或者说一个平衡点而言的。小干扰并未使系统的拓扑结构发生变化，而只是引起系统运行状态有偏离平衡点的趋势。

电力系统在长期的运行中还以概率的形式发生大的干扰。所谓大干扰，在物理上一般是指电力系统在正常运行时发生的拓扑结构突然变化，例如，输电线路的突然短路或者开断，发电机的突然退出等；在数学上表现为式（7-5）的突然变化。以下以最简单的扰动过程为例来介绍电力系统暂态稳定分析的几个相关概念。

假设系统在平衡点（x_0，y_0）运行时，系统方程为式（7-5）。设在 $t_0 = 0$ 时刻，系统中的一条输电线路发生了接地短路，称此扰动为 E_i。这样，系统拓扑结构突然发生了变化，式（7-5）已不能描述 $t > t_0$ 时段的系统。短路发生后，继电保护会尽可能快地跳开短路线路两端的断路器将故障线路剔出电力系统。记断路器开断时刻为 $t_c(> t_0)$，t_c 是故障切除时间。称 $t \in [0, t_c]$ 为故障期间，这时系统的方程由式（7-5）变为

$$\begin{cases} \dot{x} = f_1(x, y) \\ 0 = g_1(x, y) \end{cases} \quad 0 < t \leqslant t_c \tag{8-1}$$

为叙述方便，假设系统状态变量和代数变量的维数 n、m 都未变化。记式（8-1）描述的系统的初态为（x_1，y_1）。注意：扰动发生时刻，状态变量不能突变，则有 $x_1 = x_0$。但系统结构的突变必然使此刻的代数变量突变。如短路接地点电压由正常值突变为零。将 x_1 代入式（8-1）的代数方程，即可解得 y_1。显然

$$\begin{cases} \dot{x} = f_1(x_1, y_1) \neq 0 \\ 0 = g_1(x_1, y_1) \end{cases} \quad t = 0^+ \tag{8-2}$$

因此，（$x(t)$，$y(t)$）将从初态（x_1，y_1）开始、在式（8-1）的约束下随时间变化。求解（$x(t)$，$y(t)$）的方法将在后边介绍。假设已经解得，则可知系统（8-1）的终值为（$x(t_c)$，$y(t_c)$）。

故障切除后，系统与故障前相比少了一条输电线。设此后系统不再进行其他操作，则称 $t > t_c$ 的系统为故障切除后系统，这时系统方程从式（8-1）变为

$$\begin{cases} \dot{x} = f_2(x, y) \\ 0 = g_2(x, y) \end{cases} \quad t_c \leqslant t < \infty \tag{8-3}$$

确定式（8-3）系统的初态（x_2，y_2）的方法与前边类似：$x_2 = x_c$，将 x_2 代入式（8-3）的代数方程，解得 y_2。由于 t_c 后系统再无操作，系统的运行状态（$x(t)$，$y(t)$）将从初态开始在式（8-3）的约束下随时间变化。如果随着时间的不断增长，（$x(t)$，$y(t)$）逐渐趋近于常数，记为（x_e，y_e），则称式（7-5）系统在平衡点（x_0，y_0）的运行方式对扰动 E_i 暂态稳定。反之，若（$x(t)$，$y(t)$）始终随时间变化，则称不稳定。显然，如果稳定，（x_e，y_e）满足

$$\begin{cases} \dot{x} = f_2(x_e, y_e) = 0 \\ 0 = g_2(x_e, y_e) \end{cases}$$

一般而言，由于系统结构发生了变化，故（x_e，y_e）$\neq$（x_0，y_0）。这时系统达到了一个新的平衡点。

在许多情况下，短路故障是瞬时故障，为了尽快使系统恢复正常，系统会在故障切除时刻 t_c 后，经过 100ms 左右，将故障线路重新投入，这就是自动重合闸。设重合时刻为 $t = t_r$，如果重合成功，则在 $t \in (t_r, \infty)$ 的时段上，系统拓扑结构恢复为故障前，所以，系统方程从式（8-3）变为式（7-5），即

$$\begin{cases} \dot{x} = f(x, y) \\ 0 = g(x, y) \end{cases} \quad (t > t_r) \qquad (8\text{-}4)$$

确定式（8-4）系统初态（x_3，y_3）的方法与前面相同，即由式（8-3）系统得到 $x_3 = x_r$，将 x_3 代入式（8-4）的代数方程解得 y_3。式（8-4）系统就是式（7-5）系统，但是经过 $t \in [0, t_r]$ 这段时间的暂态过程，系统的状态已由（x_0，y_0）变为（x_3，y_3）$\neq$（x_0，y_0），因此式（7-5）系统从初态（x_3，y_3）开始运动。假设此后系统再无操作，则经过一段时间的暂态过程，如果 $[x(t), y(t)]$ 逐渐趋近于常数，则这个常数一般是（x_0，y_0）。这时系统恢复了原来的平衡点。这种情况也称为式（7-5）系统在平衡点（x_0，y_0）的运行方式对扰动 E_i 暂态稳定。反之，则称不稳定。

在暂态过程中，系统还可能有更多的操作，但是数学上的分析过程与上面相同，不过对应一次操作即更换一次系统方程。

当对所有需要考核的扰动，平衡点（x_0，y_0）都是稳定的，这时就说系统的这个运行方式是稳定的。有时为叙述方便，对某个扰动进行考核也说系统的稳定性。

综上所述，电力系统暂态稳定是指电力系统在某个运行方式下突然受到大的干扰后，经过暂态过程达到新的稳态运行方式或者恢复到原来的运行状态。反之，即是暂态不稳定。区别于小干扰稳定性，电力系统可以以一个暂态不稳定的运行方式运行，但是这时系统承受着巨大风险，即一旦使系统失稳的扰动发生则系统将失去稳定。因此，实际运行中除非万不得已，否则禁止系统以一个暂态不稳定的方式运行。

一个拟运行方式，对不同的扰动，暂态过程不相同，最终稳定性的结果也可能不同。因此，对电力系统的一个拟运行方式，需要考核哪些扰动？这个问题对电力系统运行的经济性和安全性十分敏感。不难理解，过于严厉的考核将使系统降低输送能力从而导致系统设备的利用率不足，即经济性下降；相反，过于宽容的考核使系统运行承担过大的失稳风险而使系统的安全性下降。称所有需要考核的扰动为预想事故集，则每一个扰动 E_i 是预想事故集的一个元素。预想事故集的构成必然是安全性与经济性的妥协。我国现行的《电力系统安全稳定导则》对 220kV 以上电压等级的系统，规定了预想事故集。主要原则为，单一故障，即所谓"$N-1$"原则，所有复杂故障不进入预想事故集而由其他措施应对；故障类型为每条输

电线路分别三相短路；特殊运行方式下的特殊预想事故。

电力系统受到大扰动后即刻进入暂态过程，经过一段时间，或是逐渐趋向稳态运行或是趋向失去同步。这段时间的长短与系统本身的初始状况和扰动有关。有的约 1s（如联系紧密的系统），有的则要几秒钟甚至若干分钟。也就是说，在某些情况下只要分析扰动后 1s 左右的暂态过程就可以判断系统能否保持稳定，而在另一些情况下则必须分析更长的时间。由于在扰动后的不同时段里，系统各元件的反应不同，在分析大扰动后的暂态过程时往往按下面三种不同的时间阶段分类：

（1）起始阶段。指故障后约 1s 内的时间段。在这期间，系统中的保护和自动装置有一系列的动作，如切除故障线路和重新合闸、切除发电机等。但是在这个时间段中发电机的调节系统还来不及起到明显的作用。

（2）中间阶段。在起始阶段后，大约持续 5s 左右的时间段。在此期间发电机组的调节系统已发挥作用。

（3）后期阶段。中间阶段以后的时间。这时动力设备（如锅炉等）中的调节过程将影响到电力系统的暂态过程。另外，系统中还将由于频率和电压的下降，发生自动装置切除部分负荷等操作。

本章介绍的电力系统暂态稳定性只涉及前两个阶段中电力系统的动态行为。为了建立暂态稳定问题的基本概念，避免过多因素的交互影响，在分析中对数学模型进行大幅度简化。这里必须指出，与小干扰稳定分析相同，现代电力系统分析对发电机组和综合负荷完全可以采用更为详细的数学模型。

采用的基本假设如下：

（1）由于发电机组惯性较大，在所研究的短暂时段里，各机组的电角速度相对于同步角速度（314rad/s）的偏离不大。所以，在分析系统的暂态稳定时往往假定在故障后的暂态过程中，网络中的频率仍为 50Hz。

（2）忽略突然发生故障后网络中的非周期分量电流。一方面是由于它衰减较快；另一方面，非周期分量电流产生的磁场在空间静止，它和转子绕组电流产生的磁场相互作用将产生以同步频率交变、平均值接近于零的制动转矩。此转矩对发电机的机电暂态过程影响不大，可以略去不计。

根据以上两个假定，网络中的电流、电压只有频率为 50Hz 的分量，从而，描述网络的方程仍可以用与潮流计算中相同的代数方程。在上述假设下建立的网络模型称为准稳态模型。

（3）当故障为不对称故障时，发电机定子回路中将流过负序电流。负序电流产生的磁场和转子绕组电流的磁场形成的转矩，主要是以两倍同步频率交变的、平均值接近于零的制动转矩。它对发电机也即对电力系统的机电暂态过程没有明显影响，也可略去不计。如果有零序电流流过发电机，由于零序电流在转子空间的合成磁场为零，它不产生转矩，完全可以略去。以前讨论过的只计及正序分量的电磁功率公式都可以继续应用。

除了以上的基本假设之外，根据对稳定问题分析计算的不同精度要求，对于系统主要元件还有近似简化。以下列出最简化的发电机、原动机以及负荷的模型。

（1）发电机的等值电动势和电抗为 $\dot{E}'$ 和 x_d'。由于发电机阻尼绕组中自由直流电流衰减很快，可以不计阻尼绕组的作用。根据励磁回路磁链守恒原理，在故障瞬间暂态电动势 E_q' 是不变的，故障以后 E_q' 逐渐衰减，但考虑到励磁调节器的作用，可以近似地认为 E_q' 在暂态过程中一直保持常数。实际上，E' 与 E'_q 在数值上差别不大，因而在实用计算中往往更进一步近似地假定 E' 在暂态过程中保持常数，即发电机的简化模型为 $\dot{E}'$ 和 x'_d。值得注意的是，$\dot{E}'$ 的相角为 δ' 而不是 $\dot{E}_q$ 的相角 δ，不过在一般情况下 δ' 和 δ 的变化规律相似。当系统处于稳定的边界时，必须注意这种近似模型的可靠性。

（2）不计原动机调速器的作用。一般在短过程的暂态稳定计算中，考虑到调速系统惯性较大，假定原动机功率不变。

（3）负荷为恒定阻抗。

必须强调指出，暂态稳定是研究电力系统受到大干扰后的过程，不能像分析静态稳定时那样将状态方程线性化。而且在暂态过程中往往还伴随着系统结构的变化。

本章主要以短路故障作为扰动，介绍扰动后的暂态过程以及分析方法。对于其他扰动，分析方法基本类似。

第二节　简单系统的暂态稳定性

一、物理过程分析

（一）功率特性的变化

图 8-1（a）所示为一简单电力系统，正常运行时发电机经过变压器和双回线路向无限大系统送电。如果发电机用电动势 $\dot{E}'$ 作为其等值电动势，则电动势 $\dot{E}'$ 与无限大系统间的电抗为

$$x_I = x'_d + x_{T1} + \frac{x_L}{2} + x_{T2} \tag{8-5}$$

这时发电机发出的电磁功率可表示为

$$P_I = \frac{E'U}{x_I}\sin\delta \tag{8-6}$$

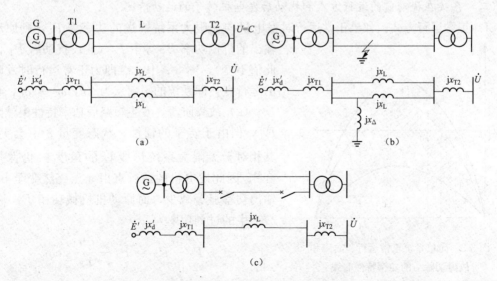

图 8-1　简单电力系统及其等效电路

（a）正常运行方式及其等值电路；（b）故障情况及其等效电路；（c）故障切除及其等值电路

　　如果突然在一回输电线路始端发生短路，如图 8-1（b）所示，则根据第五章的分析，只需在正序网络的故障点上接一附加电抗 jx_Δ 即形成正序增广网络，用这个正序增广网络即可计算对称或不对称短路时的正序电流及相应的正序功率。附加电抗的大小可根据短路故障的种类，由故障点等值的负序电抗和零序电抗计算而得。综上所述，故障后系统的等效电路如图 8-1（b）所示。这时发电机电动势和无限大系统之间的联系电抗可由图 8-1（b）中的星形网络转化为三角形网络而得，即

$$x_{\mathrm{II}} = (x'_{\mathrm{d}} + x_{\mathrm{T1}}) + \left(\frac{x_{\mathrm{L}}}{2} + x_{\mathrm{T2}}\right) + \frac{(x'_{\mathrm{d}} + x_{\mathrm{T1}})\left(\frac{x_{\mathrm{L}}}{2} + x_{\mathrm{T2}}\right)}{x_\Delta} \tag{8-7}$$

这个电抗总是大于正常运行时的电抗 x_{I}。

故障情况下发电机输出的功率为

$$P_{\mathrm{II}} = \frac{E'U}{x_{\mathrm{II}}}\sin\delta \tag{8-8}$$

　　如果是三相短路，则 x_Δ 为零，x_{II} 为无限大，即三相短路截断了发电机和系统间的联系，由于忽略了电阻损耗，三相短路时发电机输出功率为零。

　　短路故障发生后，线路继电保护装置将尽可能快地断开故障线路两端的断路器。故障被切除后发电机电动势与无限大系统间的联系电抗如图 8-1（c）所示为

$$x_{\mathrm{III}} = x'_{\mathrm{d}} + x_{\mathrm{T1}} + x_{\mathrm{L}} + x_{\mathrm{T2}} \tag{8-9}$$

发电机输出的功率为

$$P_{\mathrm{III}} = \frac{E'U}{x_{\mathrm{III}}}\sin\delta \tag{8-10}$$

　　在图 8-2 中画出了发电机在正常运行（Ⅰ）、故障中（Ⅱ）和故障切除后（Ⅲ）三种状态下的功率特性曲线。由于只有转子运动方程，以上三个电磁功率分别对应式（7-5）、式（8-1）和式（8-3），即系统的状态变量和代数变量维数分别为 $n=2$，$m=0$。

　　（二）系统在扰动前的运行方式和扰动后发电机转子的运动情况

　　（1）正常运行方式。如果正常运行时发电机向无限大系统输送的功率为 P_0，则原动机输出的机械功率 P_{T} 等于 P_0（假设扰动后 P_{T} 保持此值不变），图 8-2 中 a 点即为正常运行时发电机的运行点，即系统的平衡点为 $(\delta, \omega)=(\delta_0, 1)$。

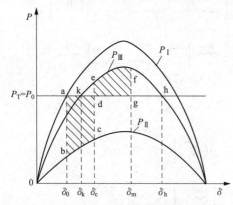

图 8-2　简单系统正常运行、故障和故障切除后的功率特性曲线

　　（2）故障阶段。发生短路后功率特性突然降为 P_{II}，但由于转子的惯性，状态变量 δ 不会突变，其相对于无限大系统母线 $\dot{U}$ 的角度 δ_0 仍保持不变❶。因此发电机的运行点由 a 点突然变至 b 点，输出功率显著减少，而原动机机械功率 P_{T} 不变，故产生的过剩功率为

$$P_{\mathrm{T}} - P_{\mathrm{II}} = P_{\mathrm{T}} - \frac{E'U}{x_{\mathrm{II}}}\sin\delta$$

---

❶　这里的 δ 实际是 $\dot{E}'$ 的相对角度 δ'，并不真正代表转子 q 轴的相对角。所以 δ_0 不变是一种近似。

过剩功率愈大，故障情况愈严重，也即扰动越大。由上式可见，初始过剩功率与稳态运行点和故障类型有关。稳态时发电机出力越大则初始功角 δ_0 越大，从而过剩功率越大；短路类型中三相短路最为严重，$x_\Delta = 0$。

在过剩转矩的作用下发电机转子将加速，其相对速度（相对于同步转速）和相对角度 δ 逐渐增大，使运行点由 b 点向 c 点移动。如果故障一直不切除，则始终存在过剩转矩，发电机将不断加速，最终与无限大系统失去同步。

（3）故障及时切除。实际上，短路故障后继电保护装置将尽可能快地动作以切除故障线路。假设在 c 点时将故障切除，则发电机的功率特性突变为 P_{III}。由于 δ 不能突变，发电机的运行点从 c 点突变至 e 点。这时发电机的输出功率比原动机的机械功率大，使转子受到制动，于是转子速度开始逐渐减慢。但由于此时的速度已经大于同步转速，所以功角还要继续增大。假设制动过程延续到 f 点时转子转速才回到同步转速，则 δ 角不再增大。但是，f 点不是系统的平衡点，因为这时机械功率和电磁功率仍不平衡，前者小于后者。所以发电机不能保持 f 点运行，转子将继续减速，δ 开始减小，运行点沿功率特性 P_{III} 由 f 点向 e、k 点转移。在达到 k 点以前转子一直减速，转子速度低于同步速。在 k 点虽然机械功率与电磁功率平衡，但由于这时转子速度低于同步转速，δ 继续减小。但越过 k 点以后机械功率开始大于电磁功率，转子又加速，因而 δ 一直减小到转速恢复同步转速后又开始增大。此后运行点沿着 P_{III} 开始第二次振荡。如果振荡过程中没有任何能量损耗，则第二次 δ 又将增大至 f 点的对应角度 δ_m，以后就一直沿着 P_{III} 往复不已地振荡。振荡的频率可以近似地（认为在振荡范围内功率特性是线性的）用式（7-15）估算，一般为 1Hz 左右。实际上，振荡过程中总有能量损耗，或者说总存在着阻尼作用，因而振荡幅值逐渐衰减，发电机最后停留在一个新的运行点 k 上持续运行。k 点即故障切除后功率特性 P_{III} 与 P_T 的交点。图 8-3 中画出了上述振荡过程中负的过剩功率、转子角速度 ω 和相对角度 δ 随时间变化的情形（计及了阻尼作用）。

（4）故障切除过晚。如果故障线路切除得比较晚，如图 8-4 所示。这时在故障线路切除前转子加速已比较严重，因此当故障线路切除后，在到达与图 8-2 中相应的 f 点时转子转速仍大于同步转速。甚至在到达 h 点时转速还未降至同步转速，因此 δ 将越过 h 点对应的角度 δ_h。而当运行点越过 h 点后，转子又立即承受加速转矩，转速又开始升高，而且加速度越来越大，δ 将不断增大，发电机和无限大系统之间最终失去同步。这种失稳过程如图 8-5 所示。

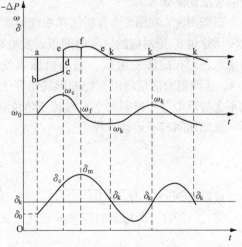

图 8-3 振荡过程

由上可见，快速切除故障是保证暂态稳定的有效措施。

前面定性地叙述了简单系统发生短路故障后两种暂态过程的结局，前者是暂态稳定的，后者是不稳定的。由两者的 δ 变化曲线可见，前者的 δ 第一次逐渐增大至 δ_m（小于 180°）后即开始减小，以后振荡逐渐衰减；后者的 δ 在接近 180°（δ_h）时仍继续增大。因此，对于简单系统，在第一个振荡周期即可判断稳定与否。

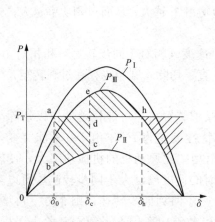

图 8-4　故障切除时间过晚的情况

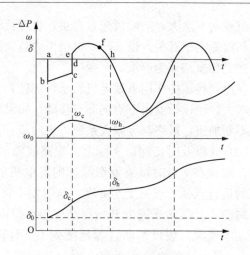

图 8-5　失步过程

由以上分析可以看出，系统暂态稳定与否是和正常运行的情况（由 E'、U、x_I 和 δ_0 表征）以及扰动情况（故障类型决定 $x_\triangle$ 大小）和故障后系统控制即何时切除（决定 t_c 大小）直接有关。为了确切判断系统在某个运行方式下，受到某种扰动后能否保持暂态稳定，必须通过定量的分析计算。下面将介绍两类分析计算的方法。

二、等面积定则

等面积定则确定系统故障切除角 δ_c 和故障切除后系统最大摇摆角 δ_m 的关系。显然，如果 δ_m 是有限值，则表明故障切除后功角不是无限增大，因而系统是稳定的。反之，如果 δ_m 不存在，即功角随时间无限增大，则系统是不稳定的。进一步，可以通过等面积准则得到系统的极限切除角 δ_{cm}。

根据图 8-2 和图 8-4 分析简单系统暂态稳定性的物理过程。在故障期间，从起始角 δ_0 到故障切除角 δ_c 所对应的这段时间里，发电机转子受到过剩转矩的作用而加速。从能量平衡的角度来看，在故障发生后，原动机输入发电机的能量并没有全部送往无穷大系统（$P_E <$ P_T），从而剩余能量将以动能的形式储存于发电机转子中。以下证明，过剩转矩（当转速变化不大时近似等于过剩功率）对转子角位移所作的功等于转子在相对运动中动能的增量。

故障期间转子运动方程为

$$\dot{\delta} = \omega_0(\omega - 1) \tag{8-11}$$

$$T_J\dot{\omega} = P_T - P_{II} \tag{8-12}$$

故障时刻 $t=0$ 时，$\delta(0)=\delta_0$，$\omega(0)=1$。

将式（8-11）两边对时间求导后代入式（8-12），得

$$\frac{T_J}{\omega_0}\ddot{\delta} = P_T - P_{II} \tag{8-13}$$

式（8-13）为二阶非线性常微分方程。定解条件为 $\delta(0)=\delta_0$；由 $\omega(0)=1$ 和式（8-11）知 $\dot{\delta}(0)=0$。式（8-13）两边对时间积分，得

$$\frac{T_J}{\omega_0}\int_0^t \ddot{\delta} dt = \int_0^t (P_T - P_{II}) dt$$

上式两边同乘 $\dot{\delta}$，并注意 $d\delta = \dot{\delta} dt$，得

$$\frac{T_{\mathrm{J}}}{\omega_0}\int_0^t \ddot{\delta}\dot{\delta}\mathrm{d}t = \int_{\delta(0)}^{\delta(t)}(P_{\mathrm{T}} - P_{\mathrm{II}})\mathrm{d}\delta$$

其中$\dfrac{\mathrm{d}}{\mathrm{d}t}\left(\dfrac{1}{2}\dot{\delta}^2\right) = \ddot{\delta}\dot{\delta}$，则

$$\frac{1}{2}\frac{T_{\mathrm{J}}}{\omega_0}\dot{\delta}^2\bigg|_{t=0}^{t=t} = \int_{\delta(0)}^{\delta(t)}(P_{\mathrm{T}} - P_{\mathrm{II}})\mathrm{d}\delta \quad 0 \leqslant t \leqslant t_{\mathrm{c}}$$

等式左边代入积分上下界，得

$$\frac{1}{2}\frac{T_{\mathrm{J}}}{\omega_0}\dot{\delta}^2 = \int_{\delta(0)}^{\delta(t)}(P_{\mathrm{T}} - P_{\mathrm{II}})\mathrm{d}\delta \quad 0 \leqslant t \leqslant t_{\mathrm{c}} \tag{8-14}$$

由式（8-11）可知，$\dot{\delta}(t)$ 的物理意义是转子相对同步转速的转速。因此，式（8-14）左边为 t 时刻转子的相对动能；其右边为转子净动力转矩从角位移 δ_0 到 $\delta(t)$ 所作的功。在式（8-14）中取 $t=t_{\mathrm{c}}$ 时，由图 8-2 可知，等式右边为曲边梯形 abcd 的面积。转子经过零到 t_{c} 这段时间，由于过剩转矩的存在，角位移从 δ_0 变到了 $\delta(t_{\mathrm{c}}) = \delta_{\mathrm{c}}$，相对速度从零变到了 $\dot{\delta}(t_{\mathrm{c}}) = \dot{\delta}_{\mathrm{c}}$；过剩转矩沿角位移所作的功转换为转子相对动能的增量。

故障切除后，系统方程式（8-13）中的电磁功率为 P_{III}；时间区间为 $t \geqslant t_{\mathrm{c}}$；初态为 $(\delta_{\mathrm{c}}, \dot{\delta}_{\mathrm{c}})$ 是式（8-14）的终态。这样，类似对故障期间系统的求解，可得

$$\frac{1}{2}\frac{T_{\mathrm{J}}}{\omega_0}\dot{\delta}^2\bigg|_{t=t_{\mathrm{c}}}^{t=t} = \int_{\delta(t_{\mathrm{c}})}^{\delta(t)}(P_{\mathrm{T}} - P_{\mathrm{III}})\mathrm{d}\delta$$

其中 $\dot{\delta}_{\mathrm{c}}$ 是由式（8-14）在 $t=t_{\mathrm{c}}$ 时刻确定的转子相对速度，故上式成为

$$\frac{1}{2}\frac{T_{\mathrm{J}}}{\omega_0}\dot{\delta}^2(t) - \int_{\delta(0)}^{\delta(t_{\mathrm{c}})}(P_{\mathrm{T}} - P_{\mathrm{II}})\mathrm{d}\delta = \int_{\delta(t_{\mathrm{c}})}^{\delta(t)}(P_{\mathrm{T}} - P_{\mathrm{III}})\mathrm{d}\delta \tag{8-15}$$

先讨论故障及时切除的情况。所谓故障及时切除是指系统是稳定的，即功角不会无限增大。设这种情况下的最大功角为 δ_{m}。注意：由式（8-11）知，功角不再增大，必是 $\omega = 1$。即当 $\delta = \delta_{\mathrm{m}}$ 时，$\dot{\delta}_{\mathrm{m}} = 0$。据此，将 $\delta = \delta_{\mathrm{m}}$ 代入式（8-15）得

$$0 - \int_{\delta(0)}^{\delta(t_{\mathrm{c}})}(P_{\mathrm{T}} - P_{\mathrm{II}})\mathrm{d}\delta = \int_{\delta(t_{\mathrm{c}})}^{\delta(t_{\mathrm{m}})}(P_{\mathrm{T}} - P_{\mathrm{III}})\mathrm{d}\delta$$

即

$$\int_{\delta_0}^{\delta_{\mathrm{c}}}(P_{\mathrm{T}} - P_{\mathrm{II}})\mathrm{d}\delta = \int_{\delta_{\mathrm{c}}}^{\delta_{\mathrm{m}}}(P_{\mathrm{III}} - P_{\mathrm{T}})\mathrm{d}\delta \tag{8-16}$$

在图 8-2 给出的情况下，$\delta_{\mathrm{c}} > \delta_{\mathrm{k}}$，则式（8-16）左边为曲边梯形 bcda 的面积，是转子加速的过程，因此称此面积为加速面积；等式右边为曲边梯形 efgd 的面积，是转子制动的过程，称为减速面积。对于 $\delta_{\mathrm{c}} < \delta_{\mathrm{k}}$ 的情况，式（8-16）依然成立。对于给定的 δ_{c}，由式（8-16）确定的 δ_{m} 存在时，系统是稳定的；反之功角是无限增大的。因此，式（8-16）称为加速面积与减速面积相等的等面积定则。由图 8-2 可见，只要 δ_{c} 足够小，δ_{m} 总是存在的。

利用上述的等面积定则，可以决定最大可能的 δ_{c}，称为极限切除角 δ_{cm}。也就是说，如果要保证系统稳定，故障切除角不得大于 δ_{cm}。根据前面的分析可知，为了保持系统的稳定，转子必须在到达 h 点以前恢复同步速度。极限的情况是正好达到 h 点时转子恢复同步速度，这时对应的切除角度就是极限切除角度 δ_{cm}。根据等面积定则有以下关系

$$\int_{\delta_0}^{\delta_{\mathrm{cm}}}(P_{\mathrm{T}} - P_{\mathrm{II}})\mathrm{d}\delta = \int_{\delta_{\mathrm{cm}}}^{\delta_{\mathrm{h}}}(P_{\mathrm{III}} - P_{\mathrm{T}})\mathrm{d}\delta$$

即

$$\int_{\delta_0}^{\delta_{cm}} (P_T - P_{\text{II}M}\sin\delta)\,d\delta = \int_{\delta_{cm}}^{\delta_h} (P_{\text{III}M}\sin\delta - P_T)\,d\delta$$

可推得极限切除角为

$$\cos\delta_{cm} = \frac{P_T(\delta_h - \delta_0) + P_{\text{III}M}\cos\delta_h - P_{\text{II}M}\cos\delta_0}{P_{\text{III}M} - P_{\text{II}M}} \tag{8-17}$$

其中，角度用弧度表示，$\delta_h = \pi - \sin^{-1}(P_0/P_{\text{III}M})$。

在极限切除角时切除故障线路，已利用了最大可能的减速面积。如果切除角大于极限切除角，就会造成加速面积大于减速面积，暂态过程中运行点就会越过 h 点而使系统失去同步。相反，只要切除角小于极限切除角，系统总是稳定的。

在学习短路电流分析方法时已知，为了减少短路电流对人身和设备可能造成的危害，故障发生后应尽可能快地切除故障。由上边的分析可知，迅速切除故障对电力系统稳定也具有重要作用。但是，从故障发生到继电保护装置发出跳闸指令需要时间，从断路器接到跳闸指令到跳闸成功也需要时间。显然这两部分时间之和即是技术上能够实现的故障切除时间，记为 t_p。如何减小 t_p 是继电保护装置和断路器研究、制造领域的课题，对于电力系统运行而言，t_p 是个必须接受的客观条件。因此，由上述分析得到极限切除角 δ_{cm} 后，还必须求得对应 δ_{cm} 的时刻 t_{cm}，用以校核是否 $t_p \leqslant t_{cm}$ 成立。解决这个问题需要求解 $t \in [0, t_{cm}]$ 这段时间的转子运动方程得到 $\delta(t)$，从而得到极限切除时间 t_{cm}。求解方法将在后面介绍。另外，由于实际系统中不同的继电保护和断路器种类很多，t_p 也不尽相同，工程分析上又要考虑稳定裕度，所以在电力系统稳定性分析中并不详细地区分 t_p 值的微小差别而统一取为 $t_c = t_p = 100\text{ms}$。显然，t_{cm} 越大，系统的暂态稳定程度越高。

如果线路上装有重合闸装置，则断路器断开故障线路后经过一定时间会重新合闸。重新合闸后有两种情况：一种是短路故障已消除，则系统恢复正常运行；另一种是短路故障依旧存在，断路器再次断开。图 8-6 示出这两种情况下的加速面积和减速面积，图中 δ_R 对应于重合闸时的角度，δ_{RC} 为断路器第二次断开时的角度。由图可见：第一种情况可以显著地增加减速面积；第二种情况减少了减速面积，系统能否稳定，取决于再次切除故障的快慢。从故障切除到重合必须有足够的时长以确保故障已经消除。根据统计数据，单相故障重合成功的几率远大于失败的几率，因此，系统中重要线路多采用单相重合技术。在暂态稳定校核时的预想事故集中需考虑重合失败问题。

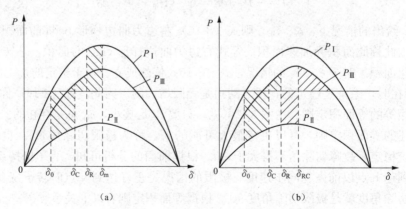

图 8-6　简单系统有重合闸装置时的面积图形

(a) 重合成功；(b) 重合闸后故障仍存在

【**例 8-1**】　图 8-7 是［例 6-2］的系统图，其中标明了有关参数。若输电线路一回线路的始端发生两相短路接地，试计算能保持系统暂态稳定的极限切除角度。

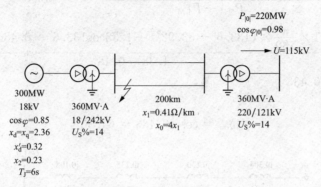

$$P_{|0|} = 220MW$$
$$\cos\varphi_{|0|} = 0.98$$
$$U = 115kV$$

300MW
18kV
$\cos\varphi = 0.85$
$x_d = x_q = 2.36$
$x_d' = 0.32$
$x_2 = 0.23$
$T_J = 6s$

360MV·A
18/242kV
$U_S\% = 14$

200km
$x_1 = 0.41\Omega/km$
$x_0 = 4x_1$

360MV·A
220/121kV
$U_S\% = 14$

图 8-7　［例 8-1］图

解　(1) 计算正常运行时的暂态电动势 E' 和功角 δ_0（即为 δ_0'）。正常运行的等效电路如图 8-8（a）所示。在［例 6-2］中已算得各元件电抗，$x_{d\Sigma}' = 0.777$ 以及 $E_{|0|}'$，现简写为 E'，即

$$E' = \sqrt{(1 + 0.2 \times 0.777)^2 + 0.777^2} = 1.392$$

$$\delta_0 = \tan^{-1}\frac{0.777}{1 + 0.2 \times 0.777} = 33.92°$$

(2) 故障后的功率特性。图 8-8（b）示出系统的负序和零序网络，其中发电机负序电抗为

$$x_2 = 0.23 \times \frac{250 \times 0.85}{300} \times \left(\frac{242}{209}\right)^2 = 0.218$$

线路零序电抗为

$$x_{L0} = 4 \times 0.235 = 0.94$$

故障点的负序电抗和零序等值电抗为

$$x_{2\Sigma} = \frac{(0.218 + 0.130) \times (0.235 + 0.108)}{(0.218 + 0.130) + (0.235 + 0.108)} = 0.173$$

$$x_{0\Sigma} = \frac{0.130 \times (0.94 + 0.108)}{0.130 + (0.94 + 0.108)} = 0.116$$

所以，加在正序网络故障点上的附加电抗为

$$x_\triangle = \frac{0.173 \times 0.116}{0.173 + 0.116} = 0.069$$

于是故障时等效电路如图 8-8（c）所示，故

$$x_{II} = 0.434 + 0.343 + \frac{0.434 \times 0.343}{0.069} = 2.93$$

故障时发电机的最大功率为

$$P_{IIM} = \frac{E'U}{x_{II}} = \frac{1.392 \times 1.0}{2.93} = 0.48$$

(3) 故障切除后的功率特性。故障切除后的等值电路如图 8-8（d）所示，故

$$x_{III} = 0.304 + 0.130 + 2 \times 0.235 + 0.108 = 1.012$$

此时最大功率为

$$P_{IIIM} = \frac{E'U}{x_{III}} = \frac{1.392 \times 1.0}{1.012} = 1.38$$

$$\delta_h = 180° - \sin^{-1}\frac{1}{1.38} = 133.6°$$

（4）极限切除角。由于

$$\cos\delta_{cm} = \frac{P_T(\delta_h - \delta_0) + P_{\text{ⅢM}}\cos\delta_h - P_{\text{ⅡM}}\cos\delta_0}{P_{\text{ⅢM}} - P_{\text{ⅡM}}}$$

$$= \frac{1 \times \frac{\pi}{180} \times (133.6° - 33.92°) + 1.38\cos133.6° - 0.48\cos33.92°}{1.38 - 0.48}$$

$$= 0.433$$

得

$$\delta_{cm} = \cos^{-1}0.433 = 64.3°$$

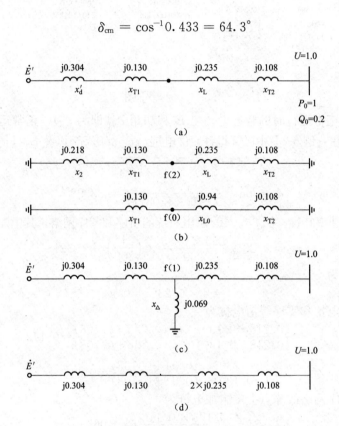

图 8-8　［例 8-1］图

（a）正常运行等效电路；（b）负序、零序网络；（c）故障时等值电路；（d）故障切除后等值电路

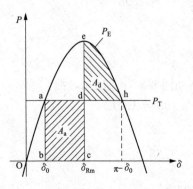

图 8-9　发电机断路器突然断开后再重合

除了短路故障引起的扰动，等面积定则还可用来分析简单系统受到其他扰动的稳定问题。例如，发电机（或线路）断路器因故障突然断开，使发电机失去负荷，导致转子加速，随后断路器又重新合上，系统能否保持暂态稳定恢复原来的运行状态？图 8-9 示出此种状况下等面积定则的应用。图中 δ_{Rm} 表示极限重合角，此时加速面积 A_a（abcd 面积）等于最大可能减速面积 A_d（deh 面积）。如果重合角度小于 δ_{Rm}，发电机的运行点将沿着 P_E 曲线，δ 经过衰减振荡后回到初始运行点 a。否则 δ 将越过 δ_h，转子不断加速而导

致失去同步，即暂态不稳定。

【例 8-2】 已知一单机-无限大系统，发电机的功率特性为 $P_E = 1.3\sin\delta$，$P_0 = 0.5$，发电机组惯性时间常数 $T_J = 10\text{s}$。

若发电机断路器因故障突然断开又很快重合，试计算为保持暂态稳定断路器重合的极限时间。

解 （1）极限重合角。已知

$$\delta_0 = \sin^{-1}\frac{0.5}{1.3} = 22.62° = 0.395 \text{ （rad）}$$

应用图 8-9 所示的等面积定则。为了简化计算，在 A_a 和 A_d 上均加一相等的面积 ΔA（dh 和横坐标之间的长方形），则有

$$A_a + \Delta A = 0.5(\pi - \delta_0 - \delta_0) = 1.176 = A_d + \Delta A = \int_{\delta_{Rm}}^{\pi - \delta_0} 1.3\sin\delta\,d\delta = 1.3(\cos\delta_{Rm} + 0.932)$$

解得

$$\delta_{Rm} = 91.05° = 1.589 \text{（rad）}$$

（2）极限重合时间。欲求 t_{Rm} 需求解在转子加速期间的转子运动方程以获取 $\delta(t)$。由于本例题的特殊性，可以获得 $\delta(t)$ 的解析解。转子加速期间的转子运动方程为

$$\frac{T_J}{\omega_0}\ddot{\delta} = P_T - 0$$

上式表明 δ 作等加速运动，是线性非齐次二阶微分方程。对时间积分得

$$\dot{\delta} = \int \frac{\omega_0}{T_J}P_0\,dt = \frac{2 \times 50\pi}{10} \times 0.5t + C$$

由定解条件 $\dot{\delta}(0) = 0$，得积分常数 $C = 0$；再对时间积分得

$$\delta = \int t\,dt = \frac{5\pi}{2}t^2 + C$$

由定解条件 $\delta(0) = \delta_0$，得积分常数 $C = \delta_0$，即有解析解

$$\delta(t) = 2.5\pi t^2 + \delta_0$$

在上式中令 $\delta(t_{Rm}) = 1.589$ 得

$$1.589 = 2.5\pi t^2 + 0.395$$

由此求得

$$t_{Rm} = 0.39\text{（s）}$$

三、发电机转子运动方程的数值求解

前已述及，对于一般电力系统的机电暂态过程分析，首先建立形如式（8-1）的微分-代数方程，然后求解这个方程。由于方程是非线性的，因此一般无法求出解析解。因此，在电力系统分析中都是采用数值积分的方法得出状态变量和代数变量随时间变化的数值解。下边先通过简单系统来建立求解过程的基本概念。

（一）一般过程

以上述简单系统发生短路故障随后切除故障线路为例进行说明。

发生短路故障后，故障期间转子的运动方程为

$$\begin{cases} \dfrac{d\delta}{dt} = (\omega - 1)\omega_0 \\[2mm] \dfrac{d\omega}{dt} = \dfrac{1}{T_J}\left(P_T - \dfrac{E'U}{x_{II}}\sin\delta\right) \end{cases} \tag{8-18}$$

这是两个一阶的非线性常微分方程，它们的起始条件为 $t=0$ 时，$\delta=\delta_0=\sin^{-1}(P_T/P_{IM})$，$\omega=1$。

上述简单一阶微分方程组，由于其非线性，故无法像［例 8-2］那样获取其解析解 $\delta(t)$ 和 $\omega(t)$。下面介绍采用数值积分获取 $\delta(t)$，$\omega(t)$ 的方法。功角、转速随时间变化的曲线称为摇摆曲线，用数值积分的方法获取摇摆曲线也称为暂态过程数值仿真。数值积分的方法很多，不同的方法分别在计算速度、计算精度和数值稳定性方面各有优势。这里只是为了建立概念，因而介绍一种简单的常微分方程数值解法——改进欧拉法。

有两种问题需计算 $\delta(t)$ 和 $\omega(t)$ 的数值解。一种是判断系统暂态稳定的程度。这时在已知 δ_{cm} 的情况下，需求对应的极限切除时间 t_{cm}。方法是应用数值积分计算出 $t\in[0,t_{cm}]$ 时段的 $\delta\sim t$ 曲线。由于在计算前 t_{cm} 是未知的，因此，数值积分的计算是时间从零开始，逐步增加，直到算到功角为 δ_{cm} 停止。

另一种问题是判断在 $t=t_c$ 时刻切除故障，系统是否暂态稳定。计算条件是已知 t_c，需求出故障发生期间 $t\in[0,t_c]$ 和故障切除后 $t>t_c$ 的足够时长 $\delta\sim t$ 曲线来判断系统的稳定性。故障期间 $t\in[0,t_c]$ 的系统为式（8-18）；故障在 t_c 时刻切除，切除后系统方程由式（8-18）变为

$$\begin{cases} \dfrac{\mathrm{d}\delta}{\mathrm{d}t} = (\omega-1)\omega_0 \\ \dfrac{\mathrm{d}\omega}{\mathrm{d}t} = \dfrac{1}{T_J}\left(P_T - \dfrac{E'U}{x_{\text{III}}}\sin\delta\right) \end{cases} \tag{8-19}$$

式（8-19）系统的起始条件为式（8-18）系统的终值，即 $t=t_c$：$\delta=\delta_c$；$\omega=\omega_c$。由式（8-19）可继续算得 $\delta(t)$ 和 $\omega(t)$ 随时间变化的曲线。由前面讨论等面积定则时已知，如果系统稳定，则功角 δ 不能越过最后一次操作后的系统不稳定平衡点，例如图 8-2 的 δ_h。所以，在计算数秒钟的过程中，如果 δ 始终不超过 $180°$，而且振荡幅值越来越小，即可断定系统是暂态稳定的。

（二）改进欧拉法

常微分方程初值问题的数值解法，就是对于一阶的微分方程式[❶]

$$\dot{x} = \frac{\mathrm{d}x}{\mathrm{d}t} = f(x) \tag{8-20}$$

不是直接求其解析解 $x(t)$，而是从已知的初值（$t=0$，$x=x_0$）开始，离散地逐点求出对应于时刻 t_0、t_1、$\cdots$、t_n 的函数 x 的近似值 x_0、x_1、$\cdots$、x_n。一般 t_0、t_1、$\cdots$、t_n 取成等步长，即

$$t_{k+1} - t_k = h \quad k=0,1,2,\cdots,n$$

称 h 为积分步长。也有根据 $f(x)$ 的性质采用变步长的。当 h 选择合适时，计算结果有足够的准确度。如果计算新点 $x_{n+1}=x(t_{n+1})$ 只需要已知 x_n 则称单步法；如还需要已知 x_{n-1} 则称两步法，等等。单步法之外泛称多步法。一般多步法计算精度高但计算量大。

这里介绍的改进欧拉法是一种单步法，后边可以看到，它是另一种数值计分方法——隐式梯形法的简化。以下给出改进欧拉法的简单推导。

---

❶ 一般的形式为 $\dot{x}=f(x,t)$，在稳定计算中为 $\dot{x}=f(x)$。

设 x_n 已知，求 x_{n+1}。对于函数 $x(t)$，它在 $t_{n+1} = t_n + h$ 时刻的值可以用泰勒级数表示为

$$x(t_n + h) = x(t_n) + h\dot{x}(t_n) + \frac{h^2}{2!}\ddot{x}(t_n) + \cdots$$

$$= x(t_n) + hf[x(t_n)] + \frac{h^2}{2!}f'[x(t_n)] + \cdots \qquad (8\text{-}21)$$

将上式中各项改写为 $x(t)$ 的近似值

$$x_{n+1} = x_n + hf(x_n) + \frac{h^2}{2!}f'(x_n) + \cdots \qquad (8\text{-}22)$$

如果忽略 h^3 及以后的高次项❶，则得

$$x_{n+1} = x_n + hf(x_n) + \frac{h^2}{2!}f'(x_n)$$

令

$$f'(x_n) = \frac{\mathrm{d}f(x)}{\mathrm{d}t}\bigg|_{t=t_n} \approx \frac{f(x_{n+1}) - f(x_n)}{t_{n+1} - t_n}$$

得

$$x_{n+1} = x_n + \frac{h}{2}[f(x_n) + f(x_{n+1})] \qquad (8\text{-}23)$$

式 (8-23) 的几何意义是将 $[x_n, x_{n+1}]$ 区间上 $f(x)$ 与 x 轴围成的曲边梯形的面积近似为梯形面积。由式 (8-23) 可以解出 x_{n+1}，这时称为隐式梯形积分法。顺便指出，目前大多数电力系统商用分析程序都采用隐式梯形法。注意：式 (8-23) 是关于 x_{n+1} 的隐式方程，由于函数 $f(x)$ 是非线性的，所以由式 (8-23) 获得 x_{n+1} 一般要用迭代法求解。若采用高斯赛德尔迭代法，则用下式计算 x_{n+1} 的迭代初值，即

$$x_{n+1}^{(0)} = x_n + hf(x_n)$$

这相当于在式 (8-22) 中只保留 h 的 1 次项。将 $x_{n+1}^{(0)}$ 代入式 (8-23) 右边，求得 x_{n+1} 的第 k 次校正值为

$$x_{n+1}^{(k)} = x_n + \frac{h}{2}[f(x_n) + f(x_{n+1}^{k-1})] \quad k = 1, 2, \cdots$$

当 $|x_{n+1}^{(k)} - x_{n+1}^{(k-1)}| \leqslant \varepsilon$ 即停止迭代，则 $x_{n+1} = x_{n+1}^{(k)}$。ε 为小正数，是计算精准度控制参数。上述过程就是隐式梯形法。若不校正，即 $x_{n+1} = x_{n+1}^{(0)}$，即为欧拉法；若只进行一次校正，即 $x_{n+1} = x_{n+1}^{(1)}$，即为改进欧拉法。故由 x_n 求 x_{n+1} 的递推计算公式可归纳为以下两式。

x_{n+1} 的估计值为

$$x_{n+1}^{(0)} = x_n + hf(x_n) \qquad (8\text{-}24)$$

x_{n+1} 的校正值为

$$x_{n+1} = x_n + \frac{h}{2}[f(x_n) + f(x_{n+1}^{(0)})] \qquad (8\text{-}25)$$

对于合适的积分步长，改进欧拉法的误差与梯形积分法相当。每计算一步引起的误差，称为局部截断误差。由于式 (8-23) 截断了 h^3 及以后的高次项，故其局部截断误差与 h^3 成比例，而全局截断误差与 h^2 成比例（这里不再证明）。这样，h 愈小截断误差愈小。但是由于计算机的有效位数有限，对数据的舍入误差却随运算次数的增多而增大。显然，对整个积

---

❶ 欧拉法为忽略 h^2 及以后的项。

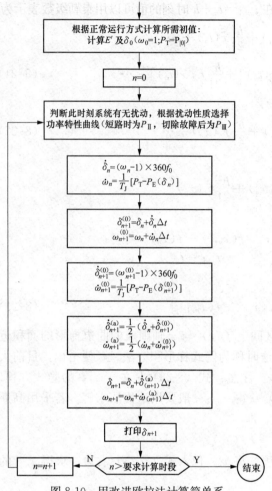

图 8-10　用改进欧拉法计算简单系统摇摆曲线的原理框图

分时长而言，小的积分步长将导致大的积分步数。因而，一般需根据具体问题的 $x(t)$ 的性态，在截断误差和舍入误差之间权衡而取得合适的积分步长 h。对电力系统机电暂态仿真问题，考虑到基波频率和大量的计算经验，一般取积分步长为 10ms 或 50ms。对于某些具体的被积函数 $f(x)$，改进欧拉法可能出现计算数值不稳定的问题，在应用时必须注意。这里不再深入讨论，有兴趣的读者可以阅读关于数值积分方法的专著。

对于简单电力系统，发电机转子运动方程为含有两个一阶微分方程的方程组。这并不会增加计算的困难，只要同时对两个方程式进行求解计算即可。图 8-10 给出了用改进欧拉法计算简单系统摇摆曲线的原理框图。按照这个框图计算一次，即可得到简单系统在某个运行状态下，受到某种扰动后，角度 δ 和角速度 ω 随时间变化的曲线。如前所述，在某个故障切除时间下系统是稳定的，如果延长切除时间再计算一次，系统就可能不稳定。如果不预先求出极限切除角，需通过多次试探切除时间，才可以得出极限切除时间。

【例 8-3】　用改进欧拉法计算［例 8-1］的极限切除时间。

解　按基准功率归算后的 T_J 为

$$T_J = 6 \times \frac{300}{0.85 \times 250} = 8.47(\text{s})$$

虽然只要求计算 $\delta \sim t$ 曲线，但必须同时求解 δ 和 ω 的两个微分方程。取 $h = 0.05\text{s}$。由［例 8-1］已知系统的极限切除角 $\delta_{\text{cm}} = 64.3°$。为节省篇幅，以下只给出由初态（$\delta_0$，1）获得（$\delta_1$，$\omega_1$）的完整步骤，其后的只给出结果。

（1）计算 $f(x_0)$。即时段开始时 δ 和 ω 的变化率为

$$\dot{\delta}_0 = (\omega_0 - 1) \times 360 f = 0$$

$$\dot{\omega}_0 = \frac{1}{T_J}(P_T - P_{\text{IIM}}\sin\delta_0) = \frac{1}{8.47} \times (1 - 0.48\sin 33.92°) = 0.0864396$$

（2）计算式（8-24）。即计算时段末 δ 和 ω 的估计值为

$$\delta_1^{(0)} = \delta_0 + \dot{\delta}_0 h = 33.92° + 0 = 33.92°$$

$$\omega_1^{(0)} = \omega_0 + \dot{\omega}_0 h = 1 + 0.0864396 \times 0.05 = 1.0043220$$

（3）计算 $f(x_1^{(0)})$。即时段末对应于 δ 和 ω 估计值的变化率为

$$\dot{\delta}_1^{(0)} = (\omega_1^{(0)} - 1) \times 360f = (1.0043220 - 1) \times 1.8 \times 10^4 = 77.796$$

$$\dot{\omega}_1^{(0)} = \frac{1}{8.47} \times (1 - 0.48\sin 33.92°) = 0.0864396$$

(4) 计算 $h[f(x_0) + f(x_1^{(0)})]/2$。即时段中 δ 和 ω 的平均变化率为

$$\dot{\delta}_1^{(a)} = \frac{1}{2}(\dot{\delta}_0 + \dot{\delta}_1^{(0)}) = \frac{1}{2} \times (0 + 77.796) = 38.898$$

$$\dot{\omega}_1^{(a)} = \frac{1}{2} \times (\dot{\omega}_0 + \dot{\omega}_1^{(0)}) = \frac{1}{2} \times (0.0864396 + 0.0864396) = 0.0864396$$

(5) 计算式（8-25）。即时段末 δ 和 ω 的值为

$$\delta_1 = \delta_0 + \dot{\delta}_1^{(a)} h = 33.92 + 38.898 \times 0.05 = 35.8649°$$

$$\omega_1 = \omega_0 + \dot{\omega}_1^{(a)} h = 1 + 0.0864396 \times 0.05 = 1.0043220$$

表 8-1 列出了四个时段的计算结果。

表 8-1			[例 8-3] 四个时段的计算结果		
变量	计算公式	$n=0$ $t=0.05\text{s}$	$n=1$ $t=0.1\text{s}$	$n=2$ $t=0.15\text{s}$	$n=3$ $t=0.2\text{s}$
$\dot{\delta}_n$	$(\omega_n - 1) \times 360f$	0	77.796	152.8038	222.7734
$\dot{\omega}_n$	$\frac{1}{T_J}(P_T - P_{\text{II M}}\sin\delta_n)$	0.0864396	0.0848618	0.0803913	0.0739521
$\delta_{n+1}^{(0)}$	$\delta_n + \dot{\delta}_n h$	33.92°	39.7547°	49.3043°	62.25178°
$\omega_{n+1}^{(0)}$	$\omega_n + \dot{\omega}_n h$	1.0043220	1.0085651	1.0125087	1.0160739
$\dot{\delta}_{n+1}^{(0)}$	$(\omega_{n+1}^{(0)} - 1) \times 360f$	77.796	154.1718	225.1566	289.3302
$\dot{\omega}_{n+1}^{(0)}$	$\frac{1}{T_J}(P_T - P_{\text{II M}}\sin\delta_{n+1}^{(0)})$	0.0864896	0.0818228	0.0750971	0.0679102
$\dot{\delta}_{n+1}^{(a)}$	$\frac{1}{2}(\dot{\delta}_n + \dot{\delta}_{n+1}^{(0)})$	38.898	115.9839	188.9802	256.0518
$\dot{\omega}_{n+1}^{(a)}$	$\frac{1}{2}(\dot{\omega}_n + \dot{\omega}_{n+1}^{(0)})$	0.0864396	0.0833423	0.0777442	0.0709312
δ_{n+1}	$\delta_n + \dot{\delta}_{n+1}^{(a)} h$	35.8649°	41.6641°	51.11311°	63.9157°
ω_{n+1}	$\omega_n + \dot{\omega}_{n+1}^{(a)} h$	1.0043220	1.0084891	1.0123763	1.0159229

由表 8-1 知，$t=0.2\text{s}$ 时 $\delta=63.9°$，已接近 δ_{cm}（64.3°），可以不再计算第五时段，即取 $t_{cm} \approx 0.2\text{s}$。

第三节 发电机组自动调节系统对暂态稳定的影响

本节仍以简单系统为对象，讨论发电机组的自动励磁调节系统和自动调速系统对暂态稳定的影响，其中以前者为重点。

一、自动调节系统对暂态稳定的影响

（一）自动励磁调节系统的影响

在前边的讨论中，认为发电机暂态电抗 x_d' 后的电动势 E' 在整个暂态过程中保持恒定，这实际上仅是很粗略地考虑了自动调节励磁装置的作用，因而在极端运行方式下对系统稳定性可能得出错误的结论。例如，若在发生短路后，在强行励磁作用下发电机暂态电动势有所升高，则上述近似处理偏于保守而可能使实际上稳定的系统被分析为不稳定。

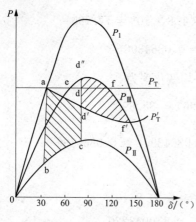

图 8-11　快速关闭汽门的作用

（二）自动调速系统的作用

在前边的讨论中，还认为原动机的机械功率 P_T 在整个暂态过程中保持恒定。这种假设的合理性在于：第一，调速系统有一定的死区。即对于较小的输入信号，机械功率 P_T 并不变化；第二，调速系统中各个环节的时间常数较大，以致往往在调速系统动作（减小或增大原动机的机械功率）时，系统的暂态稳定结果已经产生，或已失稳，或已安全地过渡到稳态。但随着技术进步，调速系统的性能日益改善，失灵区缩小，各环节的时间常数减小，以致有可能借调速系统调节原动机的机械功率以提高系统的暂态稳定性。特别是在采用快速关闭汽门的措施后，更需要在计算暂态稳定时计及原动机机械功率的变化。图 8-11 示出快速关闭汽门使机械功率 P_T 变为 P_T' 的情况。显然，控制原动机输出功率的基本原则是减小加速面积，增大减速面积。图中 δ_e 是故障切除后系统的平衡点，设 $\delta_c > \delta_e$，则由于对机械功率的调节，加速面积由曲边梯形 abcd 减小为 abcd'；减速面积由 dfd'' 增大为 d''d'f'f。

二、计及自动励磁调节系统作用时的暂态稳定分析

首先建立系统的数学模型。将整个过程分为三个阶段。故障前，即 $-\infty < t \leqslant 0$，记作 $k=1$。在 $k=1$ 时段系统稳态运行，设发电机机端与无穷大母线之间的等值电抗为 x_I。故障中，即 $0 \leqslant t \leqslant t_c$，记作 $k=2$，t_c 是故障切除时刻。系统发生故障后，系统的网络结构发生了变化。按照故障类型可以得到正序增广网络，进而获得发电机机端到无穷大母线之间的等值电抗，记为 x_{II}。故障后，即 $t \geqslant t_c$，记作 $k=3$。这时系统已切除了故障线路，发电机机端到无穷大母线之间的等值电抗记作 x_{III}。

转子运动方程为

$$\begin{cases} \dot{\delta} = \omega_0(\omega - 1) \\ \dot{\omega} = (P_T - P_k)/T_J \quad k = 1,2,3 \end{cases} \tag{8-26}$$

不计调速系统的作用，P_T 为常数。以凸极发电机为例，则在三个时段发电机电磁功率可采用式（6-27），即

$$P_k = \frac{E_q' U}{x_{dk}'} \sin\delta - \frac{U^2}{2} \times \frac{x_{qk} - x_{dk}'}{x_{qk} x_{dk}'} \sin 2\delta \quad k = 1,2,3 \tag{8-27}$$

其中：$x_{d1}' = x_d' + x_I$，$x_{q1} = x_q + x_I$；$x_{d2}' = x_d' + x_{II}$，$x_{q2} = x_q + x_{II}$；$x_{d3}' = x_d' + x_{III}$，$x_{q3} = x_q + x_{III}$。

在考虑励磁调节系统作用的情况下，暂态电动势 E_q' 随时间变化，服从励磁绕组微分方程式（6-34），即

$$\frac{dE_q'}{dt} = (E_{qe} - E_q)/T_{d0}' \tag{8-28}$$

上式引出了强制电动势 E_{qe} 和空载电动势 E_q。强制电动势由励磁电压控制，在三个时段上具有不同的方程。故障发生前的励磁电压动态方程只用于确定 E_{qe} 的初态值，将在后面讨论。为使以下的讨论不致过于繁琐，假设短路后，励磁机的励磁电压在强行励磁装置

作用下瞬时上升到其最大值 u_{ffmax}，即应用式（6-47）描述强制空载电动势的变化。则在故障中有

$$\frac{dE_{qe}}{dt} = (E_{qem} - E_{qe})/T_{ff} \quad 0 \leqslant t \leqslant t_c \tag{8-29}$$

式中：E_{qem} 是常数，与常数 u_{ffmax} 对应。故障切除后，发电机端电压将上升，当达到强行励磁退出工作的电压时，强行励磁即退出工作，则强制空载电动势将由强励退出时刻的值按指数规律衰减至正常运行时的 $E_{qe|0|}$。为叙述方便，设 $t \geqslant t_c$ 强励即退出工作，则励磁电压调节方程为

$$T'_{ff} \frac{dE_{qe}}{dt} = E_{qe|0|} - E_{qe} \quad t \geqslant t_c \tag{8-30}$$

式中：T'_{ff} 为强励退出后励磁机的时间常数。

在第六章已导得空载电动势 E_q 与状态变量的代数关系式（6-19），即

$$E_q = \frac{x_{dk}}{x'_{dk}} E'_q - \frac{x_{dk} - x'_{dk}}{x'_{dk}} U\cos\delta \quad k = 1,2,3 \tag{8-31}$$

至此，建立式（7-5）的系统方程。状态变量为 δ，ω，E'_q，E_{qe}，故 $n=4$；代数变量为 P_k 和 E_q，$m=2$。

以下给出计算步骤：

（1）$k=1$，$-\infty < t \leqslant 0$。确定系统初态。稳态运行时，四个状态变量对时间的导数为零，由式（8-26）得 $\omega_{|0|}=1$。由稳态潮流解可以得到机端电压 $\dot{U}_G$ 和定子电流 $\dot{I}_G$，从而由式（6-17）可得 $E'_{q|0|}$。再由式（8-27）得 $\delta_{|0|}$。由式（8-31）得故障前空载电动势 E_{q0}，再由式（8-28）得 $E_{qe|0|} = E_{q0}$。至此，四个状态变量的初值全部获得。

（2）$k=2$，$0 \leqslant t \leqslant t_c$。注意：状态变量不突变，故状态变量初值已在上一步得到。代数变量由于网络结构突变而发生突变。电磁功率和空载电动势的初值分别由式（8-31）和式（8-27）得出。从 $t=t_0=0$ 开始，对该时段以上微分-代数方程采用数值积分，逐点 $t_T = t_{T-1} + h$（$T=1$，2，3，$\cdots$）获得所有状态变量和代数变量的值，直至 $t_T = t_c$。可见 t_c 应为积分步长的整倍数。对于非整倍数的情况可以采用 t_c 两端差值的方法处理，这里不再详细讨论。

（3）$k=3$，$t > t_c$。对应 $k=3$ 的系统微分-代数方程的初态为 t_c 时刻的状态值，已在上一时段的最后一步得到。从 $t=t_c$ 开始，数值积分方法与步骤（2）相同，逐点获得各变量随时间变化的数值解。通常仿真至多 5s 的暂态过程即可对稳定性作出判断。

最后需指出，计及自动励磁调节器的作用后，电磁功率的功-角特性曲线随时间变化，因此，计算加速面积、减速面积必须在获得数值解之后。这样，计算加速面积和减速面积又失去了意义。所以，如果对于给定的切除时间 t_c，可以用上述仿真计算判断系统是否稳定；如果要通过计算极限切除时间 t_{cm} 来判断系统的稳定程度，则需从一个较小的 t_c 值开始，反复使用上述仿真方法，逐步增加 t_c，直至系统失稳，即得到 t_{cm}。

以上分析自动调节励磁系统的方法完全适用于自动调速系统，只需补充描述 P_T 变化的微分方程，然后联立求解即可。

第四节 复杂电力系统的暂态稳定计算

所谓复杂电力系统是指不能通过方程式的变换使数学模型成为单机无穷大系统的多个发

电机节点的电力系统。这种系统在暂态过程中不存在电压恒定的节点。实际电力系统的一般暂态稳定问题都是复杂系统。分析的一般方法首先是建立系统在不同时段上的微分-代数数学模型，随后的分析方法有两大类：直接法和间接法。直接法一般无需求解系统的微分-代数方程而解析地定性系统暂态稳定与否。这种方法对系统的数学模型有一定的要求并且得到的结论通常十分保守，因而目前多用于理论研究。间接法是指通过数值积分解出微分-代数方程的数值解，从而根据数值解来判断系统是否稳定。前边对单机无穷大系统的等面积定则的推导即属于直接法，而计算摇摆方程的数值解即属于间接法。由于现代计算工具和计算技术的发展，目前大量应用于工程实际的分析方法都是间接法，也就是求解各发电机的转子运动方程，然后根据各机组间相对角随时间变化的情况来判断系统是否稳定。

发电机和负荷的数学模型的详细程度以及所采用的数值积分方法对复杂系统暂态稳定的计算结果和程序有较大的影响。这里先介绍较简单的计算程序原理框图。

一、假设发电机暂态电动势 E' 和机械功率 P_T 均为常数，负荷为恒定阻抗的近似计算法

对于一般联系比较紧密的系统，在受扰动后 1s 左右即可判断系统的暂态稳定性。在这种情况下，假定 E' 和 P_T 均为常数，负荷用恒定阻抗模拟，在工程的近似计算中是可行的。以下建立系统的数学模型。设系统有 G 台发电机。时段划分仍如上节，即故障前 $k=1$，$-\infty < t \leqslant 0$；故障中 $k=2$，$0 \leqslant t \leqslant t_c$；故障后 $k=3$，$t > t_c$。

首先建立发电机的转子运动方程。仍如前边介绍多机系统小干扰稳定性分析时的方法，取发电机 G 为参考机，则

$$\begin{cases} \dot{\delta}_{iG} = \omega_0 \omega_{iG} & k = 1,2,3 \\ \dot{\omega}_{iG} = \dfrac{P_{Ti} - P_{ki}}{T_{Ji}} - \dfrac{P_{TG} - P_{kG}}{T_{JG}} & i = 1,2,\cdots,G-1 \end{cases} \tag{8-32}$$

式（8-32）中涉及发电机电磁功率。下面将介绍两种计算电磁功率的方法。

（一）发电机作为电压源（$E_i' =$ 常数）时的计算步骤

将负荷按式（6-50）处理成恒定阻抗；故障中的电力网络按照故障类型采用正序增广网络。发电机采用电压源模型时，为叙述方便，设将非发电机暂态电动势的节点全部消去后网络的导纳矩阵为 $\boldsymbol{Y}^{(k)} = \{G_{ij}^{(k)} + \mathrm{j}B_{ij}^{(k)}\}i$，$j=1,2,\cdots,G$，由电磁功率表达式式（6-29）得发电机 i 的电磁功率为

$$P_{Ei} = \sum_{j=1}^{G} E_i' E_j' (G_{ij}^{(k)} \cos\delta_{ij} + B_{ij}^{(k)} \sin\delta_{ij}) \quad i = 1,2,\cdots,G \tag{8-33}$$

注意：$\delta_{ij} = \delta_{iG} - \delta_{jG}$。

图 8-12 示出了发电机作电压源时多机系统暂态稳定计算流程框图。图中 K 用来区别计算状态变量的估计值和校正值；T_m 为仿真过程的时长；h 为积分步长。

以下介绍图 8-12 计算流程中几个主要框的计算任务。

第（1）框：根据正常运行方式的潮流计算结果，计算解微分方程所需的初值。为叙述方便，设发电机节点编号为 $1 \sim G$。

各发电机的电动势为

$$\dot{E}_i' = E_i' \angle \delta_{i|0|} = \dot{U}_i + \mathrm{j}x_{di}'(P_i - \mathrm{j}Q_i)/\dot{U}_i \quad i = 1,2,\cdots,G \tag{8-34}$$

式中：$\dot{U}_i$、P_i、Q_i 和 $\delta_{i|0|}$ 分别为正常运行时节点 i 发电机的端电压、有功功率、无功功率和

机组的起始功角。则相对功角为

$$\delta_{iG|0} = \delta_{i|0} - \delta_{G|0} \quad i = 1, 2, \cdots, G-1 \tag{8-35}$$

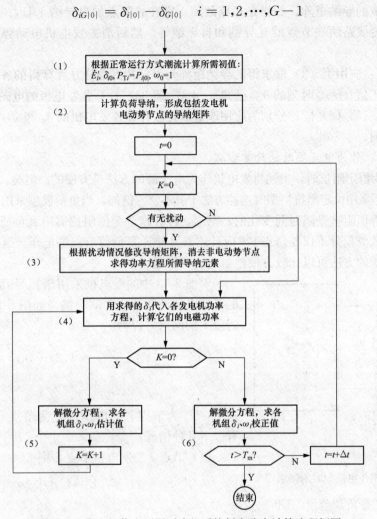

图 8-12 发电机作电压源时多机系统暂态稳定计算流程框图

发电机相对角速度的初值均为零；各发电机的机械功率为 $P_{Ti} = P_i$。

第（2）框：计算各负荷的等值导纳。即

$$y_{Dj} = \frac{P_{Dj} - jQ_{Dj}}{U_j^2} \tag{8-36}$$

式中：U_j、P_{Dj} 和 Q_{Dj} 分别为正常运行时负荷节点 j 的端电压、有功和无功功率。

在原潮流计算用网络导纳矩阵的基础上形成一个包含负荷等值导纳以及增加发电机电动势节点的导纳矩阵。如图 8-13 所示。新增加的发电机电动势节点的自导纳为 $1/jx_d'$，它们只和相应的发电机端电压节点之间有互导纳 $-1/jx_d'$，而发电机端电压节点的自导纳也要相应地增加 $1/jx_d'$。

第（3）框：形成 $Y^{(k)} = \{G_{ij}^{(k)} + jB_{ij}^{(k)}\}i$，$j = 1$，

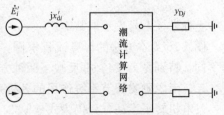

图 8-13 增加电动势节点及负荷等值导纳的网络模型

2，$\cdots$，G。根据计算时刻和预先给定的扰动信息判断此时刻有扰动后，根据扰动性质修改第（2）框中已形成的导纳矩阵。如果是短路故障，则在故障点加自导纳 $1/jx_\Delta$；如果是切除故障线路，则改变线路两端节点的互导纳和自导纳等。然后消去发电机电动势节点外的其他节点。

第（4）框：应用第（3）框求得的导纳矩阵元素以及由微分方程算得的各发电机角度 δ_i 的估计值或校正值（$t=0$ 时刻的 $\delta_{i|0}$ 已知），由式（8-33）计算各发电机的电磁功率。

第（5）框和第（6）框：分别为应用改进欧拉法计算各发电机的 δ_{iG} 和 ω_{iG} 在 $t+h$ 时刻的估计值和校正值。

（二）发电机作为电流源时的计算步骤

当负荷作为恒定阻抗时，上述将发电机作为电压源的方法是方便的。但是，若为了更详细地描述负荷而不采用恒定阻抗模型时这种方法十分不便。例如，当负荷模型采用式（6-58）时，第一，负荷的等值阻抗是随时间变化的；第二，计算这个等值阻抗需用到负荷节点电压。这样，对每一步数值积分不仅要修正 $\mathbf{Y}^{(k)}$ 而且还需另外计算负荷节点的电压。这里介绍的将发电机作为电流源的方法可以比较方便地解决这个问题。

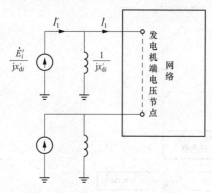

图 8-14 发电机作电流源时的网络模型

对图 8-13 中的发电机采用诺顿等值即可得发电机的等值电流源和等值并联导纳，如图 8-14 所示。设各时段 k 的网络方程为

$$\dot{I}_i = \sum_{j=1}^{n} Y_{ij}^{(k)} \dot{U}_j \quad i = 1,2,\cdots,n; k = 1,2,3 \tag{8-37}$$

式中：$\dot{U}_j$ 为节点 j 的电压；$\dot{I}_i$ 为节点 i 的注入电流，有以下几种情况：

（1）节点 i 是发电机节点，则

$$\dot{I}_i = (\dot{E}'_i - \dot{U}_i)/jx'_{di} \tag{8-38}$$

（2）节点 i 是负荷节点，则

$$\dot{I}_i = \dot{U}_i/Z_L \tag{8-39}$$

其中负荷瞬时等值阻抗 $Z_L(t)$ 由式（6-58）确定；或者采用其他负荷模型。

（3）节点 i 是联络节点，则 $\dot{I}_i=0$。

由网络方程式（8-37）与各节点注入电流方程联立，即可求得各节点电压；然后再由式（8-38）即得发电机的电磁功率为

$$P_{Ei} = j\dot{E}'_i(\dot{E}'_i - \dot{U})^* /x'_{di} \tag{8-40}$$

其中上标"$*$"号表示取共轭。

图 8-15 为本方法的计算流程框图，其总的计算流程与图 8-12 类似，只是第（2）～（4）框不同，特别是第（4）框反映了两种方法计算电磁功率的主要差别。

二、考虑励磁调节系统作用的多机系统暂态稳定分析

发电机转子运动方程仍为式（8-32）。忽略调速系统的作用，则式（8-32）中的原动机出力 P_T 都保持常数。现在需要推导发电机电磁功率的表达式。不失一般性，设系统有 n 个节点，其中前 G 个为发电机节点。注意：对于复杂系统，当发电机考虑励磁调节系统时，每台

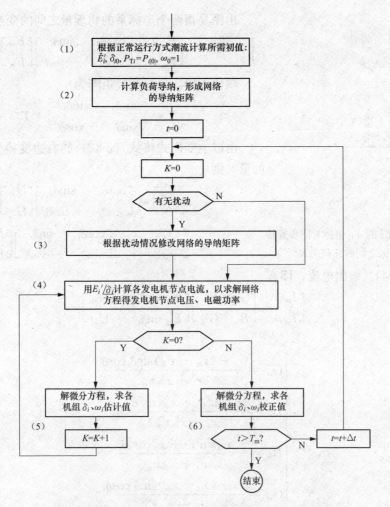

图 8-15　发电机作为电流源时多机系统暂态稳定计算框图

发电机的电磁功率都与其他机组的所有状态变量有关。因而一般不能推导出类似式（8-33）那样的显化的电磁功率表达式。在第六章推导发电机电磁功率时已知，发电机的电磁功率为发电机定子绕组输出功率与定子绕组电阻消耗功率之和，因此

$$P_{Ei} = \text{Re}(\dot{U}_{Gi}\hat{I}_{Gi}) + r_i I_{Gi}^2 = U_{xi}I_{xi} + U_{yi}I_{yi} + r_i(I_{xi}^2 + I_{yi}^2) \quad i = 1,2,\cdots,G \quad (8-41)$$

式中：r_i 为发电机 i 的定子绕组等值电阻；U_{xi}、U_{yi} 和 I_{xi}、I_{yi} 分别为发电机 i 的机端电压、电流的实部和虚部。相量的参考轴为潮流计算时的平衡节点电压。现在需要推导发电机定子电流 I_{xi}、I_{yi} 的表达式。为此，将式（6-26）写成

$$\begin{bmatrix} E'_{qi} \\ 0 \end{bmatrix} = \begin{bmatrix} U_{qi} \\ U_{di} \end{bmatrix} + \begin{bmatrix} r_i & x'_{di} \\ -x_{qi} & r_i \end{bmatrix} \begin{bmatrix} I_{qi} \\ I_{di} \end{bmatrix} \qquad (8-42)$$

上式中的定子电压、电流是以发电机 i 自身的 d、q 轴为坐标的量。由式（2-14）的虚构电动势 $\dot{E}_Q$ 可以求出发电机 q 轴与机端电压 $\dot{U}_G$ 的夹角，因此可以求出发电机 i 的 q 轴与系统 x 轴（即潮流计算中的平衡节点电压相量）的夹角，记为 δ_i。图 8-16 示出发电机 i 的 d-q 坐标与同步旋转的 x-y 坐标之间的几何关系。

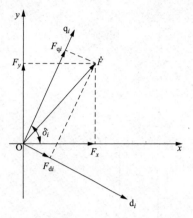

图 8-16　发电机 i 的 d-q 坐标与同步旋转
　　　　的 x-y 坐标之间的几何关系

由图易得两个坐标系的物理量之间的变换关系为

$$\begin{bmatrix} F_{qi} \\ F_{di} \end{bmatrix} = \begin{bmatrix} \cos\delta_i & \sin\delta_i \\ \sin\delta_i & -\cos\delta_i \end{bmatrix} \begin{bmatrix} F_{xi} \\ F_{yi} \end{bmatrix} \tag{8-43}$$

顺便指出，坐标变换矩阵为

$$\boldsymbol{T} = \begin{bmatrix} \cos\delta_i & \sin\delta_i \\ \sin\delta_i & -\cos\delta_i \end{bmatrix} = \boldsymbol{T}^{-1}$$

由以上变换式将式（8-42）的右边变换为 x-y 坐标的量，则

$$\begin{bmatrix} E'_{qi} \\ 0 \end{bmatrix} = \begin{bmatrix} \cos\delta_i & \sin\delta_i \\ \sin\delta_i & -\cos\delta_i \end{bmatrix} \begin{bmatrix} U_{xi} \\ U_{yi} \end{bmatrix} + \begin{bmatrix} r_i & x'_{di} \\ -x_{qi} & r_i \end{bmatrix} \begin{bmatrix} \cos\delta_i & \sin\delta_i \\ \sin\delta_i & -\cos\delta_i \end{bmatrix} \begin{bmatrix} I_{xi} \\ I_{yi} \end{bmatrix} \tag{8-44}$$

由式（8-44）解出电流，即有

$$\begin{bmatrix} I_{xi} \\ I_{yi} \end{bmatrix} = \begin{bmatrix} G_{xi} & B_{xi} \\ B_{yi} & G_{yi} \end{bmatrix} \begin{bmatrix} E'_{qi}\cos\delta_i & -U_{xi} \\ E'_{qi}\sin\delta_i & -U_{yi} \end{bmatrix} \tag{8-45}$$

其中

$$\begin{cases} G_{xi} = \dfrac{r_i + (x_{qi} - x'_{di})\sin\delta_i\cos\delta_i}{r_i^2 + x'_{di}x_{qi}} \\[2mm] B_{xi} = \dfrac{x_{qi}\sin^2\delta_i + x'_{di}\cos^2\delta_i}{r_i^2 + x'_{di}x_{qi}} \\[2mm] B_{yi} = -\dfrac{x'_{di}\sin^2\delta_i + x_{qi}\cos^2\delta_i}{r_i^2 + x'_{di}x_{qi}} \\[2mm] G_{yi} = \dfrac{r_i + (x'_{di} - x_{qi})\sin\delta_i\cos\delta_i}{r_i^2 + x'_{di}x_{qi}} \end{cases} \tag{8-46}$$

　　式（8-45）表明发电机向电力网络注入的电流是发电机功角和暂态电动势的函数。为求解发电机的电磁功率，由式（8-41）可知需求节点电压 U_{xi}、U_{yi}。为此，由各时段电力网络方程为

$$I_{xi} + jI_{yi} = \sum_{j=1}^{n}(G_{ij}^{(k)} + jB_{ij}^{(k)})(U_{xj} + jU_{yj}) \quad i = 1, 2, \cdots, n; k = 1, 2, 3 \tag{8-47}$$

其中

$$I_{xij} + jI_{yij} = (G_{ij}^{(k)} + jB_{ij}^{(k)})(U_{xj} + jU_{yj}) = (G_{ij}^{(k)}U_{xj} - B_{ij}^{(k)}U_{yj}) + j(B_{ij}^{(k)}U_{xj} + G_{ij}^{(k)}U_{yj})$$

将实、虚部分开，写成矩阵形式为

$$\begin{bmatrix} I_{xij} \\ I_{yij} \end{bmatrix} = \begin{bmatrix} G_{ij}^{(k)} & -B_{ij}^{(k)} \\ B_{ij}^{(k)} & G_{ij}^{(k)} \end{bmatrix} \begin{bmatrix} U_{xj} \\ U_{yj} \end{bmatrix}$$

网络方程（8-47）成为

$$\begin{bmatrix} I_{xi} \\ I_{yi} \end{bmatrix} = \sum_{j=1}^{n} \begin{bmatrix} G_{ij}^{(k)} & -B_{ij}^{(k)} \\ B_{ij}^{(k)} & G_{ij}^{(k)} \end{bmatrix} \begin{bmatrix} U_{xj} \\ U_{yj} \end{bmatrix} \quad i = 1, 2, \cdots, n; k = 1, 2, 3 \tag{8-48}$$

式（8-48）左边是连接在电力网络节点 i 的元件从节点 j 注入电力网络的电流。

　　电力系统中的各种元件，例如发电机、负荷、SVC 等，总可以建立输出变量为节点电流

的形式。对于发电机，如前所设，在节点 i 接有发电机 i，其与电力网络的接口方程为式 (8-45)。不失一般性，设节点 i 上仅接有发电机 i，则可将式 (8-45) 代入式 (8-48)，即得节点 i 的电流平衡方程为

$$\begin{bmatrix} G_{xi} & B_{xi} \\ B_{yi} & G_{yi} \end{bmatrix} \begin{bmatrix} E'_{qi}\cos\delta_i & -U_{xi} \\ E'_{qi}\sin\delta_i & -U_{yi} \end{bmatrix} = \sum_{j=1}^{n} \begin{bmatrix} G_{ij}^{(k)} & -B_{ij}^{(k)} \\ B_{ij}^{(k)} & G_{ij}^{(k)} \end{bmatrix} \begin{bmatrix} U_{xj} \\ U_{yj} \end{bmatrix} \quad i=1,2,\cdots,G;k=1,2,3$$

(8-49)

对于其余 $n-G$ 个非发电机节点，可以同样方法处理。为叙述简单，设其余 $n-G$ 个节点都是负荷节点，负荷采用恒定阻抗模型，由式 (8-36)，即有

$$\begin{bmatrix} I_{Dxi} \\ I_{Dyi} \end{bmatrix} = \begin{bmatrix} G_{Di} & -B_{Di} \\ B_{Di} & G_{Di} \end{bmatrix} \begin{bmatrix} U_{xi} \\ U_{yi} \end{bmatrix} \quad i=G+1,G+2,\cdots,n$$

(8-50)

其中

$$G_{Di} = P_{Di}/U_{i0}^2 ; B_{Di} = -Q_{Di}/U_{i0}^2$$

(8-51)

将式 (8-50) 代入网络方程式 (8-48)，得

$$\begin{bmatrix} 0 \\ 0 \end{bmatrix} = \begin{bmatrix} G_{Di} & -B_{Di} \\ B_{Di} & G_{Di} \end{bmatrix} \begin{bmatrix} U_{xi} \\ U_{yi} \end{bmatrix} + \sum_{j=1}^{n} \begin{bmatrix} G_{ij}^{(k)} & -B_{ij}^{(k)} \\ B_{ij}^{(k)} & G_{ij}^{(k)} \end{bmatrix} \begin{bmatrix} U_{xj} \\ U_{yj} \end{bmatrix} \quad i=G+1,G+2,\cdots,n;k=1,2,3$$

(8-52)

注意：式 (8-49) 中含有暂态电动势 E'_{qi}。顺便指出，如果近似认为在暂态过程中 E'_{qi} 保持常数，则上述方程已经封闭，即未知变量个数与方程数相等。现在，考虑励磁调节器的作用，即 E'_{qi} 在暂态过程中随时间变化，从而进一步建立 E'_{qi} 的方程。由前面已经建立的数学模型，与本章第三节在简单系统中计及励磁调节系统的处理方法完全一致，即有

$$\frac{\mathrm{d}E'_{qi}}{\mathrm{d}t} = (E_{qei} - E_{qi})/T'_{d0i} \quad i=1,2,\cdots,G$$

(8-53)

$$\frac{\mathrm{d}E_{qei}}{\mathrm{d}t} = (E_{qemi} - E_{qei})/T_{ffi} \quad 0 \leqslant t \leqslant t_c \quad i=1,2,\cdots,G$$

(8-54)

$$T'_{ffi}\frac{\mathrm{d}E_{qei}}{\mathrm{d}t} = E_{qe|0|i} - E_{qei} \quad t \geqslant t_c \quad i=1,2,\cdots,G$$

(8-55)

$$E_{qi} = \frac{x_{dki}}{x'_{dki}}E'_{qi} - \frac{x_{dki}-x'_{dki}}{x'_{dki}}U_i\cos\delta_i \quad i=1,2,\cdots,G;k=1,2,3$$

(8-56)

至此，系统在暂态过程的三个时段的如式 (7-5)、式 (8-1) 和式 (8-3) 的数学模型已经建成。状态变量为 δ_{iG}、ω_{iG}、E'_{qi} 和 E_{qei}；代数变量为所有节点电压的实虚部 U_{xi}、U_{yi}，所有发电机机端电流的实虚部 I_{xi}、I_{yi}，以及所有发电机的电磁功率 P_{Ei}、空载电动势 E_{qi}。

以下介绍求解过程。

故障前时段：$k=1$，$-\infty < t \leqslant 0$。用于确定故障后状态变量初值。

(1) 由潮流计算结果可知节点电压和发电机定子电流的稳态值。

(2) 由虚构电动势 $\dot{E}_{Qi}$ 可得 $\delta_{i|0|}$，进而可得 $\delta_{iG|0|}$。

(3) 由式 (8-44) 可得 $E'_{q|0|i}$。

(4) 由式 (8-56) 可得 E_{qi} 的初始值 E_{q0i}。

(5) 由式 (8-53) 可得 $E_{qei|0|} = E_{q0i}$。

(6) 由式 (8-32) 知 $\omega_{iG|0|} = 0$。

（7）由式（8-51）可得负荷等值阻抗。

故障中时段：$k=2$，$0 \leqslant t \leqslant t_c$。所有状态变量的初值已在上一时段求得。

（1）由故障类型生成正序增广网络，得 $\boldsymbol{Y}^{(k)} = \{G_{ij}^{(k)} + \mathrm{j}B_{ij}^{(k)}\}$（$i$，$j=1$，$2$，$\cdots$，$n$）。

（2）由于网络结构突变，所有代数变量突变。由代数方程求代数变量初值。

1）在式（8-49）中代入状态初值后和式（8-52）联立，建立关于所有节点电压实虚部的线性方程，联立求解可得 U_{xi0}、U_{yi0}。

2）由式（8-56）可得空载电动势 E_{q0i}。

3）由式（8-45）可得发电机定子电流 I_{xi0}、I_{yi0}。

4）由式（8-35）可得发电机电磁功率 P_{Ei0}。

（3）用式（8-1）的抽象记号，采用改进欧拉法进行数值积分，以从 x_0 积出 x_1 点为例：

1）计算状态变量的估计值：$\boldsymbol{x}_1^{(0)} = \boldsymbol{x}_0 + h\boldsymbol{f}_1(\boldsymbol{x}_0, \boldsymbol{y}_0)$。

2）计算代数变量的估计值：由 $0 = \boldsymbol{g}_1(\boldsymbol{x}_1^{(0)}, \boldsymbol{y}_*)$ 解出 $\boldsymbol{y}_*$，即有 $\boldsymbol{y}_1^{(0)} = \boldsymbol{y}_*$。

3）计算状态变量的校正值：$\boldsymbol{x}_1 = \boldsymbol{x}_0 + h[\boldsymbol{f}_1(\boldsymbol{x}_0, \boldsymbol{y}_0) - \boldsymbol{f}_1(\boldsymbol{x}_1^{(0)}, \boldsymbol{y}_1^{(0)})]/2$。

4）计算代数变量的校正值：由 $0 = \boldsymbol{g}_1(\boldsymbol{x}_1, \boldsymbol{y}_*)$ 解出 $\boldsymbol{y}_*$，即有 $\boldsymbol{y}_1 = \boldsymbol{y}_*$。

由 $T=1$，2，$\cdots$ 直至 $t_T = 0 + Th = t_c$，获得状态变量的 x_c。注意：最后一次无需求 $\boldsymbol{y}_c$。转故障切除后的系统方程，进入：

故障后时段：$k=3$，$t \geqslant t_c$。

由于网络结构突变，系统方程成为式（8-3），状态变量的初值即为上一时段的终值 x_c。首先解代数方程 $0 = \boldsymbol{g}_2(\boldsymbol{x}_c, \boldsymbol{y}_*)$，得突变后的代数变量 $\boldsymbol{y}_c = \boldsymbol{y}_*$。由此初点（$\boldsymbol{x}_c$，$\boldsymbol{y}_c$），进行数值积分到预设的时长。

如果电力系统的暂态稳定要经几秒钟或更长的时间才能判断，则在分析计算中还必须计及自动调速系统的作用，这时原动机机械功率 P_T 成为变量，需要补充对应的微分、代数方程，但分析方法不变。

上边的介绍中，发电机都用了同样的数学模型。事实上，仿真计算时，可以针对关心的具体问题，对影响大的发电机采用详细模型。负荷模型也未必都采用相同的模型。现代电力系统分析中，常规电力系统暂态仿真中，各种原件的各种详略程度的数学模型已相对成熟，商用分析程序中，如中国电力科学研究院开发的 PSASP，可以根据需要方便地选用。

值得指出的是，暂态过程的后期，如果相对角 δ_{iG} 都趋于常数，相对角速度 ω_{iG} 也都趋于常数零，这时系统是功角稳定的。但是，还应关注每台发电机的电角速度 ω_i 是否趋于 1。如果角速度趋于的常数偏离 1 较大，则系统存在频率稳定性问题。同时还应关注各节点电压在暂态过程中是否存在较长时间远远偏离额定值的情况，如果存在，则系统存在暂态电压稳定性问题。分析、治理频率和电压稳定性问题的方法这里不再深入。

对于机电暂态过程数值仿真，转子运动方程可以不采用式（8-32）的相对功角和相对角速度，而直接采用绝对功角和绝对角速度。这时分析方法和过程几乎没有变化。

三、等值发电机

复杂系统中发电机台数过多会显著增加计算工作量。在暂态过程中，对于相对角度变化不大（或者说它们的绝对角变化规律相似）的数台发电机，称为同调机群。为了简化计算，这时可以近似将同调机群合并成一台等值机进行计算。例如，同一个发电厂的在同一个母线上并联运行的发电机，当故障点离母线的电气距离较远时，可以认为这些发电机在暂态过程中的相对角度几乎不变。

图 8-17（a）表示 n 台发电机接在同一节点 k 上，其等值电路如图 8-17（b）所示。下边推导这个等值电路。

由式（6-5），记发电机以自身额定容量作基准的惯性时间常数为 T_{Ji}；发电机都采用暂态电动势 E_i' 与暂态电抗 x_{di}' 串联的模型。设 x_{di}' 已是统一功率基准 S_B 下的标幺值。这样，系统方程为

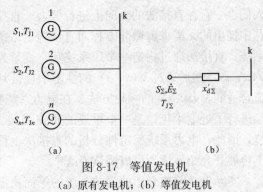

图 8-17　等值发电机

（a）原有发电机；（b）等值发电机

$$\dot{\delta}_i = \omega_0(\omega_i - 1) \quad i = 1,2,\cdots,n \tag{8-57}$$

$$\frac{S_{Ni}}{S_B} T_{Ji}\dot{\omega}_i = P_{Ti} - \frac{E_i'U}{x_{di}'}\sin\delta_i \quad i = 1,2,\cdots,n \tag{8-58}$$

其中功率基准 $S_B = \sum_{i=1}^{n} S_{Ni}$。对上式求和得

$$\sum_{i=1}^{n} \frac{S_{Ni}}{S_B} T_{Ji} \dot{\omega}_i = \sum_{i=1}^{n} P_{Ti} - \sum_{i=1}^{n} \frac{E_i'U}{x_{di}'}\sin\delta_i$$

注意 $\delta_i(t) \approx \delta(t)$ 和 $\omega_i(t) \approx \omega(t)$ 的假设，有

$$T_{J\Sigma}\dot{\omega} = P_{T\Sigma} - \frac{E_\Sigma'U}{x_{d\Sigma}'}\sin\delta \tag{8-59}$$

其中

$$T_{J\Sigma} = \sum_{i=1}^{n} \frac{S_{Ni}}{S_B} T_{Ji} \tag{8-60}$$

$$P_{T\Sigma} = \sum_{i=1}^{n} P_{Ti} \tag{8-61}$$

$$\frac{1}{x_{d\Sigma}'} = \sum_{i=1}^{n} \frac{1}{x_{di}'} \tag{8-62}$$

$$E_\Sigma' = \sum_{i=1}^{n} \frac{E_i'}{x_{di}'} \Big/ \sum_{i=1}^{n} \frac{1}{x_{di}'} \tag{8-63}$$

式中：$T_{J\Sigma}$、$x_{d\Sigma}'$、E_Σ' 和 S_B 分别为等值机的惯性时间常数、电抗、电动势和额定功率；其中 S_B 是各发电机额定功率之和。

顺便指出，上边的等值方法是最简单的等值方法。实际系统的动态等值问题十分复杂，是一个专门的研究领域，这里不再介绍。

四、能量函数法简介

在复杂电力系统的暂态稳定计算中，系统的微分-代数方程式（7-5）的阶数很高，即便是仅考虑转子运动方程，也有 2G 个微分方程。在很多暂态过程仿真的特殊问题中，过于粗糙的数学模型使计算结果不能满足工程需求。对现代电力系统，进一步考虑发电机阻尼绕组的暂态过程、发电机调速系统、励磁调节系统、负荷的动态模型、甚至直流输电和柔性输电的动态调节系统等，系统的状态方程可高达数千上万阶。对于电力系统运行的日常分析计算问题，采用目前的商用软件进行数值仿真计算，在程序运行时间上工程分析人员尚可接受。但是对诸如电力系统规划、系统暂态稳定性评估等问题，如此海量的运算相当耗时。因此，

人们也一直在直接法的方向上进行努力。直接法是李亚普诺夫在一般动力学系统的稳定性问题中提出的无需求解微分方程而直接判定系统稳定性的方法。针对一个具体的非线性动力学系统，直接法通过构造一个以系统状态变量为自变量的标量函数，通常称为李亚普诺夫函数 $V(\boldsymbol{x},\ t)$，然后通过 $V(\boldsymbol{x},\ t)$ 的性态来直接判明系统的稳定性。但是，遗憾地是目前没有构造合适的 $V(\boldsymbol{x},\ t)$ 的一般方法。在电力系统暂态稳定性分析问题中，对采用直接法的研究已经进行了近七十年，是一个重要的研究领域。对于 $V(\boldsymbol{x},\ t)$ 函数，多从系统能量的角度构造，因此，电力系统稳定性分析的直接法也称为能量函数法。复杂系统的能量函数法本课程不再展开介绍，读者可以阅读专著❶。

实际上，前边介绍的简单系统的等面积定则也可以从能量函数的直接法给予证明。

根据图 8-2，系统故障切除后功角 δ 满足式（8-15），即

$$\frac{1}{2}\frac{T_{\mathrm{J}}}{\omega_0}\dot{\delta}^2(t)-\int_{\delta(0)}^{\delta(t_c)}(P_{\mathrm{T}}-P_{\mathrm{II}})\mathrm{d}\delta=\int_{\delta(t_c)}^{\delta(t)}(P_{\mathrm{T}}-P_{\mathrm{III}})\mathrm{d}\delta\quad t\geqslant t_{\mathrm{c}} \tag{8-64}$$

注意等号右边有

$$\int_{\delta(t_c)}^{\delta(t)}(P_{\mathrm{T}}-P_{\mathrm{III}})\mathrm{d}\delta=\int_{\delta(t_k)}^{\delta(t_c)}(P_{\mathrm{III}}-P_{\mathrm{T}})\mathrm{d}\delta-\int_{\delta(t_k)}^{\delta(t)}(P_{\mathrm{III}}-P_{\mathrm{T}})\mathrm{d}\delta$$

其中 $\delta(t_k)=\delta_k$ 是故障切除后系统的功率平衡点。于是式（8-64）为

$$\frac{1}{2}\frac{T_{\mathrm{J}}}{\omega_0}\dot{\delta}^2+\int_{\delta(t_k)}^{\delta(t)}(P_{\mathrm{III}}-P_{\mathrm{T}})\mathrm{d}\delta=\frac{1}{2}\frac{T_{\mathrm{J}}}{\omega_0}\dot{\delta}_c^2+\int_{\delta(t_k)}^{\delta(t_c)}(P_{\mathrm{III}}-P_{\mathrm{T}})\mathrm{d}\delta$$

按照物理学对动能、势能的定义可知，上式左边的第一项和第二项分别为发电机转子在 t 时刻的相对动能和势能；而式右边则是发电机转子在故障切除时刻的相对动能与势能之和，对于确定的故障切除时刻这个能量是非负常数。注意：动能总是正的，而势能由于有势能参考点，势能有正负。于是式（8-64）为

$$\frac{1}{2}\frac{T_{\mathrm{J}}}{\omega_0}\dot{\delta}^2+\int_{\delta(t_k)}^{\delta(t)}(P_{\mathrm{III}}-P_{\mathrm{T}})\mathrm{d}\delta=E_{\mathrm{c}}\quad t\geqslant t_{\mathrm{c}} \tag{8-65}$$

其中

$$0\leqslant E_{\mathrm{c}}=\int_{\delta(t_k)}^{\delta(t_c)}(P_{\mathrm{III}}-P_{\mathrm{T}})\mathrm{d}\delta+\frac{1}{2}\frac{T_{\mathrm{J}}}{\omega_0}\dot{\delta}_c^2 \tag{8-66}$$

式（8-65）确定了 δ 与 $\dot{\delta}$ 之间的非线性关系。给定 E_{c} 则在相平面 $\delta\dot{\delta}$ 上即确定了一条曲线，称为系统对应 E_{c} 的状态轨迹。由式（8-65）可见，在 $t\in[0,\ t_{\mathrm{c}}]$ 这一时段的暂态过程，无论过程如何复杂，它对 $t\geqslant t_{\mathrm{c}}$ 的系统的影响由在这个过程中积累起来的暂态能量 E_{c} 唯一表征。无论系统稳定与否，系统在 $t\geqslant t_{\mathrm{c}}$ 的任何时刻，动能与势能之和为常数 E_{c}。现在的问题是 E_{c} 取值在什么范围时系统稳定。

所谓稳定，即是在 $t\geqslant t_{\mathrm{c}}$，随着时间无限增长，功角 $\delta(t)$ 不是无限地增长。换句话说，即由式（8-65）确定的 δ 具有最大值 δ_{m}。下边推导 δ_{m} 存在的条件。由式（8-65）确定的隐函数，δ 取得极值的必要条件为

$$\frac{\mathrm{d}\dot{\delta}}{\mathrm{d}\delta}=-\frac{\partial V}{\partial\delta}\Big/\frac{\partial V}{\partial\dot{\delta}}=-\frac{T_{\mathrm{J}}}{\omega_0}\dot{\delta}\Big/(P_{\mathrm{III}}-P_{\mathrm{T}})=0$$

上式表明，在 $\dot{\delta}=0$ 时，δ 取得极值，记此极值为 δ_{m}。顺便指出，这与前边推导等面积定则

---

❶　刘笙，汪静. 电力系统暂态稳定的能量函数分析. 上海：上海交通大学出版社，1996.

时采用的条件一致。将此条件代入式（8-65）有

$$0 + \int_{\delta_k}^{\delta_m} (P_{\mathrm{III}} - P_{\mathrm{T}}) \mathrm{d}\delta = E_c \tag{8-67}$$

现在的问题是 E_c 在什么范围取值 δ_m 存在？由于式（8-67）是个定积分，由被积函数可知，E_c 显然存在最大值。将 E_c 看作 δ_m 函数，则由极值条件得

$$\frac{\mathrm{d}E_c}{\mathrm{d}\delta_m} = (P_{\mathrm{III}} - P_{\mathrm{T}})\big|_{\delta = \delta_m} = 0$$

显然，δ_m 有两个解：$\delta_m = \delta_k$ 和 $\delta_m = \pi - \delta_k = \delta_h$。由式（8-67），当取 $\delta_m = \delta_k$ 时，$E_c = 0$，是平凡解；因此，$\delta_m = \delta_h$ 时，有

$$E_{c\mathrm{max}} = \int_{\delta_k}^{\delta_h} (P_{\mathrm{III}} - P_{\mathrm{T}}) \mathrm{d}\delta$$

上式即为使 δ_m 存在的 E_c 的最大值。这与利用等面积定则求极限切除角时的条件和结论完全一致。由上边的分析和式（8-66），δ 存在极大值 δ_m 的条件，或者说系统稳定的条件为 $0 \leqslant E_c \leqslant E_{c\mathrm{max}}$，即

$$\int_{\delta(t_k)}^{\delta(t_c)} (P_{\mathrm{III}} - P_{\mathrm{T}}) \mathrm{d}\delta + \frac{1}{2} \frac{T_{\mathrm{J}}}{\omega_0} \dot{\delta}_c^2 \leqslant \int_{\delta_k}^{\delta_h} (P_{\mathrm{III}} - P_{\mathrm{T}}) \mathrm{d}\delta \tag{8-68}$$

由式（8-14）可知在故障切除时刻 t_c 转子相对动能，代入上式，则

$$\int_{\delta_k}^{\delta_c} (P_{\mathrm{III}} - P_{\mathrm{T}}) \mathrm{d}\delta + \int_{\delta_0}^{\delta_c} (P_{\mathrm{T}} - P_{\mathrm{II}}) \mathrm{d}\delta \leqslant \int_{\delta_k}^{\delta_h} (P_{\mathrm{III}} - P_{\mathrm{T}}) \mathrm{d}\delta \tag{8-69}$$

上式表明，结束操作后的系统初始能量（即式左）小于系统的最大势能时，系统是稳定的。显然，式右表明了故障切除后的系统依赖系统自身保持稳定的能力强弱，值越大则保持稳定的能力越强。

这样，如果给定故障切除时间 t_c，则由故障切除前的系统进行数值积分，得到（δ_c，$\dot{\delta}_c$），由式（8-65）即可求得 E_c，如果 $E_c \leqslant E_{c\mathrm{max}}$ 则系统稳定；反之，如果 $E_c > E_{c\mathrm{max}}$ 则系统不稳定。这时还可以（$E_{c\mathrm{max}} - E_c$）$/E_c$ 的大小衡量稳定的程度。显然，使系统稳定的最大切除角对应的 E_c 即等于 $E_{c\mathrm{max}}$。$E_{c\mathrm{max}}$ 亦称为临界暂态能量。直接法无需再对故障切除后的系统进行数值积分，因此，计算时间将显著减少。

由式（8-65）确定的相平面 $\delta\dot{\delta}$ 上的状态轨迹，在 $E_c \leqslant E_{c\mathrm{max}}$ 条件下，由于式（8-65）中积分项的被积函数是周期函数，功角的最大值为 $\delta_m \leqslant \delta_h$，当时间无限增长时，$\delta$ 将以 δ_k 为中心振荡，也是时间的周期函数。这样，由于暂态能量守恒于 E_c，发电机转子的动能与势能之间即此消彼长、周而复始、相互转化。而当 $E_c > E_{c\mathrm{max}}$ 时，由式（8-65）可知，δ 将没有极大值，随着 δ 的无限增长，转子势能将无限减小，动能将无限增大，也即发电机转速无限升高。实际工程中，对于不稳定的情况，发电机失速保护将会起动，将发电机从系统中切除并对发电机采取制动措施。对于稳定的情况，若计及发电机的正阻尼条件，暂态能量不再守恒，初始能量 E_c 会被逐渐消耗而使发电机稳定在新的平衡点：$\delta = \delta_k$，$\omega = 1$。证明如下。

考虑阻尼系数 D 后，发电机转子运动方程为

$$\frac{T_{\mathrm{J}}}{\omega_0} \ddot{\delta} + D\dot{\delta} = P_{\mathrm{T}} - P_{\mathrm{III}} \quad t \geqslant t_c \tag{8-70}$$

将式（8-65）的左边定义为系统的暂态能量函数 $V(\delta, \dot{\delta})$，即

$$V(\delta,\dot{\delta}) = \frac{1}{2}\frac{T_J}{\omega_0}\dot{\delta}^2 + \int_{\delta(t_k)}^{\delta(t)}(P_{\text{III}} - P_{\text{T}})\mathrm{d}\delta \quad t \geqslant t_c \tag{8-71}$$

系统暂态能量对时间求导，得

$$\frac{\mathrm{d}V(\delta,\dot{\delta})}{\mathrm{d}t} = \frac{\partial V}{\partial \delta}\dot{\delta} + \frac{\partial V}{\partial \dot{\delta}}\ddot{\delta} = (P_{\text{III}} - P_{\text{T}})\dot{\delta} + \left(\frac{T_J}{\omega_0}\dot{\delta}\right)\ddot{\delta} = \left[\frac{T_J}{\omega_0}\ddot{\delta} + (P_{\text{III}} - P_{\text{T}})\right]\dot{\delta}$$

将转子运动方程式（8-70）代入上式得

$$\frac{\mathrm{d}V(\delta,\dot{\delta})}{\mathrm{d}t} = -D\dot{\delta}^2 < 0$$

则表明，在稳定的前提下，正阻尼即 $D > 0$ 时，系统的暂态能量 $V(\delta,\dot{\delta})$ 随时间增长持续衰减。当 $t \to \infty$，必有 $V \to 0$，由式（8-71）有 $\delta \to \delta_k$，$\dot{\delta} \to 0$。

顺便指出，假设故障一发生即刻被切除，即 $t_c = 0$，$\delta_c = \delta_0$，$\dot{\delta}_c = 0$。这时 E_c 即是暂态能量可能的最小值。这种情况即相当于系统无故障而突然切除一回输电线路。由式（8-65）可得

$$E_{c\min} = \int_{\delta(t_k)}^{\delta(t_0)}(P_{\text{III}} - P_{\text{T}})\mathrm{d}\delta > 0$$

注意：对任意简单系统未必一定 $E_{c\min} < E_{c\max}$。

有关多机系统判断稳定的直接法已取得不少阶段性成果，还有待进一步发展。

第五节　提高暂态稳定性的措施

采取合适的措施提高电力系统的暂态稳定性具有重要的工程意义。对于电力系统运行，一个不合理的运行方式可能使系统承受巨大的运行风险，或者大幅度地降低了系统的经济性。就简单系统而言，由式（8-69）可以看到影响系统稳定性的各种主要因素。对于复杂系统问题虽然更加复杂，但定性而言影响系统暂态稳定的因素是相同的。这些因素中，有些是在系统建设时就应考虑的，有些是在系统运行中需要考虑的。原动机出力 P_{T} 体现了系统的总体负荷水平，由前边对小干扰稳定性和暂态稳定性的分析可知，发电机输出功率越大其稳定裕度就越小。宏观上系统的负荷越大，系统的稳定水平就越低。但是，电力系统运行调度的根本任务是以现有系统最大限度地满足系统的负荷需求、同时满足系统自身设备安全、系统运行的经济性和一定的暂态稳定裕度。因此，不到万不得已不得通过降低系统输出功率来提高系统的稳定性。显然，系统负荷在系统各机组中的分配方式对系统稳定性有重要影响。以简单系统而言，运行中应尽量使系统保持较高的电压水平 U；稳态功角 δ_0 一般要小，即发电机稳态输出功率不能过大。发电机暂态电动势 E' 体现了发电机励磁系统的作用，因此设计动态特性良好的励磁调节系统是十分经济的措施；故障切除角 δ_c 要尽量小，即故障切除时间要尽量地快，这依赖于继电保护装置和断路器的制造水平。从系统建设上，要使 $x'_{d\Sigma}$ 尽量地小，即电源与系统之间应尽量联系紧密，这与提高小干扰稳定性的要求是一致的。总之，提高暂态稳定的基本措施，一般首先考虑的是减少扰动后发电机功率差额的措施，因为在大扰动后发电机机械功率和电磁功率的差额是导致暂态稳定破坏的主要原因。系统发生大扰动之后，首要任务是确保设备安全和系统不失去稳定，当系统已经稳定后才考虑后续的优化调整。下面将介绍几种常用的措施。

一、故障的快速切除和自动重合闸装置的应用

这两项措施可以较大地减少功率差额，也比较经济。

快速切除故障对于提高系统的暂态稳定性有决定性的作用，因为快速切除故障减小了加速面积，增加了减速面积，提高了发电机之间并列运行的稳定性。另一方面，快速切除故障也可使负荷中的电动机端电压迅速回升，减小了电动机失速的危险。切除故障时间是继电保护装置动作时间和断路器动作时间的总和。目前已可做到短路后 0.06s 切除故障线路，其中 0.02s 为保护装置动作时间，0.04s 为断路器动作时间。

电力系统的故障特别是高压输电线路的故障大多数是短路故障，而这些短路故障大多数又是暂时性的。采用自动重合闸装置，在发生故障的线路上，先切除线路，经过一定时间再重新合上断路器。如果故障消失则重合闸成功。重合闸的成功率是很高的，单相短路的重合闸成功率可达 90% 以上。这个措施可以提高供电的可靠性，对于提高系统的暂态稳定性也有十分明显的作用。图 8-6 所示为在简单系统中重合闸成功使减速面积增加的情形。这种情况下重合闸动作愈快对稳定愈有利，但是重合闸的时间受到短路处去游离时间的限制。如果在原来短路处产生电弧的地方，气体还处在游离的状态下而过早地重合线路断路器，将引起再度燃弧，使重合闸不成功甚至扩大故障。去游离的时间主要取决于线路的电压等级和故障电流的大小，电压愈高，故障电流愈大，则去游离时间愈长。

超高压输电线路的短路故障大多数是单相接地故障，因此在这些线路上往往采用单相重合闸，这种装置在切除故障相后经过一段时间再将该相重合。由于切除的只是故障相而不是三相，从切除故障相后到重合闸前的一段时间里，即使是单回路输电的场合，送电端的发电厂和受端系统也没有完全失去联系，故可以提高系统的暂态稳定。图 8-18 所示为单回路输电系统采用单相重合闸和三相重合闸两种情况的对比。图 8-18（a）为等效电路，其中示出了单相切除时的等值电路，表明发电机仍能向系统送电（$P_{\mathrm{III}} \neq 0$）。由图 8-18（b）和图 8-18（c）可知，采用单相重合闸时，加速面积大大减小。

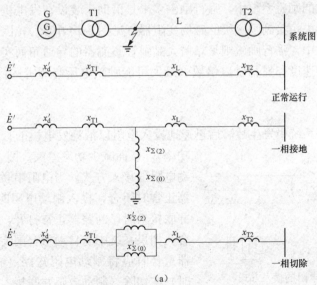

图 8-18 单相重合闸的作用（一）

（a）等效电路

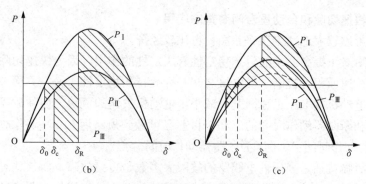

图 8-18　单相重合闸的作用（二）

(b) 三相重合闸；(c) 单相重合闸

必须指出，采用单相重合闸时，去游离的时间比采用三相重合闸时要有所加长，因为切除一相后其余两相仍处在带电状态，尽管故障电流被切断了，带电的两相仍将通过导线之间的电容和电感耦合向故障点继续供给电流（称为潜供电流），因此维持了电弧的燃烧，对去游离不利。

尽管重合闸成功的概率很大，但是重合闸失败将在故障扰动后进一步恶化系统的暂态过程，因此，目前我国对输送容量较大的线路一般都要求安装自动重合闸装置，同时又要求重合失败不能破坏系统稳定。自动重合闸这一措施主要是为了提高系统的供电可靠性和故障切除后的系统稳定性。在这种情况下，自动重合闸也不一定采用快速重合闸，而是根据重合闸在系统中的具体位置以及系统的运行条件采用所谓最优重合时间。

二、提高发电机输出的电磁功率

（一）对发电机施行强行励磁

发电机一般都备有强行励磁装置，以保证当系统发生故障而使发电机端电压低于 85%～90% 额定电压时迅速而大幅度地增加励磁，从而提高发电机电动势，增加发电机输出的电磁功率。

在用直流励磁机的励磁系统中，强行励磁多半是借助于装设在发电机端电压的低电压继电器起动一个接触器去短接副励磁机的磁场变阻器（见图 6-14 中 R_c），因而称为继电式强行励磁。在晶闸管励磁中，强行励磁则是靠增大晶闸管整流器的导通角而实现的。强行励磁的作用随励磁电压增长速度和强行励磁倍数（最大可能励磁电压与额定运行时励磁电压之比）的增大而愈益显著。

（二）电气制动

电气制动就是当系统中发生故障后迅速地投入电阻以消耗发电机的有功功率（增大电磁功率），从而减少功率差额。图 8-19 表示了两种制动电阻的接入方式。当电阻串联接入时，旁路断路器正常时闭合，投入制动电阻时打开旁路断路器；并联接入时，断路器正常打开，投入制动电阻时闭合。如果系统中有自动重合闸装置，则当线路断路器重合时应将制动电阻短路（制动电阻串联接入时）或切除（制动电阻并联接入时）。

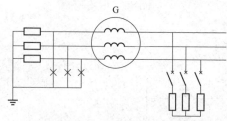

图 8-19　制动电阻的接入方式

电气制动的作用也可用等面积定则解释。图 8-20（a）和图 8-20（b）中比较了有无电气制动的情况。图中假设故障发生后瞬时投入制动电阻；切除故障线路的同时切除制动电阻。

由图 8-20（b）可见，若切除故障角 δ_c 不变，由于采用了电气制动，减少了加速面积 bb_1c_1cb，使原来不能保证的暂态稳定得到了保证。

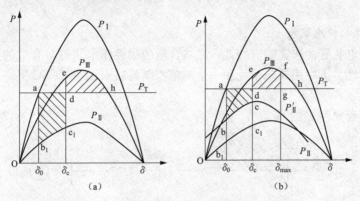

图 8-20 电气制动的作用
（a）无电气制动；（b）有电气制动

运用电气制动提高暂态稳定性时，制动电阻的大小及其投切时间要选择得当。否则，或者会发生所谓欠制动，即制动作用过小，发电机仍要失步；或者会发生过制动，发电机虽在第一次振荡中没有失步，但却因制动作用过大，导致第二次振荡开始时的角度过小，因而加速面积过大，而造成在切除故障和制动电阻后的第二次振荡失步。

近代由于发电组机制造水平的提高，机组容量大幅度提升，依赖发电机电气制动来提高系统稳定性的措施已很少采用。

（三）变压器中性点经小电阻接地

变压器中性点经小电阻接地就是接地短路故障时的电气制动。图 8-21 所示为一变压器中性点经小电阻接地的系统发生单相接地短路时的情形。因为变压器中性点接了电阻，零序网

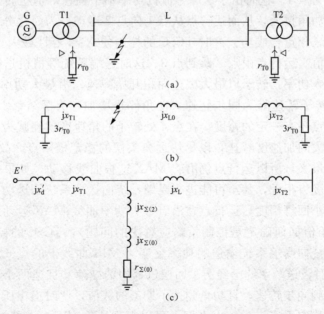

图 8-21 变压器中性点经小电阻接地
（a）系统图；（b）零序网络图；（c）正序增广网络

络中增加了电阻，零序电流流过电阻时引起了附加的功率损耗。这个情况对应于故障期间的功率特性 P_{II} 升高，因为 $r_{\Sigma(0)}$ 反映在正序增广网络中。与电气制动类似，必须经过计算来确定电阻值。

（四）采用柔性输电装置

由于柔性输电装置的快速响应特性，显然合适的柔性输电装置与合适的控制策略能够改善系统的动态特性。下边用简单系统和一个简单控制策略来说明 TCSC 提高系统暂态稳定性的机理。

设系统等效后如图 8-22 所示。

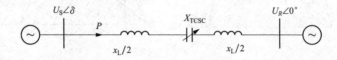

图 8-22　装有 TCSC 的系统等效电路

显见，系统输送功率为

$$P = \frac{U_{\mathrm{S}}U_{\mathrm{r}}}{x_{\mathrm{L}} + X_{\mathrm{TCSC}}}\sin\delta \tag{8-72}$$

区别于传统的固定串联补偿，由式（6-76）可知电抗 X_{TCSC} 可以动态地调整，因而相当于输电线的电气距离 $x_{\mathrm{L}} + X_{\mathrm{TCSC}}$ 可以动态地调整。在稳态情况下，当 X_{TCSC} 为容性时，静稳极限大于无串补时的情况。图 8-23 为当受端为无穷大系统时，故障发生后，通过 TCSC 控制的发电机功角变化过程。

观察图 8-23 所示的状态变量运行过程，送端等值机的转子角速度的变化情况可依据等面积定则决定。设在初始运行点 0 处线路发生三相短路故障，则电磁功率突变为零。故运行点从点 0 突变为点 1。这时由于送端等值机功率不平衡，等值机转子加速运动而使转速大于同步转速，功角拉大，从而运行点从点 1 向点 2 运动。为简化分析，设在此期间故障切除并在点 2 时三相重合成功。这时 TCSC 的控制使 X_{TCSC} 容性最大。由式（8-72）知，功角曲线有最大幅值。运行点由点 2 跳到点 3。这时送端系统等值机送往受端系统的功率大于送端系统的输入功率，转子以最大减速面积开始减速。沿最大功率曲线由点 3 向点 4 运动，直至点 4，转子转速降为同步转速，功角停止增加，头摆结束。在图示的例子中，点 4 离不稳定平衡点还有一定的裕度。在点 4 处转子的角速度已经减为同步转速，此时等值发电机仍应以最大的加速度减速，以尽快远离头摆的稳定极限点。故此，TCSC 的控制策略继续使其容抗最大，所以运行点仍沿着 MAX 这根曲线移动。如果一直沿着该曲线运动下去，回摆的幅度将很大，甚至可能进入受端系统向送端系统倒送功率的状态而使系统失去稳定。为了减小回摆幅度，运行点在沿着最大功率曲线 MAX 运动到某点时，例如点 5（点 5 的具体功角值如何确定是控制策略应解决的问题），TCSC 的控制使 X_{TCSC} 感性最大。这时，送端系统向受端系统输送的功率突变为 MIN 曲线上的点 6。从点 6 沿着 MIN 曲线至点 7。至此时，送端系统已经历了回摆过程中的减速和加速两个过程。设至点 7 转子角速度又一次达到同步转速，且功角到达了期望的数值，此时退出所有的补偿量，系统就达到了故障前的稳定平衡点。由以上例子可以直观地看到，引入的补偿变量 X_{TCSC} 对系统受到暂态扰动后的过渡过程起着非常有效的控制作用。分析这个过程可以看出，控制变

量 X_{TCSC} 由 0→容抗最大→感抗最大→0 的切换过程中，最重要的就是由容抗最大→感抗最大这一切换时刻，即点 5 的获取。理想情况下，等值系统只回摆一次。这种控制变量的切换过程被称为 single-switch 控制策略，亦称乒乓控制。当然，对于复杂系统，不能简单地以等面积准则来确定 TCSC 的阻抗控制策略。

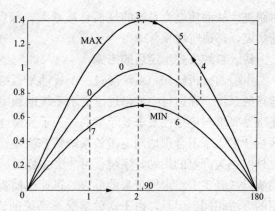

图 8-23 装有 TCSC 的单机-无穷大系统功角特性
MAX—容抗最大的情况；0—TCSC 无补偿；
MIN—感抗最大的情况

三、减少原动机输出的机械功率

减少原动机输出的机械功率也可以减少过剩功率。

对于汽轮机，可以采用快速的自动调速系统或者快速关闭进汽门的措施。水轮机由于水锤现象不能快速关闭进水门，因此有时采用在故障时从送端发电厂中切掉一台发电机的方法，这等值于减少原动机功率。当然，这时发电厂的电磁功率由于发电机的总的等值阻抗略有增加（切掉一台机）而略有减少。图 8-24（a）为不切机的情形，图 8-24（b）为在故障同时从送端发电厂的四台机中切除一台机后减速面积大为增加的情形。必须指出，这种切机的方法使系统少了一台机，系统电源减少对系统的可靠性是不利的。

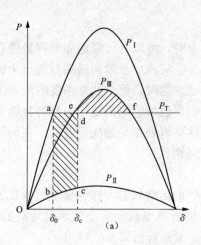 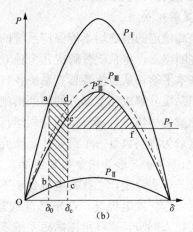

图 8-24 切机对提高暂态稳定的作用
（a）不切机；（b）切 1/4 机（P_{III} 变为 P'_{III}）

除了上述措施外，理论上，系统中的所有可控动态元件的控制策略都可以对系统稳定性产生积极影响，从而提高系统的稳定水平，即输送能力。但是，遗憾的是由于电力系统状态变量的高维数、强非线性和状态变量之间的强耦合性使如何确定控制策略这一问题十分困难，目前仍在电力系统研究人员的持续努力中。

随着社会经济的不断发展，社会对电力能源的需求也不断增长，因此，电力系统长距离、大容量输送电能的客观需求势必降低系统的稳定水平。为此，电力系统的建设就必须及时跟进，从而使电力系统的规模日益增大，即发电装机容量和输电线路的电压等级、长度、密集度，都适时增长。

四、系统失去稳定后的措施

由前面分析已知，系统经过一个扰动是否稳定与扰动的严重程度有关。因此，对于已经运行的系统，在运行中如果过于要求系统的稳定性则只有降低系统的负荷水平。所以系统的经济性要求与稳定性要求是矛盾的。为了妥协这个矛盾，必须在一定的经济发展水平和系统运行技术水平下合理地制定考核系统暂态稳定性的扰动事故集。如果系统发生了预想事故集之外的更为严重的扰动，系统就可能失去稳定。因此必须了解系统失去稳定后的现象并采取措施以减轻丧失稳定所带来的危害，迅速地使系统恢复同步运行。分析的基本方法与前边介绍的方法相同。但是，由于这种情况下系统的暂态过程更为剧烈，电气量的变化范围更大，因此，某些元件需要根据暂态过程的不同阶段而采用不同的数学模型。

（一）稳定控制装置

在已判明系统即将失去稳定的情况下，系统的稳定控制策略即被启动。这些控制策略一般是控制策略表，预先计算好策略，然后通过稳定控制装置自动实施。基本思路是努力使系统的电源功率与负荷功率保持平衡，维持系统的电压水平。因此，通常在送端系统采用高频和/或切机，即系统频率、电压升高时在送端系统切除发电机。在受端系统采用低频和/或低压减载，即系统频率降低时在受端系统切除负荷。在有条件的受端系统，还可以紧急将诸如抽水蓄能电站转为发电运行方式。目前，我国的电力系统都安装有各种稳定控制装置，对其动作判据和策略的研究也还在发展中。

（二）设置解列点

当所有提高稳定的措施均不能保持系统的稳定时，可以有计划地靠解列装置自动或手动断开系统某些断路器，将系统分解成几个独立系统。应该尽量做到解列后的每个独立部分的电源和负荷基本平衡，从而使各独立系统各自稳定。这时，每个独立系统的频率未必是额定频率。这种把系统分解成几个部分的解列措施是不得已的临时措施，一旦将各部分的运行参数调整好后，就要尽快将各部分重新并列运行。这些解列点是预先设置的。在何处、何时解列对各自稳定最为有利也是一个需要认真研究的问题。

（三）短期异步运行和再同步的可能性

电力系统若失去稳定，一些发电机处于不同步的运行状态，即为异步运行状态。异步运行可能给系统（包含发电机组）带来严重危害，但若发电机和系统能承受短时的异步运行，并有可能再次拉入同步，这样可以缩短系统恢复正常运行所需要的时间。

1. 系统失去稳定的过程

这里仅讨论一台机与系统失去同步的过程。发电机受扰动后若功角不断增大，其同步功率随着时间振荡，平均值几乎为零。而原动机机械功率的调整较慢，因此发电机的过剩功率继续使发电机转子加速。但是这个过程不会持续下去，因为发电机的转速大于同步转速而处于异步运行状态时，发电机将发出异步功率。当平均异步功率与减少了的机械功率达到平衡时，发电机即进入稳态的异步运行。

同步发电机在异步运行时发出异步功率的原理与异步发电机类似，即由于定子磁场在转子绕组和铁心内产生感应电流，后者的磁场与定子磁场相互作用产生异步转矩，使发电机发出电磁功率即异步功率。平均异步转矩（功率）与端电压平方成正比，是转差率的函数。

图 8-25 示出几种发电机的平均异步转矩特性曲线，其中汽轮发电机的最高。另一方面，与异步机一样，在异步运行时发电机从系统吸收无功功率。

图 8-26 为一简单系统中一回线路断路器突然跳开，经过一段时间又重合后，发电机进入异步运行的示意图，图中转差率 s 和异步功率 P_{as} 均为平均值。在扰动后的开始阶段发电机转子经历加速和减速过程，转差率有波动，但很小，这一阶段称为同步振荡。由于减速面积不够大，δ 角越过 5 点后转子又加速，转差率逐步增加，因而异步功率也逐步增加。与此同时，原动机机械功率在调速器作用下逐步减小，发电机达到稳态的异步运行状态。图 8-27 示出稳态异步运行时平均异步功率和原动机机械功率的平衡状态。

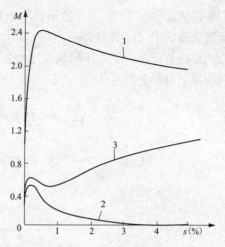

图 8-25　平均异步转矩特性曲线
1—汽轮发电机；2—无阻尼绕组水轮发电机；
3—有阻尼绕组水轮发电机

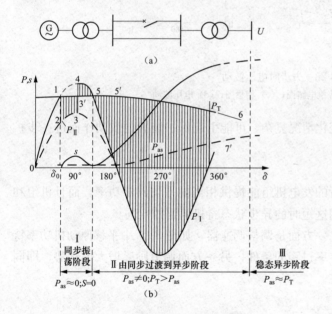

图 8-26　发电机失去同步的过程
(a) 系统图；(b) 失步过程

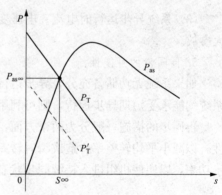

图 8-27　稳态异步运行时的平衡状态

2. 异步运行时的问题

首先，对处于异步运行的发电机，其机组的振动和转子的过热等均可能造成本身的损伤。此外，异步运行对系统有如下影响：

（1）异步运行的发电机从系统吸收无功功率，如果系统无功功率储备不充分，势必降低系统的电压水平，甚至使系统陷入电压崩溃。

（2）异步运行时系统中有些地方电压极低，在这些地方将丧失大量负荷。在图 8-28（a）所示的简单系统中，设送端发电厂电动势 E' 保持不变，送端发电厂与受端无限大容量系统失步后，随着功角 δ 的不断增加，系统中一些点的电压相量如图 8-28（c）所示不断变化，它们的幅值则如图 8-28（d）所示，不断地波动。当 δ 为 $180°$ 时某些点的电压降得很低，在距无限大母线电气距离为 $x_\Sigma U/(U+E')$ 处对地电压为零，这一点称为振荡中心。靠近振荡中心的地区负荷，由于电压周期性地大幅度降低，电动机将失速、停顿，或者在低电压保护装置作用下自动脱离系统。

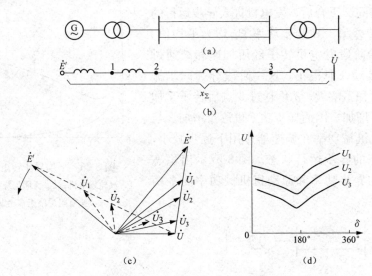

图 8-28　失步时电压波动
(a) 系统图；(b) 等值电路图；(c) 相量图；(d) 电压波动

（3）系统异步运行时电流、电压变化情况复杂，可能引起保护装置的误动作而进一步扩大事故。

3. 再同步的可能性

如果系统无功储备充分，异步运行的发电机组能提供相当的平均异步功率，而且机组和系统均能承受短期异步运行，则可利用这短时的异步状态将机组再拉入同步。

再同步的措施一般分为两个方面：一方面是调整调速器，如图 8-27 中平移原动机功率特性，以减小平均转差率，造成瞬时转差率过零的条件；另一方面调节励磁增大电动势，即同步功率，以便使机组进入持续同步状态。

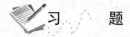

习　　　　题

8-1　试用等面积定则说明，在简单系统中若慢慢地逐渐开大汽门增加发电机的输出功率是安全的，但若突然开大汽门则可能导致系统失去稳定。

8-2　在［例 8-1］中，若扰动是突然断开一回线路，试判断系统能否保持暂态稳定。

8-3　在［例 7-1］中，已知 $x'_d = 0.3$，假设发电机 $E' = C$，若在一回线路始端发生突然三相短路，试计算线路的极限切除角度和时间。

8-4　在［例 8-2］中，若发电机稳态输出功率为 $P_0 = 0.7$，试计算与［例 8-2］同样的问题。

8-5　试计算［例 8-2］中发电机重合时间分别为 $0.35s$ 和 $0.4s$ 时，发电机的功角摇摆曲

线 $\delta(t)$ 和 $\dot{\delta}(t)$（取 $h=\Delta t=0.05\mathrm{s}$，计算至 $t=1\mathrm{s}$、$t<0.35\mathrm{s}$ 时可直接用解析解，$t>0.35\mathrm{s}$ 用改进欧拉法）。

8-6　试作出计及励磁调节系统作用后，用改进欧拉法计算简单系统受扰动后摇摆曲线的原理框图。它类似于图 8-10，但其中应包含计算 E_Q、E_q 和 P_E 的代数方程（可仅标出公式号）。

8-7　试编一计算机程序，用以计算以下任务。在［例 6-3］中，又知发电机组的惯性时间常数分别为 $T_{J1}=5\mathrm{s}$，$T_{J2}=12\mathrm{s}$（均已归算至基准功率）。若发电机 1 输出线路中一回线路突然断开，使其外电路电抗由 0.5 增至 0.8，经过 0.2s 后线路重合，计算 $\delta_{12}(t)$ 以判断系统能否暂态稳定，并用几次试探法计算确定极限重合时间。

附录 A 同步电机绕组电感系数

1. 定子各相绕组的自感系数

在定子绕组的空间内有转子在转动。凸极机的转子转动在不同位置时，对于某一定子绕组来说，空间的磁阻是不一样的。因此定子绕组的自感随着转子转动而周期性地变化。

下面以 a 相为例来讨论定子绕组自感系数的变化。在图 A-1（a）中画出了转子在四个不同位置时，a 相绕组磁通所走的磁路。当 $\theta=0°$ 和 $\theta=180°$ 时自感最大；当 $\theta=90°$ 和 $\theta=270°$ 时自感最小。由此可知，a 相自感的变化规律如图 A-1（b）所示。L_{aa} 是 θ 的周期函数，其变化周期为 π，它还是 θ 的偶函数，即转子轴在 $\pm\theta$ 的位置时，L_{aa} 的大小相等。

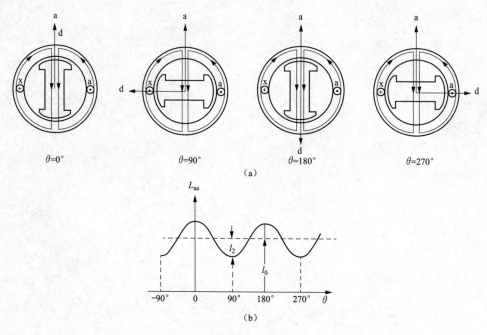

$\theta=0°$ $\theta=90°$ $\theta=180°$ $\theta=270°$

（a）

（b）

图 A-1 定子 a 相绕组的自感
（a）不同位置的磁路图；（b）自感变化规律

周期性偶函数在分解为富氏级数时只含余弦项，而当函数变化周期为 π 时，只有偶次项，于是有

$$L_{aa} = l_0 + l_2\cos2\theta + l_4\cos4\theta + \cdots$$

略去其中 4 次及 4 次以上分量，则

$$L_{aa} = l_0 + l_2\cos2\theta$$

类似地，可得 L_{bb} 和 L_{cc} 的变化规律。定子各相绕组自感系数与 θ 的函数关系可表示为

$$\begin{cases} L_{aa} = l_0 + l_2\cos2\theta \\ L_{bb} = l_0 + l_2\cos2(\theta - 120°) \\ L_{cc} = l_0 + l_2\cos2(\theta + 120°) \end{cases} \tag{A-1}$$

式（A-1）不难理解，因为 b 相和 c 相绕组与转子 d 轴的夹角分别为 $\theta-120°$ 和 $\theta+120°$。由于自感总是正的，所以自感的平均值 l_0 总是大于变化部分的幅值 l_2。隐极机的 l_2 为零。

2. 定子各相绕组间的互感系数

与自感系数的情况类似，凸极机的定子绕组互感也是随着转子转动周期性地变化，其周期也是 π。下面以 M_{ab} 为例讨论定子绕组间互感系数的变化。首先应指出，因为 a、b 两相绕组在空间相差 120°，a 相绕组的正磁通交链到 b 相绕组总是负磁通，即定子绕组间的互感系数恒为负值。图 A-2（a）示出转子在四个不同位置时 a 相交链 b 相的互磁通所走的路径。由图可见，当 $\theta=-30°$ 和 $\theta=150°$（即 a、b 绕组轴线的分角线）时，M_{ab} 的绝对值最大；$\theta=60°$ 和 $\theta=240°$ 时，M_{ab} 的绝对值最小，变化周期为 π。此外，由图 A-2（a）还可见，若以 $\theta=-30°$ 为一轴线，则当 d 轴超前或滞后该轴线相等角度时，a 相和 b 相绕组间互感磁通路径上的磁导相同，M_{ab} 也相同，也就是说 M_{ab} 是 $\theta+30°$ 角的偶函数。图 A-2（b）示出 M_{ab} 随 θ 角的变化规律。与上述 L_{aa} 情况相似，M_{ab} 可表示为

$$M_{ab} = -\left[m_0 + m_2\cos2(\theta+30°)\right]$$

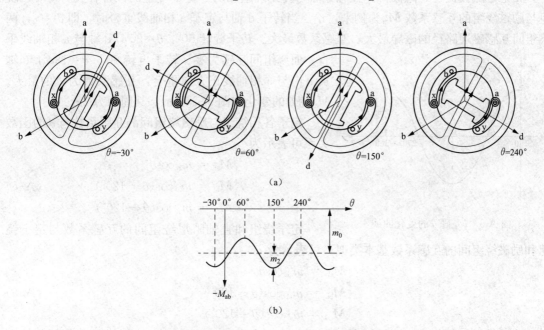

（a）

（b）

图 A-2 定子 a、b 两相绕组间的互感
（a）不同位置的磁路图；（b）互感变化规律

其中 m_0 总大于 m_2。另外，根据理论分析和实验结果得知，互感变化部分的幅值与自感变化部分的幅值几乎相等，即 $m_2 \approx l_2$。

类似地，可得 M_{bc} 和 M_{ca} 的变化规律。下面列出定子各相绕组互感的表达式为

$$\begin{cases} M_{ab} = M_{ba} = -\left[m_0 + m_2\cos2(\theta+30°)\right] \\ M_{bc} = M_{cb} = -\left[m_0 + m_2\cos2(\theta-90°)\right] \\ M_{ca} = M_{ac} = -\left[m_0 + m_2\cos2(\theta+150°)\right] \end{cases} \quad \text{(A-2)}$$

对于隐极机 m_2 为零。

3. 转子各绕组的自感系数

转子上各绕组是随着转子一起转的，无论是凸极机还是隐极机，转子绕组的磁路总是不变的，即转子各绕组的自感系数为常数，令它们表示为

$$
\begin{cases}
L_{ff} = L_f \\
L_{DD} = L_D \\
L_{QQ} = L_Q
\end{cases}
\tag{A-3}
$$

4. 转子各绕组间的互感系数

同上述原因，转子各绕组间的互感系数也都是常数，而且 Q 绕组与 f、D 绕组互相垂直，它们的互感为零，即

$$
\begin{cases}
M_{fD} = M_{Df} = m_r \\
M_{fQ} = M_{Qf} = 0 \\
M_{DQ} = M_{QD} = 0
\end{cases}
\tag{A-4}
$$

5. 定子绕组与转子绕组间的互感系数

无论是凸极机还是隐极机，互感显然与转子绕组相对于定子绕组的位置有关。以 a 相绕组与励磁绕组的互感系数 M_{af} 为例来讨论。当转子 d 轴与定子 a 相轴线重合时，即 $\theta = 0°$，两绕组间互感磁通路径的磁导最大，互感系数最大。转子旋转 $90°$，$\theta = 90°$，d 轴与 a 相轴线垂直，而绕组间互感为零。转子再转 $90°$，$\theta = 180°$，d 轴负方向与 a 相轴线正方向重合，互感系数为负的最大。M_{af} 随 θ 的变化如图 A-3 所示，其周期为 2π。

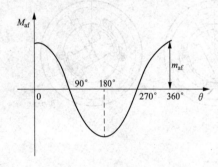

图 A-3　M_{af} 随 θ 的变化曲线

定子各相绕组与励磁绕组间的互感系数与 θ 的函数关系可表示为

$$
\begin{cases}
M_{af} = m_{af}\cos\theta \\
M_{bf} = m_{af}\cos(\theta - 120°) \\
M_{cf} = m_{af}\cos(\theta + 120°)
\end{cases}
\tag{A-5}
$$

定子绕组和直轴阻尼绕组间的互感系数与定子绕组和励磁绕组间的互感系数基本类似，可表示为

$$
\begin{cases}
M_{aD} = m_{aD}\cos\theta \\
M_{bD} = m_{aD}\cos(\theta - 120°) \\
M_{cD} = m_{aD}\cos(\theta + 120°)
\end{cases}
\tag{A-6}
$$

由于转子 q 轴超前于 d 轴 $90°$，以 $(\theta + 90°)$ 替换式（A-6）中的 θ，即可得定子绕组和交轴阻尼绕组间互感系数的表示式为

$$
\begin{cases}
M_{aQ} = -m_{aQ}\sin\theta \\
M_{bQ} = -m_{aQ}\sin(\theta - 120°) \\
M_{cQ} = -m_{aQ}\sin(\theta + 120°)
\end{cases}
\tag{A-7}
$$

附录 B 同步电机的标幺值

同步电机 Park 方程（有名值）为

$$
\begin{cases}
u_{\mathrm{d}} = -ri_{\mathrm{d}} + \dot{\psi}_{\mathrm{d}} - \omega\psi_{\mathrm{q}}; \\[4pt]
u_{\mathrm{q}} = -ri_{\mathrm{q}} + \dot{\psi}_{\mathrm{q}} + \omega\psi_{\mathrm{d}}; \\[4pt]
u_{0} = -ri_{0} + \dot{\psi}_{0}; \\[4pt]
u_{\mathrm{f}} = r_{\mathrm{f}}i_{\mathrm{f}} + \dot{\psi}_{\mathrm{f}}; \\[4pt]
0 = r_{\mathrm{D}}i_{\mathrm{D}} + \dot{\psi}_{\mathrm{D}}; \\[4pt]
0 = r_{\mathrm{Q}}i_{\mathrm{Q}} + \dot{\psi}_{\mathrm{Q}}; \\[4pt]
\psi_{\mathrm{d}} = -L_{\mathrm{d}}i_{\mathrm{d}} + m_{\mathrm{af}}i_{\mathrm{f}} + m_{\mathrm{aD}}i_{\mathrm{D}} \\[4pt]
\psi_{\mathrm{q}} = -L_{\mathrm{q}}i_{\mathrm{q}} + m_{\mathrm{aQ}}i_{\mathrm{Q}} \\[4pt]
\psi_{0} = -L_{0}i_{0} \\[4pt]
\psi_{\mathrm{f}} = -\dfrac{3}{2}m_{\mathrm{af}}i_{\mathrm{d}} + L_{\mathrm{f}}i_{\mathrm{f}} + m_{\mathrm{r}}i_{\mathrm{D}} \\[8pt]
\psi_{\mathrm{D}} = -\dfrac{3}{2}m_{\mathrm{aD}}i_{\mathrm{d}} + m_{\mathrm{r}}i_{\mathrm{f}} + L_{\mathrm{D}}i_{\mathrm{D}} \\[8pt]
\psi_{\mathrm{Q}} = -\dfrac{3}{2}m_{\mathrm{aQ}}i_{\mathrm{q}} + L_{\mathrm{Q}}i_{\mathrm{q}}
\end{cases}
\tag{B-1}
$$

采用标幺制时，对于定子侧的量，首先选定电压基准值 U_{B}、电流基准值 I_{B} 和时间基准值 t_{B}，一般就以同步电机的额定相电压、相电流的幅值为 U_{B}、I_{B}，而 $t_{\mathrm{B}} = 1/\omega_{\mathrm{s}}$。定子侧其他量的基准值即可按下列关系求得

$$
\begin{cases}
z_{\mathrm{B}} = U_{\mathrm{B}}/I_{\mathrm{B}}; \\[4pt]
L_{\mathrm{B}} = z_{\mathrm{B}}t_{\mathrm{B}} = \psi_{\mathrm{B}}/I_{\mathrm{B}} \\[4pt]
\psi_{\mathrm{B}} = U_{\mathrm{B}}t_{\mathrm{B}}; \\[4pt]
\omega_{\mathrm{B}} = 1/t_{\mathrm{B}}
\end{cases}
\tag{B-2}
$$

下面就用已选定的上述基准值，将定子的三个电压方程转换为标幺值。在定子的三个电压方程等号两边同除以 $U_{\mathrm{B}}(=z_{\mathrm{B}}I_{\mathrm{B}} = \omega_{\mathrm{B}}\psi_{\mathrm{B}} = \psi_{\mathrm{B}}/t_{\mathrm{B}})$ 即得。以第一方程为例，即

$$
\frac{u_{\mathrm{d}}}{U_{\mathrm{B}}} = \frac{-ri_{\mathrm{d}}}{z_{\mathrm{B}}I_{\mathrm{B}}} + \frac{\dot{\psi}_{\mathrm{d}}}{\psi_{\mathrm{B}}/t_{\mathrm{B}}} - \frac{\omega\psi_{\mathrm{q}}}{\omega_{\mathrm{B}}\psi_{\mathrm{B}}}
$$

得

$$
u_{\mathrm{d}*} = -r_{*}i_{\mathrm{d}*} + \dot{\psi}_{\mathrm{d}*} - \omega_{*}\psi_{\mathrm{q}*}
$$

其中

$$
\dot{\psi}_{\mathrm{d}*} = \frac{\mathrm{d}\psi_{\mathrm{d}*}}{\mathrm{d}t_{*}}
$$

同理可得定子其他电压方程为

$$\begin{cases} u_{d*} = -r_* i_{d*} + \dot{\psi}_{d*} - \omega_* \psi_{q*} \\ u_{q*} = -r_* i_{q*} + \dot{\psi}_{q*} + \omega_* \psi_{d*} \\ u_{0*} = -r_* i_{0*} + \dot{\psi}_{0*} \end{cases} \tag{B-3}$$

在转子方面，同样可先选定各回路的电压、电流基准值，若分别为 U_{fB}、U_{DB}、U_{QB} 和 I_{fB}、I_{DB}、I_{QB}，显然，t_B 应和前面选的一样。各回路磁链和阻抗的基准值分别为

$$\begin{cases} \psi_{fB} = U_{fB} t_B; \\ \psi_{DB} = U_{DB} t_B; \\ \psi_{QB} = U_{QB} t_B; \\ z_{fB} = U_{fB}/I_{fB} \\ z_{DB} = U_{DB}/I_{DB} \\ z_{QB} = U_{QB}/I_{QB} \end{cases} \tag{B-4}$$

同样，以 U_{fB}、U_{DB}、U_{QB} 分别除以转子回路的三个电压方程，即可得它们的标幺值方程为

$$U_{f*} = r_{f*} i_{f*} + \dot{\psi}_{f*}$$
$$0 = r_{D*} i_{D*} + \dot{\psi}_{D*} \tag{B-5}$$
$$0 = r_{Q*} i_{Q*} + \dot{\psi}_{Q*}$$

在转换磁链方程以前，令定子和转子电压基准值之比和电流基准值之比分别为

$$\begin{cases} k_{uf} = \dfrac{U_B}{U_{fB}}; \\ k_{uD} = \dfrac{U_B}{U_{DB}}; \\ k_{uQ} = \dfrac{U_B}{U_{QB}}; \\ k_{if} = \dfrac{I_B}{I_{fB}} \\ k_{iD} = \dfrac{I_B}{I_{DB}} \\ k_{iQ} = \dfrac{I_B}{I_{QB}} \end{cases} \tag{B-6}$$

下面转换磁链方程，以 ψ_d 方程为例，等号两边同除 ψ_B，可得

$$\frac{\psi_d}{\psi_B} = \frac{-L_d i_d}{L_B I_B} + \frac{m_{af} i_f}{L_B I_B} + \frac{m_{aD} i_D}{L_B I_B}$$

$$\psi_{d*} = -L_{d*} i_{d*} + \frac{m_{af} i_f}{L_B k_{if} I_{fB}} + \frac{m_{aD} i_D}{L_B k_{iD} I_{DB}}$$

$$= -L_{d*} i_{d*} + M_{af*} i_{f*} + M_{aD*} i_{D*}$$

其中

$$M_{af*} = \frac{m_{af}}{L_B k_{if}}; \quad M_{aD*} = \frac{m_{aD}}{L_B k_{iD}}$$

经过类似推导可得六个磁链方程为

$$\begin{cases} \psi_{d*} = -L_{d*} i_{d*} + M_{af*} i_{f*} + M_{aD*} i_{D*} \\ \psi_{q*} = -L_{q*} i_{q*} + M_{aQ*} i_{Q*} \\ \psi_{0*} = -L_{0*} i_{0*} \\ \psi_{f*} = -M_{fa*} i_{d*} + L_{f*} i_{f*} + M_{fD*} i_{D*} \\ \psi_{D*} = -M_{Da*} i_{d*} + M_{Df*} i_{f*} + L_{D*} i_{D*} \\ \psi_{Q*} = -M_{Qa*} i_{q*} + L_{Q*} i_{Q*} \end{cases} \tag{B-7}$$

式（B-7）中存在以下一些关系式

$$\begin{cases} L_{d*} = \dfrac{L_d}{L_B} \\ L_{q*} = \dfrac{L_q}{L_B} \\ L_{0*} = \dfrac{L_0}{L_B} \\ L_{f*} = \dfrac{L_f}{L_B}\dfrac{k_{uf}}{k_{if}} \\ L_{D*} = \dfrac{L_D}{L_B}\dfrac{k_{uD}}{k_{iD}} \\ L_{Q*} = \dfrac{L_Q}{L_B}\dfrac{k_{uQ}}{k_{iQ}} \\ M_{af*} = \dfrac{m_{af}}{L_B k_{if}} \\ M_{fa*} = \dfrac{\frac{3}{2}m_{af}}{L_B}k_{uf} \\ M_{aD*} = \dfrac{m_{aD}}{L_B k_{iD}} \\ M_{Da*} = \dfrac{\frac{3}{2}m_{aD}}{L_B}k_{uD} \\ M_{aQ*} = \dfrac{m_{aQ}}{L_B k_{iQ}} \\ M_{Qa*} = \dfrac{\frac{3}{2}m_{aQ}}{L_B}k_{uQ} \\ M_{fD*} = \dfrac{m_r}{L_B}\dfrac{k_{uf}}{k_{iD}} \\ M_{Df*} = \dfrac{m_r}{L_B}\dfrac{k_{uD}}{k_{if}} \end{cases} \tag{B-8}$$

由式（B-8）可知，若令

$$\begin{cases} k_{uf}k_{if} = \dfrac{2}{3} \\[2mm] k_{uD}k_{iD} = \dfrac{2}{3} \\[2mm] k_{uQ}k_{iQ} = \dfrac{2}{3} \end{cases} \tag{B-9}$$

即可得 $M_{af*} = M_{fa*}$，$M_{aD*} = M_{Da*}$，$M_{aQ*} = M_{Qa*}$，$M_{fD*} = M_{Df*}$，因此各互感系数是可逆的。

由式（B-9）可知，当定子电压、电流基准值已选定，则转子各回路的基准值只能在电压和电流中任选一个，然后由式（B-9）决定另一个基准值。一般是先任选转子电流基准值，然后计算电压基准值。虽然转子电流基准值可以任选，但从实际应用情况来看只有数种选择方式，下面介绍一种通常采用的基准值系统，一般称为 x_{ad} 基值系统。

在这种系统中，励磁绕组的电流基准值是这样来决定的：当励磁绕组流过其基准电流值时，产生的交链定子磁链与定子 d 轴电流分量为定子电流基准值时产生的 d 轴电枢反应磁链相等，即

$$m_{af}I_{fB} = L_{ad}I_B \tag{B-10}$$

则

$$k_{if} = \frac{I_B}{I_{fB}} = \frac{m_{af}}{L_{ad}} \tag{B-11}$$

将式（B-11）代入式（B-8）可得

$$M_{af*} = \frac{m_{af}}{L_B}\frac{I_{fB}}{I_B} = \frac{m_{af}}{L_B}\frac{L_{ad}}{m_{af}} = L_{ad*} \tag{B-12}$$

用类似的方法选定直轴和交轴阻尼绕组的电流基准值，则有

$$\begin{cases} k_{iD} = \dfrac{I_B}{I_{DB}} = \dfrac{m_{aD}}{L_{ad}} \\[3mm] k_{iQ} = \dfrac{I_B}{I_{QB}} = \dfrac{m_{aQ}}{L_{aq}} \end{cases} \tag{B-13}$$

同理可得

$$\begin{cases} M_{aD*} = L_{ad*} \\[2mm] M_{aQ*} = L_{aq*} \end{cases} \tag{B-14}$$

由此可知，这种基准值系统可以使一些互感系数相等。将式（B-8）中互感系数重新整理为

$$\begin{cases} M_{af*} = M_{fa*} = M_{aD*} = M_{Da*} = L_{ad*} \\[2mm] M_{aQ*} = M_{Qa*} = L_{aq*} \\[2mm] M_{fD*} = M_{Df*} = \dfrac{2}{3} \times \dfrac{m_r}{L_B}\dfrac{I_{fB}I_{DB}}{I_B^2} \end{cases} \tag{B-15}$$

下面进一步讨论 M_{fD*} 的值。假设定子绕组和励磁绕组电流为零，而只有 D 绕组中流过 $i_{D*} = 1$，则有

$$\psi_{d*} = L_{ad*}；\quad \psi_{f*} = M_{fD*}$$

故

$$\frac{\psi_d}{\psi_f} = \frac{L_{ad*}\psi_B}{M_{fD*}\psi_{fB}} = \frac{L_{ad*}}{M_{fD*}}\frac{U_B t_B}{U_{fB}t_B} = \frac{L_{ad*}}{M_{fD*}} \times \frac{2}{3} \times \frac{I_{fB}}{I_B}$$

又由式（B-10）选择 I_{fB} 时，励磁绕组与定子绕组相应的磁动势相等，即

$$\omega_f I_{fB} = \frac{3}{2}\omega_a I_B$$

式中：ω_a 和 ω_f 分别为定子和励磁绕组的匝数。将该式代入得

$$\frac{\psi_d}{\psi_f} = \frac{L_{ad*}}{M_{fD*}} \frac{\omega_a}{\omega_f}$$

另一方面，假设 $i_{D*}=1$ 产生的磁通，除了本身的漏磁通外，主磁通同时交链定子和励磁绕组，即忽略阻尼绕组与励磁绕组间的漏磁通，则

$$\frac{\psi_d}{\psi_f} \approx \frac{\omega_a}{\omega_f}$$

因此

$$L_{ad*} \approx M_{fD*} = M_{Df*} \tag{B-16}$$

将式（B-15）的前两式和式（B-16）代入式（B-7），并考虑到电感的标幺值和额定频率时相应的电抗标幺值相等，则得标幺值磁链方程式为

$$\begin{cases} \psi_{d*} = -x_{d*}i_{d*} + x_{ad*}i_{f*} + x_{ad*}i_{D*} \\ \psi_{q*} = -x_{q*}i_{q*} + x_{aq*}i_{Q*} \\ \psi_{0*} = -x_{0*}i_{0*} \\ \psi_{f*} = -x_{ad*}i_{d*} + x_{f*}i_{f*} + x_{ad*}i_{D*} \\ \psi_{D*} = -x_{ad*}i_{d*} + x_{ad*}i_{f*} + x_{D*}i_{D*} \\ \psi_{Q*} = -x_{ad*}i_{q*} + x_{Q*}i_{Q*} \end{cases} \tag{B-17}$$

实际上，由于式（B-10）中 M_{af*} 不易求得，所以要采用下述方法求得 I_{fB}。在同步电机转子同步旋转时，调节励磁电流使定子开路电压为额定值，此时励磁电流 i_f 有如下关系式

$$\omega_s m_{af} i_f = U_B$$

而励磁电流的标幺值为

$$i_{f*} = \frac{i_f}{I_{fB}} = \frac{\omega_s m_{af} i_f}{\omega_s m_{af} I_{fB}} = \frac{U_B}{\omega_s L_{ad} I_B} = \frac{U_B}{x_{ad} I_B} = \frac{1}{x_{ad*}} \tag{B-18}$$

由于 x_{ad*} 往往已知，而 i_f 可由上述实验测得，故

$$I_{fB} = x_{ad*} i_f \tag{B-19}$$

根据式（B-18）或式（B-19），这个基值系统［即式（B-10）］又称为 x_{ad} 基值系统。

最后，定子和励磁回路的功率基准值为

$$S_B = \frac{3}{2} U_B I_B \tag{B-20}$$

$$S_{fB} = U_{fB} I_{fB} = \frac{U_B}{k_{uf}} \frac{I_B}{k_{if}} = \frac{3}{2} U_B I_B = S_B \tag{B-21}$$

附录 C　同步电机电磁暂态过程中定子
交流分量的时间常数

1. 直轴磁耦合等值电路和定子交流分量的时间常数相对应

(1) 定子开路时。图 C-1 为定子开路时，励磁绕组 f 和阻尼绕组 D 的等值电路（不含虚线部分），它类似于双绕组变压器等值电路。

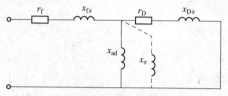

图 C-1　具有磁耦合的 f 绕组和
D 绕组的等值电路

此电路的运算阻抗为

$$z(p)=(r_f+px_{f\sigma})+[(r_D+px_{D\sigma})//px_{ad}]$$
$$=\frac{p^2(x_f x_D-x_{ad}^2)+p(x_f r_D+x_D r_f)+1}{r_D+px_D}$$
$$=\frac{\sigma_d T_f T_D p^2+(T_f+T_D)p+1}{r_D+px_D}r_f r_D \quad (C\text{-}1)$$

$z(p)$ 的分子 [对应于式 (2-142) 的分母] 是此电路电流象函数的分母，此多项式等于零，即

$$\sigma_d T_f T_D p^2+(T_f+T_D)p+1=0 \quad (C\text{-}2)$$

式 (C-2) 的根决定了此电路暂态过程中直流电流的时间常数。它们也就是同步电机定子开路时某些电磁暂态过程，例如突然增加励磁后，转子回路直流电流和定子端交流电压增加的时间常数。

(2) 定子短路时。相当于上述磁耦合电路旁又多了一个对应定子的假想绕组 dd 的短路回路。其等值电路仅需在图 C-1 中再并联一定子漏电抗 x_σ，见虚线如示，也可看作原电路的互电抗由 x_{ad} 变为 x'_{ad}（即 $x_{ad}//x_\sigma$）。

很明显，此时运算阻抗为

$$z'(p)=(r_f+px_{f\sigma})+[(r_D+px_{D\sigma})//px'_{ad}]$$
$$=\frac{\sigma'_d T'_f T'_D p^2+(T'_f+T'_D)p+1}{r_D+px'_D}r_f r_D \quad (C\text{-}3)$$

其分子对应式 (2-142) 的分子，可以类推得

$$\sigma'_d T'_f T'_D p^2+(T'_f+T'_D)p+1=0 \quad (C\text{-}4)$$

式 (C-4) 的根决定了同步电机定子突然短路时，转子自由直流分量和定子短路电流交流分量的衰减时间常数。

2. 时间常数

(1) 定子开路时。由方程式 (C-2) 可解得两个根，对应两个时间常数，即

$$\begin{cases} T'_{d0}=-\dfrac{1}{p_1}=\dfrac{1}{2}(1+q)(T_f+T_D) \\[2mm] T''_{d0}=-\dfrac{1}{p_2}=\dfrac{1}{2}(1-q)(T_f+T_D) \end{cases} \quad (C\text{-}5)$$

其中

$$q=\sqrt{1-\frac{4\sigma_d T_f T_D}{(T_f+T_D)^2}}$$

如果 σ_d 较小，$q \approx 1$，则 $1+q \approx 2$，而

$$1-q \approx 1-\left[1-\frac{1}{2} \times \frac{4\sigma_d T_f T_D}{(T_f+T_D)^2}\right]=\frac{2\sigma_d T_f T_D}{(T_f+T_D)^2}$$

于是式（C-5）可近似为

$$T'_{d0} \approx T_f+T_D$$

$$T''_{d0} \approx \frac{\sigma_d T_f T_D}{T_f+T_D}$$

一般 $T_f \gg T_D$，则

$$\begin{cases} T'_{d0} \approx T_f \\ T''_{d0} \approx \sigma_d T_D \end{cases} \tag{C-6}$$

（2）定子短路时。类似可得

$$\begin{cases} T'_d \approx T'_f = T_f\,\dfrac{x'_f}{x_f}=T_f\,\dfrac{x'_d}{x_d} \\[2mm] T''_d \approx \sigma'_d T_D = \sigma_d T_D\,\dfrac{x''_d}{x'_d} \approx T''_{d0}\,\dfrac{x''_d}{x'_d} \end{cases} \tag{C-7}$$

如果不计阻尼回路，则可断开图 C-1 中阻尼支路，显然只有一个时间常数，即

$$\begin{cases} T'_{d0} = T_f & \text{（定子开路时）} \\[2mm] T'_d = T'_f = T_f\,\dfrac{x'_d}{x_d} & \text{（定子短路时）} \end{cases} \tag{C-8}$$

附录 D   常用网络变换的基本公式列表

表 D-1   **常用网络变换的基本公式**

变换名称	变换前网络	变换后等效网络	等效网络的阻抗
有源电动势支路的并联			$$z_{eq}=\cfrac{1}{\dfrac{1}{z_1}+\dfrac{1}{z_2}+\cdots+\dfrac{1}{z_n}}$$ $$\dot{E}_{eq}=z_{eq}\left(\frac{\dot{E}_1}{z_1}+\frac{\dot{E}_2}{z_2}+\cdots+\frac{\dot{E}_n}{z_n}\right)$$
三角形变星形			$$z_L=\frac{z_{ML}z_{LN}}{z_{ML}+z_{LN}+z_{NM}}$$ $$z_M=\frac{z_{NM}z_{ML}}{z_{ML}+z_{LN}+z_{NM}}$$ $$z_N=\frac{z_{LN}z_{NM}}{z_{ML}+z_{LN}+z_{NM}}$$
星形变三角形			$$z_{ML}=z_M+z_L+\frac{z_Mz_L}{z_N}$$ $$z_{LN}=z_L+z_N+\frac{z_Mz_N}{z_M}$$ $$z_{NM}=z_N+z_M+\frac{z_Nz_M}{z_L}$$
多支路星形变为对角连接的网形			$$z_{AB}=z_Az_B\sum\frac{1}{z}$$ $$z_{BC}=z_Bz_C\sum\frac{1}{z}$$ $$\vdots$$ 其中 $$\sum\frac{1}{z}=\frac{1}{z_A}+\frac{1}{z_B}+\frac{1}{z_C}+\frac{1}{z_D}$$

附录 E 架空线路的零序电容（电纳）

一、分析导线电容的基本公式

分析输电线路各导线对地以及互相间的电容，必须应用电场的有关理论推导各导线表面对地的电压（电位差）与各导线上电荷的关系。

输电线路有多根导线，考虑到大地对电场的影响，还需加入其与大地平面对称的镜像。图 E-1 示出一回三相输电线路及其镜像。

由电磁场理论可知，单根带电荷长直导线的电场中，任意两点 1、2 的电位差为

$$u_{12} = \frac{q}{2\pi\varepsilon}\ln\frac{D_2}{D_1} = 18\times10^6 q\ln\frac{D_2}{D_1} \text{ (V)} \qquad \text{(E-1)}$$

式中：q 为导线上电荷，C/km；ε 为空气介电系数，即真空介电系数 $\varepsilon_0 = \frac{1}{3.6\pi\times10^7}$ F/km；D_1、D_2 分别为 1、2 两点至导线中心线的距离。

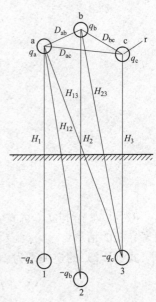

图 E-1 三相输电线路及其镜像

由于介电系数是常数，可以用叠加原理分析图 E-1 中三对导线、镜像上的电荷与 a、b、c 三导线对地电压的关系。下面以 a 相为例作分析。

（1）a 相导线及其镜像上的电荷产生的 a 相对地电压。两次应用式（E-1）相加后得

$$u_{a(a)} = 18\times10^6 q_a\left(\ln\frac{\frac{H_1}{2}}{r} - \ln\frac{\frac{H_1}{2}}{H_1-r}\right)$$

$$= 18\times10^6 q_a\ln\frac{H_1-r}{r} \approx 18\times10^6 q_a\ln\frac{H_1}{r}$$

式中：r 为导线半径。

（2）b 相导线及其镜像上的电荷产生的 a 相对地电压。同样两次应用式（E-1）相加可得

$$u_{a(b)} = 18\times10^6 q_b\ln\frac{H_{12}}{D_{ab}}$$

（3）c 相导线及其镜像上的电荷产生的 a 相对地电压。$u_{a(c)}$ 计算式为

$$u_{a(c)} = 18\times10^6 q_c\ln\frac{H_{13}}{D_{ac}}$$

显然，a 相对地电压由以上三项叠加而得，即

$$u_a = u_{a(a)} + u_{a(b)} + u_{a(c)}$$

同样可推得 b、c 相的对地电压与 q_a、q_b、q_c 的关系式。三相导线对地电压 u_a、u_b、u_c 和三相导线上电荷 q_a、q_b、q_c 关系的矩阵形式为

$$\begin{bmatrix} u_a \\ u_b \\ u_c \end{bmatrix} = \begin{bmatrix} P_{11} & P_{12} & P_{13} \\ P_{21} & P_{22} & P_{23} \\ P_{31} & P_{32} & P_{33} \end{bmatrix} \begin{bmatrix} q_a \\ q_b \\ q_c \end{bmatrix} \tag{E-2}$$

式中：系数矩阵 P 是对称阵，其元素称为自、互电位系数，km/F。

自、互电位系数分别为

$$P_{11} = 18 \times 10^6 \ln \frac{H_1}{r}$$

$$P_{22} = 18 \times 10^6 \ln \frac{H_2}{r}$$

$$P_{33} = 18 \times 10^6 \ln \frac{H_3}{r}$$

$$P_{12} = P_{21} = 18 \times 10^6 \ln \frac{H_{12}}{D_{ab}}$$

$$P_{13} = P_{31} = 18 \times 10^6 \ln \frac{H_{13}}{D_{ac}}$$

$$P_{23} = P_{32} = 18 \times 10^6 \ln \frac{H_{23}}{D_{bc}}$$

u_a、u_b、u_c 和 q_a、q_b、q_c 既可以是瞬时值，也可以是相量。式（E-2）当然可以推广到更多导线的情形。

式（E-2）的逆关系为

$$\begin{bmatrix} q_a \\ q_b \\ q_c \end{bmatrix} = P^{-1} \begin{bmatrix} u_a \\ u_b \\ u_c \end{bmatrix} = \begin{bmatrix} C_{11} & C_{12} & C_{13} \\ C_{21} & C_{22} & C_{23} \\ C_{31} & C_{32} & C_{33} \end{bmatrix} \begin{bmatrix} u_a \\ u_b \\ u_c \end{bmatrix} \tag{E-3}$$

式中：系数矩阵 $C = P^{-1}$ 仍为对称阵，其非对角元素为负数，F/km。

由电容矩阵 C 可以作出三相输电线路电容的等值电路图如图 E-2 所示。

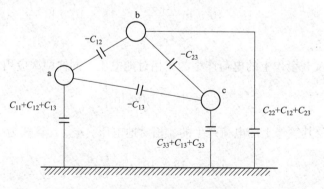

图 E-2　三相输电线路电容的等值电路

二、单回线路的零序电容

（1）完全换位的三相线路。若 a、b、c 三相在一个换位循环的 Ⅰ、Ⅱ、Ⅲ 段中的位置为 1、2、3，2、3、1，3、1、2，则在三段中电压和电荷的关系为

$$\begin{cases}\begin{bmatrix} u_{\text{a I}} \\ u_{\text{b I}} \\ u_{\text{c I}} \end{bmatrix} = \begin{bmatrix} P_{11} & P_{12} & P_{13} \\ P_{21} & P_{22} & P_{23} \\ P_{31} & P_{32} & P_{33} \end{bmatrix} \begin{bmatrix} q_{\text{a I}} \\ q_{\text{b I}} \\ q_{\text{c I}} \end{bmatrix} \\[18pt] \begin{bmatrix} u_{\text{a II}} \\ u_{\text{b II}} \\ u_{\text{c II}} \end{bmatrix} = \begin{bmatrix} P_{22} & P_{23} & P_{21} \\ P_{32} & P_{33} & P_{31} \\ P_{12} & P_{13} & P_{11} \end{bmatrix} \begin{bmatrix} q_{\text{a II}} \\ q_{\text{b II}} \\ q_{\text{c II}} \end{bmatrix} \\[18pt] \begin{bmatrix} u_{\text{a III}} \\ u_{\text{b III}} \\ u_{\text{c III}} \end{bmatrix} = \begin{bmatrix} P_{33} & P_{31} & P_{32} \\ P_{13} & P_{11} & P_{12} \\ P_{23} & P_{21} & P_{22} \end{bmatrix} \begin{bmatrix} q_{\text{a III}} \\ q_{\text{b III}} \\ q_{\text{c III}} \end{bmatrix} \end{cases} \tag{E-4}$$

如果忽略导线上沿线路的电压降，可以认为每相各段电压相等，若 $u_{\text{a I}} = u_{\text{a II}} = u_{\text{a III}}$，则每相各段电荷不等，即 $q_{\text{a I}} \neq q_{\text{a II}} \neq q_{\text{a III}}$。要分析一个换位循环的电容，必须求得每相电荷平均值，显然要应用式（E-4）的逆关系［式（E-5）］，这就难以方便地推得简单的表达式。下面将用另一种假设推导，两种方法的近似结果是一致的。

现假设每相各段电荷相等，则各段电压不等，将式（E-4）中三式相加后乘 1/3 得三相平均电压，即

$$\begin{bmatrix} u_{\text{a}} \\ u_{\text{b}} \\ u_{\text{c}} \end{bmatrix} = \begin{bmatrix} P_{\text{s}} & P_{\text{m}} & P_{\text{m}} \\ P_{\text{m}} & P_{\text{s}} & P_{\text{m}} \\ P_{\text{m}} & P_{\text{m}} & P_{\text{s}} \end{bmatrix} \begin{bmatrix} q_{\text{a}} \\ q_{\text{b}} \\ q_{\text{c}} \end{bmatrix} \tag{E-5}$$

其中

$$P_{\text{s}} = \frac{1}{3}(P_{11} + P_{22} + P_{33}) = 18 \times 10^6 \ln \sqrt[3]{\frac{H_1 H_2 H_3}{r^3}}$$

$$P_{\text{m}} = \frac{1}{3}(P_{12} + P_{13} + P_{23}) = 18 \times 10^6 \ln \sqrt[3]{\frac{H_{12} H_{13} H_{23}}{D_{\text{ab}} D_{\text{ac}} D_{\text{bc}}}}$$

上式表明，经过完全换位后所有自、互电位系数均各自相等，而且它们表达式中有关的 H 和 D 均换成了互几何均距。

当三相线路为正序（或负序）电压时，$q_{\text{a}} + q_{\text{b}} + q_{\text{c}} = 0$，式（E-5）转化为

$$\begin{cases} u_{\text{a}} = (P_{\text{s}} - P_{\text{m}}) q_{\text{a}} \\ u_{\text{b}} = (P_{\text{s}} - P_{\text{m}}) q_{\text{b}} \\ u_{\text{c}} = (P_{\text{s}} - P_{\text{m}}) q_{\text{c}} \end{cases} \tag{E-6}$$

则正序（或负序）每相电容为

$$C_{(1)} = \frac{q_{\text{a}}}{u_{\text{a}}} = \frac{q_{\text{b}}}{u_{\text{b}}} = \frac{q_{\text{c}}}{u_{\text{c}}} = \frac{1}{P_{\text{s}} - P_{\text{m}}} = \frac{1}{18 \times 10^6 \left(\ln \dfrac{D_{\text{m}}}{r} - \ln \sqrt[3]{\dfrac{H_{12} H_{13} H_{23}}{H_1 H_2 H_3}} \right)} \ (\text{F/km}) \tag{E-7}$$

式中：D_{m} 为三相导线间互几何均距。式（E-7）中分母第二项因 $H_{12} \approx H_{13} \approx H_{23} \approx H_1 \approx H_2 \approx H_3$ 很小而被忽略，即得

$$C_{(1)} \approx \frac{1}{18 \times 10^6 \ln \dfrac{D_{\text{m}}}{r}} = \frac{0.0241}{\lg \dfrac{D_{\text{m}}}{r}} \times 10^{-6} \ (\text{F/km}) \tag{E-8}$$

当线路三相为零序电压，则 $u_a=u_b=u_c$，$q_a=q_b=q_c$，每相零序电容为

$$C_{(0)}=\frac{q_a}{u_a}=\frac{1}{P_s+2P_m}=\frac{1}{18\times10^6\times3\times\sqrt[9]{\dfrac{H_1H_2H_3\,(H_{12}H_{13}H_{23})^2}{r^3\,(D_{ab}D_{ac}D_{bc})^2}}}$$

$$=\frac{1}{3\times18\times10^6\ln\dfrac{H_m}{D_s}}=\frac{0.0241}{3\lg\dfrac{H_m}{D_s}}\times10^{-6}\,(F/km) \tag{E-9}$$

其中

$$H_m=\sqrt[9]{H_1H_2H_3\,(H_{12}H_{13}H_{23})^2}$$

$$D_s=\sqrt[3]{rD_m^2}$$

式中：D_s 为三相导线被看成组合导线时的等值半径或称自几何均距；H_m 为三相导线对其镜像的互几何均距。

每相的零序电纳则为

$$b_{(0)}=\omega C_{(0)}=2\pi fC_{(0)}=\frac{7.58}{3\lg\dfrac{H_m}{D_s}}\times10^{-6}\,(S/km) \tag{E-10}$$

三相导线完全换位后的电容等值电路由图 E-2 转化为图 E-3，图中 C_s 和 C_m 为式（E-5）中 P 的逆矩阵 C 的对角和非对角元素。若将相间电容 $-C_m$ 化为星形（如图 E-3 中虚线所示），则由图可得

$$\begin{cases} C_{(1)}=C_s+2C_m-3C_m=C_s-C_m \\ C_{(0)}=C_s+2C_m \end{cases} \tag{E-11}$$

由于 C_m 为负值，所以每相零序电容小于正序电容。

由零序电纳式（E-10），可用图 E-4 的单相线路代表三相线路，导线的半径为 D_s，对地高度为 $H_m/2$，其自电位系数为 $18\times10^6\ln\dfrac{H_m}{D_s}$。

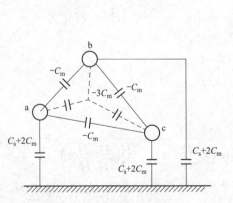

图 E-3　完全换位后的等值电容

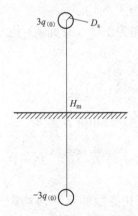

图 E-4　三相零序相应的单相线路

（2）分裂导线。若每相导线为分裂导线（2～4 根），严格地分析计算当然仍可以应用多导线的电压、电荷关系。例如，对于 2 分裂（1，2），计算式是 6 阶矩阵关系，其中各相的

$u=u_1=u_2$，$q=q_1+q_2$，可以将各相的 1、2 合并后得到各相电压、电荷的关系。这里不再介绍推导过程。

实际上，图 E-4 中的单相导线即可看作是一相三分裂导线，由此可推论分裂导线的等值半径为

二分裂
$$r_{eq}=\sqrt{rd}$$

三分裂
$$r_{eq}=\sqrt[9]{(rd^2)^3}=\sqrt[3]{rd^2}$$

四分裂
$$r_{eq}=\sqrt[16]{(r\sqrt{2}d^3)^4}=1.09\sqrt[4]{rd^3}$$

式中：d 为分裂间距。

分裂导线电容的公式形式与式（E-8）、式（E-9）相同。其中，除以 r_{eq} 换 r 外，各相导线间距离以及导线与镜像间的距离均以各相分裂导线的重心为起点。

由于等值半径增大，分裂导线的零序电容增大。

三、同杆双回线路的零序电容

图 E-5 表示一完全相同的双回线路。图中标出了有关的自、互几何均距。

二回线路零序对地电压方程为

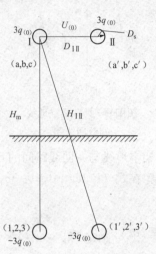

图 E-5 同杆双回线路

$$\begin{bmatrix} \dot{U}_{(0)} \\ \dot{U}_{(0)} \end{bmatrix} = \begin{bmatrix} P_{\mathrm{I\,I}} & P_{\mathrm{I\,II}} \\ P_{\mathrm{II\,I}} & P_{\mathrm{II\,II}} \end{bmatrix} \begin{bmatrix} 3q_{(0)} \\ 3q_{(0)} \end{bmatrix} \qquad (E\text{-}12)$$

其中
$$P_{\mathrm{I\,I}}=P_{\mathrm{II\,II}}=18\times10^6\ln\frac{H_m}{D_s}$$

$$P_{\mathrm{I\,II}}=P_{\mathrm{II\,I}}=18\times10^6\ln\frac{H_{\mathrm{I\,II}}}{D_{\mathrm{I\,II}}}$$

$$H_{\mathrm{I\,II}}=\sqrt[9]{H_{a1'}H_{a2'}H_{a3'}H_{b1'}H_{b2'}H_{b3'}H_{c1'}H_{c2'}H_{c3'}}$$

$$D_{\mathrm{I\,II}}=\sqrt[9]{D_{aa'}D_{ab'}D_{ac'}D_{ba'}D_{bb'}D_{bc'}D_{ca'}D_{cb'}D_{cc'}}$$

式中：$H_{\mathrm{I\,II}}$ 为回路 I 和回路 II 镜像间的互几何均距；$D_{\mathrm{I\,II}}$ 为回路 I 和回路 II 间的互几何均距。

由式（E-12）可得每回路每相零序电容为

$$C_{(0)}^{(2)}=\frac{q_{(0)}}{u_{(0)}}=\frac{1}{3\,(P_{\mathrm{I\,I}}+P_{\mathrm{I\,II}})}=\frac{1}{3\times18\times10^6\left(\ln\frac{H_m}{D_s}+\ln\frac{H_{\mathrm{I\,II}}}{D_{\mathrm{I\,II}}}\right)}$$

$$=\frac{0.0241}{3\,(\lg H_m/D_s+\lg H_{\mathrm{I\,II}}/D_{\mathrm{I\,II}})}\times10^{-6}\,(F/km) \qquad (E\text{-}13)$$

与式（E-9）相比，显然有

$$C_{(0)}^{(2)}<C_{(0)} \qquad (E\text{-}14)$$

四、架空地线的影响

图 E-6 示出一带架空地线的双回线路，其中有两根架空地线 ω_1、ω_2，可以看作是一个组合导线 ω 的两个分裂导线，假设 ω 带电荷 $3q(\omega)$。图中还标出了相关的自、互几何均距。

假设两回线路完全相同，两架空地线也相同，且与两回线路对称。三组合导体的电压、

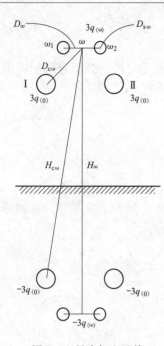

图 E-6　具有架空地线
的双回线路

电荷方程为

$$
\begin{bmatrix} u_{(0)} \\ u_{(0)} \\ 0 \end{bmatrix} = \begin{bmatrix} P_{\mathrm{I\,I}} & P_{\mathrm{I\,II}} & P_{\mathrm{I}\omega} \\ P_{\mathrm{II\,I}} & P_{\mathrm{II\,II}} & P_{\mathrm{II}\omega} \\ P_{\omega\mathrm{I}} & P_{\omega\mathrm{II}} & P_{\omega\omega} \end{bmatrix} \begin{bmatrix} 3q_{(0)} \\ 3q_{(0)} \\ 3q_{(\omega)} \end{bmatrix} \tag{E-15}
$$

其中　　　　$P_{\mathrm{I\,I}} = P_{\mathrm{II\,II}}$，$P_{\mathrm{I\,II}} = P_{\mathrm{II\,I}}$　〔同式（E-12）〕

$$
P_{\omega\omega} = 18 \times 10^6 \ln \frac{H_\omega}{D_{\mathrm{s}\omega}}
$$

$$
P_{\mathrm{I}\omega} = P_{\mathrm{II}\omega} = P_{\omega\mathrm{I}} = P_{\omega\mathrm{II}} = P_{\mathrm{c}\omega} = 18 \times 10^6 \ln \frac{H_{\mathrm{c}\omega}}{D_{\mathrm{c}\omega}}
$$

$$
H_\omega = \sqrt[4]{H_{\omega1}^2 H_{\omega1\omega2}^2}
$$

$$
D_{\mathrm{s}\omega} = \sqrt{r_\omega D_\omega}
$$

$$
H_{\mathrm{c}\omega} = \sqrt[6]{H_{1\omega1} H_{2\omega1} H_{3\omega1} H_{1\omega2} H_{2\omega2} H_{3\omega2}}
$$

$$
D_{\mathrm{c}\omega} = \sqrt[6]{D_{\mathrm{a}\omega1} D_{\mathrm{b}\omega1} D_{\mathrm{c}\omega1} D_{\mathrm{a}\omega2} D_{\mathrm{b}\omega2} D_{\mathrm{c}\omega2}}
$$

式中：$P_{\omega\omega}$ 为架空地线自电位系数；$P_{\mathrm{I}\omega}$、$P_{\mathrm{II}\omega}$、$P_{\omega\mathrm{I}}$、$P_{\omega\mathrm{II}}$、$P_{\mathrm{c}\omega}$ 为架空地线与一回线路三相导线间的互电位系数；H_ω 为架空地线与其镜像间的互几何均距；$D_{\mathrm{s}\omega}$ 为架空地线自几何均距；$H_{\mathrm{c}\omega}$ 为架空地线与一回线路三相导线镜像间的互几何均距；$D_{\mathrm{c}\omega}$ 为架空地线与一回线路间的互几何均距。

在式（E-15）中消去 $3q_{(\omega)}$，即由第三式得

$$
3q_{(\omega)} = -\frac{3q_{(0)}}{P_{\omega\omega}} P_{\omega\mathrm{I}} - \frac{3q_{(0)}}{P_{\omega\omega}} P_{\omega\mathrm{II}}
$$

代入前两式得

$$
\begin{bmatrix} u_{(0)} \\ u_{(0)} \end{bmatrix} = \begin{bmatrix} P_{\mathrm{I\,I}}^{(\omega)} & P_{\mathrm{I\,II}}^{(\omega)} \\ P_{\mathrm{II\,I}}^{(\omega)} & P_{\mathrm{II\,II}}^{(\omega)} \end{bmatrix} \begin{bmatrix} 3q_{(0)} \\ 3q_{(0)} \end{bmatrix} \tag{E-16}
$$

其中

$$
P_{\mathrm{I\,I}}^{(\omega)} = P_{\mathrm{II\,II}}^{(\omega)} = P_{\mathrm{I\,I}} - \frac{P_{\mathrm{c}\omega}^2}{P_{\omega\omega}}
$$

$$
P_{\mathrm{I\,II}}^{(\omega)} = P_{\mathrm{II\,I}}^{(\omega)} = P_{\mathrm{I\,II}} - \frac{P_{\mathrm{c}\omega}^2}{P_{\omega\omega}}
$$

即为计及架空地线后二回线路的自、互电位系数。由式（E-16）可得每回线路每相零序电容为

$$
C_{(0)}^{(2,\omega)} = \frac{q_{(0)}}{u_{(0)}} = \frac{1}{3(P_{\mathrm{I\,I}}^{(\omega)} + P_{\mathrm{I\,II}}^{(\omega)})} = \frac{1}{3\left(P_{\mathrm{I\,I}} + P_{\mathrm{I\,II}} - 2\frac{P_{\mathrm{c}\omega}^2}{P_{\omega\omega}}\right)}
$$

$$
= \frac{1}{3 \times 18 \times 10^6 \left[\ln \frac{H_{\mathrm{m}}}{D_{\mathrm{s}}} + \ln \frac{H_{\mathrm{I\,II}}}{D_{\mathrm{I\,II}}} - 2\frac{\left(\ln \frac{H_{\mathrm{c}\omega}}{D_{\mathrm{c}\omega}}\right)^2}{\ln \frac{H_\omega}{D_{\mathrm{s}\omega}}} \right]}
$$

$$= \frac{0.0241}{3\left[\lg \dfrac{H_\mathrm{m}}{D_\mathrm{s}} + \lg \dfrac{H_{\mathrm{I}\,\mathbb{I}}}{D_{\mathrm{I}\,\mathbb{I}}} - 2\dfrac{\left(\lg \dfrac{H_{c\omega}}{D_{c\omega}}\right)^2}{\lg \dfrac{H_\omega}{D_{s\omega}}}\right]} \times 10^{-6}\,(\mathrm{F/km}) \qquad (\text{E-17})$$

对比式（E-17）和式（E-13），很明显有

$$C_{(0)}^{(2,\omega)} > C_{(0)}^{(2)} \qquad (\text{E-18})$$

即架空地线使零序电容增加。这是由于架空地线上电荷与导线上的电荷反号，也可理解为大地（零电位）的位置抬高了。

可以推得具有架空地线的单回线路的每相零序电容为

$$C_{(0)}^{(\omega)} = \frac{1}{3P_{\mathrm{I}\,\mathrm{I}}^{(\omega)}} = \frac{1}{3\left(P_{\mathrm{I}\,\mathrm{I}} - \dfrac{P_{c\omega}^2}{P_{\omega\omega}}\right)}$$

$$= \frac{0.0241}{3\left[\lg \dfrac{H_\mathrm{m}}{D_\mathrm{s}} - \dfrac{\left(\lg \dfrac{H_{c\omega}}{D_{c\omega}}\right)^2}{\lg \dfrac{H_\omega}{D_{s\omega}}}\right]} \times 10^{-6}\,(\mathrm{F/km}) \qquad (\text{E-19})$$

当然有

$$C_{(0)}^{(\omega)} > C_{(0)} \qquad (\text{E-20})$$

参 考 文 献

［1］ 南京工学院. 电力系统. 北京：电力工业出版社，1980.

［2］ 陈珩. 电力系统稳态分析. 4 版. 北京：中国电力出版社，2015.

［3］ 何仰赞，温增银. 电力系统分析（上、下册）. 武汉：华中科技大学出版社，2005.

［4］ 辜承林，陈乔夫，熊永前. 电机学. 武汉：华中科技大学出版社，2001.

［5］ 韩祯祥，吴国炎. 电力系统分析. 杭州：浙江大学出版社，1993.

［6］ 夏道止. 电力系统分析. 2 版. 北京：中国电力出版社，2011.

［7］ 陈怡，等. 电力系统分析. 北京：中国电力出版社，2005.

［8］ 刘万顺. 电力系统故障分析. 2 版. 北京：中国电力出版社，2010.

［9］ 周荣光. 电力系统故障分析. 北京：清华大学出版社，1988.

［10］ 西安交通大学，电力工业部西北电力设计院，电力工业部西北勘测设计院. 短路电流实用计算方法. 北京：电力工业出版社，1982.

［11］ 马大强. 电力系统机电暂态过程. 北京：水利电力出版社，1988.

［12］ 杨冠城. 电力系统自动装置原理. 5 版. 北京：中国电力出版社，2012.

［13］ 西安交通大学，等. 电子数字计算机的应用——电力系统计算. 北京：水利电力出版社，1978.

［14］ 王锡凡，方万良，杜正春. 现代电力系统分析. 北京：科学出版社，2003.

［15］ Grainger JJ，Stevenson WD. Elements of Power System Analysis. Columbus：McGraw-Hill，1994.

［16］ Bergen AR，Vijay Vittal. Power Systems Analysis. Upper Saddle River NJ：Prentice-Hall，2000.

［17］ Hadi Saadat. Power System Analysis. Columbus：McGraw-Hill，1999.

［18］ Anderson PM. Analysis of Faulted Power Systems. Ames：Iowa State University Press，1973.

［19］ Das JC. Power System Analysis：Short Circuit，Load Flow and Harmonics. Marcel Dekker Inc. New york：2002.

［20］ Anderson PM，Fouad AA. Power System Control and Stability. Piscata way，NJ：IEEE Press，2003.

［21］ Venikov VA. Transient Processes in Electrical Power Systems. Moscow：Mir Publishens，1980.